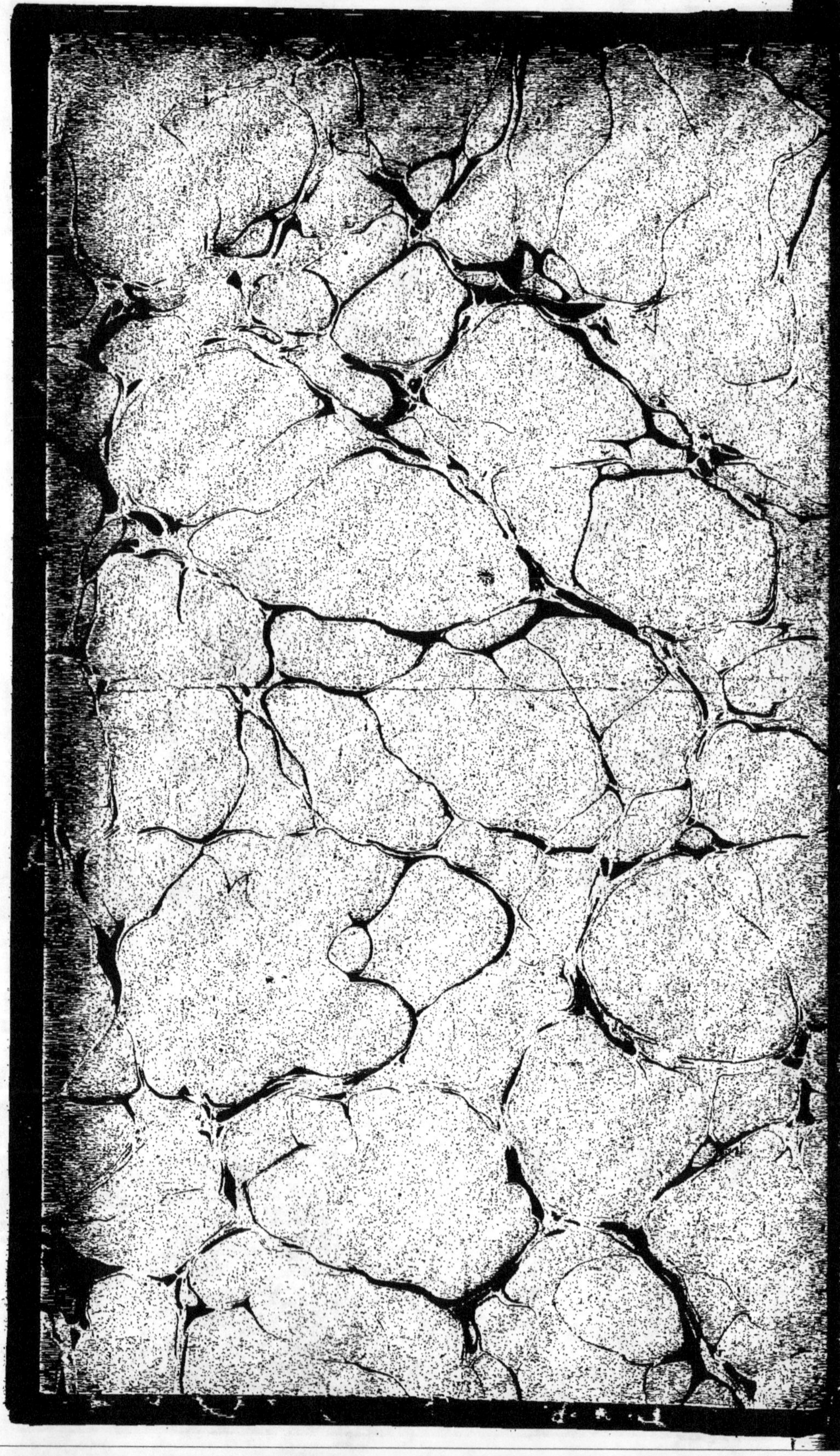

COURS DE MÉCANIQUE

À L'USAGE

DES ÉCOLES D'ARTS ET MÉTIERS

ET DE L'ENSEIGNEMENT SPÉCIAL DES LYCÉES;

PAR

M. PASCAL DULOS,

Professeur de Mécanique à l'École nationale d'Arts et Métiers et à l'École des Sciences et des Lettres d'Angers.

TROISIÈME PARTIE.

PARIS,

GAUTHIER-VILLARS, IMPRIMEUR-LIBRAIRE

DE L'ÉCOLE POLYTECHNIQUE, DU BUREAU DES LONGITUDES,

SUCCESSEUR DE MALLET-BACHELIER,

Quai des Augustins, 55.

1877

COURS
DE MÉCANIQUE.

PARIS. — IMPRIMERIE DE GAUTHIER-VILLARS,
Quai des Augustins, 55.

COURS
DE MÉCANIQUE

A L'USAGE

DES ÉCOLES D'ARTS ET MÉTIERS

ET DE L'ENSEIGNEMENT SPÉCIAL DES LYCÉES;

PAR

M. Pascal DULOS,

Professeur de Mécanique à l'École nationale d'Arts et Métiers et à l'École des Sciences et des Lettres d'Angers.

TROISIÈME PARTIE.

PARIS,

GAUTHIER-VILLARS, IMPRIMEUR-LIBRAIRE
DE L'ÉCOLE POLYTECHNIQUE, DU BUREAU DES LONGITUDES,
SUCCESSEUR DE MALLET-BACHELIER,
Quai des Augustins, 55.

1877

COURS DE MÉCANIQUE.

TROISIÈME PARTIE.

CHAPITRE PREMIER.

1. *Mouvement des fluides.* — L'Hydraulique est la partie de la Mécanique appliquée qui traite du mouvement des eaux et de leur emploi comme moteur.

Lorsqu'un liquide est renfermé dans un vase, si l'on pratique un orifice au fond de ce vase ou à la paroi latérale, il s'écoulera en vertu de la pression exercée par le poids de la colonne liquide qui est au-dessus de l'orifice. Rigoureusement cette pression devrait être augmentée de la pression atmosphérique; mais, comme la tranche liquide la plus voisine de l'orifice est aussi soumise en sens contraire à l'action de la pression atmosphérique, ces deux forces égales se neutralisent, de sorte que le mouvement du liquide n'est dû qu'à la charge au-dessus de l'orifice.

On distingue deux sortes d'écoulement : *l'écoulement par un orifice pratiqué en mince paroi ;* 2° *l'écoulement en gueulebée ou par un tuyau additionnel.*

Dans le premier cas, l'épaisseur de la paroi est moindre que la plus petite dimension de l'orifice; dans le second, l'épaisseur de la paroi est supérieure à cette dimension, ou bien l'orifice est prolongé par un tuyau additionnel.

Le mouvement des fluides peut être *permanent* ou *varié*. Le mouvement permanent se rapporte au cas où les hauteurs des niveaux, les aires des sections transversales des masses fluides et les vitesses en chaque point déterminé restent constantes dans tous les instants où l'on considère le fluide. Dans le mouvement varié, ces conditions ne sont point satisfaites. Nous nous bornerons à l'étude du mouvement permanent, parce qu'il se rencontre dans presque toutes les applications industrielles. Comme exemple du mouvement permanent, on peut citer le mouvement des eaux des fleuves et des rivières; toutes les conditions qui caractérisent le mouvement permanent sont à peu près réalisées. Il est vrai que chaque molécule fluide ne conserve pas la même vitesse; mais toutes les molécules qui passent successivement par le même point de l'espace acquièrent des vitesses de même grandeur et de même direction. On comprend dès lors que toutes les molécules fluides passant par le même point décrivent la même trajectoire, et l'on donne le nom de *filet fluide* à l'ensemble des molécules qui se suivent sur la trajectoire commune.

La distance verticale comprise entre l'orifice et le niveau du liquide à la surface libre a reçu le nom de *charge génératrice*. Quand l'orifice est pratiqué dans une paroi latérale, on considère la charge génératrice, tantôt au-dessus du sommet de l'orifice, tantôt au-dessus du centre de figure.

2. *Parallélisme des tranches.* — Pour soumettre le mouvement des fluides aux lois du calcul, les géomètres et les physiciens, notamment d'Alembert et Borda, ont admis l'hypothèse suivante :

Lorsqu'un liquide renfermé dans un vase s'écoule par un orifice pratiqué en mince paroi, les molécules faisant partie d'une même section plane perpendiculaire à la direction du mouvement sont animées, dans la direction de ce mouvement, de vitesses égales et parallèles.

Tel est le principe fondamental connu sous le nom d'*hypothèse du parallélisme des tranches.* Cette hypothèse est insuffisante pour résoudre les questions relatives au mouvement des fluides. On est encore obligé d'admettre que la pression qui engendre le mouvement est la même pour des éléments superficiels égaux de chaque tranche, ce qui d'ailleurs paraît résulter implicitement du parallélisme et de l'égalité des vitesses. Enfin nous ajouterons que les molécules fluides ne doivent pas cesser d'être juxtaposées, sans lacune, sans espace vide, de telle sorte que la masse fluide conserve le même volume, quel que soit son changement de forme, et que, dans le même temps, le même volume de fluide passe par les différentes sections du vase. Ce dernier principe est connu sous le nom de *loi de continuité*.

3. *Théorème de Torricelli.* — Supposons d'abord que la surface libre du liquide renfermé dans le vase soit très-grande par rapport à la section de l'orifice, d'où résulte que le mouvement des molécules voisines de cette surface s'effectue avec une très-petite vitesse, et appelons :

O l'aire de l'orifice;
V la vitesse d'écoulement;
p le poids spécifique du liquide;
t le temps élémentaire pendant lequel on considère le mouvement.

Le poids du liquide qui s'écoulera dans le temps *t* sera évi-

Fig. 1.

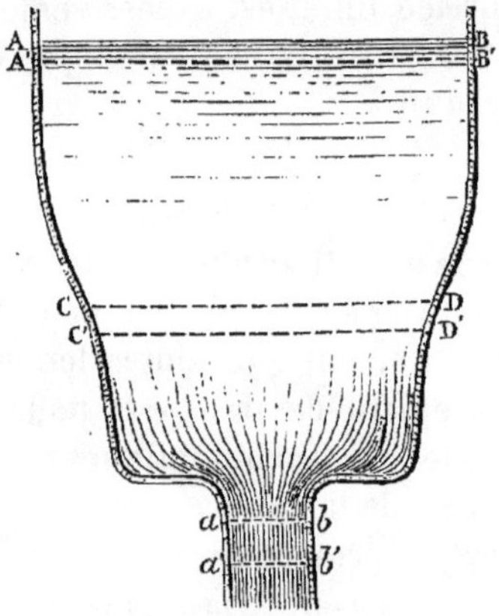

demment $OVpt$. De plus, au bout du même temps, les molécules qui composent la surface libre viendront occuper la position A'B' et celles d'une tranche CD la position C'D' (*fig.* 1).

Or, comme le mouvement est permanent, la charge génératrice restera constante et par suite le volume compris entre AB et A′B′ sera égal au volume du liquide qui s'est écoulé, puisque le volume total du liquide considéré ne change pas. Remarquons présentement que les volumes du liquide, à l'origine du mouvement et au bout du temps élémentaire t, contiennent une partie commune A′B′ba comprise entre l'orifice ab et la surface A′B′ sur laquelle sont venues se placer les molécules de la surface libre, et que, d'après ce qui a été dit, les vitesses des molécules qui composent cette partie commune doivent nécessairement être les mêmes; donc, pendant le temps considéré, la variation de la force vive est égale à la force vive du volume OVt du liquide qui traverse l'orifice, diminuée de la force vive d'un même volume de liquide pris au-dessous de la surface libre et représenté sur la figure par ABB′A′. Si nous représentons par V′ la vitesse dans cette partie, l'accroissement de la force vive produit par l'action de la gravité sera exprimé par

$$\frac{OVpt \times V^2}{g} - \frac{OVpt \times V'^2}{g}.$$

Mais, puisque nous avons admis que la vitesse, dans le voisinage de la surface libre, est excessivement petite, le terme $OVpt \times V'^2$ est négligeable, de sorte que la force vive communiquée se réduit à

$$\frac{OVpt \times V^2}{g}.$$

Pour trouver le travail accompli par la pesanteur, remarquons que le centre de gravité de tout le liquide se déplace de la même quantité, soit que toutes les molécules se meuvent d'un mouvement de transport pour se rapprocher de l'orifice, soit que la tranche infiniment mince ABB′A′ de volume OVt passe de la surface libre à l'orifice, le reste du liquide, dans cette dernière hypothèse, ne changeant pas de position (1). Ainsi le travail de la pesanteur agissant sur la masse

(1) Ce fait, déduit de l'observation, peut être facilement établi si l'on rapporte les centres de gravité des volumes successivement occupés par le liquide à un plan horizontal de comparaison, en faisant entrer toutefois dans l'équation d'équilibre la partie commune aux deux volumes représentée par A′B′ba.

liquide sera égal au poids $OVpt$ de la tranche $ABB'A'$, multiplié par la distance h de cette tranche à l'orifice. Appliquant le théorème des forces vives, on aura

$$\frac{1}{2}\frac{OVpt}{g}\times V^2 = OVpt \times h$$

ou, en réduisant, $$\frac{V^2}{2g} = h,$$

d'où $$V^2 = 2gh \quad \text{et} \quad V = \sqrt{2gh}.$$

On peut énoncer ce résultat de la manière suivante :

La vitesse d'un liquide sortant d'un orifice pratiqué en mince paroi est égale à celle qu'aurait acquise un corps tombant librement, sans vitesse initiale, depuis le niveau supérieur jusqu'à l'orifice.

C'est en cela que consiste le théorème de Torricelli. Il met en évidence cette particularité que la vitesse d'écoulement est tout à fait indépendante de la nature du liquide, et par suite qu'elle est la même pour tous les liquides, pourvu que les hauteurs des niveaux soient aussi les mêmes.

4. *Cas où l'orifice est noyé.* — Lorsque le liquide, au lieu de s'écouler à l'air libre, tombe dans un vase ou dans un réservoir où la hauteur du niveau de l'eau se maintient au-dessus de l'orifice, on dit que *cet orifice est noyé.* Évidemment la charge génératrice qui produit l'écoulement est la différence des hauteurs du niveau supérieur et du niveau inférieur. Désignant par h et h' les hauteurs de l'eau en amont et en aval, on aura

$$V = \sqrt{2g(h - h')}.$$

5. *Cas où la surface du liquide est soumise à une certaine pression.* — Supposons d'abord, comme dans le jeu des pompes, que le liquide débouche à l'air libre et que la surface de niveau soit soumise à une pression P. Appelons x la hauteur de la colonne d'eau qui, sur l'unité de surface, en vertu de son poids, est capable d'équilibrer la pression P. Il viendra

$$x \times 1 \times 1000 = P, \quad \text{d'où} \quad x = \frac{P}{1000}.$$

Cette hauteur x doit être ajoutée à la charge génératrice h, et la formule devient

$$V = \sqrt{2g\left(h + \frac{P}{1000}\right)},$$

et généralement pour un liquide quelconque dont d représente la densité relative, c'est-à-dire le poids d'un mètre cube,

$$V = \sqrt{2g\left(h + \frac{P}{d}\right)}.$$

En second lieu, si le liquide, à sa sortie de l'orifice, est aussi soumis à une pression P', comme elle agit en sens contraire de la pression P, il est clair que la hauteur de la colonne d'eau qui lui correspond doit être retranchée de la charge génératrice. Désignant par x' la hauteur de la colonne d'eau qui peut être substituée à la pression P', on aura

$$x' \times 1 \times 1000 = P' \quad \text{et} \quad x' = \frac{P'}{1000};$$

d'où

$$V = \sqrt{2g\left(h + \frac{P - P'}{1000}\right)},$$

et d'une manière générale

$$V = \sqrt{2g\left(h + \frac{P - P'}{d}\right)}.$$

Enfin, l'orifice étant noyé, si P et P' sont les pressions respectivement exercées sur les surfaces du liquide dans le réservoir snpérieur et dans le réservoir inférieur, on doit augmenter h de $\frac{P}{d}$ et h' de $\frac{P'}{d}$. Dans ce cas, on aura

$$V = \sqrt{2g\left(h - h' + \frac{P - P'}{d}\right)}.$$

6. *Extension de la théorie précédente au mouvement des gaz.* — Ce qui vient d'être dit sur l'écoulement des liquides est applicable à l'écoulement des gaz, lorsque la pression

intérieure diffère peu de la pression extérieure; car, dans ce cas, la densité du gaz restant sensiblement la même, on peut, sans erreur sensible, admettre que des volumes égaux passent par les différentes sections du vase qui contient le fluide élastique. Si nous désignons par h_1 la hauteur de la colonne d'eau qui sur l'unité de surface produit, en vertu de son poids, une pression égale à $P - P'$, on aura

$$P - P' = 1000 h_1 \quad \text{et} \quad \frac{P - P'}{d} = \frac{1000 h_1}{d}.$$

Or, comme la densité d du gaz ou de la vapeur est relativement très-faible, la hauteur de la colonne de ce fluide à la pression du réservoir, capable de produire cette même pression, en vertu de son poids, sera très-considérable, et par suite, dans la formule, la hauteur h du sommet du réservoir au-dessus de l'orifice devient négligeable par rapport à la première. On aura donc

$$V = \sqrt{2g \frac{P - P'}{d}}.$$

Cette règle, proposée par Daniel Bernoulli, a été confirmée par des expériences dues à MM. Girard et d'Aubuisson; mais elle n'est applicable, ainsi que cela arrive le plus souvent pour les machines soufflantes, que dans le cas où les pressions ne diffèrent que de $\frac{1}{15}$ à $\frac{1}{19}$.

7. *Écoulement des gaz quand les pressions intérieure et extérieure sont très-différentes.* — Dans ce cas, comme dans le précédent, nous ferons abstraction de la hauteur de la masse gazeuse au-dessus de l'orifice, et de plus nous pourrons aussi négliger la vitesse de la tranche infiniment mince placée à la partie supérieure du réservoir. Cela posé, appelons (*fig.* 1)

p la pression intérieure;

p' la pression extérieure;

v le volume de la tranche infiniment mince comprise entre AB, A'B';

v' le volume $abb'a'$ occupé à l'extérieur par le gaz qui s'est écoulé;

a l'aire de la surface de niveau à la partie supérieure;
a' l'aire de l'orifice;
h la hauteur de la tranche de volume v;
h' la hauteur de la colonne gazeuse qui s'est écoulée;
d la densité du gaz à l'intérieur;
q le poids de la tranche infiniment mince;
V la vitesse d'écoulement.

Pendant le temps élémentaire de l'écoulement du volume v, dont le poids est q, la force vive communiquée aura pour valeur $\frac{q}{g}V^2$. Comme le volume v' ne correspond pas à la même pression que le volume v et que dans les deux cas le poids est le même, en vertu de la loi de Mariotte, on aura

$$\frac{v'}{v} = \frac{p}{p'},$$

d'où

$$v' = \frac{vp}{p'} \quad \text{et} \quad vp = v'p'.$$

p étant la pression exercée sur l'unité de surface, la pression totale sur la surface a sera $p \times a$, et, puisque les molécules gazeuses placées sur AB passent pendant l'écoulement en A'B', le travail développé sera $a \times p \times h = ahp = vp$. Pareillement le travail de la pression p' qui s'oppose au mouvement sera $v'p'$, et, comme la différence entre ces deux travaux est nulle, puisque $vp = v'p'$, il s'ensuit que la force vive communiquée est uniquement due au travail de la dilatation quand le volume v passe de la pression p à la pression p'. Remarquons que, le travail étant proportionnel au volume primitif v, si je désigne par t le travail dû à la dilatation du gaz considéré sous l'unité de volume, évidemment le travail accompli par la dilatation du volume v sera vt. Or le poids $q = vd$; d'où $v = \frac{q}{d}$, et par suite $vt = \frac{qt}{d}$.

Appliquant le théorème des forces vives, on aura

$$\frac{1}{2}\frac{q}{g}V^2 = \frac{qt}{d} \quad \text{et} \quad \frac{V^2}{2g} = \frac{t}{d},$$

d'où

$$V^2 = \frac{2gt}{d} \quad \text{et} \quad V = \sqrt{\frac{2gt}{d}}.$$

La question est donc ramenée à chercher la valeur de t. Supposons que la masse gazeuse considérée sous l'unité de volume soit renfermée dans un réservoir dont l'aire de la section est égale à l'unité de surface, de manière que sous la pression p sa hauteur h soit aussi égale à l'unité de longueur. Après la dilatation, on aura encore, d'après la loi de Mariotte,

$$\frac{1}{h'} = \frac{p'}{p}, \quad \text{d'où} \quad h' = \frac{p}{p'}.$$

Le chemin parcouru pendant la dilatation sera donc

$$h' - 1 = \frac{p}{p'} - 1 = \frac{p - p'}{p'},$$

et la hauteur totale du volume après la dilatation pourra être exprimée par $1 + \frac{p - p'}{p'}$. Si nous divisons en deux parties égales la différence des hauteurs $\frac{p - p'}{p'}$, évidemment, au milieu de cet intervalle, la longueur du volume occupé par le fluide sera égale à

$$1 + \frac{p - p'}{2p'} = \frac{p + p'}{2p'}.$$

Désignant par x la pression du gaz relative au volume qui a cette longueur, on aura encore, en appliquant la loi de Mariotte,

$$\frac{p + p'}{2p'} \times x = 1 \times p, \quad \text{d'où} \quad x = \frac{2pp'}{p + p'}.$$

Les trois pressions considérées étant p, $\frac{2pp'}{p + p'}$ et p', pour trouver le travail développé, il suffira d'appliquer le théorème de Simpson. Si donc on prend une longueur égale à $\frac{p - p'}{p'}$, représentant le chemin parcouru pendant la dilatation, et si on la divise en deux parties égales, les perpendiculaires représentant les pressions aux points extrêmes et au point milieu serviront à représenter, comme nous l'avons indiqué dans le travail des forces variables, le travail accompli pendant la dilatation. Ainsi on aura par quadrature

$$t = \frac{1}{3}\frac{p-p'}{2p'}\left(p+p'+4\frac{2pp'}{p+p'}\right)$$

ou

$$t = \frac{p-p'}{6p'}\left(p+p'+\frac{8pp'}{p+p'}\right).$$

Remplaçant t par cette valeur dans l'expression de V, on aura

$$V = \sqrt{\frac{2g(p-p')}{6p'd}\left(p+p'+\frac{8pp'}{p+p'}\right)}$$

ou

$$V = \sqrt{\frac{g(p-p')}{3p'd}\left(p+p'+\frac{8pp'}{p+p'}\right)}.$$

Cette expression de la vitesse d'écoulement peut encore être présentée sous une forme qui se prête plus facilement aux applications. Soient $v, v', v'', v''', \ldots, v_m$ les volumes qu'occupe successivement la masse gazeuse pendant la dilatation, et supposons que chaque accroissement de volume soit une fraction $\frac{1}{k}$ infiniment petite du volume primitif. Évidemment tous ces volumes pourront être considérés comme les termes d'une progression géométrique dont la raison $r = 1 + \frac{1}{k}$, et l'on aura

$$v' = vr;\quad v'' = vr^2,\quad v''' = vr^3,\quad \ldots,\quad v_{m-1} = vr^{m-1},\quad v_m = vr^m.$$

Désignant par $p, p', p'', p''', \ldots, p_m$ les pressions relatives à ces volumes, en vertu de la loi de Mariotte, on aura

$$pv = p'v' = p'vr,$$

d'où

$$p' = \frac{p}{r},\quad pv = p''vr^2;$$

et

$$p'' = \frac{p}{r^2},\quad p''' = \frac{p}{r^3},\quad p_m = \frac{p}{r^m}.$$

Les accroissements de volume étant infiniment petits pour chacun d'eux, la pression pourra être considérée comme constante. Ainsi le travail correspondant au premier sera

$$(vr - v)p = v(r-1)p.$$

Pour les travaux effectués pendant les accroissements suivants, on aura de même

$$(vr^2 - vr)\frac{p}{r} = vr(r-1)\frac{p}{r} = v(r-1)p,$$

$$(vr^3 - vr^2)\frac{p}{r^2} = vr^2(r-1)\frac{p}{r^2} = v(r-1)p.$$

Donc le travail de la dilatation pour chaque accroissement élémentaire de volume est une quantité constante. Appelant n le nombre qui indique de combien de fois son volume primitif le gaz se dilate, on aura

$$nv = vr^m, \quad n = r^m$$

et

$$\log n = m \log r, \quad \text{d'où} \quad m = \frac{\log n}{\log r};$$

divisant les deux membres par k,

$$\frac{m}{k} = \frac{\log n}{k \log r}, \quad \frac{m}{k} = \frac{\log n}{k \log\left(1 + \frac{1}{k}\right)}$$

ou

$$\frac{m}{k} = \frac{\log n}{\log\left(1 + \frac{1}{k}\right)^k}.$$

Or, lorsque k augmente indéfiniment, la limite de $\left(1 + \frac{1}{k}\right)^k$ est

$$e = 2,71828184\ldots,$$

base des logarithmes hyperboliques ou népériens. Il viendra donc

$$\frac{m}{k} = \log n \frac{1}{\log e}.$$

Le rapport $\frac{1}{\log e}$ étant le module des logarithmes népériens, on aura encore

$$\frac{m}{k} = \log \text{hyp}.\, n.$$

Supposons maintenant que p' soit la pression à la fin de la dilatation du gaz; comme nv est le volume correspondant à cette pression, d'après la loi précitée, il viendra

$$nvp' = vp, \quad \text{d'où} \quad n = \frac{p}{p'},$$

et par suite

$$\frac{m}{k} = \log \text{hyp}.\, \frac{p}{p'}.$$

La quantité $v(r-1)p$ étant le travail correspondant à chaque accroissement, pour m accroissements, le travail total sera

$$t = mv(r-1)p.$$

De la relation $r = 1 + \frac{1}{k}$ on déduit

$$r - 1 = \frac{1}{k};$$

et, en substituant, il vient

$$t = vp\,\frac{m}{k} \quad \text{ou} \quad t = vp \log \text{hyp}.\, \frac{p}{p'},$$

et, d'après le principe des forces vives,

$$\frac{1}{2}\frac{q}{g}\,V^2 = vp \log \text{hyp}.\, \frac{p}{p'}.$$

Remplaçant q par sa valeur vd,

$$\frac{1}{2}\frac{vd}{g}\,V^2 = vp \log \text{hyp}.\, \frac{p}{p'}$$

et

$$V^2 = 2g\,\frac{p}{d} \log \text{hyp}.\, \frac{p}{p'},$$

$$V = \sqrt{2g\,\frac{p}{d} \log \text{hyp}.\, \frac{p}{p'}}.$$

8. *Vitesse d'écoulement d'un liquide, lorsque l'aire de l'orifice est comparable à celle du vase ou du réservoir.* — Appelons O l'aire de l'orifice, A celle de la section du vase à la surface libre et x la vitesse d'arrivée du liquide qui, à la partie supérieure, remplace celui qui s'échappe par l'orifice. Comme le liquide est incompressible et que d'ailleurs le mouvement est permanent, il est clair que, dans le même temps, la même quantité de liquide passera par toutes les sections du vase. On aura donc

$$Ax = OV$$

et

$$x = \frac{OV}{A}, \quad x^2 = \frac{O^2V^2}{A^2}.$$

Désignant par h' la charge génératrice qui correspond à la vitesse x, on aura aussi

$$x^2 = 2gh' \quad \text{et} \quad h' = \frac{x^2}{2g}.$$

Remplaçant x^2 par sa valeur

$$h' = \frac{O^2V^2}{2gA^2}.$$

Puisque le liquide arrive à la partie supérieure en vertu d'une pression due à la hauteur h', la section du vase peut être considérée comme un orifice servant à maintenir constant le niveau de la surface libre. De plus, la charge génératrice qui produit l'écoulement par l'orifice de sortie sera égale à la hauteur h du liquide au-dessus de cet orifice, augmentée de celle qui produit, à la partie supérieure, la vitesse d'arrivée, et que nous avons désignée par $h' = \frac{O^2V^2}{2gA^2}$. Ainsi, en apportant cette modification à la formule de Torricelli, on aura

$$V^2 = 2g\left(h + \frac{O^2V^2}{2gA^2}\right)$$

ou

$$V^2 = 2gh + \frac{2gO^2V^2}{2gA^2}, \quad V^2 = 2gh + \frac{O^2V^2}{A^2}, \quad V^2 - \frac{O^2V^2}{A^2} = 2gh.$$

Mettant V^2 en facteur commun et déduisant la valeur de V, on aura successivement

$$V^2\left(1-\frac{O^2}{A^2}\right)=2gh,\quad V^2=\frac{2gh}{1-\frac{O^2}{A^2}},\quad V=\sqrt{\frac{2gh}{1-\frac{O^2}{A^2}}}.$$

Il est aisé de comprendre, en effet, que, dans le cas particulier où l'orifice est très-petit par rapport à la section du réservoir, la vitesse d'arrivée est si petite que, sans erreur sensible, on peut la négliger, mais qu'il ne saurait en être de même si les deux sections sont comparables. Par suite, la pression due à la vitesse de l'eau remplaçant celle qui s'écoule doit se transmettre intégralement sur la tranche voisine de l'orifice. Cette observation justifie pourquoi la hauteur h comprise entre cet orifice et la surface libre doit être augmentée de $h'=\frac{O^2V^2}{2gA^2}$.

On parvient à la même conclusion par l'application immédiate du théorème des forces vives, ce qui a l'avantage de généraliser la question. Appelons M la masse du liquide à la partie supérieure et V′ la vitesse qu'elle possède. Lorsque cette quantité de liquide passera par l'orifice, elle sera animée de la vitesse V; conséquemment la variation de la force vive sera

$$MV^2-MV'^2,$$

et, comme le travail de la pesanteur qui l'a produite est Mgh, en vertu du théorème précité, on aura

$$\tfrac{1}{2}MV^2-\tfrac{1}{2}MV'^2=Mgh$$

ou

$$V^2-V'^2=2gh \quad \text{et} \quad V^2=2gh+V'^2.$$

A cause de la permanence du mouvement, on a aussi

$$AV'=OV,\quad V'=\frac{OV}{A},\quad V'^2=\frac{O^2V^2}{A^2}.$$

Remplaçant V'^2 par cette valeur, il vient

$$V^2-\frac{O^2V^2}{A^2}=2gh,\quad V^2\left(1-\frac{O^2}{A^2}\right)=2gh,\quad V^2=\frac{2gh}{\left(1-\frac{O^2}{A^2}\right)}$$

et

$$V=\sqrt{\frac{2gh}{1-\frac{O^2}{A^2}}}.$$

Si l'orifice est noyé, on aura

$$V=\sqrt{\frac{2g(h-h')}{1-\frac{O^2}{A^2}}}.$$

Si l'orifice débouche à l'air libre et que la surface supérieure soit soumise à une certaine pression P

$$V=\sqrt{\frac{2g\left(h+\frac{P}{1000}\right)}{1-\frac{O^2}{A^2}}}.$$

Quand l'orifice est noyé et que l'on exerce une pression P sur le niveau supérieur, on a

$$V=\sqrt{\frac{2g\left(h-h'+\frac{P}{1000}\right)}{1-\frac{O^2}{A^2}}}.$$

Enfin l'orifice étant noyé et les deux niveaux subissant chacun une pression extérieure, on aura

$$V=\sqrt{\frac{2g\left(h-h'+\frac{P-P'}{1000}\right)}{1-\frac{O^2}{A^2}}}.$$

9. *Extension de cette formule à l'écoulement des gaz.* — Des expériences faites par M. Pecqueur sur les fluides élastiques, M. Poncelet a déduit, par la discussion, que les lois de l'écoulement des liquides sont applicables au mouvement des gaz et des vapeurs, entre des limites de pressions étendues et pour des longueurs de tuyaux assez considérables. Par conséquent, si la section de l'orifice est comparable à

celle du récipient, la formule proposée par Daniel Bernoulli deviendra

$$V=\sqrt{\frac{2g\,\frac{P-P'}{d}}{1-\frac{O^2}{A^2}}}.$$

Si les pressions intérieure et extérieure diffèrent de plus de $\frac{1}{25}$ à $\frac{1}{19}$, on aura aussi :

1° Au moyen de la formule obtenue par quadrature,

$$V=\sqrt{\frac{g\,\frac{P-P'}{3P'd}\left(P+P'+\frac{8PP'}{P+P'}\right)}{1-\frac{O^2}{A^2}}};$$

2° Si l'on emploie la formule déduite de l'analyse,

$$V=\sqrt{\frac{2g\,\frac{P}{d}\log\text{hyp.}\,\frac{P}{P'}}{1-\frac{O^2}{A^2}}}.$$

Dans la pratique, presque toujours l'aire de la section de l'orifice est très-petite par rapport à celle de la section du récipient d'où s'échappe le gaz. Aussi généralement emploie-t-on la formule de Bernoulli ou celle qui suit, selon la différence des pressions intérieure et extérieure.

10. Applications. — 1° *Trouver la vitesse d'un liquide qui s'échappe par un orifice pratiqué en mince paroi, sachant que la charge génératrice est égale à* $5^m,20$.

$$V=\sqrt{2gh},\quad V=\sqrt{2\times 9,81\times 5,20}=10^m,10.$$

2° *Trouver la hauteur à laquelle est due une vitesse d'écoulement égale à* $9^m,684$.

$$V^2=2gh,\quad h=\frac{V^2}{2g},\quad h=\frac{(9,684)^2}{19,62}=4^m,78.$$

3° *Trouver la vitesse d'écoulement par un orifice noyé, sachant que la hauteur du niveau supérieur au-dessus de l'orifice est égale à* $5^{m},20$ *et celle du niveau inférieur à* $2^{m},15$.

$$V = \sqrt{2g(h-h')}, \quad V = \sqrt{19,62\,(5,20-2,15)} = 7^{m},735.$$

4° *Trouver la vitesse d'écoulement, sachant que la charge génératrice est égale à 3 mètres et que la surface de niveau est soumise, au moyen d'un piston, à une pression de* $0^{kg},30$ *par centimètre carré.*

$$V = \sqrt{2g\left(h + \frac{P}{1000}\right)}.$$

La pression par mètre carré étant égale à 3000 kilogrammes, puisque les pressions exercées sont proportionnelles aux surfaces pressées, on aura

$$V = \sqrt{19,62\left(3 + \frac{3000}{1000}\right)} = \sqrt{19,62 \times 6}, \quad V = 10^{m},84.$$

5° *Trouver la vitesse d'écoulement de la vapeur aqueuse sous la pression de 5 atmosphères, sachant que l'orifice débouche dans un milieu où la pression est égale à* $4^{atm},80$ *et que le poids d'un mètre cube de vapeur à la pression de 5 atmosphères est* $2^{kg},586$.

$$V = \sqrt{2g\frac{P-P'}{d}}, \quad P - P' = 5^{atm} - 4^{atm},80 = 0^{atm},20.$$

Comme une atmosphère correspond à 10330 kilogrammes par mètre carré,

$$P - P' = 10330^{kg} \times 0,20 = 2066^{kg},$$

$$V = \sqrt{\frac{19,62 \times 2066^{kg}}{2,586}}, \quad V = 125^{m},20.$$

6° *Supposons que la pression extérieure soit égale à 4 atmosphères.* — Dans ce cas, la différence des pressions étant plus grande que $\frac{1}{19}$ de la pression intérieure, on doit appliquer la formule

$$V = \sqrt{\frac{g(P - P')}{3dP'}\left(P + P'\frac{8PP'}{P + P'}\right)},$$

$$P - P' = 5^{atm} - 4^{atm} = 1^{atm} = 10330^{kg},$$

$$P + P' = 9^{atm} = 9 \times 10330 + 92970^{kg},$$

$$P = 10330^{kg} \times 5 = 51650^{kg}, \quad P' = 10330 \times 4 = 41320.$$

Introduisant ces valeurs numériques dans la formule, on aura

$$V = \sqrt{\frac{19,62 \times 10330}{3 \times 2,586}\left(92970 \times \frac{8 \times 51650 \times 41320}{92970}\right)}.$$

Comme la différence des pressions est exactement égale à $\frac{1}{5}$ de la pression intérieure P, la formule générale, dans ce cas particulier, peut être simplifiée.

En effet,

$$P' = \tfrac{4}{5}P \quad \text{et} \quad P - P' = \tfrac{1}{5}P;$$

donc

$$\frac{g(P - P')}{3dP'} = \frac{g}{3 \times 4d}.$$

De plus

$$P + P' = P + \tfrac{4}{5}P = \tfrac{9}{5}P \quad \text{et} \quad \frac{8PP'}{P + P'} = \frac{32P}{9}.$$

En substituant, il viendra

$$V = \sqrt{\frac{g}{12d}\left(\tfrac{9}{5}P + \frac{32P}{9}\right)}.$$

Remplaçant par les quantités numériques de la question,

$$V = \sqrt{\frac{9,81}{12 \times 2,586}\left(\frac{9 \times 51650}{5} + \frac{32 \times 51650}{9}\right)};$$

Effectuant les calculs, on trouve approximativement

$$V = 295^{m},7.$$

Si l'on applique la seconde formule,

$$V = \sqrt{2g\frac{P}{d}\log \text{hyp.} \frac{P}{P'}},$$

$$\frac{P}{P'} = \frac{5}{4} = 1,25, \quad \text{et} \quad \log \text{hyp.}\, 1,25 = 0,2231435,$$

$$V = \sqrt{19,62 \times \frac{51650}{2,586} \times 0,2231435};$$

on trouve le même résultat $295^{m},7$.

Table des vitesses correspondant à différentes hauteurs de chute.

HAUTEURS de chute.	VITESSES correspondantes.	HAUTEURS de chute.	VITESSES correspondantes.	HAUTEURS de chute.	VITESSES correspondantes.	HAUTEURS de chute.	VITESSES correspondantes
m	m	m	m	m	m	m	m
0,01	0,140	0,32	2,506	0,72	3,758	1,12	4,687
0,02	0,198	0,33	2,544	0,73	3,784	1,13	4,708
0,03	0,243	0,34	2,582	0,74	3,810	1,14	4,729
0,04	0,280	0,35	2,620	0,75	3,836	1,15	4,750
0,05	0,313	0,36	2,658	0,76	3,861	1,16	4,770
0,06	0,343	0,37	2,694	0,77	3,886	1,17	4,790
0,07	0,370	0,38	2,750	0,78	3,911	1,18	4,811
0,08	0,395	0,39	2,766	0,79	3,936	1,19	4,831
0,09	0,420	0,40	2,801	0,80	3,961	1,20	4,852
0,01	0,443	0,41	2,836	0,81	3,986	1,21	4,872
0,02	0,626	0,42	2,870	0,82	4,011	1,22	4,892
0,03	0,767	0,43	2,904	0,83	4,035	1,23	4,913
0,04	0,886	0,44	2,938	0,84	4,059	1,24	4,933
0,05	0,990	0,45	2,971	0,85	4,083	1,25	4,953
0,06	1,085	0,46	3,004	0,86	4,107	1,26	4,972
0,07	1,172	0,47	3,037	0,87	4,131	1,27	4,991
0,08	1,253	0,48	3,069	0,88	4,155	1,28	5,011
0,09	1,329	0,49	3,100	0,89	4,178	1,29	5,031
0,10	1,401	0,50	3,132	0,90	4,202	1,30	5,050
0,11	1,468	0,51	3,163	0.91	4,225	1,31	5,069
0,12	1,534	0,52	3,194	0,92	4,248	1,32	5,089
0,13	1,597	0,53	3,224	0,93	4,271	1,33	5,108
0,14	1,657	0,54	3,253	0,94	4,294	1,34	5,127
0,15	1,715	0,55	3,285	0,95	4,317	1,35	5,146
0,16	1,772	0,56	3,314	0,96	4,340	1,36	5,165
0,17	1,826	0,57	3,344	0,97	4,362	1,37	5,184
0,18	1,879	0,58	3,373	0,98	4,384	1,38	5,203
0,19	1,931	0,59	3,402	0,99	4,407	1,39	5,222
0,20	1,981	0,60	3,431	1,00	4,429	1,40	5,241
0,21	2,030	0,61	3,459	1,01	4,451	1,41	5,259
0,22	2,078	0,62	3,488	1,02	4,473	1,42	5,278
0,23	2,124	0,63	3,516	1,03	4,495	1,43	5,297
0,24	2,170	0,64	3,543	1,04	4,517	1,44	5,315
0,25	2,215	0,65	3,571	1,05	4,539	1,45	5,333
0,26	2,259	0,66	3,598	1,06	4,560	1,46	5,351
0,27	2,301	0,67	3,625	1,07	4,582	1,47	5,370
0,28	2,344	0,68	3,652	1,08	4,603	1,48	5,388
0,29	2,385	0,69	3,679	1,09	4,624	1,49	5,406
0,30	2,426	0,70	3,706	1,10	4,645	1,50	5,425
0,31	2,466	0,71	3,732	1,11	4,666	1,51	5,443

HAUTEURS de chute.	VITESSES correspondantes.	HAUTEURS de chute.	VITESSES correspondantes.	HAUTEURS de chute.	VITESSES correspondantes.	HAUTEURS de chute.	VITESSES correspondantes.
m	m	m	m	m	m	m	m
1,52	5,461	1,96	6,202	2,40	6,862	2,84	7,464
1,53	5,479	1,97	6,217	2,41	6,876	2,85	7,477
1,54	5,496	1,98	6,232	2,42	6,890	2,86	7,490
1,55	5,514	1,99	6,248	2,43	6,904	2,87	7,503
1,56	5,532	2,00	6,264	2,44	6,919	2,88	7,517
1,57	5,550	2,01	6,279	2,45	6,933	2,89	7,530
1,58	5,567	2,02	6,295	2,46	6,947	2,90	7,543
1,59	5,585	2,03	6,311	2,47	6,961	2,91	7,556
1,60	5,603	2,04	6,326	2,48	6,975	2,92	7,569
1,61	5,620	2,05	6,341	2,49	6,989	2,93	7,582
1,62	5,637	2,06	6,357	2,50	7,003	2,94	7,594
1,63	5,655	2,07	6,372	2,51	7,017	2,95	7,607
1,64	5,672	2,08	6,388	2,52	7,031	2,96	7,620
1,65	5,690	2,09	6,403	2,53	7,045	2,97	7,633
1,66	5,707	2,10	6,418	2,54	7,059	2,98	7,646
1,67	5,724	2,11	6,434	2,55	7,073	2,99	7,659
1,68	5,741	2,12	6,449	2,56	7,087	3,00	7,672
1,69	5,758	2,13	6,464	2,57	7,101	3,01	7,684
1,70	5,775	2,14	6,479	2,58	7,114	3,02	7,697
1,71	5,792	2,15	6,494	2,59	7,128	3,03	7,710
1,72	5,809	2,16	6,510	2,60	7,142	3,04	7,722
1,73	5,826	2,17	6,525	2,61	7,156	3,05	7,735
1,74	5,842	2,18	6,540	2,62	7,169	3,06	7,748
1,75	5,859	2,19	6,555	2,63	7,183	3,07	7,760
1,76	5,876	2,20	6,570	2,64	7,197	3,08	7,773
1,77	5,893	2,21	6,584	2,65	7,210	3,09	7,786
1,78	5,909	2,22	6,599	2,66	7,224	3,10	7,798
1,79	5,926	2,23	6,614	2,67	7,237	3,11	7,811
1,80	5,942	2,24	6,629	2,68	7,251	3,12	7,823
1,81	5,959	2,25	6,644	2,69	7,265	3,13	7,833
1,82	5,975	2,26	6,658	2,70	7,278	3,14	7,849
1,83	5,992	2,27	6,675	2,71	7,291	4,15	7,861
1,84	6,008	2,28	6,688	2,72	7,305	4,16	7,873
1,85	6,024	2,29	6,703	2,73	7,318	3,17	7,886
1,86	6,041	2,30	6,717	2,74	7,332	3,18	7,898
1,87	6,057	2,31	6,732	2,75	7,345	3,19	7,911
1,88	6,073	2,32	6,746	2,76	7,358	3,20	7,923
1,89	6,089	2,33	6,761	2,77	7,372	3,21	7,936
1,90	6,105	2,34	6,775	2,78	7,385	3,22	7,948
1,91	6,122	2,35	6,790	2,79	7,398	3,23	7,960
1,92	6,138	2,36	6,804	2,80	7,411	3,24	7,973
1,93	6,154	2,37	6,819	2,81	7,425	3,25	7,985
1,94	6,170	2,38	6,833	2,82	7,437	3,26	7,997
1,95	6,186	2,39	6,847	2,83	7,451	3,27	8,009

HAUTEURS de chute.	VITESSES correspondantes.	HAUTEURS de chute.	VITESSES correspondantes.	HAUTEURS de chute.	VITESSES correspondantes.	HAUTEURS de chute.	VITESSES correspondantes.
m	m	m	m	m	m	m	m
3,28	8,022	3,72	8,543	4,16	9,034	4,60	9,500
3,29	8,034	3,73	8,554	4,17	9,045	4,61	9,510
3,30	8,046	3,74	8,566	4,18	9,055	4,62	9,520
3,31	8,058	3,75	8,577	4,19	9,066	4,63	9,530
3,32	8,070	3,76	8,588	4,20	9,077	4,64	9,541
3,33	8,082	3,77	8,600	4,21	9,088	4,65	9,551
3,34	8,095	3,78	8,611	4,22	9,099	4,66	9,561
3,35	8,107	3,79	8,623	4,23	9,109	4,67	9,572
3,36	8,119	3,80	8,634	4,24	9,120	4,68	9,582
3,37	8,131	3,81	8,645	4,25	9,131	4,69	9,592
3,38	8,143	3,82	8,657	4,26	9,142	4,70	9,602
3,39	8,155	3,83	8,668	4,27	9,152	4,71	9,612
3,40	8,167	3,84	8,679	4,28	9,163	4,72	9,623
3,41	8,179	3,85	8,691	4,29	9,174	4,73	9,633
3,42	8,191	3,86	8,702	4,30	9,185	4,74	9,643
3,43	8,203	3,87	8,713	4,31	9,195	4,75	9,653
3,44	8,215	3,88	8,725	4,32	9,206	4,76	9,663
3,45	8,227	3,89	8,736	4,33	9,217	4,77	9,673
3,46	8,239	3,90	8,747	4,34	9,227	4,78	9,684
3,47	8,251	3,91	8,758	4,35	9,238	4,79	9,694
3,48	8,263	3,92	8,769	4,36	9,248	4,80	9,704
3,49	8,274	3,93	8,780	4,37	9,259	4,81	9,714
3,50	8,286	3,94	8,792	4,38	9,270	4,82	9,724
3,51	8,298	3,95	8,803	4,39	9,280	4,83	9,734
3,52	8,310	3,96	8,814	4,40	9,291	4,84	9,744
3,53	8,322	3,97	8,825	4,41	9,301	4,85	9,754
3,54	8,333	3,98	8,836	4,42	9,312	4,86	9,764
3,55	8,345	3,99	8,847	4,43	9,322	4,87	9,774
3,56	8,357	4,00	8,858	4,44	9,333	4,88	9,784
3,57	8,369	4,01	8,869	4,45	9,343	4,89	9,794
3,58	8,380	4,02	8,880	4,46	9,354	4,90	9,804
3,59	8,392	4,03	8,892	4,47	9,364	4,91	9,814
3,60	8,404	4,04	8,903	4,48	9,375	4,92	9,824
3,61	8,415	4,05	8,914	4,49	9,385	4,93	9,834
3,62	8,427	4,06	8,925	4,50	9,396	4,94	9,844
3,63	8,439	4,07	8,936	4,51	9,406	4,95	9,854
3,64	8,450	4,08	8,946	4,52	9,417	4,96	9,864
3,65	8,462	4,09	8,957	4,53	9,427	4,97	9,874
3,66	8,474	4,10	8,968	4,54	9,437	4,98	9,884
3,67	8,485	4,11	8,979	4,55	9,448	4,99	9,894
3,68	8,497	4,12	8,990	4,56	9,458	5,00	9,904
3,69	8,508	4,13	9,001	4,57	9,468		
3,70	8,520	4,14	9,012	4,58	9,479		
3,71	8,531	4,15	9,023	4,59	9,489		

11. *Phénomène de la contraction.* — Dans la théorie de l'écoulement des fluides par un orifice pratiqué en mince paroi, nous avons admis d'une manière absolue l'hypothèse du parallélisme des tranches. Or l'expérience a appris qu'il n'en est jamais ainsi et que, dans le voisinage de l'orifice surtout, les filets fluides se détachent des parois latérales pour converger vers un point. Ainsi, par leur inflexion, ils se présentent de toutes parts à l'orifice; mais, comme ils ne peuvent perdre instantanément leurs directions respectives, en réagissant les uns sur les autres, ils affectent une forme curviligne dont la convexité est tournée vers l'axe de l'orifice, et il en résulte que la section de la veine diminue de plus en plus jusqu'à une certaine distance de l'orifice où les filets fluides redeviennent parallèles. La section minima a reçu le nom de *section contractée.* L'observation a encore appris qu'elle se trouve, pour les orifices circulaires, à une distance égale à une fois ou une demi-fois le diamètre, selon que cet orifice est petit ou grand.

La forme des parois latérales et leur distance à l'orifice influent notablement sur la contraction. Elle sera moindre si l'intérieur du vase est disposé de manière que la déviation des filets fluides soit faible par rapport à l'axe de l'orifice.

Lorsque les parois sont planes et que l'orifice est percé au fond du vase, la contraction sera d'autant moindre que les deux faces AB, CD (*fig.* 2) se rapprocheront de l'orifice *ab*.

Fig. 2.

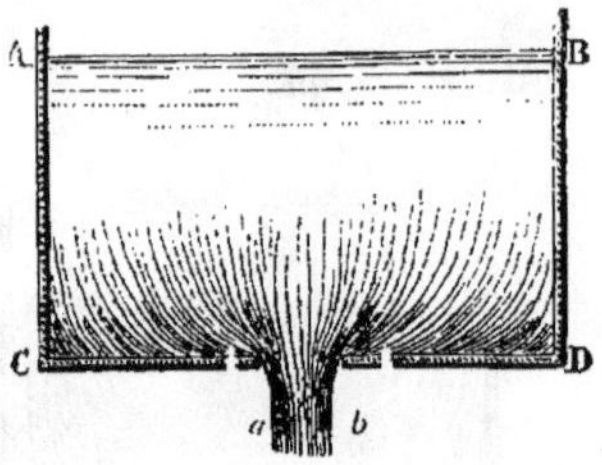

Dans le cas où l'orifice est pratiqué à une paroi verticale, la contraction diminuera à mesure que le niveau supérieur AB se rapprochera de l'orifice *ab* ou que cet orifice sera lui-même plus près du fond du vase (*fig.* 3).

Fig. 3.

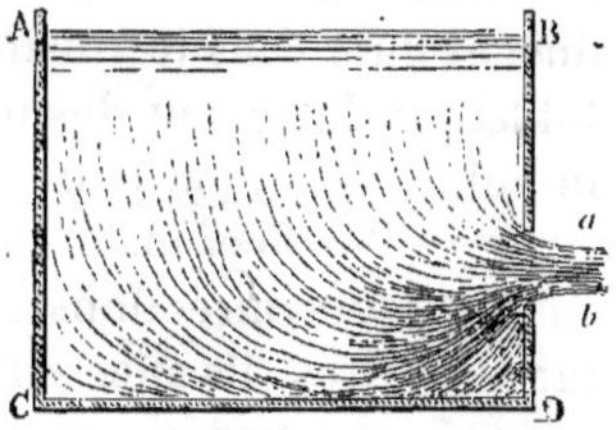

Elle sera très-faible si la paroi, au lieu d'être plane, est convexe au dehors et affecte à peu près la forme que tend à prendre la veine fluide, c'est-à-dire si elle est prolongée par un raccordement de cette forme. Dans ce cas, les filets fluides s'échappent dans des directions très-sensiblement parallèles (*fig.* 4).

Fig. 4.

Au contraire, elle deviendra très-grande dans le cas où la paroi est convexe vers l'intérieur (*fig.* 5).

Fig. 5.

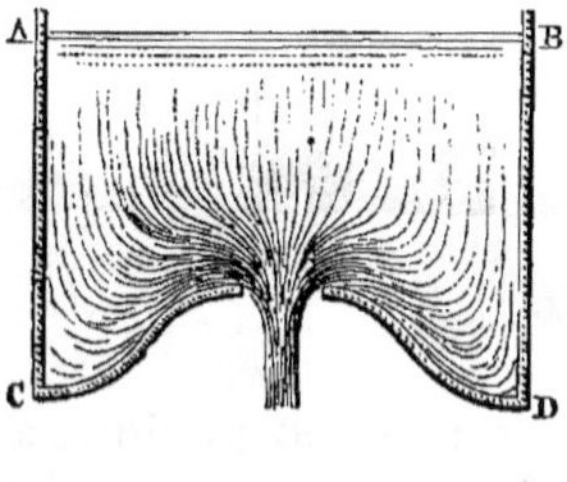

Enfin la contraction sera la plus grande possible lorsque

l'orifice est reporté dans l'intérieur du vase au moyen d'un tuyau parallèle à l'axe de l'orifice et dont la section diffère peu de cet orifice (*fig.* 6).

Fig. 6.

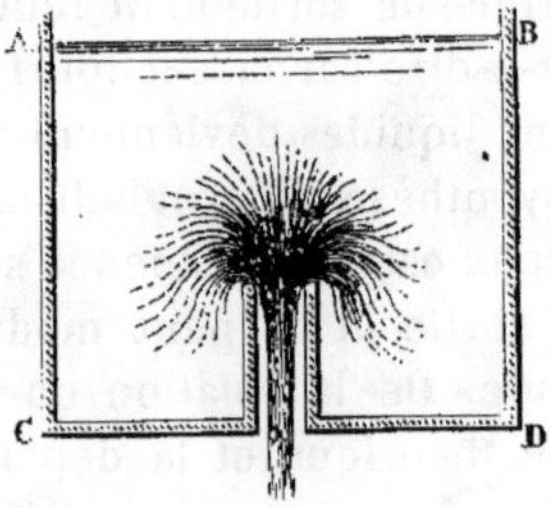

Borda, par des considérations purement théoriques, a démontré que, dans ce cas, la section de la veine fluide est approximativement réduite à la moitié de celle de l'orifice.

12. *Dépense d'un orifice.* — On appelle *dépense d'un orifice* la quantité de liquide qui s'échappe par cet orifice en une seconde. Cette dénomination sert aussi à désigner le volume du liquide qui traverse une section déterminée d'un courant dans le même temps.

La dépense est dite *théorique* lorsqu'elle a été calculée, abstraction faite des effets de la contraction. Il est évident que, dans l'hypothèse du parallélisme des tranches, les filets qui passent par l'orifice ne changeant pas de direction, le volume d'eau qui s'écoule en une seconde sera égal à l'aire de l'orifice multipliée par la vitesse de sortie. Appelant D la dépense, O l'aire de l'orifice et V la vitesse d'écoulement, on aura

$$D = OV.$$

On appelle *dépense pratique* ou *effective* la quantité de liquide qui s'écoule réellement par l'orifice dans l'unité de temps. Appelant D′ cette dépense, O′ l'aire de la section contractée et V la vitesse, en admettant que cette vitesse ne s'est pas altérée dans le passage de l'orifice à la section contractée, on aura

$$D' = O'V, \quad \text{d'où} \quad \frac{D'}{D} = \frac{O'V}{OV} = \frac{O'}{O}.$$

Puisque la section contractée est moindre que celle de l'orifice, la dépense effective n'est qu'une fraction de la dépense théorique, et en supposant la vitesse la même, dans les deux cas, l'écoulement a lieu dans les mêmes conditions que si l'orifice de sortie était remplacé par la section contractée, c'est-à-dire par la section faite dans la veine au point où les filets liquides deviennent parallèles entre eux. Ainsi ce que l'hypothèse du parallélisme des tranches présente de défectueux est sans influence sensible sur la valeur de la vitesse de sortie et ne peut modifier que la quantité d'eau qui s'écoule. De la relation que nous avons établie entre la dépense théorique et la dépense pratique, on déduit

$$D' = D\frac{O'}{O}.$$

D'après ces considérations, quelques auteurs ont cherché à déterminer directement le rapport de la section contractée à la section de l'orifice et le nombre ainsi obtenu a reçu le nom de *coefficient de contraction,* ou improprement celui de *multiplicateur de dépense.*

La comparaison des résultats théoriques avec ceux déduits de l'expérience pour des orifices de mêmes dimensions a fait reconnaître que les premiers étaient généralement un peu trop élevés, et cette différence est attribuée à la perte de vitesse occasionnée par le frottement des filets liquides contre les parois des orifices. Qu'elle ait pour cause le frottement ou l'inexactitude du rapport établi entre la section contractée et celle de l'orifice, les coefficients ainsi obtenus ne pouvaient inspirer une confiance absolue. Pour mettre fin à ces incertitudes, MM. Poncelet et Lesbros ont entrepris une série d'expériences, et par la comparaison des dépenses obtenues au moyen des formules avec celles déduites de jaugeages faits avec le plus grand soin, ils ont formé un tableau des multiplicateurs de dépense pour des orifices de formes et de grandeurs diverses sous des charges différentes.

Table des coefficients des formules de la dépense théorique des orifices rectangulaires en mince paroi avec contraction complète et versant librement dans l'air (les charges étant mesurées en un point où le liquide soit parfaitement stagnant).

CHARGES sur le sommet des orifices.	COEFFICIENTS DE LA DÉPENSE THÉORIQUE pour des hauteurs d'orifice de					
	$0^m,20$	$0^m,10$	$0^m,05$	$0^m,03$	$0^m,02$	$0^m,01$
m	m	m	m	m	m	m
0,000	//	//	//	//	//	//
0,005	//	//	//	//	//	0,705
0,010	//	//	0,607	0,630	0,660	0,701
0,015	//	0,593	0,612	0,632	0,660	0,697
0,020	0,572	0,596	0,615	0,634	0,659	0,694
0,030	0,578	0,600	0,620	0,638	0,659	0,688
0,040	0,582	0,607	0,623	0,640	0,658	0,683
0,050	0,585	0,605	0,625	0,640	0,658	0,679
0,060	0,587	0,603	0,627	0,640	0,657	0,676
0,070	0,588	0,609	0,628	0,639	0,656	0,673
0,080	0,589	0,610	0,629	0,638	0,656	0,670
0,090	0,591	0,610	0,629	0,637	0,655	0,668
0,100	0,592	0,611	0,630	0,637	0,654	0,666
0,120	0,593	0,612	0,630	0,636	0,653	0,663
0,140	0,595	0,613	0,630	0,635	0,651	0,660
0,160	0,596	0,614	0,631	0,634	0,650	0,658
0,180	0,597	0,615	0,630	0,634	0,649	0,657
0,200	0,598	0,615	0,630	0,633	0,648	0,655
0,250	0,599	0,616	0,630	0,632	0,646	0,653
0,300	0,600	0,616	0,629	0,632	0,644	0,650
0,400	0,602	0,617	0,628	0,631	0,642	0,647
0;500	0,603	0,617	0,628	0,630	0,640	0,644
0,600	0,604	0,617	0,627	0,630	0,638	0,642
0,700	0,604	0,616	0,627	0,629	0,637	0,640
0,800	0,605	0,616	0,627	0,629	0,636	0,637
0,900	0,605	0,615	0,626	0,628	0,634	0,635
1,000	0,605	0,615	0,626	0,628	0,633	0,632
1,100	0,604	0,614	0,625	0,627	0,631	0,629
1,200	0,604	0,614	0,624	0,626	0,628	0,626
1,300	0,603	0,613	0,622	0,624	0,625	0,622
1,400	0,603	0,612	0,621	0,622	0,622	0,628
1,500	0,602	0,611	0,620	0,620	0,619	0,615
1,600	0,602	0,611	0,618	0,618	0,617	0,618
1,700	0,602	0,610	0,617	0,616	0,615	0,612
1,800	0,601	0,609	0,615	0,615	0,614	0,612
1,900	0,601	0,608	0,614	0,613	0,612	0,621
2,000	0,601	0,607	0,613	0,612	0,612	0,611
3,000	0,601	0,603	0,606	0,608	0,610	0,609

Table des coefficients des formules de la dépense théorique des orifices rectangulaires verticaux en mince paroi avec contraction complète et versant librement dans l'air (les charges étant relevées immédiatement au-dessus de l'orifice).

CHARGES sur le sommet des orifices.	COEFFICIENTS DE LA DÉPENSE THÉORIQUE pour les hauteurs d'orifice de					
	$0^m,20$	$0^m,10$	$0^m,05$	$0^m,03$	$0^m,02$	$0^m,01$
m	m	m	m	m	m	m
0,000	0,619	0,667	0,713	0,766	0,783	0,795
0,005	0,597	0,630	0,668	0,725	0,750	0,778
0,010	0,595	0,618	0,642	0,687	0,720	0,762
0,015	0,594	0,615	0,639	0,674	0,707	0,745
0,020	0,594	0,614	0,638	0,668	0,697	0,729
0,030	0,593	0,613	0,637	0,659	0,685	0,708
0,040	0,593	0,612	0,636	0,654	0,678	0,695
0,050	0,593	0,612	0,636	0,651	0,672	0,686
0,060	0,594	0,613	0,635	0,647	0,668	0,681
0,070	0,594	0,613	0,635	0,645	0,665	0,677
0,080	0,594	0,613	0,635	0,643	0,662	0,675
0,090	0,595	0,614	0,634	0,641	0,659	0,672
0,100	0,595	0,614	0,634	0,640	0,657	0,669
0,120	0,596	0,614	0,633	0,637	0,655	0,665
0,140	0,597	0,614	0,632	0,636	0,653	0,661
0,160	0,597	0,615	0,631	0,635	0,651	0,659
0,180	0,598	0,615	0,631	0,634	0,650	0,657
0,200	0,599	0,615	0,630	0,633	0,649	0,656
0,250	0,600	0,616	0,630	0,632	0,646	0,653
0,300	0,601	0,616	0,629	0,632	0,644	0,651
0,400	0,602	0,617	0,629	0,631	0,642	0,647
0,500	0,603	0,617	0,628	0,630	0,640	0,645
0,600	0,604	0,617	0,627	0,630	0,638	0,643
0,700	0,604	0,616	0,627	0,629	0,637	0,640
0,800	0,605	0,616	0,627	0,629	0,636	0,637
0,900	0,605	0,615	0,626	0,628	0,634	0,635
1,000	0,605	0,615	0,626	0,628	0,633	0,632
1,100	0,604	0,614	0,625	0,627	0,631	0,629
1,200	0,604	0,614	0,624	0,626	0,628	0,626
1,300	0,603	0,613	0,622	0,624	0,625	0,622
1,400	0,603	0,612	0,621	0,622	0,622	0,618
1,500	0,602	0,611	0,620	0,620	0,619	0,615
1,600	0,602	0,611	0,618	0,618	0,617	0,613
1,700	0,602	0,610	0,617	0,616	0,615	0,612
1,800	0,601	0,609	0,615	0,615	0,614	0,612
1,900	0,601	0,608	0,614	0,613	0,613	0,611
2,000	0,601	0,607	0,614	0,612	0,612	0,611
3,000	0,601	0,603	0,606	0,608	0,610	0,609

Nous appellerons donc *coefficient de la dépense théorique*, ou simplement *multiplicateur de dépense*, le rapport de la dépense effective ou pratique à la dépense théorique. Ainsi ce rapport est le nombre par lequel il faut multiplier la dépense théorique pour avoir la dépense effective. On le désigne ordinairement par la lettre m. Appelant h la charge génératrice, on aura

$$D = mo\sqrt{2gh}.$$

13. Applications. — 1° *Trouver la dépense effective d'un orifice pratiqué en mince paroi de* $0^m,20$ *de hauteur sur* $1^m,15$ *de largeur et sous une charge de* $1^m,50$ *débouchant à l'air libre.*

$$D = mo\sqrt{2gh}, \quad D = m\,0,20 \times 1,15\sqrt{2 \times 9,81 \times 1,50}.$$

Puisque la charge est relevée au-dessus du centre de l'orifice, il est évident que, si on la considère au-dessus du sommet, en un point où le liquide est parfaitement stagnant, elle sera égale à $1^m,50 - 0^m,10$ ou $1^m,40$. D'après le tableau, pour une hauteur d'orifice de $0^m,20$ sous une charge de $1^m,40$ sur le sommet, $m = 0,603$; on aura donc

$$D = 0,603 \times 20 \times 1,15\sqrt{19,62 \times 1,50}, \quad D = 0^{mc},751699.$$

2° *Quelle est la dépense effective d'un orifice noyé de* $0^m,10$ *de hauteur sur* $0^m,80$ *de largeur, sachant que la charge dans le réservoir supérieur est de* $1^m,60$ *et dans le réservoir inférieur de* $0^m,40$?

$$D = mo\sqrt{2g(h - h')}.$$

D'après le tableau, $m = 0,614$,

$$D = 0,614 \times 0,10 \times 0,80\sqrt{19,62(1,60 - 0,40)}, \quad D = 0^{mc},238330.$$

14. *Remarque sur l'usage du tableau.* — Il arrive fort souvent que les hauteurs d'orifice sont comprises entre deux données consécutives du tableau. Dans ce cas, pour avoir la valeur du coefficient de la dépense, on emploie une méthode identique celle qui sert à trouver le logarithme d'un nombre compris entre deux nombres consécutifs des Tables, c'est-à-dire que l'on cherche une quatrième proportionnelle aux différences des coefficients du tableau et aux différences des hauteurs d'orifice.

EXEMPLE. — *Trouver la dépense d'un orifice de* $0^m,14$ *de hauteur sur* $0^m,90$ *de largeur, sous une charge de* $1^m,30$*, mesurée en un point où le liquide est parfaitement stagnant.*

$$D = m \times 0,14 \times 0,90 \sqrt{19,62 \times 1,30}.$$

La hauteur 0,14 étant comprise entre 0,10 et 0,20, le coefficient sera compris entre $0^m,603$ et $0^m,613$. La différence des hauteurs consécutives du tableau est égale à 0,20 — 0,10 ou 0,10 et celle des coefficients à 0,613 — 0,603 ou 0,010. De plus la différence entre 0,14 et 0,10 étant 0,04, il s'ensuit que, s'il faut retrancher 0,010 de 0,613 pour avoir le coefficient relatif à la hauteur 0,20, on aura aussi le nombre qu'il faudra retrancher dans le cas donné au moyen de la relation suivante :

$$\frac{0,20 - 0,10}{0,14 - 0,10} = \frac{0,613 - 0,603}{x} \quad \text{ou} \quad \frac{0,10}{0,04} = \frac{0,010}{x};$$

d'où

$$x = \frac{0,04 \times 0,010}{0,10} = 0,004.$$

Ainsi

$$m = 0,613 - 0,004 = 0,609$$

et

$$D = 0,609 \times 0,14 \times 0,90 \sqrt{19,62 \times 1,30}, \quad D = 0^{mc},387506.$$

15. *Contraction incomplète.* — La contraction est dite *incomplète* lorsqu'elle n'a lieu que sur une partie du contour de l'orifice. Dans ce cas, l'autre partie est dans le prolongement des parois du vase. Il en résulte que les filets fluides sortent parallèlement à cette paroi et que la contraction, sur cette partie, est diminuée, sinon annulée. M. Bidone a déduit de l'expérience les formules suivantes :

1° Pour les orifices rectangulaires,

$$m' = m\left(1 + 0,1523\,\frac{n}{p}\right);$$

2° Pour les orifices circulaires,

$$m' = m\left(1 + 0,1279\,\frac{n}{p}\right),$$

en désignant par

m' le multiplicateur de la dépense dans le cas de la contraction incomplète;

m le multiplicateur de la dépense relatif à la contraction complète;

n la portion du contour de l'orifice sur laquelle la contraction est annulée;

p le périmètre total de l'orifice.

16. Applications. — *Trouver le volume d'eau qui s'écoule en une seconde par un orifice rectangulaire de* $0^m,90$ *de largeur et de* $0^m,20$ *de hauteur; sachant que la charge mesurée au centre de l'orifice est égale à* $1^m,60$ *et que le seuil de l'orifice est dans le prolongement du fond du réservoir.*

$$D = m\left(1 + 0,1523\,\frac{n}{p}\right) O\sqrt{2gh},$$

$$n = 0,90, \quad p = 2(0,90 + 0,20) = 2,20,$$

$$\frac{n}{p} = \frac{0,90}{2,20} = 0,409,$$

$$(1 + 0,1523 \times 0,409) = 1,0622907.$$

D'après le tableau $m = 0,602$, d'où

$$m' = 0,602 \times 1,0622907 = 0,639;$$

par conséquent

$$D = 0,639 \times 0,90 \times 0,20\sqrt{19,62 \times 1,60}, \quad D = 0^{mc},644357.$$

2° *Trouver le volume d'eau débité en une seconde, avec les mêmes données, mais dans l'hypothèse où la contraction est supprimée sur le fond et sur les côtés verticaux de l'orifice.*

$$n = 0,90 + (2 \times 0,20) = 1,30,$$
$$p = 2(0,90 + 0,20) = 2,20,$$
$$\frac{n}{p} = \frac{1,30}{2,20} = 0,59;$$
$$(1 + 0,1523 \times 0,59) = 1,089857,$$
$$D = 0,602 \times 1,089857 \times 0,90 \times 0,20 \sqrt{19,62 \times 1,60},$$
$$D = 0,661696.$$

17. *Formules de M. Poncelet.* — De la discussion des expériences de M. Bidone, M. Poncelet a déduit les formules suivantes, que l'on peut adopter dans les cas ordinaires de la pratique :

Si la contraction n'a lieu que sur trois côtés. $m' = m(1 + 0,035)$
Pour deux côtés........................ $m' = m(1 + 0,072)$
Pour un seul côté........................ $m' = m(1 + 0,125)$

18. *Cas où l'orifice est reporté à l'intérieur du vase au moyen d'un tuyau assez court pour que l'écoulement n'ait pas lieu en gueule-bée.* — Comme nous l'avons indiqué plus haut, il résulte des observations de Borda que, dans ce cas, la section contractée est réduite à la moitié de la section de l'orifice; conséquemment le multiplicateur de la dépense doit être égal à 0,50. Cette disposition se rencontre souvent dans les jets d'eau.

19. *Vannes d'écluses.* — Le seuil de ces vannes étant très-rapproché des radiers d'amont, la contraction est sensiblement diminuée. Le coefficient de la dépense généralement adopté est égal à 0,625, soit que l'orifice débouche à l'air libre ou qu'il soit noyé.

20. *Vannes inclinées.* — Les expériences de M. Poncelet, sur les roues qui portent son nom, ont conduit à adopter les multiplicateurs suivants :

Vannage incliné à 1 de base sur 2 de hauteur... $m = 0,74$
» à 1 de base sur 1 de hauteur... $m = 0,80$

La hauteur de l'orifice doit être mesurée verticalement et non dans le sens de l'inclinaison de la vanne.

21. *Orifices d'écoulement suivis d'un coursier.* — Presque toujours les orifices d'écoulement sont accompagnés d'un coursier dont l'inclinaison est plus ou moins grande. Les expériences de Bossut et de MM. Poncelet et Lesbros ont fait reconnaître qu'il ne modifie pas d'une manière sensible la dépense d'eau tant que la charge sur le centre de l'orifice ne descend pas au-dessous des limites suivantes :

Pour les orifices de $0^m,20$ à $0^m,15$ de hauteur...	$0^m,50$ à $0^m,60$
Pour les orifices de $0^m,10$....................	$0^m,30$ à $0^m,40$
Pour les orifices de $0^m,05$ et au-dessous......	$0^m,20$

22. *Vérification de la formule de Torricelli.* — Le moyen le plus simple consiste à étudier la forme que prend la veine fluide en sortant de l'orifice dans une direction quelconque formant avec l'horizon un angle α. Le liquide étant maintenu à une hauteur constante h, chaque molécule au moment de sa sortie de l'orifice aura, en vertu du théorème, une vitesse exprimée par $\sqrt{2gh}$. Elle se trouvera donc dans les mêmes conditions qu'un projectile lancé obliquement dans une direction α avec une vitesse initiale $\sqrt{2gh}$, et nous pourrons lui appliquer la théorie du mouvement des projectiles déduite de la composition des vitesses simultanées. Rapportant les différentes positions de la molécule à deux axes rectangulaires, l'un vertical, l'autre horizontal, et appelant x et y les coordonnées à un instant quelconque, on aura, d'après ce qui a été dit

$$y = \operatorname{tang} \alpha x \pm \frac{x^2}{4h \cos^2 \alpha},$$

suivant que le jet a lieu de bas en haut ou de haut en bas. Si l'angle $\alpha = 0$, auquel cas la direction de la vitesse est horizontale, l'équation de la parabole devient

$$y = \frac{x^2}{4h}.$$

Pour vérifier expérimentalement cette conséquence, Bossut

a mesuré la hauteur maxima d'un jet oblique ou la portée d'un jet horizontal en recevant le liquide sur un plan disposé au-dessous de l'orifice d'une quantité égale à y, et il a reconnu que la vitesse déduite de l'observation ne différait environ que de $\frac{1}{100}$ de celle obtenue. Cette différence est évidemment due à la résistance de l'air, de sorte que la formule de Torricelli peut être regardée comme exacte.

23. *Écoulement en gueule-bée ou par un tuyau additionnel.* — Lorsque l'épaisseur de la paroi est plus grande que la plus petite dimension de l'orifice, ou que cet orifice est prolongé par un tuyau additionnel cylindrique, après la contraction de la veine fluide, le liquide se dilate et remplit complétement le tuyau. Évidemment la vitesse doit diminuer dans le passage de la section contractée à celle du tuyau; car, si O représente la section du tuyau et V la vitesse correspondante, le volume du liquide qui passera par cette section sera OV. D'autre part,

Fig. 7.

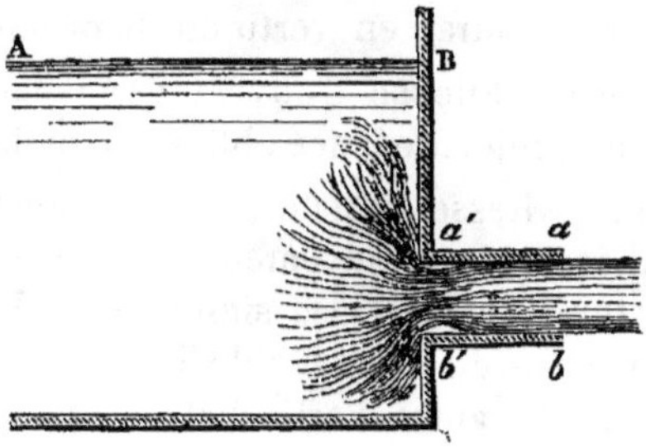

V' étant la vitesse à la section contractée $a'b' = O'$ (*fig.* 7), puisque le mouvement est permanent, on aura

$$OV = O'V'.$$

Or la section contractée O' étant moindre que celle de l'orifice O, pour que cette relation soit satisfaite, il faut que la vitesse V' soit plus grande que la vitesse V. Ainsi les tranches élémentaires qui passent par la section contractée, venant à rencontrer la masse liquide qui se meut à plein tuyau avec une vitesse moindre V, perdront une partie de leur vitesse égale à $V' - V$, et la perte de force vive éprouvée par toute la masse liquide sera

$$M(V' - V)^2.$$

Comme la vitesse du liquide, à l'extrémité du tuyau, est V, la force vive communiquée sera représentée par

$$MV^2 + M(V' - V)^2.$$

De plus, m étant le multiplicateur de la dépense, la quantité de liquide qui passe par la section contractée sera aussi exprimée par

$$mOV',$$

et l'on aura

$$mOV' = OV, \quad \text{d'où} \quad V' = \frac{V}{m}.$$

Remplaçant V' par cette valeur et appliquant le théorème des forces vives, il viendra

$$Mgh = \tfrac{1}{2}MV^2 + \tfrac{1}{2}M\left(\frac{V}{m} - V\right)^2$$

ou

$$2gh = V^2 + \left(\frac{V}{m} - V\right)^2,$$

$$2gh = V^2 + \left[V\left(\frac{1}{m} - 1\right)\right]^2,$$

$$2gh = V^2 + V^2\left(\frac{1}{m} - 1\right)^2.$$

Mettant V^2 en facteur commun,

$$2gh = V^2\left[1 + \left(\frac{1}{m} - 1\right)^2\right];$$

d'où

$$V^2 = \frac{2gh}{1 + \left(\frac{1}{m} - 1\right)^2} \quad \text{et} \quad V = \sqrt{2gh}\,\frac{1}{1 + \left(\frac{1}{m} - 1\right)^2}.$$

Dans les cas ordinaires, on prend $m = 0,62$. En remplaçant, on aura

$$V = \sqrt{\frac{1}{1 + \left(\frac{1}{0,62} - 1\right)^2}}\,\sqrt{2gh}.$$

Effectuant le calcul,

$$V = 0,85 \sqrt{2gh};$$

par suite, on aura pour la valeur de la dépense effective

$$D = 0,85 \times O \sqrt{2gh}.$$

Remarquons que, pour établir cette formule, nous avons fait abstraction du frottement des filets fluides contre les parois du tuyau, ce qui n'est permis que dans le cas où le tuyau cylindrique a une très-petite longueur.

La comparaison des résultats obtenus par la formule avec ceux déduits de l'expérience a appris que le coefficient 0,85 doit être réduit à 0,82. Ainsi, pour des ajutages de faible longueur, on aura

$$D = 0,82 \times O \sqrt{2gh}.$$

Les expériences de M. Eytelwein ont mis en évidence que l'écoulement a lieu dans les mêmes conditions que par un orifice pratiqué en mince paroi lorsque la longueur du tuyau additionnel est moindre que le diamètre, et que le multiplicateur de la dépense est maximum lorsque la longueur du tuyau est de deux à trois fois le diamètre. Au delà de cette limite il diminue de plus en plus. Les nombres déduits de ces expériences sont indiqués dans le tableau suivant :

Rapport de la longueur de l'ajutage à son diamètre.	Multiplicateur de la dépense théorique.
1 et au-dessous.........	0,62
2 à 3.................	0,82
12....................	0,77
24....................	0,73
36....................	0,68
48....................	0,63
60....................	0,60

24. *Ajutages coniques convergents.* — Ces ajutages influent notablement sur la section de la veine fluide et sur la vitesse, suivant la grandeur de l'angle de convergence, lorsque leur longueur est égale à deux ou trois fois le plus petit diamètre.

Par la représentation graphique des résultats de M. Castel, relatifs à des ajutages coniques de $0^m,0155$ de diamètre à la petite base et de $0^m,040$ de longueur, M. Morin a formé un tableau des multiplicateurs de la dépense et de la vitesse, qu'il nous semble utile de reproduire en indiquant la méthode qu'il a suivie.

A cet effet, prenant pour abscisses les angles de convergence indiqués par M. Castel, et pour ordonnées les multiplicateurs de la dépense correspondante, la ligne continue passant par les extrémités des ordonnées lui a permis de trouver très-approximativement les coefficients de dépense pour des angles de convergence compris entre les deux limites.

Pareillement, le tracé d'une seconde courbe ayant pour abscisses les mêmes angles, et pour ordonnées les multiplicateurs de la vitesse, a servi à trouver les multiplicateurs de la vitesse correspondant à des angles quelconques compris entre l'angle minimum et l'angle maximum considérés par M. Castel.

ANGLES de convergence.	MULTIPLICATEURS de la dépense.	MULTIPLICATEURS de la vitesse.	ANGLES de convergence.	MULTIPLICATEURS de la dépense.	MULTIPLICATEURS de la vitesse.
0°	0,820	0,830	20°	0,921	0,973
2	0,872	0,870	22	0,915	0,974
4	0,903	0,902	24	0,910	0,975
6	0,924	0,924	26	0,904	0,976
8	0,937	0,940	28	0,898	0,977
10	0,943	0,950	30	0,894	0,978
12	0,946	0,958	35	0,882	0,980
14	0,943	0,964	40	0,870	0,981
16	0,939	0,969	45	0,870	0,983
18	0,930	0,972	50	0,843	0,986

A l'inspection de ce tableau, on voit que la contraction et la vitesse de sortie augmentent avec l'angle de convergence, et que la plus grande dépense correspond à l'angle de convergence de 12 degrés.

Appliquant le même mode de recherche à la force vive

possédée par le liquide en sortant de l'ajutage, M. Morin a trouvé que le maximum de force vive se rapporte à l'angle de 16 degrés; mais que, pour l'angle de 12 degrés qui correspond à la dépense maxima, la force vive diffère peu de celle possédée par le liquide quand l'angle de convergence est égal à 16 degrés.

Cette remarque trouve son application dans le jeu des pompes à incendie, qui doivent, pour être d'un effet efficace, jeter le plus d'eau possible à la plus grande hauteur; par conséquent il convient d'adopter des ajutages coniques dont l'angle de convergence soit très-voisin de 12 à 16 degrés.

Quand il s'agira de calculer la dépense d'un orifice conique convergent, on déterminera d'abord la dépense théorique en prenant pour aire de l'orifice celle de la petite base du cône; puis on multipliera par le coefficient de la dépense qui convient à l'ajutage employé.

Quand l'orifice d'écoulement est muni d'un ajutage convergent dont le diamètre AB (*fig.* 8) de la grande base est égal

Fig. 8.

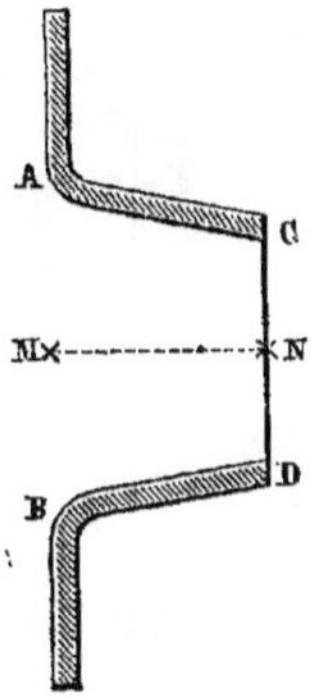

à 1,2 du diamètre extérieur CD, et si la longueur MN est égale à ce dernier diamètre, M. Eytelwein a montré expérimentalement que, cet ajutage étant réuni à la paroi du vase par des parties arrondies pour atténuer la contraction, le coefficient de la dépense théorique devient égal à 0,967.

Il a encore observé qu'en prolongeant l'ajutage conique convergent par des tuyaux cylindriques de différentes longueurs, cette disposition influait notablement sur la dépense.

25. *Ajutages coniques divergents.* — Dans la pratique, ces ajutages ne sont pas souvent employés. Il est cependant utile de rappeler que, sous certaines conditions de longueur et d'évasement, la dépense effective peut être rendue supérieure à la dépense théorique. Venturi, géomètre italien, par des combinaisons d'ajutages cylindriques convergents et divergents, a calculé des dépenses effectives qui dépassent de $\frac{1}{5}$, $\frac{1}{3}$ et même de près de $\frac{1}{2}$ la dépense théorique. Ces effets, dont les causes ne sont pas encore aujourd'hui bien constatées, seraient dus à ce qu'il appelle le *principe de la communication latérale du mouvement des fluides.* Enfin, en prolongeant les tuyaux cylindriques par un ajutage conique divergent dont la longueur est égale à neuf fois le diamètre de la petite base, et l'angle de convergence égal à 5° 6′, M. Eytelwein a reconnu que l'accroissement de la dépense devenait très-considérable. Par la comparaison des dépenses effectives obtenues d'abord avec l'embouchure et les tuyaux cylindriques, ensuite avec l'embouchure, les tuyaux cylindriques et l'ajutage divergent, la dépense du tuyau cylindrique étant prise pour unité et calculée d'après le plus petit diamètre, ce savant ingénieur a adopté les coefficients consignés dans le tableau suivant :

RAPPORT de la longueur du tuyau à son plus petit diamètre.	MULTIPLICATEURS DE LA DÉPENSE, celui du tuyau cylindrique étant pris pour unité	
	avec l'embouchure évasée.	avec l'embouchure et l'ajutage divergents.
1 et au-dessous......	1,56	"
2 à 3..............	1,15	1,35
12..............	1,13	1,27
24..............	1,10	1,24
36..............	1,09	1,23
48..............	1,09	1,21
60..............	1,08	1,17

26. Applications. — 1° *Trouver le volume d'eau qui s'écoule par un orifice de* $0^m,06$ *de diamètre, accompagné d'un ajutage cylindrique de* $0^m,18$ *de longueur sous une charge de* $1^m,50$ *sur le centre de cet orifice.*

La longueur de l'ajutage étant égale à trois fois le diamètre, d'après ce qui a été dit, le coefficient de la dépense sera égal à 0,82. On aura donc

$$D = 0{,}82 \times \frac{(0{,}06)^2}{1{,}273} \sqrt{19{,}62 \times 1{,}50}, \quad D = 0^{mc},012580.$$

2° *Quelle est la dépense d'un orifice de* $0^m,04$, *accompagné d'un tuyau cylindrique de* $0^m,96$ *de longueur, sous une charge de* $1^m,30$ *sur le centre de cet orifice?*

Le rapport de la longueur du tuyau au diamètre étant égal à 24, le coefficient $m = 0{,}73$.

$$D = 0{,}73 \times \frac{(0{,}04)^2}{1{,}273} \sqrt{19{,}62 \times 1{,}30}, \quad D = 0^{mc},004633.$$

3° *Trouver la dépense faite par un ajutage convergent de* $0^m,014$ *de diamètre et de* $0^m,040$ *de longueur, sous une charge de 3 mètres, l'angle de convergence étant de 12 degrés.*

Le coefficient relatif à cet angle, d'après le tableau, est égal à 0,946.

$$D = 0{,}946 \times \frac{(0{,}014)^2}{1{,}273} \sqrt{19{,}62 \times 3}, \quad D = 0^{mc},001117.$$

4° *Quelle est la dépense faite par un orifice convergent de* $0^m,04$ *de diamètre à la petite base, et de* $0^m,048$ *de longueur sous une charge de* $2^m,25$ *mesurée au centre?*

Puisque la longueur est égale à 1,2 fois le diamètre, d'après ce qui a été dit, le coefficient de la dépense $m = 0{,}967$. On aura donc

$$D = 0{,}967 \times \frac{(0{,}04)^2}{1{,}273} \sqrt{19{,}62 \times 2{,}25}, \quad D = 0^{mc},008075.$$

5° *Quelle est la dépense par une embouchure évasée suivie d'une partie cylindrique, sachant que le plus petit diamètre est de* $0^m,05$, *la longueur du tuyau de* $0^m,15$ *et la charge sur le centre de* $1^m,25$?

Pour trouver la dépense d'un orifice de ce genre, on détermine d'abord, d'après la règle indiquée, la dépense par la partie cylindrique, comme si elle était immédiatement adaptée au vase, puis on multiplie le résultat obtenu par le coefficient du tableau qui convient au rapport de la longueur au diamètre.

La longueur du cylindre étant égale à trois fois le diamètre, on aura d'abord

$$D = 0,82 \times \frac{(0,05)^2}{1,273}\sqrt{19,62 \times 1,25}, \quad D = 0^{mc},007976.$$

Telle serait la dépense si l'embouchure n'était pas évasée.

Mais, comme la disposition dont il s'agit influe sur la dépense, nous multiplierons le résultat obtenu par le coefficient 1,15, qui se rapporte à une embouchure évasée accompagnée d'un tuyau cylindrique dont la longueur est égale à trois fois le diamètre. Ainsi l'on aura

$$D = 1,15 \times 0,007976, \quad D = 0^{mc},009172.$$

6° *Trouver, avec les données de l'exemple précédent, la dépense d'eau, le tuyau cylindrique étant suivi d'un ajutage divergent.*

Dans ce cas, le coefficient étant 1,35, on aura

$$D = 0,007976 \times 1,35, \quad D = 0^{mc},010767.$$

27. *Jets d'eau. — Lances de pompes.* — Nous avons vu précédemment que la vitesse de sortie par un ajutage cylindrique est donnée par la formule

$$V = \sqrt{\frac{2gh}{1+\left(\frac{1}{m}-1\right)^2}} = \frac{1}{\sqrt{1+\left(\frac{1}{m}-1\right)^2}}\sqrt{2gh}.$$

Désignant par m' le coefficient $\frac{1}{\sqrt{1+\left(\frac{1}{m}-1\right)^2}}$ de la vitesse théorique, on aura

$$V = m'\sqrt{2gh}, \quad V^2 = m'^2 2gh.$$

Appelant h' la hauteur qui correspond à la vitesse V et remplaçant V^2 par sa valeur $2gh'$, il viendra

$$2gh' = m'^2 2gh, \quad \text{d'où} \quad h' = m'^2 h.$$

Telle est l'expression de la hauteur à laquelle s'élèvera un jet d'eau dont la direction est verticale, en fonction de la charge génératrice.

Si le tuyau additionnel a une longueur égale à deux ou trois fois le diamètre, $m = 0,82$, et l'on obtient la hauteur

$$h' = (0,82)^2 h = 0,67\, h,$$

qui n'est approximativement égale qu'aux deux tiers de la charge sur le centre de l'orifice.

Il arrive quelquefois que le diamètre du tuyau est un peu plus grand que celui de l'orifice. Dans ce cas, on peut encore, par l'application du principe des forces vives, trouver le coefficient de la vitesse théorique.

Appelant

A l'aire de l'orifice;
O celle du tuyau;
V la vitesse de sortie;
V′ celle due à la charge h;
m le multiplicateur de la dépense,

on aura

$$m\mathrm{AV'} = \mathrm{OV}, \quad \text{d'où} \quad \mathrm{V'} = \frac{\mathrm{O}}{m\mathrm{A}}\mathrm{V}.$$

Le liquide passant d'une vitesse $\frac{\mathrm{O}}{m\mathrm{A}}\mathrm{V}$ à une vitesse moindre V, la perte de force vive sera

$$\mathrm{M}\left(\frac{\mathrm{OV}}{m\mathrm{A}} - \mathrm{V}\right)^2;$$

par suite, on aura l'équation

$$\mathrm{M}gh = \tfrac{1}{2}\mathrm{MV}^2 + \tfrac{1}{2}\mathrm{M}\left(\frac{\mathrm{OV}}{m\mathrm{A}} - \mathrm{V}\right)^2,$$

$$2gh = \mathrm{V}^2\left[1 + \left(\frac{\mathrm{O}}{m\mathrm{A}} - 1\right)^2\right],$$

d'où

$$\mathrm{V}^2 = \frac{2gh}{1 + \left(\frac{\mathrm{O}}{m\mathrm{A}} - 1\right)^2} \quad \text{et} \quad \mathrm{V} = \frac{1}{\sqrt{1 + \left(\frac{\mathrm{O}}{m\mathrm{A}} - 1\right)^2}}\sqrt{2gh}.$$

Par le calcul de l'expression $\dfrac{1}{\sqrt{1+\left(\dfrac{O}{mA}-1\right)^2}}$ on trouvera le coefficient de la vitesse, que l'on appliquera facilement à la recherche de la hauteur d'un jet d'eau dont la direction est verticale, si la section de l'ajutage est plus grande que celle de l'orifice.

Cette question peut encore être résolue d'une manière plus générale si l'on se reporte à la théorie du mouvement des projectiles, qui déjà nous a servi à la vérification du théorème de Torricelli. Supposons, en effet, que la direction initiale du jet par rapport à l'horizon soit donnée par l'angle α. L'équation de la trajectoire sera

$$y = \tang\alpha x + \frac{gx^2}{2V^2\cos^2\alpha}.$$

La discussion de cette équation nous a appris que, abstraction faite de la résistance de l'air, on aurait l'amplitude ou la portée du jet x' en faisant $y=0$; par conséquent, dans cette hypothèse, on a, pour la valeur de x ou x',

$$x' = \frac{V^2}{g}\sin 2\alpha = 2h\sin 2\alpha.$$

De plus, la portée du jet la plus grande possible a lieu pour une valeur de l'angle $\alpha = 45°$, et, dans ce cas,

$$x' = \frac{V^2}{g}.$$

Enfin la discussion nous a encore montré que la plus grande élévation du jet correspondant à une vitesse initiale V et à un angle α est exprimée par

$$y' = \frac{V^2}{2g}\sin^2\alpha,$$

c'est-à-dire qu'elle a pour valeur la hauteur due à la composante verticale $V\sin\alpha$ de la vitesse initiale V. Remarquons que, dans cette relation, V représente la vitesse théorique $\sqrt{2gh}$. Appelant m' le coefficient de cette vitesse, d'après ce que nous avons vu plus haut, la vitesse réelle de sortie sera $m'V$, et, en remplaçant dans l'équation, on aura

$$y' = \frac{m'^2 V^2}{2g} \sin^2 \alpha.$$

Substituant à V^2 sa valeur $2gh$, il viendra

$$y' = \frac{m'^2 2gh}{2g} \sin^2 \alpha, \qquad y' = m'^2 h \sin^2 \alpha.$$

Au moyen de cette formule on pourra déterminer la hauteur que pourra atteindre un jet d'eau sortant de l'orifice obliquement à l'horizon.

Rappelons aussi que, pour une même vitesse, on obtiendra le jet le plus élevé en lui donnant une direction verticale, c'est-à-dire en faisant $\alpha = 90°$. Alors la formule devient

$$y' = m'^2 h,$$

puisque $\sin 90° = 1$, résultat identique à celui que nous avons obtenu en traitant directement ce cas particulier. Dans les cas ordinaires, $m' = 0,82$; par conséquent

$$y' \text{ ou } h' = (0,82)^2 h = 0,67\, h.$$

La hauteur du jet étant directement proportionnelle au carré du multiplicateur de la vitesse, on voit que, dans le cas des ajutages cylindriques, cette hauteur diminue d'autant plus que le multiplicateur est plus petit. Il convient donc, dans les pompes à incendie, de renoncer à l'emploi d'ajutages de ce genre. Des expériences de M. Belmas il résulte que l'amplitude des jets inclinés des pompes est plus grande dans l'air pour les gros jets que pour les petits, mais que cependant elle ne dépasse guère celle qui serait due à une vitesse initiale de 16 mètres. Cet expérimentateur a constaté qu'une pompe à incendie manœuvrée par quatorze hommes n'a pas donné une portée horizontale plus grande que lorsque dix hommes seulement étaient employés à la manœuvre. Sous un angle de 45 degrés, qui est le cas le plus favorable, l'amplitude n'a pu dépasser 26 mètres. Comme la résistance des milieux croît proportionnellement au carré de la vitesse des corps qui les traversent, on comprend aisément que le travail excédant ait été consommé en pure perte pour vaincre cette résistance.

28. *Perte de force vive due aux rétrécissements ou aux étranglements dans l'intérieur des vases.* — Supposons que ABCD soit un vase renfermant un liquide dont AB est la surface de niveau, et *ab* l'orifice de sortie; de plus, concevons que ce vase soit lui-même traversé par une paroi solide, percée également d'un orifice *a'b'* par lequel le liquide est obligé de passer avant de s'écouler à l'air libre par l'orifice *ab*. En passant par l'orifice *a'b'*, la veine fluide se contracte et vient choquer les molécules placées au delà, de sorte qu'il se produit un phénomène analogue à celui du choc de deux corps mous qui, après la compression, se meuvent animés d'une vitesse commune. On comprend donc qu'il en résulte une perte de force vive.

Pour plus de simplicité dans les calculs, appelons (*fig.* 9)

Fig. 9.

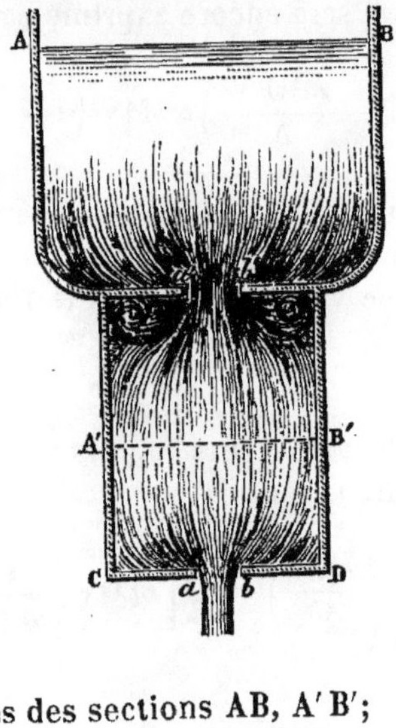

A, A' les surfaces des sections AB, A'B';
O, O' les surfaces des orifices *ab*, *a'b'*;
u, *u'* les vitesses aux sections AB, A'B';
V, V' les vitesses aux orifices O, O';

m, m' les coefficients de la dépense relatifs à ces orifices;
h la charge génératrice, c'est-à-dire la distance verticale comprise entre le niveau AB et le centre de l'orifice O.

Puisque le mouvement est permanent, il est clair que les quantités de liquide qui passent par les sections A, A' et par les orifices O, O' doivent être égales. On aura donc

$$Au = mOV, \quad A'u' = mOV, \quad m'O'V' = mOV;$$

d'où

$$u = \frac{mOV}{A}, \quad u' = \frac{mOV}{A'}, \quad V' = \frac{mOV}{m'O'}.$$

Dans le passage de la surface de niveau à l'orifice O, la tranche liquide de masse M aura gagné une quantité de force vive représentée par

$$MV^2 - Mu^2 = M(V^2 - u^2).$$

Remplaçant u par sa valeur en fonction de V, l'accroissement de force vive sera encore exprimé par

$$M\left(V^2 - \frac{m^2O^2V^2}{A^2}\right) = MV^2\left(1 - \frac{m^2O^2}{A^2}\right).$$

Remarquons que, par l'effet de l'étranglement $a'b'$, le liquide passant d'une vitesse V' à une vitesse moindre u', il en résulte une perte de force vive qui, d'après le théorème de Carnot, est exprimée par

$$M(V' - u')^2.$$

Substituant à V' et à u' leurs valeurs en fonction de V, cette expression prendra la forme

$$M\left(\frac{mOV}{m'O'} - \frac{mOV}{A'}\right)^2 = M\left[mOV\left(\frac{1}{m'O'} - \frac{1}{A'}\right)\right]^2,$$

ou bien

$$Mm^2O^2V^2\left(\frac{1}{m'O'} - \frac{1}{A'}\right)^2.$$

Le travail accompli par la pesanteur étant égal à Mgh, le

principe des forces vives conduira à l'équation

$$\tfrac{1}{2}MV^2\left(1-\frac{m^2O^2}{A^2}\right)+\tfrac{1}{2}M^2O^2V^2\left(\frac{1}{m'O'}-\frac{1}{A'}\right)^2=Mgh.$$

Divisant les deux membres par M et mettant V^2 en facteur commun,

$$V^2\left[1-\frac{m^2O^2}{A^2}+m^2O^2\left(\frac{1}{m'O'}-\frac{1}{A'}\right)^2\right]=2gh,$$

d'où

$$V^2=\frac{2gh}{1-\frac{m^2O^2}{A^2}+m^2O^2\left(\frac{1}{m'O'}-\frac{1}{A'}\right)^2}$$

et

$$V=\sqrt{\frac{2gh}{1-\frac{m^2O^2}{A^2}+m^2O^2\left(\frac{1}{m'O'}-\frac{1}{A'}\right)^2}}.$$

On aura donc pour la dépense de liquide par l'orifice O

$$D=mO\sqrt{\frac{2gh}{1-\frac{m^2O^2}{A^2}+m^2O^2\left(\frac{1}{m'O'}-\frac{1}{A'}\right)^2}}.$$

Si nous supposons la section du réservoir très-considérable par rapport à celle de l'orifice de sortie, le rapport $\frac{O^2}{A^2}$ tend vers zéro, et la formule devient

$$V=\sqrt{\frac{2gh}{1+m^2O^2\left(\frac{1}{m'O'}-\frac{1}{A'}\right)^2}}.$$

Quand l'ouverture O′ pratiquée à la paroi solide qui produit l'étranglement a la même surface que la section A′, en remplaçant O′ par A′, on a

$$V=\sqrt{\frac{2gh}{1+m^2O^2\left(\frac{1}{m'A'}-\frac{1}{A'}\right)^2}}$$

ou

$$V=\sqrt{\frac{2gh}{1+m^2O^2\left[\frac{1}{A'}\left(\frac{1}{m'}-1\right)^2\right]}},$$

$$V=\sqrt{\frac{2gh}{1+\frac{m^2O^2}{A'^2}\left(\frac{1}{m'}-1\right)^2}}.$$

Ce cas se présente lorsqu'un tuyau cylindrique ou prismatique sert à faire communiquer le réservoir avec l'orifice d'écoulement.

Enfin, si la section O de l'orifice est égale à celle A' du tuyau, les filets fluides sortant parallèlement, la contraction est nulle, et par suite $m=1$. Alors la formule devient

$$V=\sqrt{\frac{2gh}{1+\left(\frac{1}{m'}-1\right)^2}}=2gh\frac{1}{\sqrt{1+\left(\frac{1}{m'}-1\right)^2}},$$

ce que l'on a déjà trouvé et ce qui devait être, puisque l'hypothèse ramène la question à l'écoulement en gueule-bée ou par un tuyau additionnel.

29. Application numérique. — *Trouver la dépense d'eau avec les données numériques suivantes :*

$$A=0^{\text{mc}},800 \quad \text{et} \quad A'=A.$$

Rayon de l'orifice circulaire.................... $O=0^{\text{m}},2$
Rayon de l'étranglement.......................... $O'=0^{\text{m}},3$

$$h=1,20.$$

Distance du niveau supérieur à l'orifice d'étranglement. $0^{\text{m}},40$

$$D=mO\sqrt{\frac{2gh}{1+m^2O^2\left(\frac{1}{m'O'}-\frac{1}{A'}\right)^2}}.$$

Dans ce cas,

$$m = 0{,}604 \quad \text{et} \quad m' = 0{,}602,$$

$$D = 0{,}604 \times \frac{(0{,}2)^2}{1{,}273} \times \sqrt{\frac{19{,}62 \times 1{,}20}{1 + (0{,}604)^2 \times \left[\frac{1{,}273}{(0{,}2)^2}\right]^2 \left[\frac{1}{0{,}602 \times \frac{(0{,}3)^2}{1{,}273}} - \frac{1}{0^{mc}{,}800}\right]^2}},$$

$$D = 0^{mc}{,}9106.$$

La vitesse, calculée au moyen de la formule, est égale à $4^m{,}837$.

CHAPITRE II.

30. *Orifices d'écoulement employés dans les usines.* — Ces orifices reçoivent la classification suivante :

1° Les orifices débouchant à l'air libre et dont le côté supérieur est toujours au-dessous du niveau de l'eau dans le réservoir; on les appelle *orifices avec charge sur le sommet;*

2° Les orifices qui débouchent dans un réservoir inférieur et dont le sommet est au-dessous du niveau de l'eau dans le réservoir supérieur et dans le réservoir inférieur : on les désigne sous le nom d'*orifices noyés;*

3° Les orifices en déversoir, découverts à la partie supérieure, et limités inférieurement et sur les côtés. Ces orifices sont formés d'un barrage par-dessus lequel passe le liquide. Le côté horizontal de l'orifice se nomme *seuil du déversoir.*

31. *Dépense des orifices avec charge sur le sommet et des orifices noyés.* — Dans les usines et les écluses, pour opérer la distribution des eaux, il existe un grand nombre de dispositions essentiellement différentes de celles que nous avons examinées, et qui influent sur la vitesse d'écoulement et sur le volume d'eau dépensé. Dans ce cas, les hypothèses sur lesquelles repose la théorie que nous avons donnée ne sauraient être rigoureusement appliquées au mouvement de l'eau. Toutefois, la comparaison des résultats théoriques avec ceux déduits de l'expérience a conduit à des méthodes fort simples qui suffisent dans les applications ordinaires. Généralement les pertuis sont verticaux et limités par une vanne mobile que l'on ouvre, dans les usines, pour faire écouler l'eau sur les récepteurs, et dans les écluses pour livrer passage aux bateaux :

Ils sont toujours accompagnés de radiers horizontaux servant à amener l'eau du réservoir d'alimentation. Par ces dispositions et surtout par la hauteur de la section de l'orifice qui est comparable à celle de la charge génératrice, on comprend que les circonstances du mouvement de l'eau rendent moins exacte que dans les cas précédents l'hypothèse du parallélisme des tranches, et qu'on ne puisse admettre d'une manière absolue l'égalité entre les vitesses des filets fluides à différents points de l'orifice.

Pour obtenir avec exactitude la dépense de liquide faite par l'orifice, les géomètres ont limité l'égalité des vitesses aux filets fluides faisant partie d'une même tranche, et par suite se trouvant à la même hauteur au-dessous du niveau de l'eau. Ainsi la hauteur de l'orifice étant partagée en tranches horizontales infiniment minces, la somme des dépenses par chacune de ces tranches, en tenant compte de la variation de la charge génératrice, est l'expression de la dépense par la section tout entière de l'orifice. Appelons

l la largeur de l'orifice;
H la charge sur le seuil de l'orifice;
h la charge sur le sommet;
e_1 l'épaisseur d'une tranche horizontale infiniment mince;
h_1 la hauteur du niveau de l'eau au-dessus de cette tranche.

La dépense par cette tranche aura pour valeur

$$d = le_1\sqrt{2gh_1};$$

pour une seconde tranche d'épaisseur e'_1, la hauteur du niveau étant h'_1,

$$d' = le'_1\sqrt{2gh'_1};$$

pour une troisième,

$$d'' = le''_1\sqrt{2gh''_1}.$$

Enfin la dépense totale, depuis la première tranche qui correspond à la charge h jusqu'à la dernière, pour laquelle la charge est H, on aura

$$D = le\sqrt{2gh} + le_1\sqrt{2gh_1} + le'_1\sqrt{2gh'_1} + \ldots + le_m\sqrt{2gH}$$

ou

$$D = l(e\sqrt{2gh} + e_1\sqrt{2gh_1} + e'_1\sqrt{2gh'_1} + \ldots + e_m\sqrt{2gH}),$$
$$D = l\sqrt{2g}(e\sqrt{h} + e_1\sqrt{h_1} + e'_1\sqrt{h'_1} + \ldots + e_m\sqrt{H}).$$

Par intégration on trouve

$$D = \tfrac{2}{3}l(H\sqrt{2gH} - h\sqrt{2gh}).$$

M. de Prony a fait voir que les résultats obtenus au moyen de cette formule ne diffèrent que d'une très-petite quantité de ceux auxquels conduit la formule que nous avons établie plus haut. Ainsi, à moins que la charge génératrice sur le sommet ne soit très-petite, dans les cas ordinaires on pourra employer la formule

$$D = ml(H - h\sqrt{2g\frac{H+h}{2}},$$

$H - h$ représentant la hauteur de l'orifice, et $\frac{H+h}{2}$ la hauteur du niveau du liquide au-dessus du centre de l'orifice. De là cette règle :

Pour trouver la dépense d'un orifice débouchant à l'air libre, il faut multiplier l'aire de l'orifice par le multiplicateur de la dépense et par la vitesse due à la hauteur du niveau au-dessus du centre de l'orifice.

Quand l'orifice est noyé, si l'on appelle A l'aire de l'orifice et H, h les charges en amont et en aval, mesurées au-dessus du centre de l'orifice, on aura

$$D = mA\sqrt{2g(H - h)}.$$

32. *Déversoirs.* — Les déversoirs peuvent être complets ou incomplets : ils sont complets lorsqu'ils débouchent à l'air libre, et incomplets lorsque l'eau se maintient en aval au-dessus du seuil du déversoir (*fig.* 10 et 11).

Dans les orifices de ce genre, le liquide étant entièrement découvert à la partie supérieure, la charge est nulle, de sorte que les conditions de l'écoulement ne sont plus les mêmes que lorsque l'orifice est fermé. Le niveau s'abaisse en amont jusqu'à une distance de quelques décimètres, et ce n'est qu'expérimentalement qu'il est possible de trouver l'aire de la

Fig. 10.

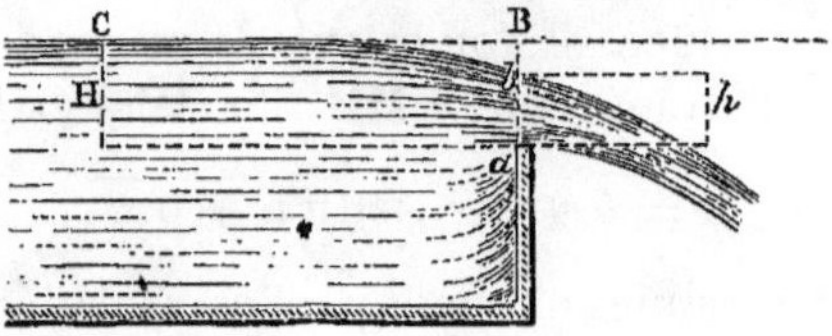

section. Dans le cas d'un déversoir complet, si nous considérons la formule

$$D = m' l (H - h) \sqrt{2g \frac{H+h}{2}},$$

il suffira de faire $h = 0$, et l'on aura

$$D = m' l H \sqrt{2g \frac{H}{2}} = m' l H \times 0{,}707 \sqrt{2gH} = m l H \sqrt{2gH},$$

en désignant par m le produit $m' \times 0{,}707$, résultat auquel conduit directement l'expérience.

Une observation faite par M. d'Aubuisson, et confirmée depuis par M. Castel, fournit le moyen de déterminer la valeur de H. Dans la partie de la cloison comprise entre les berges et les bords du déversoir, l'eau se maintient au même niveau qu'en amont du déversoir, au point où commence l'inflexion des filets fluides. Ainsi, le déversoir étant représenté en pro-

Fig. 10 *bis*.

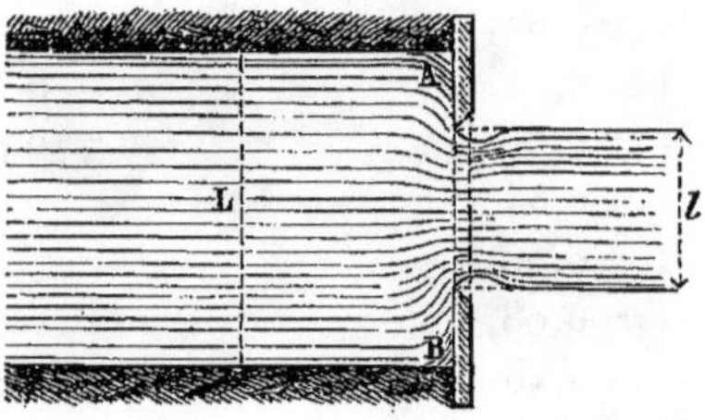

jection horizontale (*fig.* 10 *bis*), si l'on prend sur la ligne d'eau deux points A et B situés de différents côtés de l'orifice, et qu'on tende un cordeau de l'un à l'autre, la distance verticale de ce cordeau au milieu du seuil du déversoir sera la valeur de H.

Lorsqu'on se trouve dans l'impossibilité d'exécuter cette opération, on mesure l'épaisseur h de la lame d'eau au milieu de la base de l'orifice, et l'on calcule la valeur de H au moyen de la formule suivante, due à MM. Poncelet et Lesbros :

$$H = h + 0,9 + \sqrt{Kh + 0,81}.$$

Dans cette formule, obtenue par interpolation, la quantité auxiliaire K a pour valeur

$$K = 0,0196\left[19 + \left(\frac{100l}{L} - 15,5\right)^2\right];$$

H et K sont exprimées en millimètres.

D'après M. Bidone,

$$H = 1,25h$$

quand la largeur du déversoir est égale à celle de l'orifice.

D'après M. Eytelwein,

$$H = 1,178h \quad \text{si } l = 0,86L.$$

MM. Poncelet et Lesbros ont étudié avec le plus grand soin la loi suivant laquelle varie la dépense d'eau par des orifices en déversoir. Leurs expériences se rapportent à un déversoir très-petit par rapport aux dimensions transversales du réservoir. L'épaisseur des parois ne paraît pas exercer une influence sensible tant qu'elle n'est pas supérieure à $0^m,04$ et que la charge n'est pas très-petite. La correspondance entre les coefficients et les charges sur le seuil est indiquée dans le tableau suivant :

$H = 0,01$,	$m = 0,424$,
$H = 0,02$,	$m = 0,417$,
$H = 0,03$,	$m = 0,412$,
$H = 0,04$,	$m = 0,407$,
$H = 0,06$,	$m = 0,401$,
$H = 0,08$,	$m = 0,397$,
$H = 0,10$,	$m = 0,395$,
$H = 0,15$,	$m = 0,393$,
$H = 0,20$,	$m = 0,390$,
$H = 0,22$,	$m = 0,386$;

Ces coefficients ont été déduits dans l'hypothèse où la largeur L du réservoir est très-grande par rapport à la largeur $l = 0^m,20$ du déversoir qui a servi à l'expérience. Dans la pratique et pour les cas ordinaires, on fait $m = 0,405$, comme l'a proposé M. Bidone, de sorte que l'on peut calculer la dépense d'un déversoir complet par la formule

$$D = 0,405\, lH\sqrt{2gH}$$

lorsque les déversoirs ont une très-faible largeur.

La valeur moyenne de m est égale à 0,450 pour les déversoirs très-larges; on aura donc

$$D = 0,450\, lH\sqrt{2gH}.$$

Les expériences de M. Castel, exécutées à Toulouse sur des déversoirs de $0^m,74$ et $0^m,36$, ont montré, comme celles de M. Lesbros, que le multiplicateur de la dépense varie non-seulement avec la charge sur le seuil de l'orifice, mais encore avec la largeur relative du déversoir, c'est-à-dire avec le rapport $\frac{l}{L}$ de la largeur de l'orifice.

Quand la largeur du déversoir ne varie que depuis $\frac{1}{8}$ jusqu'à la valeur absolue de $0^m,05$, la dépense peut être obtenue avec une approximation suffisante au moyen de la formule

$$D = 0,400\, lH\sqrt{2gH},$$

employée principalement pour le jaugeage de cours d'eau peu considérables.

Pour les déversoirs verticaux, dont la largeur est égale à celle du canal, on a encore déduit de l'expérience la formule

$$D = 0,443\, lH\sqrt{2gH};$$

mais elle n'est applicable que dans le cas où la charge n'excède pas le tiers de la hauteur du barrage au-dessus du fond du réservoir.

Sous des charges comprises entre $0^m,03$ et $0^m,22$, M. d'Aubuisson a trouvé les multiplicateurs de la dépense consignés dans le tableau qui suit, en tenant compte du rapport $\frac{l}{L}$ de la largeur du déversoir à celle du réservoir :

Rapport $\frac{l}{L}$ de la largeur du déversoir à celle du canal.	Multiplicateurs de la dépense.
$\frac{l}{L} = 1,$	$m = 0,443,$
$\frac{l}{L} = 0,90,$	$m = 0,438,$
$\frac{l}{L} = 0,80,$	$m = 0,431,$
$\frac{l}{L} = 0,70,$	$m = 0,423,$
$\frac{l}{L} = 0,60,$	$m = 0,416,$
$\frac{l}{L} = 0,50,$	$m = 0,410,$
$\frac{l}{L} = 0,40,$	$m = 0,405,$
$\frac{l}{L} = 0,30,$	$m = 0,399,$
$\frac{l}{L} = 0,25;$	$m = 0,398.$

La largeur absolue du déversoir paraît elle-même avoir une grande influence sur le multiplicateur de la dépense lorsque cette largeur est au moins égale à 2 mètres et que $l = L$. Ce cas se présente fort souvent dans les déversoirs inclinés qui servent à amener l'eau sur les roues à palettes planes emboîtées dans un coursier circulaire. Des expériences faites par M. Morin au Bouchet, il résulte que l'on peut adopter les coefficients du tableau suivant :

Charges sur le seuil du déversoir.	Multiplicateurs de la dépense.
$H = 0{,}07$,	$m = 0{,}264$,
$H = 0{,}05$,	$m = 0{,}313$,
$H = 0{,}06$,	$m = 0{,}335$,
$H = 0{,}07$,	$m = 0{,}390$,
$H = 0{,}08$,	$m = 0{,}418$,
$H = 0{,}09$,	$m = 0{,}437$,
$H = 0{,}10$,	$m = 0{,}448$,
$H = 0{,}12$,	$m = 0{,}468$,
$H = 0{,}14$,	$m = 0{,}467$,
$H = 0{,}16$,	$m = 0{,}472$,
$H = 0{,}18$,	$m = 0{,}477$,
$H = 0{,}20$;	$m = 0{,}482$.

33. *Cas où le déversoir est accompagné d'un coursier.* — Les expériences de MM. Christian et Lesbros sur les orifices découverts ont montré que la dépense est sensiblement altérée lorsque le seuil de ces orifices est prolongé par un coursier. Cette diminution provient évidemment de la résistance opposée par les parois du coursier au mouvement du liquide.

D'après M. Christian, le coefficient relatif à un déversoir suivi d'un coursier serait approximativement égal à 0,96 du coefficient correspondant à l'orifice sans coursier. Dans les cas ordinaires, la valeur moyenne de m étant 0,405, pour le cas dont il s'agit on aura

$$m = 0{,}405 \times 0{,}96 = 0{,}39;$$

par conséquent, la dépense par un orifice en déversoir complet muni d'un coursier s'obtiendra par la formule

$$D = 0{,}39\, l H \sqrt{2gH}.$$

Cette valeur, qui se rapporte à un déversoir dont la largeur est égale à celle du réservoir, est probablement un peu trop forte quand on l'applique à un déversoir dont le rapport $\frac{l}{L}$

n'est pas égal à l'unité, attendu que, dans ce dernier cas, la contraction latérale n'est pas annulée.

On doit à M. Lesbros de nombreuses expériences sur les déversoirs suivis de coursiers dont les parois ont différentes positions par rapport au fond et aux parois latérales du réservoir. Les résultats sont rapportés dans l'*Aide-Mémoire* de M. Morin. Nous nous bornerons à indiquer ceux relatifs à des charges qui varient de $0^m,03$ à $0^m,20$, mesurées au point où commence l'inflexion des filets fluides :

Charges sur le seuil du déversoir.	Valeurs du multiplicateur de la dépense.
$H = 0^m,20$,	$m = 0^m,323$,
$H = 0,15$,	$m = 0,312$,
$H = 0,10$,	$m = 0,302$,
$H = 0,06$,	$m = 0,281$,
$H = 0,04$,	$m = 0,251$,
$H = 0,03$;	$m = 0,232$.

34. *Formule théorique de M. Boileau.* — On doit à cet officier d'artillerie d'intéressantes recherches sur l'écoulement de l'eau par des orifices en déversoir. La formule de Dubuat,

$$D = mlH\sqrt{2gH},$$

généralement employée par les ingénieurs, présente une incertitude qui résulte de la valeur qu'il convient de donner au coefficient m suivant les cas. On comprend en effet, d'après ce qui a été dit sur le phénomène de la contraction, que les positions relatives des côtés et des parois de l'orifice influent notablement sur la dépense en modifiant la courbure des filets fluides dont la formule ne tient pas compte. D'autre part, la charge comprise entre le seuil du déversoir et le niveau dans le réservoir avant l'inflexion des filets fluides n'est qu'imparfaitement appréciée dans les circonstances du mouvement, ainsi que l'expérience l'a appris et qu'il est facile de le concevoir *a priori* si l'on observe : 1° que la vitesse d'écoulement doit dépendre de la chute à la surface de la nappe, et qu'à la même charge ne correspond pas toujours la même chute; 2° que les molécules liquides, en amont de l'orifice, tombent vers la nappe, les unes dans le sens du courant, les autres transversalement. M. Boileau s'est donc proposé d'établir une formule dans laquelle seraient exprimées toutes les conditions du mouvement de l'eau, ce qui naturellement devait conduire à la suppression de tout coefficient empirique. Nous empruntons la théorie qui suit à un Mémoire publié par l'auteur dans le *Journal de l'École Polytechnique* (année 1850, tome XIX, 33e cahier) :

Soient (*fig.* 10)

A la section du réservoir en amont;
O la section de l'orifice;
S la hauteur du seuil a du barrage au-dessus du fond du réservoir;
h l'épaisseur de la lame d'eau mesurée sur la crête de l'orifice;
h' la hauteur de la surface libre au-dessus de la nappe d'eau;
H la charge génératrice, c'est-à-dire la distance verticale comprise entre la surface de niveau du liquide et l'arête du barrage;
L la largeur du déversoir.

D'après l'opinion généralement admise par les ingénieurs, nous considérerons le déversoir comme un orifice rectangulaire ayant pour dimensions L et H; par conséquent $O = LH$.

Pour déterminer la hauteur h' au-dessus de la nappe d'eau, remarquons que le plan horizontal passant par le seuil a de l'orifice décompose la masse liquide comprise entre le déversoir et le plan vertical, où commence l'inflexion des filets fluides en deux régions telles, que les circonstances du mouvement sont essentiellement différentes. Dans la première, en effet, la pesanteur agit comme force motrice pour accroître la force vive initiale, tandis que, dans la région inférieure, les filets fluides placés au-dessous de la crête du barrage, contrairement à l'action de la pesanteur, tendent à s'élever avec une certaine vitesse vers le plan horizontal passant par a, et de ce mouvement ascensionnel il résulte que la veine fluide est relevée, et même le plus souvent détachée du seuil du déversoir. En un mot, les forces qui agissent sur le liquide dans la région supérieure favorisent l'écoulement, et dans la région inférieure elles donnent naissance à la contraction et à la résistance qui s'oppose au mouvement de l'eau au-dessus du barrage. Le phénomène qui se produit au-dessous du plan horizontal passant par l'arête du barrage a donc pour effet de soutenir le liquide au-dessus du seuil du déversoir et de noyer l'orifice rectangulaire que nous avons considéré à l'endroit où commence la dépression.

D'après ce qui vient d'être dit, on aura

$$O = LH, \quad A = L(S + H), \quad h' = H - h.$$

Nous avons trouvé plus haut la formule générale

$$V = \sqrt{\frac{2gh}{1 - \frac{O^2}{A^2}}},$$

et, pour la valeur de la dépense,

$$D = O\sqrt{\frac{2gh}{1 - \frac{O^2}{A^2}}};$$

en substituant, on aura

$$D = LH\sqrt{\frac{2g(H - h)}{1 - \frac{L^2H^2}{L^2(S + H)^2}}}.$$

Posant $\frac{h}{H} = K$, on aura

$$h = KH,$$

d'où

$$D = LH\sqrt{\frac{2g(H - KH)}{1 - \frac{H^2}{(S + H)^2}}},$$

$$D = LH\sqrt{\frac{2gH(1 - K)}{1 - \frac{H^2}{(S + H)^2}}}$$

$$D = LH\sqrt{2gH}\sqrt{\frac{1-K}{\frac{(S+H)^2-H^2}{(S+H)^2}}},$$

$$D = LH\sqrt{2gH}\sqrt{\frac{(S+H)^2(1-K)}{(S+H)^2-H^2}},$$

$$D = \frac{S+H}{\sqrt{(S+H)^2-H^2}}\sqrt{1-K}\,.\,LH\sqrt{2gH}.$$

Présentée sous cette forme, la formule de M. Boileau met en évidence une quantité $\frac{S+H}{\sqrt{(S+H)^2-H^2}}\sqrt{1-K}$ qui remplace le coefficient numérique m de la formule ordinaire, le premier facteur $\frac{S+H}{\sqrt{(S+H)^2-H^2}}$ se rapportant à l'influence de la charge et de la hauteur du barrage, le second à celle de la forme et de la nature de la nappe fluide.

Considérons le cas des canaux ou réservoirs à section trapézoïdale, et désignons par

L la largeur de la crête du barrage;
L' la largeur de la surface liquide dans la section initiale;
l celle du fond du lit dans cette section;
r la pente des talus, c'est-à-dire le rapport de la base à leur hauteur.

Dans ce cas particulier, la section du canal est un trapèze dont L', l sont les deux côtés parallèles, et $S+H$ la hauteur. On aura donc

$$A = \tfrac{1}{2}(L'+l)(S+H).$$

La section de l'orifice considérée à l'endroit où commence l'inflexion des filets fluides est également un trapèze dont les côtés parallèles sont L', L, et la hauteur H; par suite,

$$O = \tfrac{1}{2}(L'+L)H.$$

La base du talus étant égale à r fois la hauteur, on aura aussi

$$L' = L + 2rH.$$

Remplaçant dans la formule générale, il viendra

$$D=\tfrac{1}{2}(L+L')H\sqrt{\frac{2g(H-h)}{1-\dfrac{\frac{1}{4}(L+L')^2H^2}{\frac{1}{4}(L'+l)^2(S+H)^2}}},$$

$$D=\tfrac{1}{2}(L+L')H\sqrt{\frac{2gH(1-K)}{1-\dfrac{(L+L')^2H^2}{(L'+l)^2(S+H)^2}}},$$

$$D=\tfrac{1}{2}(L+L')H\sqrt{2gH}\sqrt{\frac{1-K}{\dfrac{(L'+l)^2(S+H)^2-(L+L')^2H^2}{(L'+l)^2(S+H)^2}}},$$

$$D=\tfrac{1}{2}(L+L')H\sqrt{2gH}\sqrt{1-K}\sqrt{\frac{(L'+l)^2(S+H)^2}{(L'+l)^2(S+H)^2-(L+L')^2H^2}},$$

$$D=\tfrac{1}{2}(L+L')H\sqrt{2gH}\sqrt{1-K}(S+H)\sqrt{\frac{(L'+l)^2}{(L'+l)^2(S+H)^2-(L+L')^2H^2}}.$$

Divisant par $(L'+l)^2$ les deux termes du dernier radical, on aura

$$D=\tfrac{1}{2}(L+L')H\sqrt{2gH}\sqrt{1-K}(S+H)\sqrt{\frac{1}{(S+H)^2-\dfrac{(L+L')^2}{(L'+l)^2}H^2}}$$

ou

$$D=\frac{S+H}{\sqrt{(S+H)^2-\left(\dfrac{L+L'}{L'+l}\right)^2H^2}}\sqrt{1-K}\,\tfrac{1}{2}(L+L')H\sqrt{2gH}.$$

La formule peut être rendue calculable par logarithmes, car

$$\sqrt{(S+H)^2-H^2}=\sqrt{(S+H+H)(S+H-H)}=\sqrt{S(2H+S)}$$

et

$$\sqrt{(S+H)^2-\left(\frac{L+L'}{L'+l}\right)^2H^2}$$
$$=\sqrt{\left[S+H+\frac{(L+L')H}{L'+l}\right]\left[S+H-\frac{(L+L')H}{L'+l}\right]}.$$

Par conséquent :

1° Si la section est un rectangle,

$$D = \frac{S+H}{\sqrt{S(S+2H)}}\sqrt{1-K}\,LH\sqrt{2gH};$$

2° Si la section est un trapèze,

$$D = \frac{S+H}{\sqrt{\left[S+H+\frac{(L+L')H}{L'+l}\right]\left[S+H-\frac{(L+L')H}{L'+l}\right]}}\sqrt{1-K}\,LH\sqrt{2gH}.$$

M. Clarinval, capitaine d'artillerie, a déduit de la discussion des expériences de MM. Castel, Lesbros et Boileau une formule empirique donnant la dépense avec une approximation suffisante dans les cas ordinaires de la pratique. Elle est ainsi représentée :

$$D = LHh\sqrt{\frac{g}{H+h}}.$$

h exprime l'épaisseur de la lame d'eau mesurée au-dessus de l'arête intérieure du seuil du déversoir, supposé formé en biseau du côté d'aval.

35. *Détermination des éléments du calcul.* — Nous avons précédemment indiqué la méthode suivie par M. Castel pour déterminer la charge au-dessus de l'arête d'un déversoir. M. Bidone, frappé des inconvénients que présente ce mode d'expérimentation, a proposé le moyen suivant, déduit de l'observation :

Pour trouver la charge H, il suffit de plonger dans le plan du déversoir un tube recourbé, dont l'une des branches traverse l'épaisseur de la paroi, et, quel que soit le point de la section où le tube est placé, l'eau s'élève à la hauteur de la surface dans le canal, à l'endroit où cette surface n'a pas de courbure sensible. Partant de ce fait, M. Boileau a reconnu qu'un tube droit placé verticalement contre la paroi d'amont pouvait remplacer avantageusement le tube recourbé. Il est visible en effet que l'on obtient immédiatement, par ce moyen nouveau, la charge H au-dessus du seuil du déversoir, tandis que, par celui de M. Bidone, il faut encore déterminer la hauteur de la colonne du tube au-dessus du sommet du barrage.

On obtiendra l'épaisseur h de la lame d'eau en disposant au-dessus de la crête du barrage une traverse solidement fixée; le plus près possible du milieu de la largeur on adaptera à la traverse une règle verticale, le long de laquelle on fera glisser une seconde règle, munie inférieurement d'une pointe, jusqu'à ce qu'elle rencontre le seuil de l'orifice. Cette première opération fera connaître la distance de l'arête du barrage à la traverse qui sert de repère; relevant la règle mobile et la faisant de nouveau graduellement descendre de manière que la pointe vienne affleurer la nappe d'eau, on reconnaîtra ainsi la distance de la veine liquide à la traverse fixe. Il est évident que la différence des résultats fournis par les deux opérations sera très-approximativement la valeur de l'épaisseur h de lame d'eau.

36. *Vérification de la formule.* — Rappelons, à cet effet, que la formule de M. Boileau a été directement déduite de la formule générale

$$D = O\sqrt{\frac{2gh}{1-\frac{O^2}{A^2}}}.$$

Nous aurons donc

$$D = \frac{S+H}{\sqrt{(S+H)^2-H^2}}\sqrt{1-K}\,LH\sqrt{2gH}$$

$$= O\sqrt{\frac{2g(H-h)}{1-\frac{O^2}{A^2}}} = \sqrt{1-K}\,O\sqrt{\frac{2gH}{1-\frac{O^2}{A^2}}}.$$

Posons

$$O\sqrt{\frac{2gH}{1-\frac{O^2}{A^2}}} = m;$$

on aura

$$D = \sqrt{1-K}\,m, \quad \text{d'où} \quad \sqrt{1-K} = \frac{D}{m}.$$

M. Boileau a déterminé expérimentalement le rapport $\frac{D}{m}$ en calculant la dépense d'une série d'orifices en déversoir établis sur un bassin de $18^{mc},002$ de section. La moyenne des résultats de quatorze expériences a fourni la valeur

$$\sqrt{1-K}=0,417.$$

Le tableau qu'il a formé, après avoir préalablement déterminé les valeurs de H et de h au moyen du tube hydrostatique placé verticalement en amont contre la paroi du barrage, montre que l'écart entre 0,417 et les valeurs qui s'en éloignent le plus est à peine de $\frac{1}{45}$, soit en plus, soit en moins. La moyenne du rapport $\frac{H}{h}$, pour des hauteurs de barrage de $0^m,420$ et des charges depuis $0^m,06$ jusqu'à $0^m,20$, a été trouvée égale à 1,214. Prenant pour base de comparaison le coefficient $0,417=\sqrt{1-K}$, on trouve $K=1-(0,417)^2=0,826111$ et $\frac{1}{K}$ ou $\frac{H}{h}=1,211$, dont la différence proportionnelle est $\frac{1}{405}$.

De cette concordance, l'auteur de cette ingénieuse théorie a conclu que le facteur $\sqrt{1-K}$ peut être considéré comme constant et égal à 0,417 dans le cas des nappes libres, ce qui dispense de mesurer l'épaisseur de la lame d'eau au-dessus de la crête du déversoir.

Ainsi, des considérations que nous venons de présenter, il résulte que l'on pourra calculer la dépense d'un déversoir, lorsque la nappe est libre, au moyen de la formule

$$D=417\,LH\sqrt{\frac{2gH}{1-\frac{O^2}{A^2}}}.$$

Remarquons présentement que les deux sections O et A, étant deux rectangles de même base, sont proportionnelles à leurs hauteurs; on aura donc

$$\frac{O}{A}=\frac{H}{H+S}\quad \text{et}\quad \frac{O^2}{A^2}=\frac{H^2}{(H+S)^2}=\left(\frac{H}{H+S}\right)^2=\left(\frac{1}{1+\frac{S}{H}}\right)^2,$$

et, en substituant, il vient

$$D=0,417\,LH\sqrt{\frac{2gH}{1-\left(1+\frac{S}{H}\right)^2}}.$$

37. *Observations sur la formule de M. Boileau.* — La mesure de certains éléments de la formule est une opération très-difficile, que les dispositions locales rendent souvent impossible. Bien que le savant auteur du Mémoire ait, une fois pour toutes, trouvé la valeur du facteur $1-K$, on n'est pas dispensé de chercher la valeur de S. Dans une discussion critique de ce remarquable travail, M. Morin fait observer que les résultats de la formule de M. Boileau s'écartent en moyenne de $\frac{1}{22}$ en moins de ceux fournis par l'expérience, tandis que la valeur moyenne obtenue par l'emploi des coefficients de l'ancienne formule n'en diffère que de $\frac{1}{29}$ en plus. Si donc on adopte le coefficient moyen $m = 0{,}4295$, la dépense d'un déversoir complet pourra être calculée par la formule

$$D = 0{,}4295\,LH\sqrt{2gH} \quad \text{ou} \quad D = 0{,}43\,LH\sqrt{2gH}.$$

En résumé, M. Morin conclut de l'analyse des recherches de M. Boileau que, si elles mettent en lumière l'influence des proportions des barrages sur la dépense d'eau, la formule proposée ne conduit pas toujours à des résultats suffisamment exacts, et que d'ailleurs, les éléments du calcul déduits de l'observation étant fort souvent difficiles à obtenir, il est préférable d'employer la formule de Dubuat, en lui appliquant le coefficient qui convient, suivant les cas.

38. *Déversoirs incomplets.* — Il arrive souvent que l'eau tombe dans un réservoir dont le niveau se maintient au-dessus de la crête du barrage. Dans ce cas, le déversoir est dit *incom-*

Fig. 11.

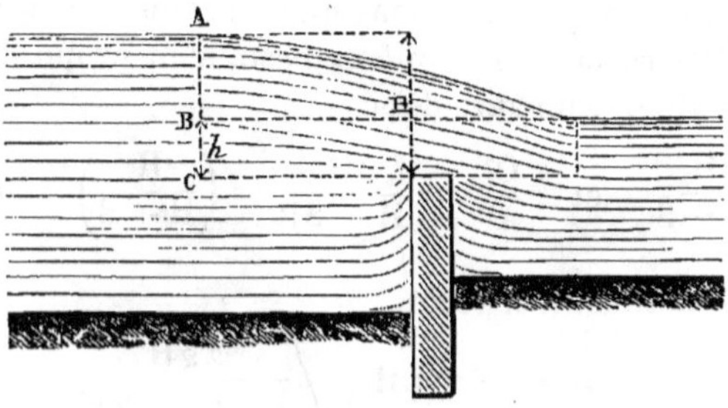

plet ou *noyé* (*fig.* 11). On peut le considérer alors comme formé de deux orifices distincts, le premier AB débouchant à l'air libre et formant déversoir, le second CB complétement noyé formant orifice avec charge sur le sommet. Envisagé sous ce point de vue, le déversoir dépensera une quantité d'eau égale à la somme de celles qui passent par les deux orifices distincts AB et CB. Appelons

L la largeur du déversoir;

H la charge sur la crête mesurée en un point où le liquide est stagnant;

h la distance du point le plus bas de la veine fluide en aval au seuil de l'orifice.

Pour la dépense d de l'orifice supérieur formant déversoir on aura

$$d = m\mathrm{L}(\mathrm{H}-h)\sqrt{2g(\mathrm{H}-h)},$$

et pour le second, en remarquant que la charge sur le centre est égale à $\mathrm{H}-\frac{h}{2}$,

$$d' = m'\mathrm{L}h\sqrt{2g\left(\mathrm{H}-\frac{h}{2}\right)};$$

par suite,

$$d+d' \text{ ou } \mathrm{D} = m\mathrm{L}(\mathrm{H}-h)\sqrt{2g(\mathrm{H}-h)} + m'\mathrm{L}h\sqrt{2g\left(\mathrm{H}-\frac{h}{2}\right)},$$

les coefficients m et m' ayant des valeurs relatives aux hauteurs des orifices et aux charges génératrices.

39. Applications. — 1° *Trouver le volume d'eau débité par un déversoir de 8 mètres de largeur, dont la crête est à 0m,20 au-dessous du niveau de l'eau dans le bassin.*

$$\mathrm{D} = 0{,}405\mathrm{LH}\sqrt{2g\mathrm{H}},$$
$$\mathrm{D} = 0{,}405 \times 6 \times 0{,}20\sqrt{19{,}62 \times 0{,}20} = 0^{\mathrm{mc}}{,}962766.$$

2° *Trouver le volume d'eau débité en une seconde par un déversoir dont la largeur de 3 mètres est égale à celle du réservoir, sachant que la crête du barrage est à 0m,50 au-dessous du niveau dans le réservoir, et à 0m,30 au-dessous du point le plus bas de l'eau en aval.*

Le déversoir incomplet étant décomposé en deux parties, la dépense relative à l'orifice supérieur formant déversoir sera exprimée par

$$d = 0,43 \times 3(0,50 - 0,30)\sqrt{19,62(0,50 - 0,30)},$$
$$d = 0^{mc},511098;$$

la charge sur le centre du second est $0^m,50 - 0^m,15 = 0,35$.

La contraction étant annulée sur les côtés latéraux et à la partie supérieure, on obtiendra le coefficient m' de la dépense par la formule

$$m' = m\left(1 + 0,1523\,\frac{n}{p}\right),$$

n représentant le contour de l'orifice sur lequel la contraction est annulée, et p le périmètre de l'orifice. Dans le cas actuel,

$$n = 3 + 2 \times 0,30 = 3,60,$$
$$p = 6 + 2 \times 0,30 = 6,60,$$

d'où

$$\frac{n}{p} = \frac{3,60}{6,60} = 0,54 \quad \text{et} \quad m' = 0,600(1 + 0,1523 \times 0,54) = 0,649;$$

par conséquent,

$$d' = 0,649 \times 3 \times 0,30\sqrt{19,62 \times 0,35} = 1^{mc},530342.$$

Faisant la somme des deux dépenses partielles, on aura

$$d + d' \text{ ou } D = 0^{mc},511098 + 1^{mc},530342 = 2^{mc},041440.$$

40. *Jaugeage des cours d'eau.* — Jauger un cours d'eau, c'est déterminer le volume d'eau qui s'écoule en une seconde par une section transversale. Lorsque les cours d'eau sont employés à des irrigations, à faire mouvoir des récepteurs hydrauliques ou à tout autre usage, il importe de mesurer le volume d'eau qu'ils débitent. Au moyen des formules et des résultats des expériences que nous avons fait connaître, il est facile de déterminer la quantité d'eau débitée chaque fois qu'il est possible d'établir un barrage transversal. Cette question, fort simple quand il s'agit d'un cours d'eau peu considérable, devient complexe quand on a besoin, notamment pour

un canal ou une rivière, de mesurer directement le volume d'eau débité, sans qu'il y ait possibilité d'appliquer les règles précitées. Dans ce cas, il y a lieu de rechercher *a priori* la loi qui lie entre eux le profil, la pente ou déclivité, la longueur du canal, la vitesse et le volume d'eau débité. Ces relations, déduites de l'observation et formulées par les méthodes dont dispose la Science, permettent d'envisager la question sous deux aspects : 1° trouver le volume d'eau débité par un canal établi; 2° trouver les proportions du canal relatives à un volume d'eau donné. Ce dernier cas comprend donc le projet du canal.

41. *Pouce d'eau des fontainiers.* — Ce procédé de jaugeage, employé autrefois pour mesurer des sources qui ne débitent pas au delà de 2 litres par seconde, consiste en un barrage transversal en madriers percé sur une ligne horizontale de trous ayant 1 pouce de diamètre, ou 27 millimètres en mesures nouvelles. Pour que l'écoulement n'ait pas lieu en gueule-bée, l'épaisseur des madriers ne doit pas dépasser 1 pouce. Les orifices, d'abord fermés par des tampons, sont successivement débouchés en nombre suffisant, de manière que l'eau se maintienne, en amont, à un niveau constant de 1 ligne ou $2^{mm},25$. Ainsi les trous démasqués sont de véritables orifices pratiqués en mince paroi, avec une charge de 1 ligne sur le sommet ou de 7 lignes sur le centre. Dès que le mouvement de l'eau est parvenu à l'état de régime, c'est-à-dire lorsque l'eau, en amont, se maintient au niveau indiqué, on estime le débit de la source par le nombre d'orifices débouchés et le volume d'eau que chacun d'eux fournit. En appliquant la formule de Torricelli à l'écoulement de l'eau par l'un des orifices, on a trouvé qu'en vingt-quatre heures le produit est égal à $19^{mc},1953$. On a ainsi

24 heures......... $d = 19^{mc},1953,$

1 heure.......... $d = \dfrac{19,1953}{24} = 0^{mc},7998,$

1 minute......... $d = \dfrac{0,7998}{60} = 0^{mc},01333,$

1 seconde......... $d = \dfrac{0,01333}{60} = 0^{mc},000222.$

Le volume d'eau écoulé par un orifice se nomme *pouce d'eau*. Il se subdivise en 144 lignes d'eau, dont chacune équivaut à la dépense d'un orifice de 1 ligne de diamètre avec une charge de 7 lignes sur le centre. De même, la ligne d'eau est subdivisée en 144 points d'eau.

A l'époque de l'établissement du système métrique, de Prony a remplacé le pouce d'eau des fontainiers par une unité métrique, tout en conservant le même nom à cette nouvelle unité de dépense. Le diamètre des orifices est égal à 2 centimètres, et la charge au-dessus du centre est de 4 centimètres; mais l'écoulement a lieu par un ajutage cylindrique de 17 millimètres de longueur. L'application de la formule relative à l'écoulement par des ajutages cylindriques a donné, pour la dépense du nouveau pouce d'eau, 20 mètres cubes en vingt-quatre heures. On le subdivise en dixièmes et centièmes. Le procédé de jaugeage que nous venons de décrire est aujourd'hui complétement abandonné.

42. *Jaugeage des cours d'eau peu considérables.* — Quand le cours d'eau est peu considérable, on fait un barrage muni d'une vanne de fond; puis on lève cette vanne de manière que le liquide, en amont, se tienne à un niveau constant. Cette condition étant satisfaite, on se servira de la formule qui convient à la dépense des orifices rectangulaires verticaux avec charge sur le sommet. Appelant

L la largeur de la vanne;
h l'ouverture de la vanne;
H la charge d'eau sur le centre,

on aura

$$D = mLh\sqrt{2gH}.$$

On peut également jauger le cours d'eau en employant un orifice en déversoir. A cet effet, M. Boileau a proposé d'adopter un barrage type formé de madriers en bois de chêne verticalement placés sur toute la largeur du cours d'eau et taillés en biseau à 45 degrés du côté d'aval et à vive arête horizontale du côté d'amont. Il suffit, pour cette disposition d'orifice, de calculer la dépense par la formule des déversoirs

$$D = mLH\sqrt{2gH}.$$

43. *Jaugeage des canaux et des rivières.* — Le mouvement de l'eau peut être sensiblement uniforme ou varié. Dans le premier cas, pour trouver le volume d'eau débité en une seconde, il suffit de multiplier l'aire de la section transversale par la vitesse moyenne. Pour obtenir cette section au-dessus du niveau de l'eau, perpendiculairement à la direction du courant, on tend une corde d'une rive à l'autre, ou bien on assujettit une pièce de bois si la largeur n'est pas très-considérable. On se transporte en bateau le long de cette corde, et, à des distances égales, de mètre en mètre par exemple, on détermine, au moyen d'une sonde, la profondeur de l'eau. Cette opération fait connaître les abscisses et les ordonnées d'un certain nombre de points du lit du cours d'eau. Ces lignes étant représentées sur le papier à une certaine échelle, évidemment la courbe continue, qui passera par les extrémités des ordonnées, sera, à la même échelle, le contour de la section. Il ne restera donc plus qu'à opérer, par la méthode de Simpson, la quadrature de la surface limitée par la courbe. Quant à la recherche de la vitesse moyenne, le procédé le plus simple et aussi le plus exact consiste à déterminer d'abord la vitesse à la surface, en abandonnant un flotteur à l'action du courant. Ce flotteur, ordinairement en bois de chêne, est convenablement lesté, de manière qu'il dépasse à peine le niveau de l'eau. Aux bords d'une section transversale on plante deux piquets qui doivent servir de jalons; en aval et à une distance déterminée, on plante également deux autres piquets aux bords d'une seconde section parallèle à la première. Le flotteur, étant jeté en amont de la première section, dans l'endroit où le courant est le plus rapide, ne tarde pas à prendre la vitesse de l'eau à la surface. Au moyen d'un compteur, un observateur placé à cette section note l'instant précis où le flotteur passe dans l'alignement des deux jalons. Un autre observateur placé en aval, à la seconde section, opère de même lorsque le flotteur est parvenu sur la droite imaginaire qui unit les jalons de cette section. La différence des heures qui correspondent aux observations représentera le temps employé par le flotteur à parcourir la distance qui sépare les deux sections; par conséquent, si l'on divise cette distance préalablement mesurée

par le temps exprimé en secondes, on aura la vitesse à la surface. Supposons, par exemple, que la distance des deux sections soit égale à 150 mètres, et que les heures de passage du flotteur aux sections d'amont et d'aval soient respectivement $9^h\,12^m\,7^s$ et $9^h\,16^m\,17^s$, dont la différence est $4^m\,7^s$ ou 247 secondes : la valeur de la vitesse à la surface sera

$$\frac{150}{247} = 0^m,607.$$

Les expériences de Dubuat prouvent que la vitesse n'est pas la même dans tous les endroits de la section transversale d'un cours d'eau à régime uniforme. Elle est plus grande à la surface qu'au milieu de la profondeur, et elle diminue de plus en plus jusqu'au fond et en s'approchant des rives. De Prony, de la discussion de ces expériences, a déduit une formule donnant la vitesse moyenne U en fonction de la vitesse à la surface

$$U = \frac{V(V + 2,37187)}{V + 3,15312}.$$

Appelant W la vitesse au fond, de Prony a encore proposé la formule

$$W = 2U - V.$$

Au moyen de la première formule on a calculé les valeurs du rapport $\frac{U}{V}$ pour différentes vitesses à la surface de l'eau :

Valeurs de V.	Valeurs de $\frac{U}{V}$.
m	m
0,01	0,752
0,5	0,786
1	0,812
1,5	0,832
2	0,848
2,5	0,862
3	0,873
3,5	0,883
4	0,891

Les nombres de cette Table servent à trouver la vitesse

moyenne quand on a déterminé la vitesse à la surface, sans recourir à la formule.

Dans les limites ordinaires de vitesse à la surface, le rapport $\frac{U}{V}$ est approximativement égal à 0,816, et, d'après de Prony, on pourra calculer la vitesse moyenne avec une exactitude suffisante en prenant

$$U = 0{,}80\,V.$$

Nous ferons cependant observer que cette relation conduit à des résultats trop forts lorsqu'on l'applique à de grands cours d'eau. Des expériences faites par M. Raucourt sur la Néva ont donné $\frac{U}{V} = 0{,}75$. D'autres expériences sur la Seine ont conduit à la valeur 0,62. Enfin, dans les canaux tapissés de joncs, ce rapport descend à 0,60 et même au-dessous.

D'après cela, il est facile d'évaluer la vitesse au fond, en fonction de la vitesse moyenne ou de la vitesse à la surface; car on a

$$V = \frac{U}{0{,}80}.$$

Remplaçant dans l'expression de W, on aura

$$W = 2U - \frac{U}{0{,}80} = 0{,}75\,U.$$

De même, en substituant à U sa valeur en fonction de V, il viendra

$$W = 2 \times 0{,}80\,V - V = 0{,}60\,V.$$

44. *Tube de Pitot.* — Cet instrument, très-anciennement connu, est employé pour déterminer la vitesse moyenne d'un cours d'eau. Il se compose d'un tube de verre ou de métal recourbé à angle droit. La grande branche est placée verticalement, et l'on oppose l'autre au courant, à la profondeur où l'on veut mesurer la vitesse. Pitot pensait que la hauteur à laquelle l'eau s'élevait dans la branche verticale, au-dessus du niveau du courant, était précisément la hauteur due à la vitesse à la profondeur considérée. Si l'on fait abstraction de la résistance des fluides au mouvement, cette opinion est

fondée; car, appelant h la dénivellation, en vertu du principe des forces vives, on a

$$\frac{1}{2}MV^2 = Mgh, \quad \text{d'où} \quad V^2 = 2gh.$$

Mais l'eau ne parvient jamais à cette hauteur, et la dénivellation dépend de la forme et des dimensions du tube. Dubuat a observé qu'en employant un tube dont la branche horizontale est fermée par une platine percée au centre, la dénivellation est les $\frac{3}{2}$ de la hauteur due à la vitesse, et réciproquement celle-ci aurait pour valeur réelle les $\frac{2}{3}$ de la dénivellation. La branche horizontale, d'après quelques ingénieurs, doit être terminée par un cône arrondi percé d'un orifice au sommet. Cet instrument, par sa simplicité, serait d'un usage commode si la difficulté d'une tare précise et les oscillations continuelles du niveau de l'eau dans la branche horizontale n'étaient autant de causes d'incertitude dans les résultats. Pour l'appliquer à l'opération du jaugeage, il convient donc qu'il ait été exactement gradué dans un cours d'eau dont la vitesse est connue.

45. *Moulinet de Woltemann.* — Cet instrument, qui nous vient de l'Allemagne, où il est désigné sous le nom de *stromesser*, sert, comme le précédent, à mesurer la vitesse à différentes profondeurs. Il consiste en une roue à quatre ailettes, très-légère et très-mobile (*fig.* 12). Ces ailettes sont inclinées sur l'arbre, qu'on place dans le sens du courant, et cet arbre porte une vis sans fin qui communique avec le rouage d'un compteur indiquant le nombre de révolutions de l'axe du moulinet dans un temps donné. Les deux roues du compteur sont supportées par un levier horizontal L, mobile autour de l'une des extrémités. Au moyen d'un ressort, ce levier peut être maintenu éloigné de l'arbre des ailettes. Un pignon de même axe que l'une des roues sert à communiquer le mouvement à l'autre. L'appareil peut glisser à frottement doux le long de la tige verticale S, de manière que, dans le courant, il puisse fonctionner à la profondeur voulue. Dans cette position, il est maintenu fixe par une vis de pression. Quand le moulinet est en mouvement, on tire un cordon C attaché au levier mobile pour embrayer la vis sans fin avec le corps du

rouage pendant toute la durée de l'expérience. Par la graduation des roues, on reconnaît aisément le nombre de tours du

Fig. 12.

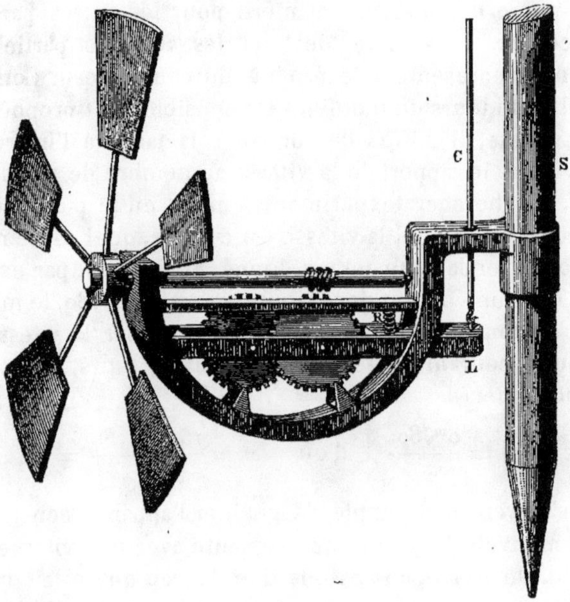

moulinet. Généralement, la vitesse du cours d'eau s'obtient par la formule

$$V = a + bn,$$

a et b étant deux constantes propres à chaque appareil; et comme la première a est très-petite, la vitesse V est très-approximativement proportionnelle au nombre de tours n.

M. Baumgarten a proposé la formule suivante :

$$V = 0,3595n + \sqrt{n^2a + b},$$

a et b étant encore les constantes qu'il faut préalablement déterminer. La distance comprise entre les deux rives étant divisée en un certain nombre de parties égales, on observe le nombre de tours que fait le moulinet quand il est placé dans le cours d'eau, à une distance égale à la moitié de l'ordonnée du lit qui correspond à chaque point de division.

Le produit de la surface comprise entre deux ordonnées équidistantes par la vitesse déduite du nombre de tours du moulinet sera l'expression du volume d'eau qui s'écoule par la partie de la section que limitent les deux ordonnées. Si l'on opère de la même manière pour les autres parties de la section, la somme de tous les volumes partiels ainsi obtenus représentera le produit du cours d'eau. Comme le nombre de tours du moulinet est sensiblement proportionnel à la vitesse, il suffira de connaître la tare de l'instrument, c'est-à-dire le rapport de la vitesse au nombre de tours. A cet effet, on cherchera expérimentalement, en le plongeant dans un cours d'eau dont la vitesse est connue, quel est le nombre de tours pendant un temps donné. Supposons, par exemple, que, dans un courant dont la vitesse est de $0^m,80$, le moulinet fasse 12 tours par seconde; pour déterminer la vitesse dans un autre courant où le moulinet fait 15 tours, on posera la proportion

$$\frac{12}{15} = \frac{0^m,80}{x}, \quad \text{d'où} \quad x = \frac{15 \times 0,80}{12} = 1^m.$$

Un moyen bien simple de graduer l'appareil consiste à le faire mouvoir dans une eau stagnante avec une vitesse déterminée. On le fixe au-dessous d'un bateau qu'on fait marcher à différentes vitesses, et les nombres de tours indiqués par le compteur sont précisément ceux qui correspondent aux vitesses de l'eau contre les ailettes ou celles qu'on a successivement imprimées au bateau. Le moulinet de Woltemann présente l'inconvénient qui, d'ailleurs, lui est commun avec les instruments du même genre : c'est d'altérer la vitesse du courant à l'endroit même où l'on veut la mesurer. De plus, il est très-fragile et susceptible de se fausser aisément, et son usage ne saurait être de quelque durée sans recourir de temps à autre à des expériences comparatives dans des courants de vitesse connue. En résumé, de tout ce qui vient d'être dit nous devons conclure que la méthode des flotteurs est celle que l'on doit préférer pour la mesure de la vitesse d'un cours d'eau à régime uniforme.

46. *Mouvement de l'eau dans les canaux à régime constant.* — Dans le mouvement des fluides, tel que nous l'avons consi-

déré jusqu'ici, nous avons fait abstraction d'une résistance qui influe sur la vitesse d'écoulement. Cette force retardatrice, négligeable dans le cas où la section est très-grande et la longueur du canal très-petite, est la résistance opposée au mouvement par l'adhérence des filets avec les parois du canal. On comprend, en effet, que la viscosité du liquide doit ralentir le mouvement, et que ce retard se communique de proche en proche à toute la masse liquide, depuis le fond jusqu'à la surface libre. Des expériences très-précises, faites par Coulomb et corroborées par de Prony, ont conduit aux lois suivantes :

La résistance occasionnée par l'adhérence des filets fluides avec les parois du canal est proportionnelle :

1° A la densité du liquide, c'est-à-dire à la masse sous l'unité de volume;

2° Au périmètre de la section mouillée;

3° A la longueur du canal;

4° A une fonction de la vitesse moyenne composée de deux termes, l'un proportionnel à cette vitesse et l'autre à son carré.

D'après cela, appelant

U la vitesse moyenne du liquide;
S le périmètre de la section mouillée;
A l'aire de cette section;
L la longueur du canal;
a et b les facteurs constants, pour chaque liquide, de la vitesse et du carré de cette vitesse;
M la masse liquide qui s'écoule en une seconde par la section supposée constante;
H la pente totale du lit du canal,

cette résistance sera exprimée par

$$\frac{1000}{g}\,\mathrm{SL}(a\mathrm{U}+b\mathrm{U}^2).$$

Puisque le mouvement est uniforme, le travail MgH accompli par la pesanteur sera égal à celui de la résistance que l'on obtiendra en multipliant sa valeur par la vitesse moyenne U; par suite, on aura

$$MgH = \frac{1000}{g} SL(aU + bU^2)U.$$

Le poids de l'eau Mg étant égal à 1000 AU, il viendra

$$1000\,AUH = \frac{1000}{g} SL(aU + bU^2)U,$$

et, en simplifiant,

$$gH = \frac{SL}{A}(aU + bU^2).$$

En se reportant à ce qui a été dit plus haut sur le jaugeage des cours d'eau, on voit aisément que cette relation comporte implicitement la solution de tous les problèmes relatifs aux canaux.

Pour trouver la valeur des constantes a et b, mettons la relation sous les formes suivantes :

$$\frac{gH}{L}\frac{A}{SU} = a + bU \quad \text{ou} \quad \frac{H}{L}\frac{A}{SU} = \frac{a}{g} + \frac{b}{g}U,$$

et remarquons que, si la loi énoncée est vraie, les vitesses de canaux construits étant préalablement déterminées, ainsi que la pente et les dimensions, la première équation sera celle d'une ligne droite qui ne passe pas par l'origine des axes des coordonnées. A cet effet, de Prony, représentant graphiquement les résultats des expériences de Dubuat, a pris sur une ligne d'abscisses des longueurs Mp, Mq, ... (*fig.* 13), égales aux

Fig. 13.

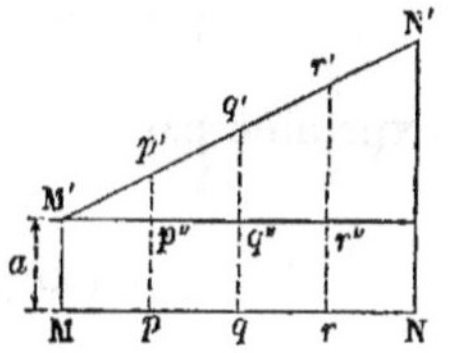

vitesses observées, et pour ordonnées les valeurs de $\frac{gH}{L}\frac{A}{SU}$ correspondantes. Il en est résulté que, les extrémités des ordonnées se trouvant sur une ligne droite, la loi établie par Coulomb est l'expression suffisamment exacte des circonstances du mouvement de l'eau dans un canal.

De cette construction on déduit encore que cette ligne droite coupera l'axe des ordonnées en un point M' tel que MM' $= a$, et que le coefficient b sera représenté par les rapports égaux

$$\frac{p'p''}{M'p''} = \frac{q'q''}{M'q''} = \frac{r'r''}{M'r''} = \ldots,$$

c'est-à-dire par la tangente trigonométrique de l'angle qui mesure l'inclinaison de la droite sur l'axe des abscisses.

En suivant cette marche, de Prony a trouvé les valeurs suivantes :

$$a = 0{,}000436, \quad \text{d'où} \quad \frac{a}{g} = 0{,}0000444 5,$$

$$b = 0{,}003034, \quad \text{d'où} \quad \frac{b}{g} = 0{,}00030931.$$

Ramenant l'équation à la forme générale du second degré, on aura

$$\frac{H}{L}\frac{A}{S} = \frac{aU}{g} + \frac{bU^2}{g}.$$

Le rapport $\frac{H}{L}$ se nomme *pente* ou *déclivité* par mètre courant. Ordinairement on le représente par la lettre I. On désigne sous le nom de *rayon moyen* le rapport de l'aire de la section au périmètre mouillé de cette section. Il est représenté dans la formule par R. Substituant, dans la dernière équation, les valeurs numériques trouvées aux rapports $\frac{a}{g}$ et $\frac{b}{g}$, on aura

$$RI = 0{,}0000444U + 0{,}000309U^2.$$

Résolvant cette équation par rapport à U, il viendra

$$U = -\frac{222}{3090} + \sqrt{\left(\frac{222}{3090}\right)^2 + \frac{RI}{0{,}000309}},$$

$$U = -0{,}07184 + \sqrt{0{,}005160 + 3233\,RI}.$$

Négligeant, sous le radical, le terme 0,005160, très-petit par rapport au second, et extrayant la racine carrée du facteur 3233, on a

$$U = 56,86\sqrt{RI} - 0,072.$$

Plus tard, M. Eytelwein, par la discussion des résultats des expériences faites par MM. Funck, Brunnings et Woltemann, a trouvé les valeurs suivantes :

$$a = 0,000238, \quad \text{d'où} \quad \frac{a}{g} = 0,0000243,$$

$$b = 0,003586, \quad \text{d'où} \quad \frac{b}{g} = 0,00036554.$$

Introduisant ces valeurs dans l'équation, on aura

$$RI = 0,0000243U + 0,0003654U^2$$

ou

$$U^2 + \frac{0,0000243U}{0,0003654} = \frac{RI}{0,0003654}.$$

Résolvant cette équation, il vient

$$U = -\frac{0,00001215}{0,0003654} + \sqrt{\frac{(0,0000243)^2}{(0,0003654)^2} + \frac{RI}{0,0003654}},$$

$$U = -0,03319 + \sqrt{0,00110163 + 2735,66RI}.$$

Supprimant, comme précédemment, le premier terme du radical très-petit par rapport au second et extrayant la racine carrée du facteur 2735,66, la vitesse moyenne sera encore exprimée par la formule

$$U = 52,303\sqrt{RI} - 0,03319.$$

En comparant les résultats obtenus au moyen des deux formules, de Prony a remarqué que la différence était très-petite, et par conséquent qu'elles pouvaient servir indifférement à déterminer la vitesse moyenne, connaissant la pente du canal par mètre courant, l'aire et le périmètre de la section mouillée.

M. de Saint-Venant a proposé la formule

$$0{,}000401\, U^{\frac{21}{11}} = RI,$$

d'où

$$U^{\frac{21}{11}} = \frac{RI}{0{,}000401} \quad \text{et} \quad U = \sqrt[\frac{21}{11}]{\frac{RI}{0{,}000401}}.$$

La comparaison des deux fonctions $aU + bU^2$ et $0{,}000401\, U^{\frac{21}{11}}$ montre qu'elles s'accordent assez approximativement, mais que celle adoptée par M. de Saint-Venant donne généralement des valeurs plus faibles.

Les ingénieurs italiens se servent de la relation bien simple

$$0{,}0004\, U^2 = RI,$$

d'où

$$U^2 = \frac{RI}{0{,}0004} \quad \text{et} \quad U = \sqrt{\frac{RI}{0{,}0004}}, \quad U = 50\sqrt{RI}.$$

Cette formule peut être employée quand on a besoin de calculer rapidement, par approximation, la vitesse moyenne; mais, dans les cas ordinaires, il vaut mieux recourir à la formule de M. de Prony. La vitesse étant déterminée par l'une des méthodes que nous venons d'indiquer, l'expression du volume d'eau débité en une seconde sera

$$D = AU.$$

Pour abréger les calculs, M. de Prony a formé un tableau des différentes valeurs de RI et des vitesses correspondantes, calculées d'après sa formule et d'après celle de M. Eytelwein (*Recueil de cinq Tables pour faciliter les calculs relatifs à la recherche de la vitesse moyenne des eaux courantes*). Nous nous contenterons de reproduire celle qui se rapporte à la première formule, attendu qu'elle est généralement employée dans les applications ordinaires.

47. Applications. — *Trouver le volume d'eau débité par un canal à section rectangulaire constante, sachant que la longueur est de 200 mètres, la largeur de 4 mètres, la profondeur de l'eau de $4^m,50$, et que la pente totale obtenue par un nivellement est égale à $0^m,09$.*

$$D = AU, \qquad U = 56{,}86\sqrt{RI} - 0{,}072.$$

$$RI = \frac{A}{S}\frac{H}{L}, \quad A = 4 \times 1{,}5 = 6^{mc}, \quad S = 4 + 2 \times 1{,}5 = 7^m,$$

$$\frac{A}{S} \text{ ou } R = \tfrac{6}{7}, \quad \frac{H}{L} \text{ ou } I = \frac{0{,}09}{200},$$

$$\frac{A}{S}\frac{H}{L} \text{ ou } RI = \frac{6}{7} \times \frac{0{,}09}{200} = \frac{0{,}54}{1400},$$

$$56{,}86\sqrt{RI} = 56{,}86\sqrt{\frac{0{,}54}{1400}} = 1{,}1167.$$

$$56{,}86\sqrt{RI} - 0{,}072 = 1^m{,}0447,$$

$$D = 6 \times 1{,}0447 = 6^{mc}{,}2682.$$

2° *Résoudre la même question par la formule de M. Eytelwein.*

$$U = 52{,}303\sqrt{RI} - 0{,}0331, \qquad 52{,}303\sqrt{\frac{0{,}54}{100}} = 1{,}02921,$$

$$U = 1{,}02721 - 0{,}0331 = 0{,}9941, \qquad D = 0{,}9941 \times 6 = 5^{mc}{,}9646.$$

3° *Au moyen de la formule de M. de Saint-Venant.*

$$U = \sqrt[\frac{21}{11}]{\frac{RI}{0{,}000401}} = \sqrt[\frac{21}{11}]{\frac{0{,}54}{1400 \times 0{,}000401}} = 0^m{,}97985,$$

d'où

$$D = 6^{mc} \times 0{,}97985 = 5^{mc}{,}8791.$$

Ces écarts entre les résultats obtenus par l'application des trois formules sont dus sans doute à ce que les observations faites sur des cours d'eau différents ne présentaient pas les mêmes conditions.

48. *Usage du tableau de M. de Prony.* — Lorsque la fonction $RI = \frac{A}{S}\frac{H}{L}$ a été déduite du canal ou du cours d'eau dont on veut opérer le jaugeage, on cherche dans le tableau la valeur U de la vitesse qui lui correspond. Il arrive fort souvent que cette fonction n'est pas dans les Tables, mais qu'elle est comprise entre deux fonctions successives pour lesquelles on a la vitesse. Si la différence entre la fonction donnée et celle des Tables qui en approche le plus est très-petite, on se contente de prendre pour valeur de U celle qui est directement donnée par les Tables; mais, si la différence n'est pas négligeable, on obtient la vitesse avec une grande approximation en procédant par interpolation, exactement de la même manière que pour calculer le logarithme d'un nombre qui ne se trouve pas dans les Tables. En d'autres termes, on admet, dans le cas dont il s'agit, comme dans tous les cas semblables, que la variation de la fonction est proportionnelle à la variation de la variable. Pour fixer les idées, supposons que, pour un canal dont on veut faire le jaugeage, on ait trouvé

$$RI = 0{,}0012045.$$

Cette valeur est comprise entre les valeurs suivantes du tableau :

$$RI = 0{,}0012011, \qquad RI = 0{,}0012133,$$

dont la différence est égale à 0,0000122. La vitesse qui correspond à la plus petite de ces deux valeurs étant $1^m{,}90$, il faut déterminer de quelle quantité elle doit être augmentée pour avoir la vitesse relative à la fonction donnée. A cet effet, remarquons que la différence entre la valeur de cette fonction et la plus petite de celles du tableau entre lesquelles elle est comprise est égale à 0,0000034. De plus, comme la différence des vitesses relatives aux deux fonctions considérées dans le tableau est $0^m{,}01$, en vertu du principe qui lie l'accroissement de la fonction à l'accroissement de la variable, on aura

$$\frac{0{,}0000122}{0{,}0000034} = \frac{0{,}01}{x}, \qquad \text{d'où} \qquad x = \frac{0{,}01 \times 34}{122} = 0^m{,}0028.$$

Ainsi la vitesse cherchée sera

$$1^m{,}90 + 0^m{,}0028 = 1^m{,}9028.$$

49. *Formules de MM. Darcy et Bazin.* — Il y a quelques années, feu M. Darcy, à qui l'on doit la remarquable distribution d'eau de la ville de Dijon, entreprit des expériences très-variées sur le jaugeage des eaux courantes. Les résultats habilement discutés par M. Bazin, savant ingénieur des Ponts et Chaussées, dont l'Académie des Sciences a naguère couronne les utiles travaux, en a déduit les formules suivantes, relatives à des canaux différents par la nature de leur construction :

1° *Parois très-unies.* — Bois raboté avec soin.

$$U = \sqrt{\frac{\frac{AH}{SL}}{0,0001\left(1 + \frac{0,030\,S}{A}\right)}};$$

2° *Parois unies.* — Pierres de taille, brique, ciment mélangé de sable.

$$U = \sqrt{\frac{\frac{AH}{SL}}{0,00019\left(1 + \frac{0,070\,S}{A}\right)}};$$

3° *Parois peu unies.* — Maçonnerie en moellons.

$$U = \sqrt{\frac{\frac{AH}{SL}}{0,00024\left(1 + \frac{0,25\,S}{A}\right)}};$$

4° *Parois en terre.*

$$U = \sqrt{\frac{\frac{AH}{SL}}{0,00028\left(1 + \frac{1,25\,S}{A}\right)}}.$$

L'application de ces formules exige que le nivellement qui doit faire connaître la pente par mètre courant puisse être exécuté sur une grande étendue. Lorsque les circonstances locales ne le permettent pas, on mesure directement la vitesse à la surface par la méthode des flotteurs, et l'on en déduit la vitesse moyenne U à l'aide de la formule suivante, que M. Bazin a proposée :

$$U = V - 14\sqrt{RI}.$$

50. Applications. — *Trouver le volume d'eau débité par un canal à section rectangulaire constante, sachant que la lon-*

gueur est de 200 mètres, la largeur de 4 mètres, la profondeur de $1^{m},50$, *et que la pente totale est égale à* $0^{m},09$.

$$A = 6^{mc},\quad S = 7^{m},$$

$$\frac{A}{S} \text{ ou } R = \frac{6}{7},$$

$$\frac{H}{L} \text{ ou } I = \frac{0,09}{200},$$

$$\frac{A}{S}\frac{H}{L} = \frac{0,54}{1400} = 0,000385.$$

1° Le canal appartient au premier type. Dans ce cas, on a

$$U = \sqrt{\frac{0,000385}{0,0001\left(1 + \frac{0,030 \times 7}{6}\right)}} = 1^{m},9286,$$

$$D = 6^{mc} \times 1^{m},9286 = 11^{mc},5716.$$

2° Pour un canal du second type, on a

$$U = \sqrt{\frac{0,000385}{0,00019\left(1 + \frac{0,07 \times 7}{6}\right)}} = 1^{m},3686,$$

$$D = 6^{mc} \times 1^{m},3686 = 8^{mc},2116.$$

3° Pour un canal du troisième type, on a

$$U = \sqrt{\frac{0,000385}{0,00024\left(1 + \frac{0,25 \times 7}{6}\right)}} = 1^{m},1144,$$

$$D = 6^{mc} \times 1,1144 = 6^{mc},66864.$$

4° Pour un canal du quatrième type,

$$U = \sqrt{\frac{0,000385}{0,00028\left(1 + \frac{1,25 \times 7}{6}\right)}} = 0^{m},74702,$$

$$D = 6^{mc} \times 0,74702 = 4^{mc},48212.$$

Nous ferons observer que, dans le cas des parois en terre, la section a la forme d'un trapèze, et, si nous l'avons supposée rectangulaire, c'est uniquement pour montrer, par la comparaison des résultats auxquels conduit l'application des quatre formules, l'influence exercée par les parois sur la vitesse et la dépense d'eau.

51. *Observation essentielle sur les formules.* — La formule de M. de Prony, applicable au cas des grandes rivières, présente dans les résultats des différences notables avec celle de M. Eytelwein et se rapporte exclusivement aux expériences de Dubuat. Elle n'a donc pas le caractère de généralité qu'on lui a attribué. Il est visible, en effet, qu'elle ne tient pas compte de la nature des parois et que son application à des canaux peut induire en erreur. Aussi est-il nécessaire d'en restreindre l'emploi à des cours d'eau qui se trouvent dans les mêmes conditions que ceux sur lesquels les expériences ont été faites. Les formules de MM. Darcy et Bazin conviennent parfaitement aux canaux tels qu'on les construit aujourd'hui. On comprend que, sans infirmer les conclusions de Coulomb sur l'adhérence des filets fluides avec les parois, la résistance qui tend à altérer la vitesse doit varier suivant la nature des parois et le mode de construction du canal. Ces circonstances sont exprimées dans les nouvelles formules que M. Darcy n'a établies qu'après avoir déterminé, par des observations très-précises, les valeurs des constantes a et b relatives aux cas qui se présentent dans les constructions hydrauliques.

52. *Vitesse de régime au fond des canaux.* — Bien que, dans le jaugeage des cours d'eau, il ne soit pas nécessaire de connaître la vitesse au fond, il importe, dans l'établissement des canaux, qu'elle ne dépasse pas certaines limites. Quand elle est trop grande, le travail développé par la masse liquide qui s'écoule peut détériorer promptement le canal en désagrégeant les matériaux qui le composent. Si, au contraire, elle est trop faible, il se forme des dépôts de vases et de limons amenés par les pluies, qui finissent par obstruer le lit.

Suivant la nature des substances qui forment le lit des cours d'eau, Dubuat a déduit de l'observation les vitesses sous lesquelles ces substances commencent à être entraînées.

VITESSE moyenne U.	VALEUR de RI.	VITESSE moyenne U.	VALEUR de RI.	VITESSE moyenne U.	VALEUR de RI.
m		m		m	
0,01	0,0000005	0,51	0,0001031	1,01	0,0003604
0,02	10	0,52	1068	1,02	3672
0,03	16	0,53	1104	1,03	3739
0,04	23	0,54	1142	1,04	3808
0,05	30	0,55	1180	1,05	3877
0,06	38	0,56	1219	1,06	3947
0,07	46	0,57	1258	1,07	4017
0,08	55	0,58	1298	1,08	4088
0,09	65	0,59	1339	1,09	4159
0,10	75	0,60	1380	1,10	4232
0,11	86	0,61	1422	1,11	4304
0,12	98	0,62	1465	1,12	4378
0,13	110	0,63	1508	1,13	4452
0,14	123	0,64	1551	1,14	4527
0,15	136	0,65	1596	1,15	4602
0,16	150	0,66	1641	1,16	4678
0,17	165	0,67	1686	1,17	4754
0,18	180	0,68	1733	1,18	4831
0,19	196	0,69	1779	1,19	4909
0,20	213	0,70	1827	1,20	4988
0,21	230	0,71	1875	1,21	5067
0,22	247	0,72	1924	1,22	5146
0,23	266	0,73	1973	1,23	5226
0,24	285	0,74	2023	1,24	5307
0,25	304	0,75	2073	1,25	5389
0,26	325	0,76	2124	1,26	5471
0,27	346	0,77	2176	1,27	5553
0,28	367	0,78	2229	1,28	5637
0,29	389	0,79	2282	1,29	5721
0,30	412	0,80	2335	1,30	5805
0,31	435	0,81	2389	1,31	5890
0,32	459	0,82	2444	1,32	5976
0,33	484	0,83	2500	1,33	6063
0,34	509	0,84	2556	1,34	6150
0,35	534	0,85	2613	1,35	6237
0,36	561	0,86	2670	1,36	6326
0,37	588	0,87	2728	1,37	6414
0,38	616	0,88	2786	1,38	6504
0,39	644	0,89	2846	1,39	6594
0,40	673	0,90	2906	1,40	6685
0,41	702	0,91	2966	1,41	6776
0,42	732	0,92	3027	1,42	6868
0,43	763	0,93	3089	1,43	6961
0,44	794	0,94	3151	1,44	7054
0,45	826	0,95	3214	1,45	7148
0,46	859	0,96	3277	1,46	7242
0,47	892	0,97	3342	1,47	7337
0,48	926	0,98	3406	1,48	7433
0,49	960	0,99	3472	1,49	7529
0,50	0,0000996	1,00	0,0003538	1,50	0,0007626

Nature du lit.	Vitesses.
	m
Argile brune propre à la poterie....................	0,081
Gros sable jaune	0,217
Gravier de la Seine, gros comme un grain d'anis........	0,108
Gravier de la Seine, gros comme un pois, au plus.....	0,189
Gravier de la Seine, gros comme une fève de marais...	0,325
Galets de mer arrondis, de $0^m,027$ de diamètre........	0,650
Pierre à fusil anguleuse, du volume d'un œuf de poule .	0,975

Navier a extrait de l'*Encyclopédie d'Édimbourg* les données suivantes, qui peuvent servir à régler approximativement la vitesse de régime au fond :

Nature du lit.	Limite de la vitesse.
	m
Terre détrempée brune............................	0,076
Argile tendre....................................	0,152
Sable..	0,305
Gravier..	0,609
Cailloux...	0,614
Pierres cassées, silex...........................	1,22
Cailloux agglomérés, schistes tendres............	1,52
Roches en couches................................	1,83
Roches dures.....................................	3,05

53. *Observation sur le jaugeage des rivières.* — Les considérations qui précèdent montrent suffisamment que la formule de M. de Prony est applicable au jaugeage des rivières, à la condition que, sur une étendue assez grande, la section soit constante et qu'il y ait possibilité de déterminer la pente totale au moyen d'un nivellement. Lorsque, ce qui arrive fort souvent, la section d'eau est variable, on détermine, par la méthode indiquée plus haut, sur une partie de la longueur du cours d'eau à peu près régulière, un certain nombre de profils en travers dont on prend la moyenne en divisant la somme de toutes les surfaces obtenues par leur nombre. On calcule également la moyenne des périmètres mouillés et l'on a ainsi, après avoir déterminé par un nivellement la pente entre les deux sections limites, tous les éléments nécessaires à la formation du terme RI; on est donc ramené au cas général de la formule. Il peut encore arriver que le profil transversal pré-

VITESSE moyenne U.	VALEUR de RI.	VITESSE moyenne U.	VALEUR de RI.	VITESSE moyenne U.	VALEUR de RI.
m		m		m	
1,51	0,0007724	2,01	0,0013390	2,51	0,0020603
1,52	7822	2,02	13519	2,52	20763
1,53	7921	2,03	13649	2,53	20924
1,54	8020	2,04	13779	2,54	21085
1,55	8120	2,05	13910	2,55	21247
1,56	8221	2,06	14042	2,56	21409
1,57	8322	2,07	14174	2,57	21572
1,58	8424	2,08	14307	2,58	21736
1,59	8527	2,09	14440	2,59	21900
1,60	8630	2,10	14574	2,60	22065
1,61	8733	2,11	14709	2,61	22231
1,62	8838	2,12	14814	2,62	22397
1,63	8943	2,13	14980	2,63	22564
1,64	9048	2,14	15117	2,64	22731
1,65	9155	2,15	15254	2,65	22900
1,66	9261	2,16	15392	2,66	23068
1,67	9369	2,17	15530	2,67	23238
1,68	9477	2,18	15669	2,68	23407
1,69	9586	2,19	15809	2,69	23578
1,70	9595	2,20	15949	2,70	23749
1,71	9805	2,21	16090	2,71	23921
1,72	9915	2,22	16231	2,72	24093
1,73	10026	2,23	16373	2,73	24266
1,74	10138	2,24	16516	2,74	24440
1,75	10251	2,25	16659	2,75	24614
1,76	10364	2,26	16803	2,76	24789
1,77	10477	2,27	16948	2,77	24965
1,78	10592	2,28	17093	2,78	25141
1,79	10706	2,29	17239	2,79	25318
1,80	10822	2,30	17385	2,80	25495
1,81	10938	2,31	17532	2,81	25673
1,82	11055	2,32	17680	2,82	25851
1,83	11172	2,33	17828	2,83	26031
1,84	11290	2,34	17977	2,84	26210
1,85	11409	2,35	18126	2,85	26391
1,86	11528	2,36	18277	2,86	26572
1,87	11648	2,37	18427	2,87	26754
1,88	11768	0,38	18579	2,88	36936
1,89	11889	0,39	18731	2,89	27119
1,90	12011	2,40	18883	2,90	27302
1,91	12133	2,41	19037	2,91	27487
1,92	12256	2.42	19190	2,92	27671
1,93	12380	2,43	19345	2,93	27857
1,94	12504	2,44	19500	2,94	28043
1,95	12628	2,45	19656	2,95	28229
1,96	12754	2,46	19812	2,96	28417
1,97	12880	2,47	19869	2,97	28605
1,98	13006	2,48	20126	2,98	28793
1,99	13134	2,49	20285	2,99	28982
2,00	0,0013262	2,50	0,0020443	3,00	29172

sente des sinuosités marquées, c'est-à-dire que le fond se rapproche de la ligne d'eau. Dans ce cas particulier, pour appliquer la formule de M. de Prony, il convient de considérer le courant total comme formé de deux courants partiels, l'un correspondant à la partie profonde et l'autre à la partie du lit la plus voisine de la surface. La somme des dépenses obtenues par cette décomposition fournit une valeur beaucoup plus approchée que si l'on considérait un seul courant. Toutefois, nous ferons observer que la forme très-variée, affectée par le lit des cours d'eau naturels, les dépôts qui s'y trouvent, non moins que la difficulté de faire un nivellement exact, rendent souvent la formule impossible, et que son usage s'applique plutôt aux canaux construits d'après les règles de l'art.

54. *Calcul des profils en travers des canaux.* — Les canaux qui servent à conduire l'eau dans les usines sont ordinairement à section rectangulaire ou à section trapézoïdale. On leur donne la première forme lorsqu'ils sont construits en maçonnerie, et la seconde quand ils sont immédiatement creusés dans le sol.

Quand il s'agit de déterminer la vitesse moyenne par la formule

$$U = 56,86\sqrt{RI} = 56,86\sqrt{\frac{H}{L}\frac{A}{S}},$$

après avoir trouvé, au moyen d'un nivellement, la pente par mètre courant $\frac{H}{L}$, il reste encore à calculer le rapport $\frac{A}{S}$, que nous avons désigné sous le nom de *rayon moyen*.

1° La section est un rectangle dont b et h sont les dimensions. On a

$$A = bh \quad \text{et} \quad S = b + 2h,$$

d'où

$$\frac{A}{S} \text{ ou } R = \frac{bh}{b + 2h}.$$

2° La section est un trapèze dont le talus est à 45 degrés (*fig.* 14).

La section d'eau

$$A = MNFK + 2MQK \quad \text{ou} \quad A = bh + 2MQK.$$

Le triangle MQK étant isoscèle, on a

$$QK = h \quad \text{et} \quad QM = h\sqrt{2},$$

d'où

$$A = bh + h^2 = h(b+h) \quad \text{et} \quad S = b + 2h\sqrt{2};$$

par conséquent

$$\frac{A}{S} \text{ ou } R = \frac{h(b+h)}{b+2h\sqrt{2}}.$$

Fig. 14.

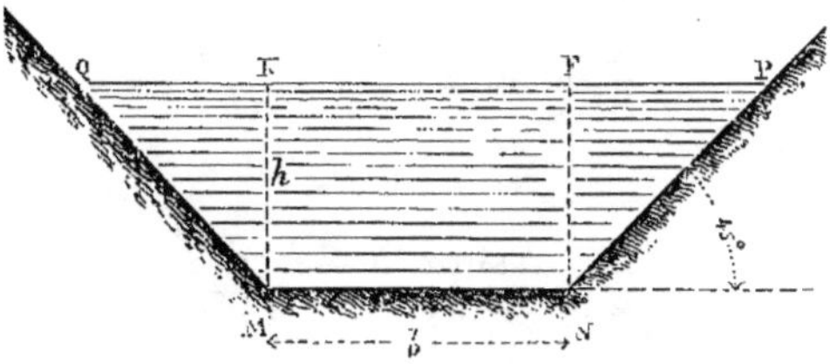

3° La section est un trapèze dont le talus est quelconque (*fig.* 15).

Fig. 15.

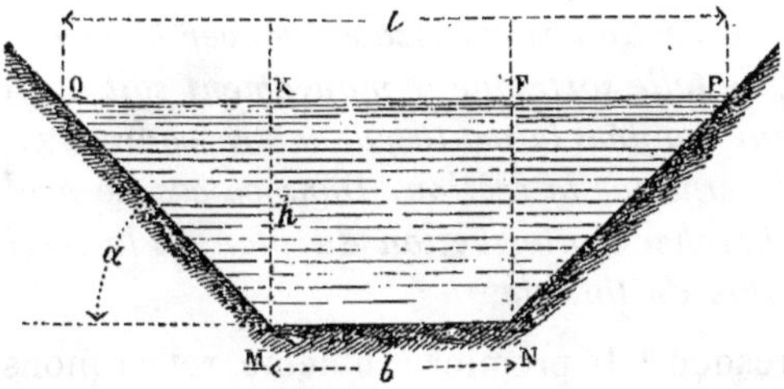

Désignons par α l'angle qui mesure le talus, et par l la largeur du canal mesurée à la ligne d'eau. On aura encore

$$A = bh + 2\,MQK;$$

de plus

$$b = l - 2\,QK \quad \text{et} \quad QK = h\cot\alpha,$$

donc

$$b = l - 2h\cot\alpha.$$

Cette relation servira à trouver la largeur au fond en fonction de la largeur à la ligne d'eau.

Le triangle MQK est exprimé par

$$QK \times \tfrac{1}{2}h \text{ ou } \tfrac{1}{2}h^2 \cot\alpha;$$

par suite

$$A = bh + h^2 \cot\alpha = h(b + h\cot\alpha).$$

Le périmètre mouillé $S = b + 2MQ$. Or, $MQ = \frac{h}{\sin\alpha}$; donc on aura

$$S = b + \frac{2h}{\sin\alpha},$$

d'où

$$\frac{A}{S} \text{ ou } R = \frac{h(b + h\cot\alpha)}{b + \frac{2h}{\sin\alpha}}$$

ou

$$\frac{A}{S} = \frac{h\sin\alpha(b + h\cot\alpha)}{b\sin\alpha + 2h}.$$

55. *Établissement des canaux à régime constant.* — Cette importante question d'Hydraulique se résume dans la solution des deux problèmes suivants :

1° *Étant donnés le volume d'eau dont on peut disposer et l'aire de la section transversale, trouver la pente par mètre courant, de telle sorte que le mouvement soit uniforme.*

2° *Étant données la pente par mètre courant et la dépense d'eau, déterminer la section. Dans ce cas, le problème consiste à chercher l'intersection du plan de la section avec la surface libre du liquide.*

Pour résoudre le premier problème, remarquons que l'on a

$$D = AU, \quad \text{d'où} \quad U = \frac{D}{A}.$$

La vitesse moyenne U étant connue, on est ramené à déduire la valeur du rapport $\frac{H}{L} = I$ des formules précédemment établies. On aura successivement :

1° Par la formule de M. de Prony :

$$I = \frac{(U + 0,072)^2}{(56,86)^2 R} \quad \text{ou} \quad \frac{H}{L} = \frac{(U + 0,072)^2}{(56,86)^2 \frac{A}{S}} = \frac{(U + 0,072)^2 S}{(56,86)^2 A};$$

2° Par la formule de M. Eytelwein :

$$\frac{H}{L}=\frac{(U+0,0319)^2}{(52,303)^2 R}=\frac{(U+0,0319)^2 S}{(52,303)^2 A};$$

3° Par la formule de M. de Saint-Venant :

$$\frac{H}{L}=\frac{0,000401\,U^{\frac{21}{11}}}{R}=\frac{0,000401\,S\sqrt[11]{U^{21}}}{A};$$

4° Par les formules de M. Darcy, relatives à quatre types de canaux :

Premier type..... $\frac{H}{L}=\frac{U^2}{R}0,00010\left(1+\frac{0,030S}{A}\right)$,

Deuxième type... $\frac{H}{L}=\frac{U^2}{R}0,00019\left(1+\frac{0,070S}{A}\right)$,

Troisième type... $\frac{H}{L}=\frac{U^2}{R}0,00024\left(1+\frac{0,25S}{A}\right)$,

Quatrième type... $\frac{H}{L}=\frac{U^2}{R}0,00028\left(1+\frac{1,25S}{A}\right)$

Ordinairement, la section étant donnée suivant les convenances locales, on s'impose la condition de la hauteur de la ligne d'eau au-dessus du fond. On aura donc, si la section est rectangulaire,

$$A=bh,\quad \text{d'où}\quad b=\frac{A}{h},\quad S=b+2h$$

et, en substituant,

$$S=\frac{A}{h}+2h;$$

par suite,

$$R \text{ ou } \frac{A}{S}=\frac{bh}{\frac{A}{h}+2h}=\frac{bh}{\frac{A+2h^2}{h}}=\frac{bh^2}{A+2h^2}.$$

Quand la section est un trapèze dont le talus est de 45 degrés,

$$A=bh+h^2,\quad b=\frac{A-h^2}{h}$$

et

$$S = b + 2h\sqrt{2},$$

$$S = \frac{A - h^2}{h} + 2h\sqrt{2},$$

$$S = \frac{A - h^2 + 2h^2\sqrt{2}}{h} = \frac{A + h^2(2\sqrt{2} - 1)}{h};$$

d'où

$$R \text{ ou } \frac{A}{S} = \frac{A}{\frac{A + h^2(2\sqrt{2} - 1)}{h}} = \frac{Ah}{A + h^2(2\sqrt{2} - 1)}.$$

Si le talus est quelconque, on aura

$$A = bh + h^2 \cot\alpha, \quad b = \frac{A - h^2 \cot\alpha}{h}$$

et

$$S = b + \frac{2h}{\sin\alpha},$$

$$S = \frac{A - h^2 \cot\alpha}{h} + \frac{2h}{\sin\alpha},$$

$$S = \frac{A}{h} - \frac{h^2 \cot\alpha}{h} + \frac{2h}{\sin\alpha},$$

$$S = \frac{A}{h} - \frac{h\cos\alpha}{\sin\alpha} + \frac{2h}{\sin\alpha} = \frac{A}{h} - \frac{h}{\sin\alpha}(\cos\alpha - 2),$$

$$\frac{A}{S} = \frac{A}{\frac{A}{h} - \frac{h}{\sin\alpha}(\cos\alpha - 2)}.$$

56. Applications. — 1° *Trouver la pente par mètre courant d'un canal à section rectangulaire dans les conditions suivantes :*

Largeur du canal........	$2^m,50$
Profondeur d'eau........	$1^m,25$
Volume d'eau débité	$1^{mc},562500$

$$A = 2,50 \times 1,25 = 3^{mc},1250,$$

$$S = 2,50 + 2 \times 1,25 = 5^m,$$

$$R \text{ ou } \frac{A}{S} = \frac{3,1250}{5} \quad \text{et} \quad \frac{S}{A} = \frac{5}{3,1250} = 1,6.$$

$$U = \frac{D}{A} = \frac{1^{mc},562500}{3^{mc},125} = 0^m,50.$$

En employant la formule de M. de Prony, on aura

$$\frac{H}{L} = \frac{(0,50 + 0,072)^2\, 1,6}{(56,86)^2},$$

$$\frac{H}{L} = \frac{(0,572)^2\, 1,6}{(56,86)^2} = 0^m,00016192.$$

2° *Trouver la pente par mètre courant qu'il faut donner à un canal à parois en terre, sachant que la section est un trapèze et que l'angle du talus est de 45 degrés.* (Formule de Darcy, quatrième type.)

Largeur du canal au fond....	4^m
Profondeur d'eau....... ...	$1^m,80$
Volume d'eau débité.......	$6^{mc},264$

$$D = AU, \quad U = \frac{6^{mc},264}{A},$$

$$A = bh + h^2 = 1,80(4 + 1,80) = 10^{mc},44,$$

$$U = \frac{6^m,264}{10,44} = 0^m,60, \quad S = b + 2h\sqrt{2} = 9^m,0904;$$

d'où

$$\frac{S}{A} = \frac{9,0904}{10,44} = 0,8707.$$

Appliquant la formule, on aura

$$\frac{H}{L} = (0,60)^2 \times 0,87707 \times 0,00028(1 + 1,25 \times 0,8707),$$

$$\frac{H}{L} = (0,60)^2 \times 0,87707 \times 0,00028 \times 2,0883375 = 0^m,0003077.$$

57. *Vitesse au fond des canaux.* — M. de Prony a établi la relation suivante entre la vitesse au fond, la vitesse moyenne et la vitesse à la surface :

$$W = 2U - V.$$

On admet généralement que $V = \frac{U}{0,80}$; d'où

$$W = 2U - \frac{U}{0,80} = \frac{0,60\,U}{0,80} = 0,75\,U$$

et

$$W = 1,60\,V - V = 0,60\,V.$$

Entre les mêmes vitesses pour les quatre types de canaux dont il a été question, M. Bazin a obtenu les relations

$$U = V - 14\sqrt{RI} \quad \text{et} \quad W = V - 20\sqrt{RI}.$$

De cette dernière relation, on déduit

$$V = W + 20\sqrt{RI}.$$

Remplaçant V par cette valeur dans la première, on a

$$U = W + 20\sqrt{RI} - 0,14\sqrt{RI} = W + 6\sqrt{RI} \quad \text{et} \quad W = U - 6\sqrt{RI}.$$

58. *Cas où la section transversale n'est pas donnée.* — Dans l'établissement d'un canal à régime constant, il importe que la vitesse moyenne maxima ne dépasse pas la limite qui dépend de la vitesse au fond relative à la nature du sol dans lequel est creusé le canal. Le tableau de Navier est donc d'une incontestable utilité pour la recherche de la vitesse moyenne au delà de laquelle aurait lieu la dégradation du lit. Ainsi, quand la section transversale n'est pas donnée, on doit toujours, *a priori*, chercher la vitesse moyenne, qui, concurremment avec la dépense d'eau, conduit à la connaissance de la section. De la relation

$$W = 0,75\,U$$

on déduit

$$U = \frac{W}{0,75} = 1,33\,W,$$

et, par la formule

$$D = AU,$$

on obtiendra

$$A = \frac{D}{U} = \frac{D}{1,33\,W}.$$

Si la pente par mètre courant est donnée, le problème sera complétement résolu; dans le cas contraire, on cherchera d'abord le rayon moyen $\frac{A}{S}$, et la valeur de $I = \frac{H}{L}$ se déduira, comme dans le cas précédent, de la formule générale.

La formule de M. Bazin est moins commode pour la recherche de la vitesse moyenne; car, cette vitesse étant une fonction du rayon moyen, il faut que l'aire de la section soit préalablement déterminée. Considérons, en effet, la relation

$$W = U - 6\sqrt{RI},$$

d'où l'on déduit

$$U = W + 6\sqrt{RI} = W + 6\sqrt{\frac{A}{S}\frac{H}{L}}.$$

Bien que la valeur de W soit connue par la nature du fond du canal, il est visible que celle de U ne pourra l'être qu'autant que le rapport $\frac{A}{S}$ sera déterminé. La solution de cette question se rapporte au second cas de l'établissement des canaux. Généralement, c'est par tâtonnements que l'on procède. On se donne la largeur du canal au fond et l'on fait une hypothèse sur la hauteur de la ligne d'eau au-dessus du lit. La grandeur de cette section et le périmètre mouillé étant calculés, le rapport $\frac{H}{L}$, introduit dans la formule, fera connaître la valeur de U, puisque la pente par mètre courant est une des données de la question. Si le produit de cette vitesse par l'aire de la section est précisément égal au volume d'eau que le canal doit débiter, la ligne d'eau hypothétique sera la réponse à la question. Il est assez rare qu'une première opération conduise au véritable résultat. Aussi, lorsque, en procédant ainsi, on obtient une dépense trop grande ou trop faible, on abaisse ou l'on élève la ligne d'eau jusqu'à ce que l'on obtienne une hauteur d'eau qui réponde au volume donné. Ce n'est donc que par des tâtonnements successifs qu'il y aura possibilité de résoudre le problème par l'emploi de la formule de M. Bazin.

Au lieu de chercher par tâtonnements l'aire de la section qui répond à la vitesse moyenne convenable, il est plus simple de la déduire d'une vitesse conventionnelle, sauf à vérifier par la formule

$$W = U - 6\sqrt{RI},$$

si la vitesse au fond n'est pas supérieure à celle qui convient à la constitution du lit. Quand il s'agit d'un canal destiné à conduire l'eau dans une usine, on prend pour valeur de U un nombre qui varie de $0^m,50$ à $0^m,60$, de sorte que, la dépense étant donnée, on obtiendra directement l'aire de la section en divisant cette dépense par la vitesse moyenne adoptée

$$A = \frac{D}{0,50}, \quad A = \frac{D}{0,60}.$$

Cette aire étant ainsi déterminée suivant les convenances locales, on se donnera la hauteur d'eau ou la largeur du canal au fond, ce qui permettra de trouver le périmètre mouillé et, par suite, le rayon moyen $\frac{A}{S}$, ainsi que la fonction $\frac{A}{S}\frac{H}{L} = RI$. Il sera donc facile de s'assurer que la vitesse au fond ne dépasse pas la limite relative à la nature du sol. Si la pente par mètre courant n'était pas comprise dans les données du problème, on la déterminerait par les formules de la valeur I, relatives à des canaux de parois diverses.

59. Applications des règles précédentes. — 1° *Trouver les dimensions d'un canal à section rectangulaire dont le lit est du gravier, sachant que la dépense est de* $4^{mc},500$. (Formule de M. de Prony.)

Dans le cas actuel, d'après le tableau de Navier,

$$W = 0,609 \quad \text{et} \quad U = 1,33\,W = 1,33 \times 0,609 = 0^m,81,$$

d'où

$$A = \frac{D}{U} = \frac{4,500}{0,81} = 5^{mc},5614.$$

Supposant la hauteur d'eau égale à la moitié de la largeur du canal, on aura

$$bh = \frac{b^2}{2} = 5^{mc},5614, \quad b^2 = 5,5614 \times 2 = 11,1228$$

et

$$b = \sqrt{11,1228} = 3^m,3351, \quad h = 1^m,6675.$$

Si la pente par mètre courant n'est pas donnée, on l'obtiendra facilement au moyen de la formule

$$I = \frac{(U + 0,072)^2}{(56,86)^2 R} = \frac{(U + 0,072)^2 S}{(56,86)^2 A},$$

car

$$S = 3,3351 + 2 \times 1,6675 = 6^{m},6701, \quad A = 5^{mc},5614$$

et

$$R = \frac{5,5614}{6,6701} \quad \text{ou} \quad \frac{S}{A} = \frac{6^{m},6701}{5^{mc},5614} = 1,199356;$$

d'où, en substituant,

$$I = \frac{(0,81 + 0,072)^2 \times 1,199356}{(56,86)^2} = \frac{(0,882)^2 \times 1,199356}{(56,86)^2},$$

$$I = 0^{m},000288.$$

2° *Trouver les dimensions d'un canal à section trapézoïdale dont le lit est formé de cailloux, sachant que la dépense est de* 8 *mètres cubes et que le talus est à* 45 *degrés, c'est-à-dire à* 1 *de base sur* 1 *de hauteur.*

Pour un sol formé de cailloux,

$$W = 0^{m},914;$$

d'où

$$U = 1,33 \times 0,914 = 1^{m},215 \quad \text{et} \quad A = \frac{8}{1,215} = 6^{mc},5843.$$

Appelant b la largeur au fond, on aura

$$A = bh + h^2.$$

Si la largeur b est égale à 4 fois la hauteur d'eau,

$$A = 4h^2 + h^2 = 5h^2;$$

d'où

$$h^2 = \frac{A}{5} \quad \text{et} \quad h = \sqrt{\frac{A}{5}} = \sqrt{\frac{6^{mc},58430}{5}} = \sqrt{1,31686},$$

$$h = 1^{m},14754, \quad b = 1^{m},14754 \times 4 = 4^{m},59016,$$

$$S = b + 2h\sqrt{2} = 4h + 2h\sqrt{2} = 2h(2 + \sqrt{2}),$$

$$S = 2 \times 1,14754(2 + 1,414) = 2,29508 \times 3,414 = 7,8354,$$

$$\frac{S}{A} = \frac{7,8354}{6,5843} = 1,1901;$$

par suite

$$I = \frac{(1,215 + 0,072)^2 \times 1,1901}{(56,86)^2} = 0^{m},000609.$$

3° *Trouver les dimensions d'un canal à parois en terre dont le fond est formé de pierres cassées, sachant que la section est un trapèze dont le talus est à 1 de base sur 1 de hauteur; de plus, que la dépense est de 12 mètres cubes et la pente par mètre courant de* $0^m,0005$. (Formule de M. Darcy, *Méthode des tâtonnements successifs.*)

Prenons, pour premières données, la largeur au fond égale à 4 mètres, et la hauteur d'eau égale à 2 mètres.

$$A = bh + h^2 = h(b+h), \quad A = 2(4+2) = 12^{mq}).$$

$$S = b + 2h\sqrt{2}, \quad S = 4 \times 1,414 = 9,656,$$

$$\frac{A}{S} = \frac{12}{9,656} = 1,2427.$$

Cherchons la vitesse U en introduisant cette valeur du rayon moyen dans la formule relative aux canaux à parois en terre.

$$U = \sqrt{\frac{1,2427 \times 0,0005}{0,00028\left(1 + \frac{1,25}{1,2427}\right)}} = 1^m,4853.$$

Évidemment $h = 2^m$ sera la réponse à la question, si, en multipliant la section hypothétique par la vitesse qui lui correspond, on obtient un produit égal à 12 mètres cubes.

$$D = 12^{mc} \times 1,4853 = 17^{mc},8236.$$

Comme ce produit est supérieur à la dépense, il s'ensuit qu'il faut abaisser la ligne d'eau. Supposons, en second lieu, $h = 1^m,80$. On aura

$$A = 1,80(4 + 1,80) = 10^{mc},44,$$

$$S = 4 + 2 \times 1,80\sqrt{2} = 9^m,904,$$

$$\frac{A}{S} = \frac{10,44}{9,0904} = 1,148464,$$

$$U = \sqrt{\frac{1,148464 \times 0,0005}{0,00028\left(1 + \frac{1,25}{1,148464}\right)}} = 0^m,98201,$$

$$D = 10^{mc},44 \times 0^m,98201 = 10^{mc},2521844.$$

Ce nombre étant inférieur à la dépense donnée, la hauteur

de la section d'eau doit être augmentée. Prenons $h = 1,90$ et recommençons le calcul.

$$A = 1,90(4 + 1,90) = 11^{mc},21,$$
$$S = 4 + 2 \times 1,90\sqrt{2} = 9,3732,$$
$$\frac{A}{S} = \frac{11,21}{9,3732} = 1,1959,$$
$$U = \sqrt{\frac{0,0005 \times 1,1959}{0,00028\left(1 + \frac{1,25}{1,1959}\right)}} = 1^{m},10218,$$
$$D = 11^{mc},21 \times 1,10218 = 12^{mc},355.$$

La hauteur $h = 1,90$ est un peu trop forte. Il faudrait la diminuer et faire de nouveaux calculs. Comme elle est très-voisine de la valeur réelle qui répond à la dépense donnée, on peut l'adopter, après s'être assuré que la vitesse au fond ne dépasse pas la limite qui convient à la nature du sol.

$$W = U - 6\sqrt{RI},$$
$$W = 1^{m},10218 - 6\sqrt{1,1959 \times 0,0005},$$
$$W = 0^{m},955,$$

valeur qui ne dépasse pas la vitesse de régime pour un lit formé de cailloux cassés.

4° *Trouver la profondeur d'un canal à section trapézoïdale et à parois en terre, sachant que le talus est à 45 degrés et que le volume d'eau débité est égal à 4 mètres cubes. Le fond est formé de gravier et sa largeur est de* $2^{m},50$.

Adoptons d'abord, d'après ce qui a été dit, une vitesse moyenne égale à $0^{m},70$, sauf à la modifier, si la vitesse au fond est supérieure à la limite

$$A = \frac{D}{U} = \frac{4^{mc}}{0,60} = 6^{mc},67, \quad h^2 + bh = A.$$

Déduisant de cette équation la valeur de h, on aura

$$h = -\frac{b}{2} + \sqrt{A + \frac{b^2}{4}}, \quad h = -\frac{b}{2} + \sqrt{\frac{4A + b^2}{4}},$$
$$h = \sqrt{\frac{4a + b^2 - b}{4}};$$

d'où

$$h = \frac{\sqrt{4 \times 6,67 + (2,5)^2} - 2,5}{2} = 1^{m},62,$$

$$S = b + 2h\sqrt{2}, \quad S = 2,50 + 2 \times 1,62\sqrt{2} = 7,08,$$

$$\frac{A}{S} = \frac{6,67}{7,08} = 0,942.$$

Pour s'assurer que la vitesse admise *a priori* n'est pas trop grande, il suffit de calculer la vitesse au fond et de la comparer à la vitesse de régime relative à la nature du terrain; mais il faut que la pente soit préalablement déterminée,

$$I = \frac{(0,60)^2}{0,942} \times 0,00028\left(1 + \frac{1,25}{0,942}\right) = 0,00024;$$

par conséquent, pour la vérification, on aura

$$W = 0,60 - 6\sqrt{0,942 \times 0,00024} = 0^{m},510.$$

Ce nombre étant inférieur à la limite maxima qui convient aux fonds formés de gravier, on pourra donner à la section les dimensions telles que nous les avons obtenues.

5° *Trouver la largeur au fond et la pente par mètre courant d'un canal à section trapézoïdale dont le talus est à 45 degrés, sachant que la hauteur d'eau doit être de* $1^{m},50$ *et que la dépense est de 4 mètres cubes. Les parois sont en terre et le fond est formé de gravier.*

Si nous admettons encore que la vitesse moyenne est égale à 0,60, on aura

$$A = \frac{D}{U} = \frac{4^{mc}}{0,60} = 6^{mc},67, \quad h^2 + bh = A,$$

$$(1,50)^2 + b \times 1,50 = 6^{mc},67, \quad b = \frac{6^{mc},67 - (1,50)^2}{1,50} = 2^{m},946,$$

$$S = 2^{m},946 + 2 \times 1,50\sqrt{2} = 7^{m},188, \quad \frac{A}{S} = \frac{6,67}{7,188} = 0,9279,$$

$$I = \frac{(0,60)^2}{0,9279} \times 0,00028\left(1 + \frac{1,25}{0,9279}\right) = 0,000255.$$

$$W = 0,60 - 6\sqrt{0,9279 \times 0,000255} = 0^{m},50772,$$

valeur qui n'excède pas la vitesse limite au fond.

60. *Observation sur la vitesse de régime au fond.* — Bien que les vitesses moyennes puissent être déduites des vitesses au fond, en prenant pour base les données d'expérience fournies par Navier, ces nombres doivent être réduits lorsque, par des circonstances particulières, on est obligé de ménager la chute. Ainsi, pour les rivières charriant des limons, pendant les crues, on prend

$$W = 0^{m},15,$$

et pour celles qui entraînent des sables,

$$W = 0^{m},30.$$

61. *Proportion des canaux.* — Nous avons vu plus haut comment on déduit, d'une manière générale, les dimensions des canaux des aires des profils en travers. L'usage a consacré, entre la base et la hauteur, des rapports déterminés qui simplifient la question.

Pour les canaux à parois verticales en maçonnerie ou en bois, la profondeur d'eau est égale à la moitié de la base; on aura donc

$$A = bh = 2h^2, \quad \text{d'où} \quad h = \sqrt{\frac{A}{2}} = 0,707\sqrt{A}.$$

Pour les canaux en terre ou revêtus en pierres sèches avec talus, on fait ordinairement la largeur au fond égale à 4, 5 ou 6 fois la profondeur d'eau dans le canal. Appelant

h la hauteur d'eau;
b la largeur au fond;
n le rapport de la base du talus à sa hauteur, c'est-à-dire la cotangente de l'angle qui mesure l'inclinaison des parois sur l'horizon,

on aura

$$b = 4h, \quad b = 5h, \quad b = 6h,$$

$$n = \cot\alpha \quad \text{ou} \quad \frac{1}{n} = \tang\alpha,$$

$$A = bh + nh^2,$$

et, en remplaçant b par ses différentes valeurs en fonction de h,

$$A = 4h^2 + nh^2 = h^2(n+4),$$
$$A = 5h^2 + nh^2 = h^2(n+5),$$
$$A = 6h^2 + nh^2 = h^2(n+6);$$

d'où

$$h = \sqrt{\frac{A}{n+4}}, \quad h = \sqrt{\frac{A}{n+5}}, \quad h = \sqrt{\frac{A}{n+6}}.$$

Le talus, suivant le mode de construction du canal, est réglé de la manière suivante :

Talus en terres ordinaires... $n = 0{,}50$,

c'est-à-dire que la base du talus est la moitié de la hauteur d'eau, ou $\tan\alpha = 2$.

Talus en terres franches..... $n = 1$ ou $\tan\alpha = 1$
Talus formés par des sables.. $n = 2$ ou $\tan\alpha = \frac{1}{2}$

Pour les canaux à parois en pierres, l'inclinaison est variable et dépend des circonstances locales. Remplaçant successivement n par ces trois rapports numériques dans les formules, il viendra

1° $n = 0{,}50$
$$\left\{\begin{array}{l} h = \sqrt{\dfrac{A}{0{,}50+4}} = 0{,}471\sqrt{A}, \\ h = \sqrt{\dfrac{A}{0{,}50+5}} = 0{,}426\sqrt{A}, \\ h = \sqrt{\dfrac{A}{0{,}50+6}} = 0{,}392\sqrt{A}; \end{array}\right.$$

2° $n = 1\ldots$
$$\left\{\begin{array}{l} h = \sqrt{\dfrac{A}{4+1}} = 0{,}447\sqrt{A}, \\ h = \sqrt{\dfrac{A}{5+1}} = 0{,}408\sqrt{A}, \\ h = \sqrt{\dfrac{A}{6+1}} = 0{,}378\sqrt{A}; \end{array}\right.$$

3° $$n = 2\ldots \begin{cases} h = \sqrt{\dfrac{A}{4+2}} = 0{,}408\sqrt{A}, \\ h = \sqrt{\dfrac{A}{5+2}} = 0{,}378\sqrt{A}, \\ h = \sqrt{\dfrac{A}{6+2}} = 0{,}353\sqrt{A}. \end{cases}$$

Au moyen des proportions adoptées, on obtiendra facilement le périmètre mouillé. Quand la section est rectangulaire, on a

$$S = b + 2h,$$

et, comme $b = 2h$,

$$S = 2h + 2h = 4h.$$

Quand la section est un trapèze, pour les différents talus indiqués, il viendra :

1° Le talus est à 1 de base sur 2 de hauteur. On a

$$S = b + 2\sqrt{h^2 + \frac{h^2}{4}} = b + h\sqrt{5} = b + 2{,}23h.$$

Si nous faisons successivement $b = 4h$, $b = 5h$ et $b = 6h$, on aura

$$S = 4h + 2{,}23h = 6{,}23h,$$
$$S = 5h + 2{,}23h = 7{,}23h,$$
$$S = 6h + 2{,}23h = 8{,}23h.$$

2° Le talus est à 45 degrés, c'est-à-dire à 1 de base sur 1 de hauteur,

$$S = b + 2h\sqrt{2} = b + 2{,}828h;$$

et, en remplaçant b par ses différentes valeurs en fonction de h,

$$S = 4h + 2{,}828h = 6{,}828h,$$
$$S = 5h + 2{,}828h = 7{,}828h,$$
$$S = 6h + 2{,}828h = 8{,}828h.$$

3° Le talus est à 2 de base sur 1 de hauteur,

$$S = b + 2\sqrt{h^2 + 4h^2} = b + 2h\sqrt{5} = b + 4{,}47h;$$

d'où, en conservant entre b et h les mêmes relations que dans les cas précédents,

$$S = 4h + 4,47h = 8,47h,$$
$$S = 5h + 4,47h = 9,47h,$$
$$S = 6h + 4,47h = 10,47h.$$

62. *Vitesse de l'eau à l'extrémité des coursiers.* — Il est assez rare que l'eau, en quittant le réservoir, arrive immédiatement sur les roues hydrauliques. Le plus souvent les orifices rectangulaires verticaux, formés par la levée de vanne, sont accompagnés de coursiers plus ou moins longs et plus ou moins inclinés. Les coursiers de peu de longueur n'exercent pas d'influence notable sur la dépense et sur la vitesse de sortie, lorsque la pente est assez rapide et que les parois latérales, ainsi que le fond, sont dans le prolongement des côtés de l'orifice. Ce fait, admis par Bossut et Dubuat, bien qu'il n'ait été confirmé par aucune expérience, semble vrai, lorsque l'écoulement a lieu sous de fortes charges; mais il n'en est pas de même dans le cas de charges assez faibles, et les expériences de Poncelet ont mis en évidence que, contrairement à ce qui a lieu pour des orifices pratiqués en mince paroi débouchant à l'air libre, la vitesse et la dépense sont sensiblement amoindries par la présence d'un coursier, à mesure que la charge sur le sommet diminue. Comme pour les orifices prolongés par un ajutage cylindrique, la veine fluide se contracte de plus en plus jusqu'à une distance de l'orifice, approximativement égale à deux fois sa largeur, et, à partir de ce point, elle s'élargit et finit par se mettre en contact avec les parois latérales du coursier. Il en résulte que le liquide en aval de l'orifice s'élève dans le coursier, si la pente est faible ou nulle, et que l'écoulement a lieu absolument dans les mêmes conditions que si l'orifice était noyé, c'est-à-dire que la charge comprise entre le centre de l'orifice et le niveau du liquide dans le coursier doit être retranchée de la charge en amont qui favorise l'écoulement. Quant à la vitesse, on peut aussi admettre qu'elle est sensiblement égale à celle due à la charge génératrice au-dessus du centre de l'orifice, au point où se produit la plus grande contraction. Ainsi la question est

ramenée à trouver la vitesse d'écoulement à l'extrémité d'un canal où la section, faite en travers de la lame d'eau, est plus grande que celle de l'orifice.

Appelons (*fig.* 16)

Fig. 16.

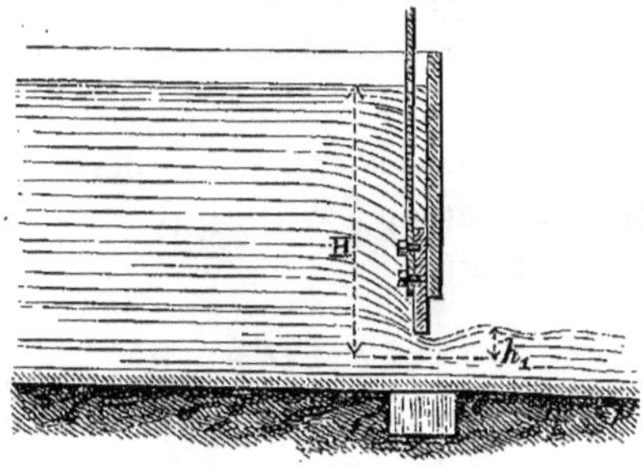

A la section de la veine dans le canal qui suit l'orifice en un point où le régime peut être considéré comme constant;
V la vitesse uniforme à cette section;
O l'aire de l'orifice;
H la charge génératrice en amont sur le centre de l'orifice;
V' la vitesse du liquide en sortant de l'orifice;
m le coefficient de la dépense;
h_1 la hauteur du niveau de l'eau dans le canal au-dessus du centre de l'orifice.

En vertu de ce qui a été dit sur la dépense des orifices et en remarquant que, au delà de la section contractée, la section faite en travers de la lame fluide A est plus grande que la section O de l'orifice, on aura

$$m\mathrm{OV}' = \mathrm{AV}; \quad \text{d'où} \quad \mathrm{V}' = \frac{\mathrm{AV}}{m\mathrm{O}}.$$

Lorsque le liquide passe de la section contractée à la section du canal où le mouvement est uniforme, la perte de vitesse est

$$\mathrm{V}' - \mathrm{V} \quad \text{ou} \quad \frac{\mathrm{AV}}{m\mathrm{O}} - \mathrm{V}.$$

Par suite, la force vive perdue, qui correspond à cette perte de vitesse, sera, en désignant par M la masse liquide qui s'écoule en une seconde,

$$M\left(\frac{AV}{mO}-V\right)^2=M\left[V\left(\frac{A}{mO}-1\right)\right]^2=MV^2\left(\frac{A}{mO}-1\right)^2.$$

Appliquant le théorème des forces vives et faisant observer que le travail de la pesanteur est égal à la moitié de la force vive possédée par l'eau à l'extrémité du coursier, augmenté de la moitié de la force vive qu'elle a perdue, dans le passage de la section contractée, à celle qui correspond au mouvement uniforme, on aura

$$Mg(H-h_1)=\tfrac{1}{2}MV^2+\tfrac{1}{2}MV^2\left(\frac{A}{mO}-1\right)^2,$$

$$2Mg(H-h_1)=MV^2\left[1+\left(\frac{A}{mO}-1\right)^2\right],$$

$$2g(H-h_1)=V^2\left[1+\left(\frac{A}{mO}-1\right)^2\right],$$

$$V^2=\frac{2g(H-h_1)}{1+\left(\frac{A}{mO}-1\right)^2}\quad\text{et}\quad V=\sqrt{\frac{2g(H-h_1)}{1+\left(\frac{A}{mO}-1\right)^2}}.$$

On trouvera aisément la vitesse à l'orifice ou à la section contractée en remplaçant V par sa valeur dans la relation

$$V'=\frac{AV}{mO}.$$

Par cette substitution, on aura

$$V'=\frac{A}{mO}\sqrt{\frac{2g(H-h_1)}{1+\left(\frac{A}{mO}-1\right)^2}}.$$

Faisant passer sous le radical le facteur $\frac{A}{mO}$, il viendra

$$V'=\sqrt{\frac{2g(H-h_1)A^2}{m^2O^2+m^2O^2\left(\frac{A}{mO}-1\right)^2}}.$$

Divisant sous le radical le numérateur et le dénominateur par A^2, on aura

$$V' = \sqrt{\frac{2g(H - h_1)}{\frac{m^2 O^2}{A^2} + \frac{m^2 O^2}{A^2}\left(\frac{A}{mO} - 1\right)^2}}$$

ou

$$V' = \sqrt{\frac{2g(H - h_1)}{\frac{m^2 O^2}{A^2} + \left[\frac{mO}{A}\left(\frac{A}{mO} - 1\right)\right]^2}},$$

$$V' = \sqrt{\frac{2g(H - h_1)}{\frac{m^2 O^2}{A^2} + \left(1 - \frac{mO}{A}\right)^2}}.$$

Si l'on veut calculer la dépense, on emploiera la méthode indiquée. Ainsi l'on aura

$$D = AV \quad \text{ou} \quad D = mOV',$$

et, en substituant à V et V' leurs valeurs respectives que nous avons trouvées,

$$D = A\sqrt{\frac{2g(H - h_1)}{1 + \left(\frac{A}{mO} - 1\right)^2}}, \quad D = mO\sqrt{\frac{2g(H - h_1)}{\frac{m^2 O^2}{A^2} + \left(1 - \frac{mO}{A}\right)^2}}.$$

Si nous supposons la section A très-grande par rapport à celle de l'orifice, à la limite $\frac{O}{A}$ égale à zéro, la formule qui donne la valeur de la vitesse devient

$$V' = \sqrt{2g(H - h)},$$

expression qui se rapporte à un orifice noyé, dans l'hypothèse où il est complétement plongé dans un bassin inférieur de très-grandes dimensions, comparées à celles de cet orifice. Le canal étant découvert, il est évident qu'il est impossible de déduire immédiatement de ses dimensions la grandeur de la section d'eau. Il faudra donc la mesurer directement à l'extrémité du coursier au moyen d'une règle graduée, opération qui, dans la plupart des cas, ne présente pas de difficulté. On aura ainsi tous les éléments nécessaires à la solution de la question. Lorsque la disposition des roues est telle que cette mesure directe ne peut être effectuée, on fait, par approximation, la section A dans le canal égale à celle de l'orifice. Dans ce cas, la formule devient

$$V = \sqrt{\frac{2g(H - h_1)}{1 - \left(\frac{1}{m} - 1\right)^2}}.$$

Pour les applications ordinaires, on prend la charge $H - h_1$ égale à la hauteur d'eau relevée au-dessus du centre de l'orifice.

Supposons maintenant que le coursier soit assez court et la pente assez rapide pour que l'on puisse négliger sans erreur sensible la résistance des parois (*fig.* 17). Appelons V_1 la vi-

Fig. 17.

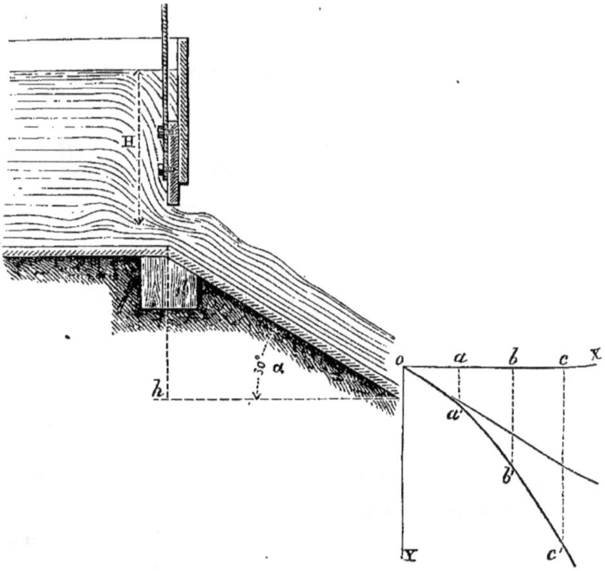

tesse de l'eau à l'extrémité du coursier et h la hauteur de chute sur la longueur, c'est-à-dire la distance verticale comprise entre l'extrémité du coursier et le centre de la section où l'on a déterminé la vitesse moyenne V. La variation de la force vive étant $MV_1^2 - MV^2$, on aura les équations suivantes :

$$Mgh = \tfrac{1}{2}MV_1^2 - \tfrac{1}{2}MV^2, \quad 2gh = V_1^2 - V^2,$$

$$V_1^2 = 2gh + V^2; \quad \text{d'où} \quad V_1 = \sqrt{2gh + V^2}.$$

Si l'on appelle H la charge due à la vitesse moyenne V, on aura

$$V^2 = 2gH,$$

et, remplaçant V^2 par cette valeur sous le radical,

$$V_1 = \sqrt{2g(H + h)}.$$

Si la pente et la forme du coursier sont telles qu'on ne puisse faire abstraction de la résistance des parois, on déterminera le profil de la section d'eau vers l'extrémité du coursier en un point où commence la dépression de l'eau pour former déversoir, et le quotient de la dépense d'eau à l'orifice par l'aire de cette section représentera la vitesse moyenne à l'extrémité du coursier. Appelant A' l'aire de la section à l'extrémité du coursier, V_1 la vitesse, en tenant compte de la résistance des parois, et D la dépense, on aura

$$A'V_1 = D, \quad \text{d'où} \quad V_1 = \frac{D}{A'}.$$

Il est évident que, pour procéder ainsi, il faut que l'on puisse aborder le dessus du coursier. Ces considérations sur les coursiers qui suivent les orifices sont de la plus grande importance pour le calcul de la vitesse d'arrivée de l'eau sur un récepteur hydraulique.

63. Applications. — 1° *Trouver la vitesse de l'eau vers l'origine d'un coursier, sachant que la charge mesurée sur le centre de l'orifice est égale à* $1^m,50$ *et que le multiplicateur de la dépense est égal à* 0,64.

$$V = \frac{\sqrt{2gH}}{\sqrt{1 + \left(\frac{1}{m} - 1\right)^2}}, \quad V = \frac{\sqrt{19,62 \times 1,50}}{\sqrt{1 + \left(\frac{1}{0,64} - 1\right)^2}},$$

$$\sqrt{19,62 \times 1,50} = 5,425, \quad \frac{1}{0,64} = 1,5625,$$

$$(1,5625 - 1)^2 = 0,3164; \quad \text{d'où} \quad V = \frac{5,425}{\sqrt{1,3164}} = 4^m,728.$$

2° *Trouver, avec les données de l'exemple précédent, la vitesse à l'extrémité du coursier, sachant que sa longueur est de* $1^m,60$ *et qu'il est incliné à* 30 *degrés.*

$h = 1,60 \times \sin 30°$, $\log h = \log 1,60 + \log \sin 30°$, $h = 0^m,80$.

Vitesse de l'eau à la section constante..	$4^m,728$
Hauteur due à cette vitesse...........	1,14
Somme des hauteurs ($H_1 + h$)........	1,94

par conséquent

$$V_1 = \sqrt{19,62 \times 1,94} = 6^m,170.$$

D'après Dubuat, dans les cas où la charge est assez forte et où la contraction a lieu sur trois côtés, pour déterminer la vitesse moyenne vers l'origine du coursier, on peut adopter la formule

$$V = 0,85\sqrt{2gH_1}.$$

64. *Cas où le coursier a une très-grande longueur.* — Lorsque le canal est très-long et qu'il est impossible d'aborder le dessus pour déterminer directement l'aire du profil en travers de la lame d'eau à l'extrémité du coursier, on prend, par approximation, la moyenne entre la vitesse V, calculée à la section distante de l'orifice d'une quantité égale à deux fois la largeur, et la vitesse V_1 à l'extrémité du coursier, abstraction faite de la résistance opposée par les parois. Appelant V'_1 cette vitesse moyenne, on aura

$$V'_1 = \frac{V + V_1}{2},$$

ou bien, en remplaçant V et V_1 par leurs valeurs trouvées plus haut,

$$V'_1 = \frac{1}{2}\sqrt{\frac{2gH}{1 + \left(\frac{1}{m} - 1\right)^2}} + \frac{\sqrt{2gh + V^2}}{2}$$

ou

$$V'_1 = \frac{1}{2}\sqrt{\frac{2gH}{1 + \left(\frac{1}{m} - 1\right)^2}} + \frac{\sqrt{2g(H + h)}}{2}.$$

Pour tenir compte de la résistance des parois, rappelons, d'après ce que nous avons vu pour les canaux à régime constant, que cette résistance est représentée par un terme de la forme

$$\frac{1000}{g}\mathrm{SL}(a\mathrm{U} + b\mathrm{U}^2),$$

S représentant le périmètre mouillé de la section, L la longueur du canal, U la vitesse moyenne, a et b deux constantes. Comme, dans le cas actuel, la vitesse moyenne U est exprimée par $\frac{V+V_1}{2}$, cette résistance aura pour valeur approchée

$$\frac{1000}{g}\mathrm{SL}\left[a\frac{V+V_1}{2} + b\left(\frac{V+V_1}{2}\right)^2\right].$$

Le terme $a\frac{V+V_1}{2}$ étant négligeable, elle se réduira à

$$\frac{1000}{g}\mathrm{SL}\,b\left(\frac{V+V_1}{2}\right)^2$$

et, par suite, la quantité de travail qu'elle développe sera

$$\frac{1000}{g}\mathrm{SL}\,b\left(\frac{V+V_1}{2}\right)^2\frac{V+V_1}{2}.$$

Le travail accompli par la gravité étant $\mathrm{M}gh$, l'excès du travail des puissances sur celui des résistances sera représenté par

$$\mathrm{M}gh - \frac{1000}{g}\mathrm{SL}\,b\left(\frac{V+V_1}{2}\right)^2\frac{V+V_1}{2}.$$

De plus, si nous appelons V''_1 la vitesse cherchée, en tenant compte de la résistance des parois, comme le liquide passe d'une vitesse V à une vitesse V''_1, la variation de la force vive sera

$$\mathrm{M}V''^2_1 - \mathrm{M}V^2;$$

par conséquent, l'équation d'équilibre dynamique sera

$$\tfrac{1}{2}\mathrm{M}(V''^2_1 - V^2) = \mathrm{M}gh - \frac{1000}{g}\mathrm{SL}\,b\left(\frac{V+V_1}{2}\right)^2\frac{V+V_1}{2}.$$

Remplaçant M par sa valeur $\frac{1000\,A}{g}\,\frac{V+V_1}{2}$, et Mg par $1000\,A\,\frac{V+V_1}{2}$, il viendra

$$\frac{1}{2}\,\frac{1000\,A}{g}\,\frac{V+V_1}{2}\,(V_1''^2-V^2)=1000\,A\,\frac{V+V_1}{2}\,h-\frac{1000}{g}\,SLb\left(\frac{V+V_1}{2}\right)^2\frac{V+V_1}{2}$$

Divisant les deux membres par $1000\,A\,\frac{V+V_1}{2}$,

$$\frac{V_1''^2-V^2}{2g}=h-\frac{SL}{gA}\,b\left(\frac{V+V_1}{2}\right)^2.$$

Multipliant par $2g$, on aura

$$V_1''^2-V^2=2gh-\frac{2gSL}{gA}\,b\left(\frac{V+V_1}{2}\right)^2$$

ou

$$V_1''^2-V^2=2gh-\frac{2SL}{A}\,b\left(\frac{V+V_1}{2}\right)^2.$$

La constante $b=0{,}0035$; par conséquent,

$$V_1''^2-V^2=2gh-\frac{2SL}{A}\,0{,}0035\left(\frac{V+V_1}{2}\right)^2,$$

$$V_1''^2=V^2+2gh-0{,}007\,\frac{SL}{A}\left(\frac{V+V_1}{2}\right)^2,$$

$$V_1''=\sqrt{V^2+2gh-0{,}007\,\frac{SL}{A}\left(\frac{V+V_1}{2}\right)^2}.$$

65. Application numérique. — *Trouver la vitesse moyenne de l'eau à l'extrémité d'un coursier de 8 mètres et dont la pente totale est de 40 centimètres. On sait que la charge sur le centre de l'orifice est égale à 1,50, et que les dimensions respectives de cet orifice sont $1^m,10$ et 30 centimètres.*

$$H=1{,}50,\quad h=0{,}40,\quad L=1{,}10,\quad m=0{,}64.$$

Dépense..... $D=0{,}62.0{,}40.1{,}10\sqrt{19{,}62.1{,}50}=1^{mc},480.$

Vitesse à l'origine du coursier.... $V=\sqrt{\dfrac{19{,}62\times 1{,}50}{1+\left(\dfrac{1}{0{,}64}-1\right)^2}}=4^m,728$

Hauteur due à cette vitesse H_1.................... $1^m,14$
Somme des hauteurs $(H_1 + h)$.................... $1^m,54$

$$V_1 = \sqrt{19,62 \times 1,54} = 5,496,$$

$$V'_1 = \frac{4,728 + 5,496}{2} = 5^m,112,$$

$$A = \frac{D}{V'_1} = \frac{1^{mc},420}{5,112} = 0^{mc},2772.$$

Si nous supposons la largeur du coursier égale à celle de l'orifice, le périmètre mouillé de la section sera

$$S = 1,10 + 2 \times \frac{0^{mc},2772}{1,10} = 0,252.$$

Car l'aire de la section étant $0^{mc},2772$ et l'une des dimensions étant 1,10, puisque cette section est un rectangle, l'autre dimension, c'est-à-dire l'épaisseur de la lame d'eau, sera évidemment égale à l'aire de la section divisée par la largeur. En introduisant ces valeurs dans l'expression générale, il viendra

$$V'_1 = \sqrt{(4,728)^2 + 19,62 \times 0,40 - 0,007 \times \frac{0,252 \times 8}{0,2772} \times 5,112},$$

$$V'_1 = 4^m,987.$$

Il ne faut pas perdre de vue que, lorsqu'il y a possibilité de mesurer directement la section à l'extrémité du coursier, il est beaucoup plus simple de diviser la dépense de l'orifice par l'aire de cette section.

66. *Cabinets d'eau.* — Lorsque, dans les usines, le bassin principal, qui doit fournir l'eau nécessaire à la marche des récepteurs, est situé à une grande distance, on établit un bassin secondaire mis en communication avec le premier, au moyen d'un canal. Ce petit réservoir, ordinairement placé le plus près possible des roues hydrauliques, a reçu le nom de *cabinet d'eau* (*fig.* 18). Lorsque la vanne V, qui sert à régler la dépense d'eau, est complétement fermée, le niveau dans les deux réservoirs est le même; mais, quand elle est ouverte, la perte de force vive, subie par l'eau, produit une différence

entre les hauteurs des colonnes liquides qui équivaut à une diminution de la chute totale. On comprend donc qu'il soit

Fig. 18.

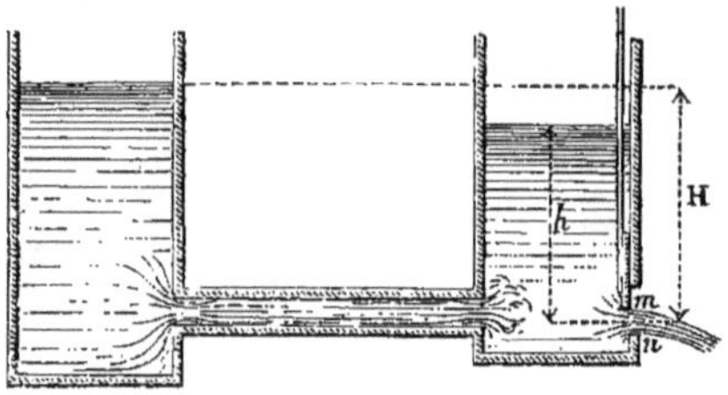

nécessaire d'avoir égard à cette particularité dans l'expression de la vitesse de sortie. Pour plus de simplicité, nous admettrons, comme cela a lieu presque toujours, que les orifices d'entrée et de sortie du canal soient égaux entre eux, et à la section constante lorsque le régime est devenu uniforme.

Appelons

A l'aire de la section du tuyau;
V la vitesse moyenne dans cette section;
A' l'aire de la section transversale du cabinet;
V' la vitesse moyenne dans cette section;
O l'aire de l'orifice de sortie pratiqué dans le cabinet;
V_1 la vitesse de sortie par cet orifice;
m le multiplicateur de la dépense relatif à l'orifice d'entrée dans le tuyau;
m' le multiplicateur de la dépense pour l'orifice de sortie du cabinet;
H la hauteur du niveau du bassin principal au-dessus de cet orifice;
h la hauteur du niveau du cabinet au-dessus du même orifice;
a et *b* les coefficients relatifs à la résistance des parois.

D'après ce que nous avons vu plus haut, la perte de force vive, dans le passage de l'eau du réservoir dans le canal, sera

$$M\left(\frac{1}{m}-1\right)^2 V^2.$$

De même, puisque l'eau, en entrant dans le cabinet, passe

d'une vitesse V à une vitesse moindre V', la force vive perdue sera exprimée par

$$M(V-V')^2,$$

et comme, en quittant l'orifice ouvert dans le cabinet, elle possède la vitesse V_1 et, par conséquent, la force vive MV_1^2, la force vive totale communiquée sera

$$M\left(\frac{1}{m}-1\right)^2 V^2 + M(V-V')^2 + MV_1^2.$$

Remarquons présentement que, la quantité d'eau qui passe par l'orifice de sortie étant égale à celle qui s'écoule par la section constante du canal et par celle du cabinet, on aura

$$m'OV_1 = AV = A'V';$$

d'où

$$V = \frac{m'OV_1}{A} \quad \text{et} \quad V' = \frac{AV}{A'} = \frac{A}{A'}\frac{m'OV_1}{A}.$$

Introduisant ces deux valeurs dans l'expression de la force vive, il viendra

$$M\left(\frac{1}{m}-1\right)^2 \frac{m'^2O^2V_1^2}{A^2} + M\left(\frac{m'OV_1}{A} - \frac{A}{A'}\frac{m'OV_1}{A}\right)^2 + MV_1^2$$

ou

$$M\left(\frac{1}{m}-1\right)^2 \frac{m'^2O^2V_1^2}{A^2} + M\left[\frac{m'OV_1}{A}\left(1-\frac{A}{A'}\right)\right]^2 + MV_1^2,$$

$$M\left(\frac{1}{m}-1\right)^2 \frac{m'^2O^2V_1^2}{A^2} + M\frac{m'^2O^2V_1^2}{A^2}\left(1-\frac{A}{A'}\right)^2 + MV_1^2,$$

et, en mettant MV_1^2 en facteur commun,

$$MV_1^2\left[1+\frac{m'^2O^2}{A^2}\left(\frac{1}{m}-1\right)^2 + \frac{m'^2O^2}{A^2}\left(1-\frac{A}{A'}\right)^2\right].$$

D'après ce que nous avons vu plus haut, V étant la vitesse de régime dans le canal, la résistance opposée par les parois au mouvement du fluide sera représentée par

$$\frac{1000\,SL}{g}(aV+bV^2),$$

S étant le périmètre mouillé et L la longueur du canal depuis le réservoir principal jusqu'au cabinet d'eau.

Comme le travail de la gravité est Mgh, l'excès du travail des puissances sur celui des résistances sera

$$MgH - \frac{1000\,SL}{g}(aV + bV^2)V,$$

et, en appliquant le théorème des forces vives, on aura

$$MgH - \frac{1000\,SL}{g}(aV + bV^2)V = \tfrac{1}{2}MV_1^2\left[1 + \frac{m'^2O^2}{A^2}\left(\frac{1}{m} - 1\right)^2 + \frac{m'^2O^2}{A^2}\left(1 - \frac{A}{A'}\right)^2\right].$$

Comme $M = \frac{1000\,AV}{g}$, en substituant, il viendra

$$\frac{1000\,A}{g}gH - \frac{1000\,SL}{g}(aV + bV^2)V$$
$$= \frac{1}{2}\,\frac{1000\,AV}{g}V_1^2\left[1 + \frac{m'^2O^2}{A^2}\left(\frac{1}{m} - 1\right)^2 + \frac{m'^2O^2}{A^2}\left(1 - \frac{A}{A'}\right)^2\right].$$

Divisant les deux membres de l'équation par la masse $M = \frac{1000\,AV}{g}$, on aura

$$gH - \frac{SL}{A}(aV + bV^2) = \tfrac{1}{2}V_1^2\left[1 + \frac{m'^2O^2}{A^2}\left(\frac{1}{m} - 1\right)^2 + \frac{m'^2O^2}{A^2}\left(1 - \frac{A}{A'}\right)^2\right].$$

Multipliant par 2 les deux membres,

$$2gH - \frac{2\,SL}{A}(aV + bV^2) = V_1^2\left[1 + \frac{m'^2O^2}{A^2}\left(\frac{1}{m} - 1\right)^2 + \frac{m'^2O^2}{A^2}\left(1 - \frac{A}{A'}\right)^2\right].$$

Si, comme précédemment, on fait abstraction du terme aV qui, dans le cas actuel, peut aussi être négligé, l'équation deviendra

$$2gH - \frac{2\,SL}{A}bV^2 = V_1^2\left[1 + \frac{m'^2O^2}{A^2}\left(\frac{1}{m} - 1\right)^2 + \frac{m'^2O^2}{A^2}\left(1 - \frac{A}{A'}\right)^2\right].$$

Nous avons trouvé plus haut

$$V = \frac{m'OV_1}{A} \quad \text{et} \quad V^2 = \frac{m'^2O^2}{A^2}V_1^2.$$

De plus

$$V_1^2 = 2gh, \quad \text{d'où} \quad V^2 = \frac{m'^2 O^2}{A^2} \times 2gh,$$

et, en substituant dans l'équation,

$$2gH - \frac{2SLb}{A}\frac{m'^2 O^2}{A^2} 2gh = 2gh\left[1 + \frac{m'^2 O^2}{A^2}\left(\frac{1}{m} - 1\right)^2 + \frac{m'^2 O^2}{A^2}\left(1 - \frac{A}{A'}\right)^2\right].$$

Divisant les deux membres par $2g$,

$$H - \frac{2SLb}{A}\frac{m'^2 O^2}{A^2} h = h\left[1 + \frac{m'^2 O^2}{A^2}\left(\frac{1}{m} - 1\right)^2 + \frac{m'^2 O^2}{A^2}\left(1 - \frac{A}{A'}\right)^2\right].$$

Remplaçant b par sa valeur 0,0035, et faisant passer, dans le second membre, le terme $\frac{m'^2 O^2}{A^2} 0,007 \frac{SL}{A} h$, on aura

$$H = h\left[1 + \frac{m'^2 O^2}{A^2}\left(\frac{1}{m} - 1\right)^2 + \frac{m'^2 O^2}{A^2}\left(1 - \frac{A}{A'}\right)^2\right] + 0,007 \frac{SL}{A} h \frac{m'^2 O^2}{A^2}$$

ou

$$H = h + h\left[\frac{m'^2 O^2}{A^2}\left(\frac{1}{m} - 1\right)^2 + \frac{m'^2 O^2}{A^2}\left(1 - \frac{A}{A'}\right)^2 + 0,007 \frac{SL}{A}\frac{m'^2 O^2}{A^2}\right].$$

Mettant $\frac{m'^2 O^2}{A^2}$ en facteur commun,

$$H = h + h\left[\left(\frac{1}{m} - 1\right)^2 + \left(1 - \frac{A}{A'}\right)^2 + 0,007 \frac{SL}{A}\right]\frac{m'^2 O^2}{A^2}.$$

La section A' du cabinet étant presque toujours très-considérable par rapport à la section A du canal intermédiaire, le rapport $\frac{A}{A'}$ tend vers zéro et par suite peut être négligé. L'équation se réduit alors à

$$H - h = h\left[\left(\frac{1}{m} - 1\right)^2 + 1 + 0,007 \frac{SL}{A}\right]\frac{m'^2 O^2}{A^2}.$$

Cette relation, qui sert à calculer la perte de chute occasionnée par la présence du cabinet d'eau en fonction de la charge sur le centre de l'orifice de sortie, montre l'influence des dimensions du canal sur la vitesse d'écoulement.

Elle sera d'autant moins diminuée que le canal sera plus court et le périmètre mouillé plus petit. Aussi, pour atténuer les effets de la résistance des parois, on doit autant que possible réduire la longueur et augmenter la largeur du canal. Les charpentiers chargés de telles constructions font ordinairement la section de l'orifice de sortie égale à celle du canal, ce qui donne lieu à une nouvelle simplification de la formule. Dans ce cas, $\frac{O^2}{A^2} = 1$, et l'on a

$$H - h = h\left[\left(\frac{1}{m} - 1\right)^2 + 1 + 0,007\,\frac{SL}{A}\right] m'^2.$$

CHAPITRE III.

67. *Conduites d'eau.* — Les considérations qui précèdent sur le mouvement de l'eau sont applicables à l'écoulement qui a lieu au moyen de tuyaux d'une grande longueur servant à conduire l'eau d'une source ou d'un grand réservoir dans un autre de dimensions moindres. Ces tuyaux, ordinairement cylindriques, sont en bois goudronné, en terre cuite, en fonte ou en mortier hydraulique. Tous les problèmes relatifs à la distribution des eaux dans les villes rentrent dans le domaine de cette importante question.

Appelant, comme dans le cas précédent, H la charge au-dessus de l'axe du tuyau et V la vitesse de régime, la perte de force vive sera

$$M\left(\frac{1}{m}-1\right)^2 V^2,$$

et, comme le liquide possède dans le tuyau une quantité de force vive MV^2, la force vive totale communiquée aura pour expression

$$M\left(\frac{1}{m}-1\right)^2 V^2 + MV^2 = MV^2\left[1+\left(\frac{1}{m}-1\right)^2\right].$$

D'après M. de Prony, la loi de la résistance des parois pour les canaux découverts est encore admissible dans le cas des canaux fermés. Cette résistance sera donc représentée par $\frac{1000}{g}SL(aV+bV^2)$.

En vertu du principe des forces vives, on aura

$$MgH - \frac{1000SL}{g}(aV+bV^2)V = \frac{M}{2}\left[1+\left(\frac{1}{m}-1\right)^2\right]V^2.$$

Remplaçant M par sa valeur $\frac{1000\,AV}{g}$, il viendra

$$1000\,AVH - \frac{1000\,SL}{g}(aV + bV^2)V = \frac{1}{2}\,\frac{1000\,AV}{g}\left[1 + \left(\frac{1}{m} - 1\right)^2\right]V^2.$$

Divisant les deux membres de l'équation par 1000 AV,

$$H - \frac{SL}{gA}(aV + bV^2) = \frac{1}{2g}\left[1 + \left(\frac{1}{m} - 1\right)^2\right]V^2,$$

ou bien

$$2gH - \frac{2SL}{A}(aV + bV^2) = \left[1 + \left(\frac{1}{m} - 1\right)^2\right]V^2.$$

La longueur de la conduite étant ordinairement très-grande par rapport au diamètre du tuyau, la résistance des parois devient très-considérable, de sorte que devant ce terme on peut, suivant M. de Prony, négliger la quantité $\left[1 + \left(\frac{1}{m} - 1\right)^2\right]V^2$, qui est relativement très-petite, et l'équation devient

$$2gH - \frac{2SL}{A}(aV + bV^2) = 0$$

ou

$$2gH = \frac{2SL}{A}(aV + bV^2),$$

$$gH = \frac{SL}{A}(aV + bV^2).$$

M. de Prony a trouvé les valeurs suivantes, par la discussion des résultats des expériences de Dubuat, de Couplet et de Bossut :

$$a = 0,00017, \quad b = 0,003416;$$

d'où, en introduisant ces coefficients numériques dans l'équation,

$$gH = \frac{SL}{A}(0,00017\,V + 0,003416\,V^2)$$

ou

$$0,003416\,V^2 + 0,00017\,V = \frac{gHA}{SL},$$

$$V^2 + \frac{0,00017\,V}{0,003416} = \frac{HA}{SL}\,\frac{9,81}{0,003416}.$$

Résolvant cette équation par rapport à V,

$$V = -\frac{0,000085}{0,003416} + \sqrt{\left(\frac{0,000085}{0,003416}\right)^2 + \frac{A}{S}\frac{H}{L}\frac{9,81}{0,003416}}.$$

M. de Prony désigne la pente ou déclivité $\frac{H}{L}$ par la lettre J.

Négligeant la quantité subradicale $\left(\frac{0,000085}{0,003416}\right)^2$, qui est très-petite, on aura

$$V = -0^m,025 + \sqrt{\frac{A}{S} J \frac{9,81}{0,003416}},$$

ou, en extrayant la racine carrée du facteur numérique placé sous le radical,

$$V = -0,025 + 53,589\sqrt{\frac{A}{S}J}.$$

Lorsque, ce qui a presque toujours lieu, la section du tuyau est circulaire,

$$= \frac{\pi D^2}{4} \quad \text{et} \quad S = \pi D,$$

d'où

$$\frac{A}{S} = \frac{\pi D^2}{4\pi D} = \frac{D}{4}$$

et

$$V = -0,025 + 53,589\sqrt{\tfrac{1}{4}DJ},$$

$$V = -0,025 + 26,79\sqrt{DJ}.$$

Pour abréger les calculs relatifs à la recherche de la vitesse, M. de Prony a formé une Table des valeurs de la vitesse et du terme correspondant $\frac{DJ}{4}$ depuis $0^m,01$ jusqu'à 3 mètres.

Connaissant la vitesse ainsi déterminée et la multipliant par l'aire du tuyau, on aura la dépense.

68. *Formule de M. Eytelwein.* — On doit à ce célèbre ingénieur une formule qui diffère de celle de M. de Prony, en ce que, dans l'équation générale, il a tenu compte de la force vive communiquée, représentée par le terme $M\left[1+\left(\frac{1}{m}-1\right)^2\right]V^2$,

bien qu'elle soit relativement très-petite, si on la compare à la résistance des parois. Dans ce cas, l'équation du travail est exprimée par

$$MgH - \frac{1000\,SL}{g}(aV + bV^2)V = \frac{M}{2}\left[1 + \left(\frac{1}{m} - 1\right)^2\right]V^2.$$

Divisant les deux membres par la masse $M = \frac{1000\,AV}{g}$, il vient

$$gH - \frac{SL}{A}(aV + bV^2) = \frac{1}{2}\left[1 + \left(\frac{1}{m} - 1\right)^2\right]V^2.$$

En faisant le coefficient de la dépense $m = 0,59$, il a trouvé

$$\left[1 + \left(\frac{1}{m} - 1\right)^2\right]V^2 = \frac{V^2}{0,660156} = 1,515\,V^2.$$

De plus il a adopté les coefficients numériques

$$a = 0,0002193, \quad b = 0,0027496;$$

par conséquent, en substituant dans l'équation,

$$2gH - \frac{2\,SL}{A}(0,0002193\,V + 0,0027496\,V^2) = 1,515\,V^2.$$

Puisque le tuyau est à section circulaire, remplaçons S par πD et A par $\frac{\pi D^2}{4}$,

$$2gH - \frac{2\pi DL}{\frac{\pi D^2}{4}}(0,0002193\,V + 0,0027496\,V^2) = 1,515\,V^2,$$

$$2gH - \frac{8L}{D}(0,0002193\,V + 0,0027496\,V^2) = 1,515\,V^2,$$

$$2gH - 0,0017544\frac{L}{D}V - 0,0219968\frac{L}{D}V^2 = 1,515\,V^2,$$

$$1,515\,V^2 + 0,0219968\frac{L}{D}V^2 + 0,0017544\frac{L}{D}V = 2gH,$$

$$V^2\left(1,515 + 0,0219968\right)\frac{L}{D} + 0,0017544\,\frac{L}{D}\,V = 2\,g\,H,$$

$$V^2\,\frac{1,515\,D + 0,0219968\,L}{D} + 0,0017544\,\frac{L}{D}\,V = 2\,g\,H,$$

$$V^2 + \frac{0,0017544\,L}{1,515\,D + 0,0219968\,L}\,V = \frac{19,62\,HD}{1,515\,D + 0,0219968\,L}.$$

Résolvant cette équation par rapport à V, il vient

$$V = -\frac{0,0008772\,L}{1,515\,D + 0,0219968\,L} + \sqrt{\frac{L^2(0,0008772)^2}{(1,515\,D + 0,0219968\,L)^2} + \frac{19,62\,HD}{1,515\,D + 0,0219968\,L}},$$

$$V = \frac{-0,0008772\,L + \sqrt{L^2(0,0008772)^2 + 19,62(1,515\,D + 0,0219968\,L)\,HD}}{1,515\,D + 0,0219968\,L}.$$

Divisant le numérateur et le dénominateur par 0,0008772, on obtient

$$V = \frac{-L + \sqrt{L^2 + (560869\,L + 38629125\,D)\,DH}}{25,0754\,L + 1726,82\,D}.$$

Lorsque la longueur du tuyau est au moins égale à 100 fois le diamètre, on peut omettre, sous le radical, le terme en D^2 par rapport à L^2 et l'on a

$$V = \frac{-L + \sqrt{L^2 + 560869\,LDH}}{25,0754\,L + 1726,82\,D}.$$

Divisant le numérateur et le dénominateur par 25,0754 L, il vient

$$V = \frac{-0,03988 + \sqrt{0,0015904 + 891,84\,\dfrac{DH}{L}}}{1 + 68,865\,\dfrac{D}{L}}.$$

Eytelwein a montré que, dans les cas ordinaires de la pratique, on pouvait négliger le terme $a\,V$, mais qu'alors il fallait prendre

$$b = 0,0035.$$

Ainsi l'équation générale devient

$$2\,g\,H - \frac{8 \times 0,0035\,L}{D}\,V^2 = V^2\left[1 + \left(\frac{1}{m} - 1\right)^2\right]$$

ou

$$2gH - \frac{0,0280\,L}{D}V^2 = 1,515\,V^2,$$

$$1,515\,V^2 + \frac{0,028\,L}{D}V^2 = 19,62\,H,$$

$$V^2\left(1,515 + \frac{0,028\,L}{D}\right) = 19,62\,H,$$

$$V^2\frac{1,515\,D + 0,028\,L}{D} = 19,62\,H,$$

$$V^2 = \frac{19,62\,HD}{1,515\,D + 0,028\,L}.$$

Divisant le numérateur et le dénominateur par 0,028, on a

$$V^2 = \frac{700,7142\,HD}{54\,D + L},$$

$$V = \sqrt{\frac{700,7142\,HD}{54\,D + L}},$$

$$V = 26,44\sqrt{\frac{HD}{54\,D + L}}.$$

69. *Formules de M. Darcy.* — Les considérations précédentes montrent que, au point de vue sous lequel M. de Prony a envisagé la question, la nature et l'état intérieur des tuyaux de conduite n'exercent pas d'influence notable sur la résistance opposée par les parois au mouvement de l'eau et que, dès lors, les formules, déduites des résultats fournis par l'expérience, sont applicables à toutes les conduites. Il était cependant présumable que, le frottement dépendant de la nature et de l'état des surfaces en contact, cette circonstance ne pouvait être absolument négligée et qu'il convenait d'en tenir compte dans l'expression générale de la vitesse. Tel était l'état de la question lorsque M. Darcy s'est chargé, avec un désintéressement qui l'honore, de la distribution des eaux de la ville de Dijon. Ce savant ingénieur, par des expériences aussi précises que variées, a recherché quelles pouvaient être l'influence de l'état intérieur des tuyaux sur le volume d'eau dé-

bité et celle du diamètre sur la résistance des parois. Il a ainsi formulé les conclusions suivantes :

1° Les tuyaux en fer revêtus intérieurement de bitume fournissent une quantité d'eau plus grande que celle calculée par la formule de M. de Prony.

2° Pour le verre, le résultat est à peu près le même.

3° Pour ces deux corps, les débits comparés à ceux déduits de la formule sont dans le rapport de 4 à 3 par approximation.

4° Les tuyaux en fonte, dont le diamètre ne diminue pas sensiblement par suite des dépôts qui se forment, fournissent une dépense, au contraire, plus faible que celle obtenue par la formule, tandis que, les tuyaux étant parfaitement nettoyés, il y a concordance entre les deux résultats.

5° Pour des tuyaux en plomb, dont les diamètres varient de 14 à 41 millimètres, les résultats s'accordent aussi avec ceux des formules.

6° Les tuyaux d'un petit diamètre débitent une quantité d'eau moindre que celle déduite de la formule et, à l'inverse, ceux d'un grand diamètre donnent un résultat supérieur.

Partant de ces données d'expérience, M. Darcy a reconnu, par une construction graphique, que toutes les circonstances pouvaient être exprimées par la formule

$$RJ = a_1 V + b_1 V^2,$$

dans laquelle

R représente le rayon du tuyau ;

J ou $\frac{H}{L}$ la pente par mètre courant ;

a_1, b_1 deux coefficients relatifs à la nature des tuyaux ;

V la vitesse moyenne.

Cette relation générale se rapporte à tous les tuyaux, suivant leur nature, à l'exception des tuyaux d'un petit diamètre et pour des vitesses moindres que $0^m,10$. Dans ce dernier cas, le terme $b_1 V^2$ peut être négligé, et la loi de la résistance est simplement exprimée par $a_1 V$, c'est-à-dire que cette résistance croît proportionnellement à la vitesse.

Darcy a constaté cette particularité que, pour des tuyaux de même nature, mais de diamètres différents, ainsi que pour des tuyaux d'espèces diverses, les deux coefficients a_1, b_1 ne conservent pas la même valeur, qu'ils varient avec les surfaces lorsqu'elles n'ont pas le même degré de poli et avec les rayons lorsqu'elles sont dans le même état. Les mêmes expériences ont enfin confirmé ce fait, déjà reconnu par d'autres hydrauliciens, que la loi de la résistance, si les parois sont recouvertes de dépôts, peut être représentée par le terme $b_1 V^2$, ou, en d'autres termes, qu'elle est sensiblement proportionnelle au carré de la vitesse. D'après cela, on aura les trois formules suivantes :

1° Si le diamètre du tuyau est très-petit et si la vitesse est au-dessous de $1^m,10$,

$$RJ = a_1 V.$$

2° Si les parois sont recouvertes de dépôts,

$$RJ = b_1 V^2.$$

3° Si la résistance des parois est exprimée par la somme de deux fonctions de la vitesse, la première étant proportionnelle à cette vitesse et la seconde à son carré,

$$RJ = a_1 V + b_1 V^2.$$

La comparaison des résultats obtenus au moyen des deux dernières relations a montré que, pour des vitesses de quelques décimètres, la différence est très-faible et même négligeable. L'accord existe surtout lorsque les parois sont revêtues de dépôts, ce qui est l'état ordinaire de tous les tuyaux affectés à la conduite des eaux, de sorte que, dans l'établissement d'une distribution, en faisant usage de la relation où entre seulement la fonction de V au second degré, la question sera bien simplifiée.

A la suite des expériences faites sur des tuyaux de différents diamètres et dont l'état des surfaces intérieures n'était pas le même, Darcy a assigné les valeurs suivantes au coefficient b_1 :

Tôle enduite de bitume...	$b_1 = 0,000433990$	$D = 0^m,196$
Fonte neuve.............	$b_1 = 0,000584393$	$D = 0,188$
Fonte recouverte de dépôts.	$b_1 = 0,001167779$	$D = 0,2432$

Il a de plus reconnu que ce coefficient diminue quand le

diamètre augmente et que sa valeur numérique peut être obtenue au moyen de la relation

$$b_1 = a'_1 + \frac{b'_1}{R},$$

ce qui signifie que le coefficient de la formule est la somme de deux quantités, la première constante et la seconde en raison inverse du rayon du tuyau. Pour le fer et la fonte, il a trouvé

$$a'_1 = 0,000507, \quad b'_1 = 0,00000647.$$

Ces nombres se rapportent à des tuyaux possédant le même degré de poli et dont les diamètres sont compris entre $0^m,0122$ et $0^m,50$. Ainsi, entre ces limites, on aura, pour l'expression de b_1,

$$b_1 = 0,000507 + \frac{0,00000647}{R}.$$

M. Darcy a calculé, au moyen de la formule, pour des tuyaux de différents diamètres, les valeurs du coefficient b_1. Quand on sait le projet d'une conduite d'eau, les quantités

$$\frac{b_1}{R} = \frac{2b_1}{D} \quad \text{et} \quad \sqrt{\frac{R}{b_1}} = \sqrt{\frac{D}{2b_1}}$$

étant des éléments du calcul, il a consigné leurs valeurs avec celles de b_1 dans un même tableau, que nous croyons devoir reproduire.

Tableau des quantités b_1, $\frac{b_1}{R}$ et $\sqrt{\frac{b_1}{R}}$ relatives à des tuyaux en fonte neuve.

DIAMÈTRES D.	RAYONS R.	b_1.	$\frac{b_1}{R} = \frac{2b_1}{D}$.	$\sqrt{\frac{R}{b_1}} = \sqrt{\frac{D}{2b_1}}$.
0,01	0,005	0,001801	0,36020	1,666
0,02	0,01	0,001154	0,11540	2,943
0,027	0,0135	0,000986	0,073056	3,699
0,03	0,015	0,000938	0,062555	4,998
0,04	0,02	0,000830	0,041525	4,907
0,054	0,025	0,000765	0,030632	5,713
0,054	0,027	0,000746	0,027653	6,013
0,06	0,03	0,000722	0,024089	6,443
0,07	0,035	0,000691	0,019767	7,112
0,08	0,04	0,000668	0,016718	7,733
0,081	0,0405	0,000666	0,016463	7,793
0,09	0,045	0,000650	0,014461	8,315
0,10	0,05	0,000636	0,012728	8,863
0,108	0,054	0,000626	0,011607	9,231
0,11	0,055	0,000624	0,011357	9,383
0,12	0,06	0,000614	0,010247	9,878
0,13	0,065	0,000606	0,009331	10,352
0,135	0,0675	0,000602	0,008931	10,581
0,14	0,07	0,000599	0,008563	10,806
0,15	0,075	0,000593	0,007910	11,243
0,16	0,08	0,000587	0,007348	11,665
0,162	0,081	0,000586	0,007245	11,748
0,17	0,085	0,000583	0,006860	12,073
0,18	0,09	0,000578	0,006432	12,468
0,19	0,095	0,000575	0,006053	12,705
0,20	0,10	0,000571	0,005717	13,225
0,21	0,105	0,000568	0,005415	13,588
0,216	0,108	0,000566	0,005249	13,802
0,22	0,11	0,000565	0,005143	13,943
0,23	0,115	0,000563	0,004897	14,288
0,24	0,12	0,000560	0,004674	14,626
0,25	0,125	0,000558	0,004470	14,956
0,26	0,13	0,000556	0,004282	15,280
0,27	0,135	0,000554	0,004110	15,597

Tableau des quantités b_1, $\frac{b_1}{R}$ et $\sqrt{\frac{b_1}{R}}$ relatives à des tuyaux en fonte neuve. (*Suite.*)

DIAMÈTRES D.	RAYONS R.	b_1.	$\frac{b_1}{R} = \frac{2b_1}{D}$.	$\sqrt{\frac{R}{b_1}} = \sqrt{\frac{D}{2b_1}}$.
0,28	0,14	0,000553	0,003951	15,908
0,29	0,145	0,000551	0,003804	16,213
0,30	0,15	0,000550	0,003667	16,512
0,31	0,155	0,000548	0,003540	16,806
0,32	0,16	0,000547	0,003421	17,095
0,325	0,1625	0,000546	0,003365	17,238
0,33	0,165	0,000546	0,003310	17,380
0,34	0,17	0,000545	0,003206	17,660
0,35	0,175	0,000543	0,003108	17,936
0,36	0,18	0,000542	0,003016	18,207
0,37	0,185	0,000541	0,002929	18,475
0,38	0,19	0,000541	0,002847	19,739
0,39	0,195	0,000540	0,002770	18,999
0,40	0,20	0,000539	0,002696	19,256
0,41	0,205	0,000538	0,002627	19,510
0,42	0,21	0,000537	0,002561	19,760
0,43	0,215	0,000537	0,002498	20,007
0,44	0,22	0,000536	0,002438	20,251
0,45	0,225	0,000535	0,002381	20,492
0,46	0,23	0,000535	0,002326	20,731
0,47	0,235	0,000534	0,002274	20,967
0,48	0,24	0,000533	0,002224	21,200
0,49	0,245	0,000533	0,002177	21,431
0,50	0,25	0,000532	0,002131	21,659
0,55	0,275	0,000530	0,001929	22,767
0,60	0,30	0,000528	0,001761	23,823
0,65	0,325	0,000526	0,001621	24,835
0,70	0,35	0,000525	0,001501	25,807
0,75	0,375	0,000524	0,001398	26,745
0,80	0,40	0,000523	0,001307	27,650
0,85	0,425	0,000522	0,001228	28,527
0,90	0,45	0,000521	0,001158	29,378
0,95	0,475	0,000520	0,001096	30,205
1,00	0,50	0,000519	0,001039	31,010

70. *Équation générale du mouvement de l'eau.* — Pour représenter par le calcul les lois du mouvement de l'eau, nous suivrons exactement la marche adoptée par M. de Prony. Comme dans ce qui a été dit précédemment, nous considérerons le cas où il est indispensable de tenir compte de la force vive communiquée par la pesanteur et celui où la longueur de la conduite est telle que cette force vive peut être négligée.

La résistance des parois, en négligeant le terme du premier degré, étant

$$\frac{1000\,\mathrm{SL}}{g}\,b\mathrm{V}^2,$$

d'après M. de Prony, on aura, par le théorème des forces vives,

$$\mathrm{M}g\mathrm{H} - \frac{1000\,\mathrm{SL}}{g}\,b\mathrm{V}^3 = \tfrac{1}{2}\mathrm{M}\left[1 + \left(\frac{1}{m} - 1\right)^2\right]\mathrm{V}^2;$$

le coefficient $m = 0,60$ approximativement, d'où

$$1 + \left(\frac{1}{0,60} - 1\right)^2 = 1,443;$$

par conséquent,

$$\mathrm{M}g\mathrm{H} - \frac{1000\,\mathrm{SL}}{g}\,b\mathrm{V}^3 = \tfrac{1}{2}\,1,443\,\mathrm{MV}^2$$

ou bien

$$2\mathrm{M}g\mathrm{H} - 2\,\frac{1000\,\mathrm{SL}}{g}\,b\mathrm{V}^3 = \tfrac{1}{2}\,1,443\,\mathrm{MV}^2.$$

Divisant les deux membres par $\mathrm{M} = \dfrac{1000\,\mathrm{AV}}{g}$,

$$2g\mathrm{H} - 2\,\frac{\mathrm{SL}}{\mathrm{A}}\,b\mathrm{V}^2 = 1,443\,\mathrm{V}^2;$$

d'où

$$2g\mathrm{H} = 1,443\,\mathrm{V}^2 + 2\,\frac{\mathrm{SL}}{\mathrm{A}}\,b\mathrm{V}^2,$$

$$2g\mathrm{H} = \mathrm{V}^2\left(1,443 + 2\,\frac{\mathrm{SL}}{\mathrm{A}}\,b\right).$$

Or

$$\mathrm{S} = \pi\mathrm{D} \quad \text{et} \quad \mathrm{A} = \frac{\pi\mathrm{D}^2}{4};$$

donc

$$\frac{S}{A} = \frac{4}{D},$$

et, en substituant,

$$2gH = V^2\left(1,443 + \frac{8L}{D}b\right).$$

De là on déduit

$$H = \frac{V^2}{2g}\left(1,443 + \frac{8L}{D}b\right),$$

relation qui sert à trouver la hauteur de l'eau dans le bassin supérieur, au-dessus du point le plus bas de la conduite, pour que la vitesse ait une valeur donnée, en ayant égard à la résistance des parois, qui tend à ralentir le mouvement.

Lorsque la longueur du tuyau est très-grande, on peut, sans erreur sensible, supprimer la force vive, qui, dans ce cas, n'exerce pas une influence notable sur le mouvement, et la formule devient ainsi

$$H = \frac{V^2}{2g}\frac{8L}{D}b = \frac{4V^2L}{gD}b \quad \text{ou} \quad gH = \frac{4L}{D}bV^2,$$

expression que l'on peut mettre sous la forme

$$\tfrac{1}{4}D\frac{H}{L} = \frac{b}{g}V^2 \quad \text{ou} \quad \tfrac{1}{4}DJ = \frac{b}{g}V^2;$$

et, si l'on pose $b_1 = \frac{b}{g}$, on a

$$\tfrac{1}{4}DJ = b_1V^2.$$

La comparaison de cette valeur avec celle à laquelle conduit la formule de M. Darcy fera connaître comment on pourra introduire le coefficient b_1 dans l'équation générale déduite de la loi établie par Coulomb.

La loi de la résistance reconnue par M. Darcy étant représentée par la formule

$$RJ = b_1V^2,$$

ou en fonction du diamètre

$$\frac{D}{2}J = b_1V^2,$$

si l'on divise les deux membres par 2, on aura

$$\tfrac{1}{4}\,DJ = \frac{b_1 V^2}{2}.$$

De là résulte que le coefficient b_1, déduit de la formule de M. Darcy, est le double de celui obtenu par la formule de M. de Prony, ou, en d'autres termes, $\frac{b_1}{2}$ correspond au facteur $\frac{b}{g}$; d'où

$$\frac{b}{g} = \frac{b_1}{2} \quad \text{et} \quad b = \frac{b_1 g}{2}.$$

De cette corrélation entre le coefficient de M. de Prony et celui de M. Darcy résulte que, en substituant à b sa valeur $\frac{b_1 g}{2}$ en fonction de b_1, on aura l'équation générale du mouvement, telle que la comportent les résultats des expériences de M. Darcy. On aura donc

$$MgH = \frac{1000\,SL}{g}\,\frac{b_1 g}{2} V^2 \quad \text{ou} \quad H = \frac{SL}{2A}\, b_1 V^2.$$

Remplaçant le rapport $\frac{S}{A}$ par sa valeur $\frac{4}{D}$, il vient

$$H = \frac{2L}{D}\, b_1 V^2 \quad \text{ou bien} \quad \frac{HD}{2L} = b_1 V^2.$$

Remplaçant la pente $\frac{H}{L}$ par J et $\frac{D}{2}$ par le rayon, on a

$$RJ = b_1 V^2,$$

résultat qu'il était facile de prévoir, puisque le coefficient introduit dans l'équation a été déduit de la formule même de M. Darcy.

71. *Conséquences de cette formule.* — La relation qui existe entre les quatre quantités qui composent la formule renferme implicitement la solution des problèmes que l'on peut généralement se proposer sur l'établissement des conduites d'eau. On en déduit

$$J = \frac{b_1}{R} V^2,$$

expression qui sert à calculer la pente par mètre courant qu'il faut donner à une conduite pour que l'eau possède une vitesse déterminée d'avance :

$$V^2 = J\frac{R}{b_1}, \quad V = \sqrt{J\frac{R}{b_1}},$$

valeur de la vitesse moyenne que peut posséder l'eau dans un tuyau de conduite dont le diamètre et la pente par mètre courant sont donnés :

$$R = \frac{V^2}{J} b_1 \quad \text{ou} \quad D = \frac{2V^2}{J}.$$

Ordinairement ces formules sont représentées en fonction du volume d'eau que doit fournir la conduite en une seconde. Si l'on désigne, à cet effet, le volume par Q, on aura

$$Q = \frac{D^2}{1,273} V \quad \text{et} \quad Q^2 = \frac{D^4}{(1,273)^2} V^2;$$

d'où

$$V^2 = \frac{(1,273)^2 Q^2}{D^4}.$$

Introduisant cette valeur dans l'expression du diamètre D, il viendra

$$D = \frac{2(1,273)^2 Q^2 b_1}{D^4 J}, \quad D^5 = \frac{3,241\,Q^2 b_1}{J}$$

et

$$D = \sqrt[5]{\frac{3,241\,Q^2 b_1}{J}}.$$

On aura ainsi

$$J = \frac{3,241\,Q^2 b_1}{D^5}.$$

C'est au moyen de cette relation entre la pente, le diamètre et le volume d'eau débité que M. Darcy a calculé les formules pratiques consignées dans le tableau qui suit. Elles se rapportent à des tuyaux neufs en fonte et à des tuyaux recouverts de dépôts, c'est-à-dire en service courant. Il a donc suffi, pour les obtenir, de donner à b_1, dans la relation précédente, la valeur qui convient à chaque cas. On a d'ailleurs vu que, pour les tuyaux recouverts de dépôts, le coefficient est approximasivement le double de celui qui est relatif aux tuyaux neufs. Les diamètres inscrits dans ce tableau sont ceux que l'on emploie le plus souvent dans les applications.

Tableau des formules relatives aux tuyaux en fonte de différents diamètres.

DIAMÈTRES.	TUYAUX NEUFS.	TUYAUX EN SERVICE COURANT.
m 0,027	$J = 222460 Q^2$	$J = 444920 Q^2$
0,040	$J = 26250 Q^2$	$J = 52500 Q^2$
0,050	$J = 7929 Q^2$	$J = 15858 Q^2$
0,054	$J = 5262 Q^2$	$J = 10524 Q^2$
0,060	$J = 3004 Q^2$	$J = 6008 Q^2$
0,080	$J = 660 Q^2$	$J = 1320 Q^2$
0,081	$J = 618,6 Q^2$	$J = 1237,2 Q^2$
0,100	$J = 205,9 Q^2$	$J = 411,8 Q^2$
0,108	$J = 138,02 Q^2$	$J = 276,04 Q^2$
0,135	$J = 43,49 Q^2$	$J = 86,98 Q^2$
0,150	$J = 25,27 Q^2$	$J = 50,54 Q^2$
0,162	$J = 17,01 Q^2$	$J = 34,02 Q^2$
0,200	$J = 5,78 Q^2$	$J = 11,56 Q^2$
0,216	$J = 3,90 Q^2$	$J = 7,80 Q^2$
0,250	$J = 1,85 Q^2$	$J = 3,70 Q^2$
0,300	$J = 0,7325 Q^2$	$J = 1,4650 Q^2$
0,325	$J = 0,4879 Q^2$	$J = 0,9758 Q^2$
0,350	$J = 0,3351 Q^2$	$J = 0,6702 Q^2$
0,400	$J = 0,1704 Q^2$	$J = 0,3408 Q^2$
0,450	$J = 0,0938 Q^2$	$J = 0,1876 Q^2$
0,500	$J = 0,05517 Q^2$	$J = 0,11034 Q^2$
0,600	$J = 0,02199 Q^2$	$J = 0,04398 Q^2$
0,700	$J = 0,01011 Q^2$	$J = 0,02022 Q^2$
0,800	$J = 0,00517 Q^2$	$J = 0,01034 Q^2$
0,900	$J = 0,002858 Q^2$	$J = 0,005716 Q^2$
1,000	$J = 0,001682 Q^2$	$J = 0,003364 Q^2$

L'examen des formules contenues dans ce tableau montre que la résistance des parois et la perte de charge augmentent rapidement avec le diamètre de la conduite, c'est-à-dire avec le volume d'eau que doit fournir la conduite. Il importe donc, pour atténuer la perte de charge, de donner aux diamètres des tuyaux une valeur telle que la vitesse moyenne de l'eau ne soit pas supérieure à 3 mètres. Nous ferons encore observer que, pour éviter l'accumulation des dépôts, il est nécessaire que la limite minima de cette vitesse ne soit pas trop abaissée. L'expérience a appris qu'elle ne devait pas descendre au-dessous de 2 décimètres, valeur pour laquelle les dépôts légers commencent à être entraînés.

On doit à M. Mary, inspecteur général des Ponts et Chaussées, des Tables à double entrée qui peuvent être d'une grande utilité pour la solution de toutes les questions qui se rattachent à l'établissement des conduites. Elles donnent la valeur de la vitesse moyenne et de la pente en fonction du volume d'eau débité et du diamètre. De son côté, Fourneyron a formé une Table du produit J^2Q en fonction de la vitesse; mais, dans les applications, on se sert généralement de celles de M. de Prony et de M. Darcy, qui peuvent suffire dans tous les cas.

72. Applications. — 1° *Trouver la vitesse et le volume d'eau débité en une seconde par un tuyau de conduite de 3000 mètres de longueur, avec une différence de niveau de 6 mètres entre le bassin supérieur et le bassin inférieur, sachant que le diamètre de la conduite est égal à* $0^m,30$.

Formule de M. de Prony :

$$V = -0,025 + 26,79\sqrt{DJ}, \quad J = \frac{H}{L} = \frac{6}{3000} = 0,002,$$

$$V = -0,025 + 26,79\sqrt{0,30 \times 0,002} = 0^m,631.$$

Le volume Q sera exprimé par

$$Q = \frac{D^2V}{1,273} = \frac{(0,30)^2}{1,273} \times 0,631 = 0^{mc},044611.$$

Formule de M. Eytelwein :

$$V = 26,44\sqrt{\frac{HD}{54D + L}},$$

$$V = 26,44\sqrt{\frac{6 \times 0,30}{54 \times 0,30 + 3000}} = 0,645,$$

$$Q = \frac{(0,30)^2}{1,273} \times 0,645 = 0^{mc},0456.$$

On peut aussi trouver la vitesse moyenne en faisant usage des Tables de M. de Prony, qui donnent les vitesses correspondant à $\frac{1}{4}$DJ. Il faut donc, *a priori*, chercher la valeur de $\frac{1}{4}$DJ. Avec les données de la question, on aura

$$\frac{1}{4}\mathrm{DJ} = \frac{1}{4} \times 0{,}30 \times \frac{6}{3000} = 0{,}00015.$$

La valeur de V, qui, dans les Tables, se trouve en regard du nombre 0,00015, est la vitesse cherchée. Si, comme dans le cas actuel, ce nombre exprime la fonction $\frac{1}{4}$DJ, on obtient une valeur approchée en procédant par interpolation. Remarquons, en effet, que, le nombre 0,00015 étant compris entre les nombres 0,0001491 et 0,0001537, la vitesse cherchée sera comprise entre 0,63 et $0^m,64$. Comme la différence entre les nombres des Tables est 46 unités du dernier ordre exprimé et que la différence entre 0,00015 et le plus petit nombre des Tables est 9, pour connaître la quantité qui doit être ajoutée à 0,63, nous poserons la proportion

$$\frac{x}{1} = \frac{9}{46};$$

par suite

$$x = 0{,}19 \quad \text{et} \quad \mathrm{V} = 0{,}6319,$$

résultat que nous avons trouvé par l'application directe de la formule.

2° *Trouver le diamètre d'une conduite d'eau en service courant, sachant que la différence des niveaux entre le bassin supérieur et le bassin inférieur est égale à 3 mètres, que le volume d'eau à débiter est de* $0^{mc},300$, *et que la longueur du tuyau est de 400 mètres.*

Application des Tables de M. Darcy :

$$\mathrm{J} = \frac{\mathrm{H}}{\mathrm{L}} = \frac{3}{400} = 0^{m},0075,$$

$$\frac{\mathrm{J}}{\mathrm{Q}^2} = \frac{0{,}0075}{(0{,}300)^2} = 0{,}08333.$$

Le nombre 0,08333 n'étant pas dans les Tables, on ne pourra pas avoir immédiatement le diamètre correspondant; mais, comme il est compris entre les coefficients 0,11034 et 0,04398 des Tables, il sera facile de trouver, par interpolation numérique ou graphique, le nombre qui doit être ajouté au diamètre $0^m,500$ des Tables, qui correspond au coefficient 0,11034, pour avoir très-approximativement le diamètre cherché. La différence entre 0,11034 et 0,04398 correspond à un accroissement de diamètre égal à $0^m,100$; par conséquent, puisque la différence entre 0,11034 et 0,08333 est de 0,02701, on aura la proportion

$$\frac{0,11034 - 0,04398}{0,02701} = \frac{0,100}{x} \quad \text{ou} \quad \frac{0,06636}{0,02701} = \frac{0,100}{x};$$

d'où

$$x = \frac{0,100 \times 0,02701}{0,06636} = 0^m,04.$$

Ainsi le diamètre de la conduite sera égal à

$$0^m,500 + 0,04 = 0^m,540.$$

3° *Trouver la pente, par mètre courant, d'une conduite de 500 mètres de longueur dont le diamètre est de* $0^m,25$, *et qui doit débiter* $0^{mc},080$ *par seconde.*

Cette question peut être résolue directement en faisant usage de la formule

$$J = \frac{3,241\, Q^2 b_1}{D^5}.$$

Le coefficient b_1 étant égal à 0,000558 pour un tuyau neuf en fonte, si le projet de la conduite se rapporte au service courant, le coefficient sera double; de sorte que, dans la formule, il faudra remplacer Q^2 par $(0,080)^2$, b_1 par $2 \times 0,000558$ ou 0,001116, et D par $(0,25)^5$. On aura donc

$$J = \frac{3,241 \times 0,0064}{(0,25)^5}\, 0,001116.$$

Effectuant le calcul au moyen des Tables de logarithmes, on trouve

$$J = 0^m,023704.$$

Il est plus simple d'employer les formules consignées dans

le dernier tableau, puisqu'elles ont été établies par l'application de la formule générale à différents diamètres. On trouve, en effet, qu'à un diamètre de 0,25 correspond la relation

$$J = 3,70\,Q^2,$$

Remplaçant Q^2 par 0,0064, on a aussi

$$J = 3,70 \times 0,0064 = 0^m,02368.$$

4° *Quel est le débit d'une conduite de 400 mètres de longueur et de $0^m,50$ de diamètre, sachant que la pente par mètre courant est de $0^m,012$?*

$$J = 0,11034\,Q^2$$

pour une conduite en service courant de $0^m,50$ de diamètre; d'où

$$0,012 = 0,11034\,Q^2$$

et

$$Q^2 = \frac{0,012}{0,11034}, \quad Q = \sqrt{\frac{0,012}{0,11034}} = 0^{mc},370.$$

73. *Dépense d'un orifice sous une charge variable.* — La théorie que nous avons donnée de l'écoulement des liquides se rapporte, comme cela a lieu le plus souvent dans les usines, au cas où la charge sur le sommet de l'orifice reste constante; mais il arrive quelquefois que, pendant un temps plus ou moins long, le niveau varie sensiblement et, par suite, qu'il est indispensable, pour évaluer la dépense, de tenir compte de cette variation. A cet effet, appelons

O l'aire de l'orifice;
m le coefficient de la dépense;
H_1 la hauteur du niveau au commencement de l'observation et H_2, H_3, H_4 les hauteurs successives après des temps T, T′, T″, T‴, . . . ;
D la dépense totale pendant la durée de l'observation.

Il est évident que, pendant un temps infiniment petit, le mouvement pourra être considéré comme uniforme et que, la dépense pour une seconde étant représentée par

$$mO\sqrt{2gH_1},$$

si nous désignons par t le temps infiniment petit, le volume élémentaire débité sera

$$tmO\sqrt{2gH_1} = 4,4292\,mOt\sqrt{H_1}.$$

Pendant d'autres temps infiniment petits, on aura aussi

$$t'\,mO\sqrt{2gH_2} = 4,4292\,mOt\sqrt{H_2},$$
$$t''mO\sqrt{2gH_3} = 4,4292\,mOt\sqrt{H_3};$$

par conséquent la dépense totale aura pour valeur

$$D = 4,4292\,mO\left(t\sqrt{H_1} + t'\sqrt{H_2} + t''\sqrt{H_3} + \ldots\right).$$

Pour trouver l'expression de la somme des quantités renfermées entre parenthèses, sur une ligne d'abscisses XX′ (*fig.* 19), à partir du point origine a, portons des longueurs

Fig. 19.

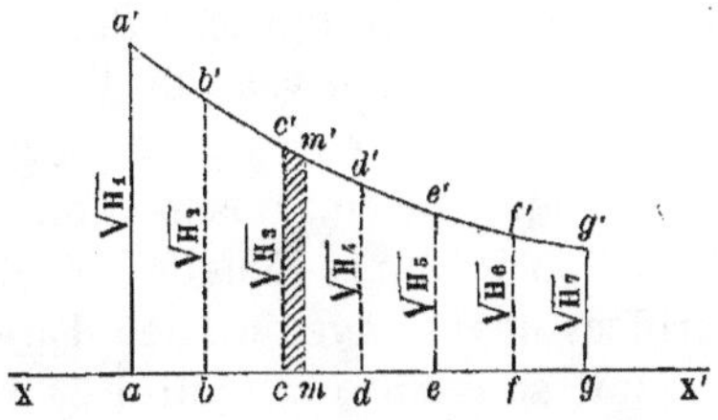

ab, ac, ad,... égales aux temps T, T′, T″, ..., et aux points a, b, c,... menons des perpendiculaires aa', bb', cc', ..., qui représentent respectivement les termes $\sqrt{H_1}$, $\sqrt{H_2}$, ... La courbe continue qui passe par les extrémités des ordonnées limitera, concurremment avec les ordonnées extrêmes et la ligne ag, une surface qui représentera géométriquement la somme des termes de la parenthèse. En effet, si, à partir du point c, nous prenons un élément $cm = t''$ et qu'au point m on mène la perpendiculaire mm', il est évident que, l'ordonnée mm' différant infiniment peu de $\sqrt{H_3}$, le terme $t''\sqrt{H_3}$ sera représenté à la limite par l'aire du trapèze mixtiligne $cmm'c'$. Il en sera de même pour les autres termes, et, comme la somme des trapèzes est égale à la surface totale, la question se réduit à opérer la quadrature de cette surface par la méthode de Simpson.

Si les observations ont été faites à six intervalles de temps égaux, on aura

$$(t\sqrt{H_1} + t'\sqrt{H_2} + \ldots) = \frac{1}{3}\frac{ag}{6}\left[\sqrt{H_1} + \sqrt{H_7} + 4\left(\sqrt{H_2} + \sqrt{H_4} + \sqrt{H_6}\right) + 2\left(\sqrt{H_3} + \sqrt{H_5}\right)\right]$$

Désignant par T le temps total de l'observation représenté par ag et remplaçant dans l'expression générale de la dépense, il viendra

$$D = 4,4292\, m\, O\, \frac{1}{3}\frac{T}{6}\left[\sqrt{H_1} + \sqrt{H_7} + 4\left(\sqrt{H_2} + \sqrt{H_4} + \sqrt{H_6}\right) + 2\left(\sqrt{H_3} + \sqrt{H_5}\right)\right]$$

ou

$$D = 1,4764\, m\, O\, \frac{T}{6}\left[\sqrt{H_1} + \sqrt{H_7} + 4\left(\sqrt{H_2} + \sqrt{H_4} + \sqrt{H_6}\right) + 2\left(\sqrt{H_3} + \sqrt{H_5}\right)\right]$$

Pour la valeur du coefficient m de la dépense, on prend la moyenne des coefficients relatifs à la plus grande et à la plus petite charge relevées pendant l'observation.

Quand l'orifice est noyé, le niveau de l'eau est variable en amont comme en aval. Dans ce cas, on cherche les niveaux en amont qui correspondent aux observations faites pour les niveaux d'aval, et l'on est ainsi ramené à évaluer la dépense d'une série d'orifices noyés. Avec un peu d'attention, on voit aisément qu'il suffit, sous chaque radical de la formule précédente, d'introduire avec le signe — la charge relevée en amont au même instant que celle observée en aval. Appelant $h_1, h_2, h_3, \ldots$ les charges d'aval, on aura

$$D = 1,4764\, m\, O\, \frac{T}{6}\left[\sqrt{H_1 - h_1} + \sqrt{H_7 - h_7} + 4\left(\sqrt{H_2 - h_2} + \sqrt{H_4 - h_4} + \sqrt{H_6 - h_6}\right) + 2\left(\sqrt{H_3 - h_3} + \sqrt{H_5 - h_5}\right)\right]$$

Supposons que l'orifice à charge variable soit un déversoir complet. Nous avons vu plus haut que la formule des déversoirs, dans les cas ordinaires, est représentée par

$$D = m\, L H \sqrt{2gH} = 0,405\, L H \sqrt{19,62\, H}$$

ou

$$D = 0,405\, L H\, 4,4292 \sqrt{H},$$

$$D = 0,405 \times 4,4292\, L H \sqrt{H}.$$

Dans le cas qui nous occupe, on est donc conduit, par analogie, à faire la somme des dépenses d'une suite de déversoirs complets de charges différentes. Appliquant donc la formule à chacun d'eux, on aura

$$D = 0{,}405 \times 4{,}4292 \frac{LT}{6 \times 3}\left[H_1\sqrt{H_1} + H_7\sqrt{H_7} + 4(H_2\sqrt{H_2} + H_4\sqrt{H_4} + H_6\sqrt{H_6}) + 2(H_3\sqrt{H_3} + H_5\sqrt{H_5})\right],$$

ou

$$D = 0{,}5979 \frac{LT}{6}\left[H_1\sqrt{H_1} + H_7\sqrt{H_7} + 4(H_2\sqrt{H_2} + H_4\sqrt{H_4} + H_6\sqrt{H_6}) + 2(H_3\sqrt{H_3} + H_5\sqrt{H_5})\right].$$

74. *Durée de l'écoulement d'un volume d'eau déterminé contenu dans un bassin.* — Supposons que l'eau soit contenue dans un réservoir prismatique ou cylindrique à section constante, dont l'aire est A, et que, pendant un temps T, l'abaissement soit $H - H'$, c'est-à-dire que, au commencement et à la fin de l'observation, les charges relevées au-dessus du centre de l'orifice soient respectivement H et H'. Si la charge conservait la valeur H, évidemment le débit d'eau en une seconde serait

$$mO\sqrt{2gH},$$

et, comme pour un temps infiniment court on peut supposer le niveau constant, la dépense pendant ce temps t sera

$$mtO\sqrt{2gH}.$$

Appelant h l'abaissement infiniment petit qui s'est produit pendant le temps élémentaire t, la quantité d'eau qui est sortie du réservoir sera aussi

$$Ah \quad \text{et, par suite,} \quad mtO\sqrt{2gH} = Ah;$$

d'où

$$t = \frac{Ah}{mO\sqrt{2gH}}.$$

Pour d'autres abaissements, $h_1, h_2, h_3, \ldots$, correspondant à des charges $H_1, H_2, H_3, \ldots$, on aura également

$$t' = \frac{Ah_1}{mO\sqrt{2gH_1}}, \quad t'' = \frac{Ah_2}{mO\sqrt{2gH_2}}.$$

Faisant la somme de tous ces temps élémentaires, on aura le temps total T de l'évacuation d'un volume d'eau relatif à un abaissement de niveau H — H'; d'où

$$T = \frac{A}{mO\sqrt{2g}}\left(\frac{h}{\sqrt{H}} + \frac{h_1}{\sqrt{H_1}} + \frac{h_2}{\sqrt{H_2}} + \frac{h_3}{\sqrt{H_3}} + \dots\right).$$

$$T = \frac{A}{mO\,4,4292}\left(\frac{h}{\sqrt{H}} + \frac{h_1}{\sqrt{H_1}} + \frac{h_2}{\sqrt{H_2}} + \frac{h_3}{\sqrt{H_3}} + \dots\right).$$

On obtiendra encore, comme précédemment, la somme des termes de la parenthèse par la méthode de Thomas Simpson; mais il est plus simple de recourir au Calcul intégral. On sait, en effet, que

$$\sqrt{H} = H^{\frac{1}{2}} \quad \text{et} \quad \frac{1}{\sqrt{H}} = \frac{1}{H^{\frac{1}{2}}} = H^{-\frac{1}{2}};$$

par conséquent

$$T = \frac{A}{mO\,4,4292}\left(hH^{-\frac{1}{2}} + h_1H_1^{-\frac{1}{2}} + h_2H_2^{-\frac{1}{2}} + \dots\right).$$

Par intégration entre les limites H et H', on obtient

$$T = \frac{A}{mO\,4,4292}\,2\left(\sqrt{H} - \sqrt{H'}\right) \quad (^1),$$

$$T = \frac{0,451\,A}{mO}\left(\sqrt{H} - \sqrt{H'}\right).$$

De cette formule on déduit

$$\frac{mO}{0,451\,A}\,T = \sqrt{H} - \sqrt{H'};$$

d'où

$$\sqrt{H'} = \sqrt{H} - \frac{mO}{0,451\,A}\,T.$$

---

(1) Toute fraction dont le dénominateur est un radical du second degré, et dont le numérateur est la différentielle de la fonction que ce radical affecte, a pour intégrale le double de ce radical (*Traité de Calcul intégral*, par Lacroix) :

$$\int \frac{dx}{\sqrt{x}} = \int x^{-\frac{1}{2}}\,dx = 2\sqrt{x}.$$

Le niveau au bout du temps étant connu au moyen de cette dernière relation, on calculera facilement le volume d'eau qui s'est écoulé pendant le même temps par la formule

$$D = A(H - H').$$

75. *Cas où le niveau s'abaisse jusqu'au centre de l'orifice.* — Évidemment, dans ce cas, $H' = 0$, et la formule devient

$$T = \frac{2A\sqrt{H}}{mO\sqrt{2g}} = \frac{2A\sqrt{H}\sqrt{H}}{mO\sqrt{2g}\sqrt{H}} = \frac{2AH}{mO\sqrt{2gH}}.$$

D'autre part, si nous supposons le niveau constant, le volume d'eau compris entre la surface libre et le centre de l'orifice sera AH, et comme, dans cette hypothèse, la quantité d'eau qui s'écoule en une seconde est

$$mO\sqrt{2gH},$$

il est clair que le temps T_1 de l'écoulement du volume AH sous la charge constante sera exprimé par

$$T_1 = \frac{AH}{mO\sqrt{2gH}}.$$

La comparaison des deux formules montre que

$$T = 2T_1.$$

De là cette conclusion : *Le temps qu'un bassin à section constante met à se vider jusqu'au centre de l'orifice est le double du temps que mettrait le même volume d'eau à s'écouler si la charge restait telle qu'elle était à l'origine de l'écoulement.* Désignons par v le volume AH et par V le volume 2AH. En substituant, les deux formules deviendront

$$T_1 = \frac{v}{mO\sqrt{2gH}}, \quad T = \frac{V}{mO\sqrt{2gH}},$$

ou

$$2T_1 = \frac{V}{mO\sqrt{2gH}}, \quad T_1 = \frac{V}{2mO\sqrt{2gH}};$$

par conséquent,

$$\frac{v}{mO\sqrt{2gH}}=\frac{V}{2mO\sqrt{2gH}} \quad \text{ou bien} \quad v=\tfrac{1}{2}V,$$

Ainsi, réciproquement, le volume d'eau qui s'écoule sous la charge variable est la moitié du volume qui s'écoulerait, dans le même temps, sous la charge constante.

La théorie qui précède suppose naturellement que, dans les deux cas de l'écoulement sous une charge constante et sous une charge variable, les circonstances sont identiques, mais il n'en est jamais ainsi. D'abord, faisons observer que le coefficient m varie avec la charge et bien que, en prenant la moyenne des coefficients relatifs à différentes charges, cette cause d'erreur soit considérablement atténuée, elle ne saurait cependant disparaître complétement. D'un autre côté, lorsque le niveau de l'eau est parvenu dans le voisinage de l'orifice, il se forme des tourbillons ou entonnoirs liquides qui, concurremment avec la résistance des parois, rendent très-complexes les circonstances du mouvement de l'eau. Ces déductions de la théorie ne sauraient donc mériter une confiance absolue et l'on comprend que leur emploi, sans correction, pourrait, dans les applications de la pratique, conduire à des résultats inexacts.

76. *Centre de pression.* — On démontre dans les Cours de Physique que, si un corps plonge en totalité ou en partie dans un fluide quelconque en équilibre, il éprouve, de la part de ce fluide, des pressions dont la résultante est normale à la surface pressée. Quelle que soit la position que l'on fera prendre à une surface plane dans l'intérieur d'une masse fluide, la résultante de toutes les pressions partielles, c'est-à-dire la pression totale, aura toujours pour valeur le poids de la colonne fluide ayant pour base la surface pressée et pour hauteur la distance de son centre de gravité au niveau du fluide. Ainsi la grandeur de cette résultante est constante, mais sa direction est variable lorsqu'on fait tourner la surface autour de son centre de gravité. On désigne, sous le nom de *centre de pression* ou encore de *centre de poussée*, le point d'application de la résultante de toutes les pressions que sup-

porte une surface plane plongée dans un fluide. Il est aisé de voir que la recherche du centre de pression est une application de la composition des forces parallèles. En effet, les pressions exercées sur les éléments de la surface plane considérée, étant normales à cette surface, sont autant de forces parallèles de même sens dont le point d'application de la résultante sera évidemment le centre de pression.

Lorsque la surface pressée est horizontale, le centre de pression se confond avec le centre de gravité; car, tous les points de la surface étant à la même distance du niveau du liquide, les pressions exercées sur des éléments égaux sont égales, de sorte que le point d'application sera le centre des forces parallèles, ou le centre de gravité.

77. Théorèmes fondamentaux. — 1° *Lorsqu'une surface plane non horizontale est pressée par un liquide, le centre de pression est au-dessous du centre de gravité de la surface pressée.*

Considérons, à cet effet, une surface horizontale ABCD (*fig.* 20) pressée par une colonne liquide d'une certaine hauteur.

Fig. 20.

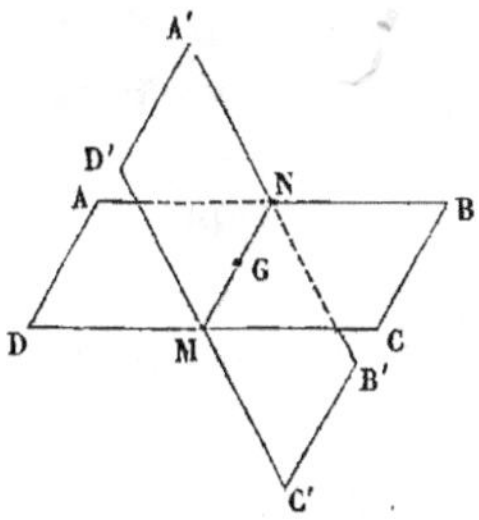

D'après ce qui a été dit, dans cette hypothèse, le centre de pression coïncide avec le centre de gravité G. Menons, par ce point, dans le plan de la surface, une droite MN qui la divise en deux parties symétriques et faisons-la tourner autour de cette droite, de manière qu'elle occupe la position A'B'C'D'. Il est visible que tous les éléments de la partie ADMN se sont rapprochés du niveau du liquide, tandis que ceux qui composent la partie BCMN se sont éloignés du même niveau. Or, comme la pression est proportionnelle à la hauteur de la colonne liquide, les pressions sont devenues moindres dans la région supérieure de la surface et plus grandes dans la région inférieure. Si l'on se reporte à la règle établie pour la composition des forces parallèles, on comprend que le point d'application de la résultante qui, dans le cas de la surface horizontale, se trouvait au point G, a dû se rapprocher de la partie où sont exercées les plus grandes pressions et, par suite, passer au-dessous du centre de gravité de la surface pressée.

2° *Lorsqu'une surface plane est plongée dans un liquide, si l'on prolonge cette surface jusqu'au niveau du liquide, son intersection avec le niveau étant considérée comme un axe de suspension, le centre de pression se confondra avec le centre de percussion.*

Il est clair que, si nous supposons les pressions élémentaires horizontales, le point d'application de la résultante générale ne sera pas déplacé par rapport à un plan fixe considéré comme plan des moments.

Appelons

$a, a', a'', \ldots$ les éléments de la surface pressée A;

$h, h', h'', \ldots$ leurs distances respectives à la surface de niveau;

R la résultante de toutes les pressions partielles;

X la distance du centre de pression au niveau;

p le poids spécifique du liquide, c'est-à-dire le poids d'un mètre cube;

H la distance du centre de gravité et la surface pressée au niveau.

La pression exercée sur l'élément a est pah et son moment sera pah^2. On aura de même, pour les moments des pressions exercées sur les autres éléments,

$$pa'h'^2, \quad pa''h''^2; \quad pa'''h'''^2.$$

En vertu du théorème général des moments, on aura la relation suivante :

$$RX = pah^2 + pa'h'^2 + pa''h''^2 + \ldots$$

ou

$$RX = p(ah^2 + a'h'^2 + a''h''^2 + \ldots).$$

La somme des termes de la parenthèse est le moment d'inertie I de la surface pressée; d'où

$$RX = pI \quad \text{et} \quad X = \frac{pI}{R}.$$

Or on sait que la pression totale a pour valeur le poids de la colonne liquide ayant pour base la surface pressée et pour hauteur la distance de son centre de gravité au niveau. On pourra donc remplacer R par sa valeur pAH, et l'on aura ainsi

$$X = \frac{pI}{pAH} = \frac{I}{AH},$$

expression de la forme $\frac{I}{MD}$ déjà trouvée (tome Ier). Cette formule ne peut servir à déterminer le centre de pression que dans le cas où l'on connaît une ligne qui passe par ce point, ce qui a toujours lieu dans les applications les plus usuelles.

Considérons un vase dont les parois latérales sont verticales et supposons que sur l'une d'elles on ait tracé une droite verticale de longueur l. Appelons m, n, d les distances respectives de l'extrémité inférieure, de l'extrémité supérieure et du milieu de cette droite à la surface de niveau. On a évidemment

$$l = m - n \quad \text{et} \quad d = \frac{m+n}{2}.$$

Pour appliquer la formule que nous venons d'établir, remarquons que le moment d'inertie de la droite l est égal au moment d'inertie de m diminué du moment d'inertie de n, c'est-à-dire que

$$I = \frac{m^3}{3} - \frac{n^3}{3} = \frac{m^3 - n^3}{3}.$$

De plus $A = l = m - n$ et $H = d = \frac{m+n}{2}$; et, en substituant, on aura

$$X = \frac{\frac{1}{3}(m^3 - n^3)}{(m-n)\frac{(m+n)}{2}} = \frac{2(m^3 - n^3)}{3(m-n)(m+n)} = \frac{2(m^3 - n^3)}{3(m^2 - n^2)}.$$

Lorsque l'une des extrémités de la droite touche la surface

de niveau, on a

$$n = 0, \quad m = l$$

et, par suite,

$$X = \tfrac{2}{3} l.$$

78. *Cas d'un rectangle vertical et d'une vanne.* — Supposons que le côté supérieur du rectangle coïncide avec la surface de niveau et appelons b la base du rectangle et h sa hauteur. Au moyen de la formule générale

$$X = \frac{I}{AH},$$

on aura, en remplaçant I par sa valeur $\frac{bh^3}{3}$,

$$X = \frac{bh^3}{3bh \times \frac{h}{2}} = \frac{2bh^3}{3bh^2} = \tfrac{2}{3} h.$$

Si le côté supérieur du rectangle ne se confond pas avec la surface de niveau, on aura, comme précédemment, la distance du centre de pression à cette surface par la formule

$$X = \frac{2}{3}\frac{m^3 - n^3}{m^2 - n^2},$$

m et n représentant les distances respectives des côtés horizontaux du rectangle à la surface du liquide.

Ainsi il est évident que le centre de pression est situé sur la verticale du centre de gravité, à la distance du niveau indiquée, suivant les cas, par les relations précédentes. Il est aisé de trouver l'énergie de la force qui tend à faire tourner la vanne, soit autour du côté inférieur, soit autour de l'un des côtés latéraux.

La pression totale étant exprimée par $pbh \times \frac{h}{2}$, comme la distance du centre de pression au côté inférieur de la vanne est $\frac{h}{3}$, le moment aura pour valeur

$$pbh \times \frac{h}{2} \times \frac{h}{3} = \tfrac{1}{6} pbh^3.$$

Si l'on considère l'un des côtés latéraux comme axe des moments, la distance du centre de pression à cet axe est $\frac{b}{2}$. On a ainsi

$$pbh \times \frac{h}{2} \times \frac{b}{2} = \tfrac{1}{4} pb^2h^2.$$

Si l'on prend le rapport de ces deux valeurs, on a

$$\frac{\frac{1}{6}pbh^3}{\frac{1}{4}pb^2h^2} = \frac{2h}{3b}.$$

Quand la vanne est carrée, $h = b$ et le rapport des deux poussées devient égal à $\frac{2}{3}$.

Enfin, si la hauteur est égale à $1\frac{1}{2}$ fois la base, il vient

$$\frac{2h}{3b} = \frac{2 \times 1,5b}{3b} = \frac{3b}{3b} = 1,$$

ce qui signifie que les deux poussées sont égales.

On peut toujours, dans le cas où la nature des surfaces pressées est définie, trouver le centre de pression par des considérations purement géométriques. La pression exercée sur chaque élément de la surface étant égale au poids de la colonne liquide qui a pour base cet élément et pour hauteur sa distance au niveau, si l'on conçoit toutes ces colonnes construites, sur tous les éléments de la base pressée, le point d'application de la résultante ou de la pression totale sera évidemment le pied de la perpendiculaire abaissée sur la surface du point d'application du poids total, c'est-à-dire du centre de gravité du volume formé par l'ensemble de toutes les colonnes partielles qui pressent les divers éléments.

Considérons le rectangle vertical ABCD (*fig.* 21) dont le côté AB est situé sur la surface de niveau. Il est clair que l'on peut rabattre horizontalement le rectangle ABCD suivant DCA′B′ et placer verticalement sur tous les éléments les colonnes liquides dont les poids expriment les pressions qu'ils supportent. Puisque les pressions sont proportionnelles aux distances des éléments à la base supérieure AB, les extrémités des colonnes liquides ou des filets fluides seront situées sur un même plan et, par suite, le volume total sera un prisme triangulaire ABDB′A′. Le poids de ce prisme étant appliqué au centre de gravité, le point P où la verticale GP rencontre la surface pressée après le rabattement est le centre de pression.

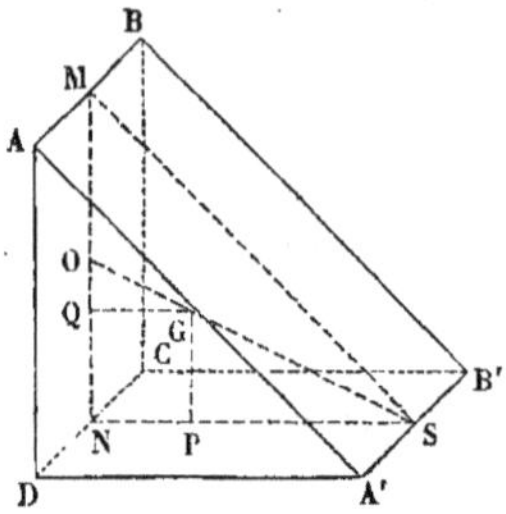

Fig. 21.

Dans la position verticale de la surface, le centre de pression est au point Q où l'horizontale GQ rencontre ABCD.

Pour caractériser la position géométrique du centre de pression, remarquons que le centre de gravité G du prisme triangulaire est celui de la section moyenne MNS, et se trouve, par conséquent, situé aux $\frac{2}{3}$ de la médiane SO, à partir du point S. Or, à cause de la similitude des triangles ONS, GPS, on voit que $NP = \frac{1}{3}NS$ et $PS = \frac{2}{3}NS$, ce qui est conforme au résultat déduit directement de la formule.

Lorsque la surface pressée plonge de plus en plus dans le liquide sans cesser d'être parallèle à elle-même, le centre de pression change de position et se rapproche du côté supérieur du rectangle. Considérons, à cet effet, deux rectangles verticaux

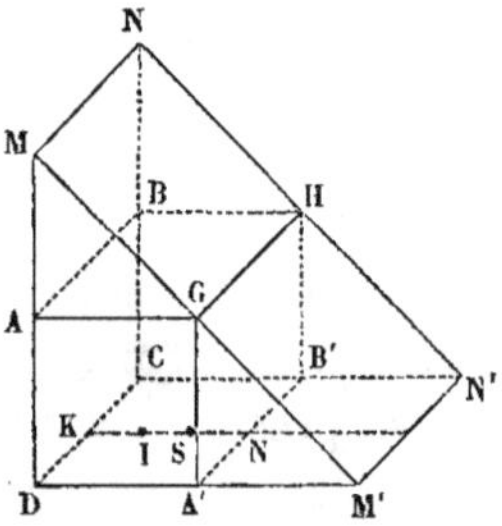

Fig. 22.

égaux ABCD, ABNM (*fig.* 22). Comme précédemment, rabattons la surface totale DCNM sur un plan horizontal en la faisant tourner autour du côté DC, et soit DCN'M' sa nouvelle position. Si nous construisons le prisme triangulaire DCNMM'N', dont le poids représente la pression exercée sur la surface totale, il est visible que la pression sur la surface rabattue DCB'A' se compose du poids du parallélépipède rectangle ABHB'A'DC, augmenté du poids du prisme triangulaire AGHBNM. D'après ce que nous avons vu dans le cas précédent, le centre de pression relatif au prisme triangulaire est situé sur la ligne NK, en I, aux $\frac{2}{3}$ de cette ligne, à partir du point N. De plus, la perpendiculaire abaissée du centre de gravité du parallélépipède rectangle tombera au point S, milieu de KN. La question est donc ramenée à chercher le point d'application de la résultante des forces qui agissent aux points S et I. Or, comme le parallélépipède rectangle est le double du prisme triangulaire, le point d'application de la résultante ou le centre de pression sera, d'après la règle de la composition des forces parallèles, au $\frac{1}{3}$ de IS, à partir du point S, ou aux $\frac{2}{3}$, à partir du point I : donc il n'est pas situé aux mêmes points pour les deux rectangles égaux, et, pour celui qui est le plus enfoncé dans le liquide, il s'est rapproché du côté supérieur.

Pour trouver, dans le cas actuel, la véritable position du centre de pression sur la ligne KN, remarquons que

$$IS = IN - SN = \tfrac{2}{3}NK - \tfrac{1}{2}NK = \tfrac{1}{6}NK;$$

d'où

$$X = SN + \tfrac{1}{3} \times \tfrac{1}{6}NK = \tfrac{1}{2}NK + \tfrac{1}{18}NK,$$

$$X = \frac{10NK}{18} = \tfrac{5}{9}NK.$$

Ainsi le centre de pression s'est rapproché du côté supérieur de la surface pressée d'une quantité égale à

$$\tfrac{2}{3}NK - \tfrac{5}{9}NK = \tfrac{1}{9}NK.$$

79. *Cas d'une surface triangulaire verticale.* — Supposons que le sommet du triangle soit au niveau supérieur, et désignons par b, h la base et la hauteur. Pour avoir la distance X du centre de pression au sommet, il suffira d'introduire dans la formule générale

$$X = \frac{1}{AH}$$

le moment d'inertie du triangle

$$I = \frac{bh^3}{4}.$$

Remarquant d'ailleurs que la surface $A = \frac{1}{2} bh$ et que la distance du centre de gravité H à l'axe est égale à $\frac{2}{3} h$, on aura

$$X = \frac{bh^3}{\frac{4bh}{2}\frac{2}{3}h} = \frac{3}{4} h.$$

Ainsi le centre de pression est aux $\frac{3}{4}$ de la médiane, à partir du sommet.

Si la base du triangle se trouve au niveau du liquide, le moment d'inertie a pour valeur

$$I = \frac{bh^3}{12},$$

et la distance du centre de gravité du triangle à la surface de niveau est égale à $\frac{1}{3} h$. En introduisant ces valeurs dans la formule, on a

$$I = \frac{bh^3}{\frac{12\,bh}{2}\frac{h}{3}} = \frac{1}{2} h.$$

Les considérations géométriques précédemment employées conduisent encore au même résultat. Soit ABC (*fig.* 23) la

Fig 23.

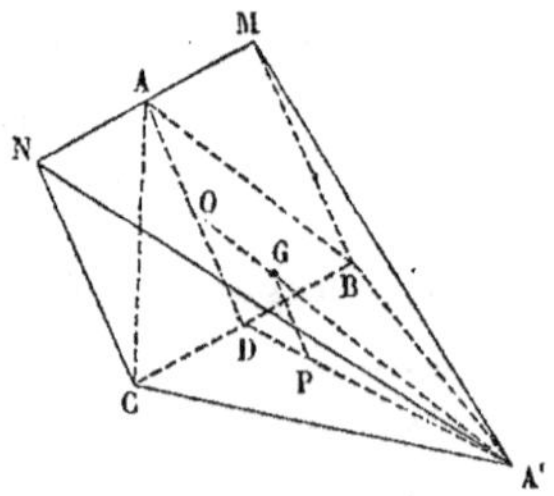

surface triangulaire pressée dans sa position verticale, et supposons que, après son mouvement de rotation autour du côté CB, elle occupe sur un plan horizontal la position BCA'. Si, sur tous les éléments de la surface, on place les colonnes liquides qui les pressent, le polyèdre, dont le poids est la mesure de la pression totale, sera la pyramide quadrangulaire A'CBMN. Or le centre de gravité de cette pyramide est situé au point G, aux $\frac{3}{4}$, à partir du point A', sur la droite qui unit le sommet A' au centre de gravité O de la base BMNC : donc, si, du point G, on abaisse une perpendiculaire GP sur la surface rabattue, la position de P sera telle que $A'P = \frac{3}{4} A'D$, puisque $A'G = \frac{3}{4} A'O$.

Supposons maintenant que l'un des côtés du triangle soit situé sur la surface de niveau, et soit ABC cette surface, rabattue sur un plan horizontal passant par le sommet C (*fig.* 24).

Fig. 24.

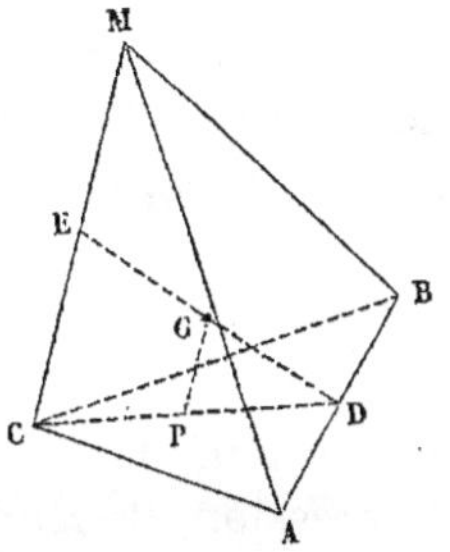

De même que, dans le premier cas, si l'on conçoit placées sur les éléments les colonnes liquides qui les pressent, leur ensemble formera une pyramide triangulaire ABCM dont le poids exprimera la pression totale, et le pied de la perpendiculaire abaissée du centre de gravité sur la base ABC sera le centre de pression. Or le centre de gravité de la pyramide se trouve au point G, milieu de la droite ED, qui unit les milieux des deux arêtes opposées AB, CM : donc la perpendiculaire GP divisera en deux parties égales, au point P, la médiane CD, conclusion conforme à celle déduite directement de la formule générale.

Quel que soit le point de vue sous lequel on envisage la question, on remarque, si les trois sommets du triangle sont alternativement placés au niveau du liquide et les trois côtés disposés horizontalement, que les pressions sont différentes, ainsi que les positions du centre de pression. Traitée géométriquement, la question conduit à trois pyramides, qui n'ont ni même base, ni même hauteur. Pareillement, lorsque chacun des côtés du triangle est successivement placé au niveau du liquide, il y a encore déplacement du centre de poussée, et la pression totale ne conserve pas la même valeur.

La méthode géométrique peut encore être appliquée à d'autres cas particuliers; mais on comprend qu'elle n'a pas un caractère de généralité qui permette de l'employer toujours, et qu'il est préférable de recourir au calcul.

80. *Cas d'un cercle et d'un demi-cercle.* — Soit d la distance du centre de gravité du cercle à la surface de niveau. Le moment d'inertie du cercle par rapport à un diamètre étant $\frac{\pi r^4}{4}$, si nous le rapportons à un axe situé à la fois dans le plan du cercle et sur la surface de niveau, en vertu du théorème fondamental des moments d'inertie, on aura

$$I = \frac{\pi r^4}{4} + \pi r^2 d^2.$$

Remplaçant I par cette valeur dans la formule relative à la position du centre de pression, il viendra

$$X = \frac{\frac{\pi r^4}{4} + \pi r^2 d^2}{\pi r^2 d} \quad \text{ou} \quad X = \frac{r^2}{4d} + d.$$

Si la surface du liquide est tangente à la circonférence du cercle, on a, pour la valeur du moment d'inertie,

$$I = \frac{\pi r^4}{4} + \pi r^2 r^2 = \frac{\pi r^4}{4} + \pi r^4 = \tfrac{5}{4}\pi r^4,$$

et, en substituant dans la formule,

$$X = \frac{5\pi r^4}{4\pi r^2 r} = \tfrac{5}{4} r.$$

Dans le cas où la surface pressée est un demi-cercle dont le diamètre est situé sur la surface de niveau, on a

$$I = \frac{\pi r^4}{8},$$

et la distance du centre de gravité à cette surface est

$$d = \frac{4}{3}\frac{r}{\pi}.$$

Introduisant ces valeurs dans la formule, il vient

$$X = \frac{\pi r^4}{\frac{8\pi r^2}{2}\frac{4}{3}\frac{r}{\pi}} = \frac{3\pi r}{16} \quad \text{ou} \quad X = 0,59r.$$

81. *Application aux vannes d'écluse.* — Une vanne peut être considérée comme un solide encastré dans les coulisseaux le long desquels elle est assujettie à se mouvoir. Il importe donc de lui donner une épaisseur suffisante pour qu'elle puisse résister aux effets de la pression qu'elle supporte. Concevons cette vanne décomposée en tranches horizontales dont la largeur commune est celle de la vanne et les hauteurs respectives a, a', a'', ... D'autre part, si nous appelons H la distance de l'élément inférieur à la surface libre de l'eau, h', h'', h''', ... les distances des éléments suivants à la même surface et p le poids de 1 mètre cube d'eau, les pressions exercées sur chaque tranche seront

$$paLH, \quad pa'Lh', \quad pa''Lh'', \quad \ldots.$$

Comme les pressions croissent proportionnellement à la profondeur d'eau, à la rigueur l'épaisseur de la vanne devrait diminuer depuis le niveau de l'eau jusqu'au fond; mais ordinairement on lui donne une épaisseur uniforme, calculée d'après la pression maxima, qui évidemment est supportée par l'élément inférieur. Conséquemment, il suffira d'appliquer la formule de la résistance des matériaux, qui convient dans le cas dont il s'agit. Bien que la vanne soit encastrée des deux côtés dans les coulisseaux, comme la portée de l'encastrement a peu de longueur, d'après l'observation faite à ce sujet, il est préférable de calculer l'épaisseur par la formule relative aux solides reposant sur deux appuis. Or nous savons qu'un solide placé dans de telles conditions est capable de supporter au milieu de sa longueur une charge quatre fois plus grande que s'il était encastré par une extrémité, la charge agissant à l'autre extrémité. Ainsi, appelant b l'épaisseur de la vanne, on aura

$$paLH = \frac{4ab^2F}{6L} = \frac{2ab^2F}{3L}$$

ou

$$pLH = \frac{2b^2F}{3L} \quad \text{et} \quad b^2 = \frac{3pL^2H}{2F};$$

$$b = \sqrt{\frac{3pL^2H}{2F}}, \quad b = L\sqrt{\frac{3pH}{2F}}.$$

82. *Application aux batardeaux en maçonnerie.* — Considérons le cas où le batardeau a pour objet de maintenir l'eau, dans un réservoir, à une certaine hauteur, et supposons d'abord que les deux faces soient verticales (*fig.* 25). Le batar-

Fig. 25.

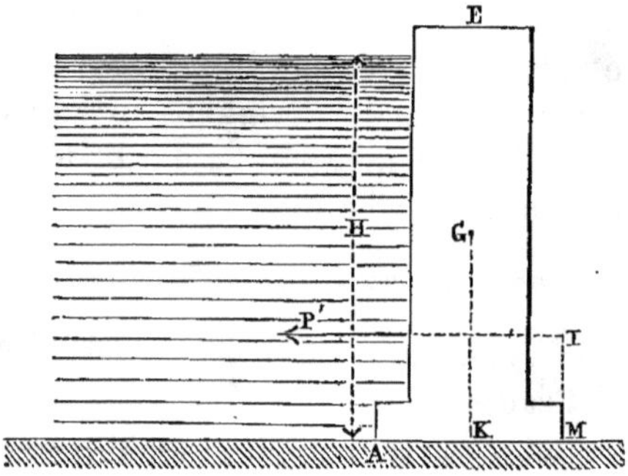

deau est soumis à l'action de deux forces, l'une égale à la résultante de toutes les pressions exercées par l'eau sur la surface en amont et qui tend à le faire glisser sur le sol ou à le faire tourner autour de l'arête projetée en M, l'autre le poids des matériaux composant ce batardeau et agissant verticalement au centre de gravité pour le maintenir sur son assise. Pour qu'il ne soit pas renversé, il faut donc qu'il ait des dimensions telles, que la relation d'équilibre entre les puissances et les résistances soit satisfaite.

Cela posé, appelons

P le poids du batardeau;
P′ la pression totale exercée par l'eau;
p le poids de 1 mètre cube de maçonnerie, lequel a pour valeur moyenne 2000 kilogrammes;
p' le poids de 1 mètre cube d'eau ou 1000 kilogrammes;
H la hauteur du niveau de l'eau;
f le coefficient du frottement de la maçonnerie contre le sol;
E l'épaisseur du batardeau;
L sa largeur.

D'après ce qui a été dit, la force qui s'oppose au mouvement de glissement du batardeau est Pf ou $\frac{P}{3}$, attendu que $f = \frac{1}{3}$ approximativement. Si le calcul conduit à une valeur de $\frac{P}{3}$ moindre que la pression totale exercée par le liquide, on élargira la base du batardeau, de manière que la valeur de P soit telle que $\frac{P}{3} = P'$ au moins. Le batardeau pouvant tourner autour de l'arête M par l'effet des pressions horizontales, il y aura équilibre si le moment de la résultante de ces pressions est égal au moment de stabilité. Nous avons vu précédemment que le centre de pression, lorsque la surface pressée est un rectangle, se trouve sur la médiane aux $\frac{2}{3}$ à partir du côté supérieur ou au $\frac{1}{3}$ en partant du côté inférieur. Ainsi la distance de la direction de la force P′ à l'arête M est égale à $\frac{H}{3}$, et son moment sera $\frac{P'H}{3}$. De même, le centre de gravité étant placé au milieu de l'épaisseur, la distance de l'arête autour de laquelle tend à se produire le renversement à la verticale du centre de gravité sera égale à la moitié de cette épaisseur. Ainsi le moment de stabilité du batardeau sera exprimé par $P\frac{E}{2}$, et l'équation d'équilibre sera

$$\frac{P'H}{3} = \frac{PE}{2}.$$

Le volume du batardeau est égal à HLE et son poids à pHLE. De plus, la pression totale exercée par l'eau sur la surface en amont est égale au poids de la colonne d'eau dont la base est HL et la hauteur $\frac{H}{2}$ ou la distance du centre de gravité au niveau. En substituant dans l'équation d'équilibre, on aura

$$\frac{p'LH^3}{3\times 2}=\frac{pHLE^2}{2} \quad \text{ou} \quad \frac{p'H^2}{3\times 2}=\frac{pE^2}{2}.$$

Remplaçant p et p' par leurs valeurs, il vient

$$\frac{1000\,H^2}{6}=\frac{2000\,E^2}{2} \quad \text{ou} \quad \frac{H^2}{6}=E^2;$$

d'où

$$E=H\sqrt{\frac{1}{6}}=0{,}4082\,H.$$

Les mêmes raisonnements sont encore applicables au cas où les deux faces du batardeau sont en talus. Soit ABCD (*fig.* 26) la section transversale du batardeau. Conservons les

Fig. 26.

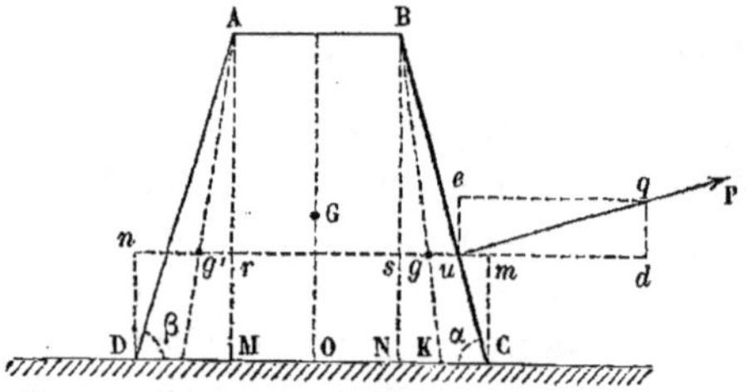

mêmes dénominations que dans le cas précédent, et appelons L' la longueur BC dans le sens du talus. Si, par les arêtes supérieures projetées en A et en B, on fait passer deux plans verticaux, le batardeau sera décomposé en un parallélépipède rectangle et en deux prismes triangulaires, dont les bases seront respectivement ABNM, BNC et AMD. Désignons par α et β les inclinaisons des deux faces sur l'horizon, et cherchons les poids des trois solides qui composent le batardeau, ainsi que leurs moments, par rapport à l'arête projetée en D autour de laquelle les pressions exercées par le liquide tendent à le faire tourner.

Le volume du prisme dont la base est NBC a pour valeur

$$\tfrac{1}{2}\,\mathrm{NC}\times\mathrm{NB}\times\mathrm{L}=\tfrac{1}{2}\,\mathrm{NC}\times\mathrm{H}\times\mathrm{L};$$

or

$$\mathrm{NC}=\frac{\mathrm{BN}}{\operatorname{tang}\alpha}=\frac{\mathrm{H}}{\operatorname{tang}\alpha},$$

et, en remplaçant, l'expression du volume sera

$$\frac{\mathrm{H}^2\mathrm{L}}{2\operatorname{tang}\alpha}.$$

Multipliant par le poids spécifique, on aura le poids du premier prisme triangulaire

$$\frac{\mathrm{H}^2 p\mathrm{L}}{2\operatorname{tang}\alpha}.$$

La perpendiculaire abaissée du point D sur la verticale du centre de gravité g étant égale à ng, le moment sera exprimé par

$$\frac{\mathrm{H}^2 p\mathrm{L}}{2\operatorname{tang}\alpha}\,ng.$$

Or

$$ng=gs+sr+rn=\tfrac{1}{3}\,\mathrm{NC}+\mathrm{E}+\mathrm{DM}=\frac{\mathrm{H}}{3\operatorname{tang}\alpha}+\mathrm{E}+\mathrm{DM},$$

et, comme $\mathrm{DM}=\dfrac{\mathrm{H}}{\operatorname{tang}\beta}$,

$$ng=\frac{\mathrm{H}}{3\operatorname{tang}\alpha}+\mathrm{E}+\frac{\mathrm{H}}{\operatorname{tang}\beta};$$

par suite, le moment sera représenté par

$$\frac{\mathrm{H}^2 p\mathrm{L}}{2\operatorname{tang}\alpha}\left(\frac{\mathrm{H}}{3\operatorname{tang}\alpha}+\mathrm{E}+\frac{\mathrm{H}}{\operatorname{tang}\beta}\right).$$

De même, le poids du prisme dont la base est ADM aura pour valeur

$$\frac{\mathrm{H}^2 p\mathrm{L}}{2\operatorname{tang}\beta}$$

et son moment sera

$$\frac{\mathrm{H}^2 p\mathrm{L}}{2\operatorname{tang}\beta}\,ng'.$$

Remarquons aussi que

$$ng' = nr - g'r = \mathrm{DM} - \tfrac{1}{3}\,\mathrm{DM} = \tfrac{2}{3}\,\mathrm{DM} \quad \text{ou bien} \quad ng' = \frac{2\mathrm{H}}{3\,\mathrm{tang}\,\beta},$$

et, en remplaçant ng' par cette valeur dans l'expression du moment, on aura

$$\frac{\mathrm{H}^2 p\mathrm{L}}{2\,\mathrm{tang}\,\beta}\,\frac{2\mathrm{H}}{3\,\mathrm{tang}\,\beta} = \frac{\mathrm{H}^3 p\mathrm{L}}{3\,\mathrm{tang}^2\beta}.$$

Le poids du parallélépipède rectangle étant EHLp, comme la perpendiculaire abaissée du point D sur la verticale du centre de gravité est DO, la valeur du moment sera

$$\mathrm{EHL}p \times \mathrm{DO}.$$

Remplaçant DO par sa valeur

$$\mathrm{DO} = \mathrm{MO} + \mathrm{DM} = \tfrac{1}{2}\,\mathrm{E} + \frac{\mathrm{H}}{\mathrm{tang}\,\beta},$$

on aura

$$\mathrm{EHL}p\left(\tfrac{1}{2}\,\mathrm{E} + \frac{\mathrm{H}}{\mathrm{tang}\,\beta}\right).$$

Ajoutant ces trois moments partiels, on aura le moment total du batardeau par rapport à l'arête projetée en D

$$p\mathrm{L}\left[\frac{\mathrm{H}^3}{3\,\mathrm{tang}^2\beta} + \frac{\mathrm{H}^2}{2\,\mathrm{tang}\,\alpha}\left(\frac{\mathrm{H}}{3\,\mathrm{tang}\,\alpha} + \mathrm{E} + \frac{\mathrm{H}}{\mathrm{tang}\,\beta}\right) + \mathrm{EH}\left(\tfrac{1}{2}\,\mathrm{E} + \frac{\mathrm{H}}{\mathrm{tang}\,\beta}\right)\right].$$

Généralement, les deux faces étant également inclinées, $\alpha = \beta$, et l'expression devient

$$p\mathrm{L}\left[\frac{\mathrm{H}^3}{3\,\mathrm{tang}^2\alpha} + \frac{\mathrm{H}^2}{2\,\mathrm{tang}\,\alpha}\left(\frac{\mathrm{H}}{3\,\mathrm{tang}\,\alpha} + \mathrm{E} + \frac{\mathrm{H}}{\mathrm{tang}\,\alpha}\right) + \mathrm{EH}\left(\tfrac{1}{2}\,\mathrm{E} + \frac{\mathrm{H}}{\mathrm{tang}\,\alpha}\right)\right]$$

et, en réduisant, on a

$$p\mathrm{L}\left(\frac{\mathrm{H}^3}{\mathrm{tang}^2\alpha} + \frac{3\mathrm{H}^2\mathrm{E}}{2\,\mathrm{tang}\,\alpha} + \tfrac{1}{2}\,\mathrm{E}^2\mathrm{H}\right).$$

Les deux dimensions de la surface rectangulaire pressée étant L, L′, la pression totale P exercée par le liquide sera représentée par

$$\tfrac{1}{2}\,\mathrm{LL'H}p'.$$

Si nous décomposons cette force en deux autres, l'une ud

horizontale et l'autre *ue* verticale, la première aura pour valeur

$$\mathrm{P}\sin\alpha$$

et la seconde

$$\mathrm{P}\cos\alpha,$$

attendu que l'angle *uqd* est égal à l'angle α qui mesure l'inclinaison de chaque face sur l'horizon comme ayant les côtés perpendiculaires. La composante verticale s'ajoute au poids du batardeau pour le maintenir sur sa base, tandis que la composante horizontale tend à le renverser en le faisant tourner autour de l'arête D.

Le centre de pression u étant situé sur la médiane du rectangle, au tiers de sa longueur, à partir du côté inférieur, la perpendiculaire abaissée du point D sur la direction de la composante horizontale sera égale à Dn ou $\frac{1}{3}$H. Ainsi le moment de cette force sera représenté par

$$\mathrm{P}\sin\alpha \times \tfrac{1}{2}\mathrm{H}.$$

De même, la longueur de la perpendiculaire abaissée du point D sur la composante verticale est égale à nu et, par suite, le moment de cette force sera

$$\mathrm{P}\cos\alpha \times nu.$$

Or

$$nu = us + sr + rn = \frac{2\mathrm{H}}{3\,\mathrm{tang}\,\alpha} + \mathrm{E} + \frac{\mathrm{H}}{\mathrm{tang}\,\alpha} = \frac{5\mathrm{H}}{3\,\mathrm{tang}\,\alpha} + \mathrm{E};$$

donc le moment aura aussi pour expression

$$\mathrm{P}\cos\alpha\left(\frac{5\mathrm{H}}{3\,\mathrm{tang}\,\alpha} + \mathrm{E}\right),$$

et l'équation générale d'équilibre sera

$$\mathrm{P}\sin\alpha \times \tfrac{1}{3}\mathrm{H} = p\mathrm{L}\left(\frac{\mathrm{H}^3}{\mathrm{tang}^2\alpha} + \frac{3\mathrm{H}^2\mathrm{E}}{2\,\mathrm{tang}\,\alpha} + \tfrac{1}{2}\mathrm{E}^2\mathrm{H}\right) + \mathrm{P}\cos\alpha\left(\frac{5\mathrm{H}}{3\,\mathrm{tang}\,\alpha} + \mathrm{E}\right).$$

Remplaçant P par sa valeur $\frac{1}{2}$ LL'Hp', on aura

$$\tfrac{1}{2}\mathrm{LL'H}p' \times \sin\alpha \times \tfrac{1}{3}\mathrm{H} = p\mathrm{L}\left(\frac{\mathrm{H}^3}{\mathrm{tang}^2\alpha} + \frac{3\mathrm{H}^2\mathrm{E}}{2\,\mathrm{tang}\,\alpha} + \tfrac{1}{2}\mathrm{E}^2\mathrm{H}\right) + \tfrac{1}{2}\mathrm{LL'H}p'\cos\alpha\left(\frac{5\mathrm{H}}{3\,\mathrm{tang}\,\alpha} + \mathrm{E}\right).$$

Divisant les deux membres par L,

$$\tfrac{1}{6}H^2L'p'\sin\alpha = p\left(\frac{H^3}{\text{tang}^2\alpha} + \frac{3H^2E}{2\,\text{tang}\,\alpha} + \tfrac{1}{2}E^2H\right) + \tfrac{1}{2}L'Hp'\cos\alpha\left(\frac{5H}{3\,\text{tang}\,\alpha} + E\right),$$

$$\tfrac{1}{6}H^2L'p'\sin\alpha = \frac{pH^3}{\text{tang}^2\alpha} + \frac{3H^2Ep}{2\,\text{tang}\,\alpha} + \tfrac{1}{2}E^2Hp + \frac{5H^2L'p'\cos\alpha}{6\,\text{tang}\,\alpha} + \tfrac{1}{2}L'Hp'\cos\alpha E.$$

Remplaçant p et p' par leurs valeurs respectives 2000 et 1000,

$$\tfrac{1}{6}H^2L'.\sin\alpha.1000$$
$$= \frac{2000H^3}{\text{tang}^2\alpha} + \frac{3H^3E.2000}{2\,\text{tang}\alpha} + \tfrac{1}{2}E^2H.2000 + \frac{5H^2L'p'\cos\alpha.1000}{6\,\text{tang}\alpha} + \tfrac{1}{2}L'HE\cos\alpha.1000.$$

Divisant les deux membres par 1000H, il viendra

$$\tfrac{1}{6}HL'\sin\alpha = \frac{2H^2}{\text{tang}^2\alpha} + \frac{3HE}{\text{tang}\alpha} + E^2 + \frac{5HL'\cos\alpha}{6\,\text{tang}\alpha} + \tfrac{1}{2}L'E\cos\alpha;$$

d'où l'on déduit

$$E^2 + \frac{3HE}{\text{tang}\alpha} + \tfrac{1}{2}L'E\cos\alpha = \tfrac{1}{6}HL'\sin\alpha - \frac{2H^2}{\text{tang}^2\alpha} - \frac{5HL'\cos\alpha}{6\,\text{tang}\,\alpha},$$

$$E^2 + E\left(\frac{3H}{\text{tang}\alpha} + \tfrac{1}{2}L'\cos\alpha\right) = \tfrac{1}{6}HL'\sin\alpha - \frac{2H^2}{\text{tang}^2\alpha} - \frac{5HL'\cos\alpha}{6\,\text{tang}\alpha},$$

$$E = -\frac{3H}{2\,\text{tang}\alpha} - \tfrac{1}{4}L'\cos\alpha$$
$$+ \sqrt{\tfrac{1}{6}HL'\sin\alpha - \frac{2H^2}{\text{tang}^2\alpha} - \frac{5HL'\cos\alpha}{6\,\text{tang}\alpha} + \left(\frac{3H}{2\,\text{tang}\alpha} + \tfrac{1}{4}L'\cos\alpha\right)^2}.$$

Si nous supposons l'angle $\alpha = 90^\circ$, auquel cas les deux faces du batardeau sont verticales, tous les termes s'évanouissent à l'exception du terme $\tfrac{1}{6}HL'\sin\alpha$ placé sous le radical, et comme, dans ce cas, $L' = H$ et $\sin\alpha = 1$, la formule devient

$$E = \sqrt{\tfrac{1}{6}H^2} = 0{,}4082H,$$

expression que nous avons déjà trouvée directement.

83. *Remarque essentielle sur l'application des formules.* — Dans l'équation d'équilibre telle que nous l'avons établie, nous avons tenu compte des seules forces qui agissent sur le batardeau; mais, pour en assurer la stabilité, il convient d'admettre que le moment des forces qui tendent à le consolider

sur sa base est égal à deux fois le moment de celles qui tendent à le renverser. Conséquemment, la relation d'équilibre pour les batardeaux à faces verticales devient

$$\frac{2\,p'\text{LH}^3}{6} = \frac{p\,\text{HLE}^2}{2}, \quad \frac{p'\text{H}^2}{3} = \frac{p\text{E}^2}{2}$$

ou

$$\frac{1000\,\text{H}^2}{3} = \frac{2000\,\text{E}^2}{2}, \quad \frac{\text{H}^2}{3} = \text{E}^2, \quad \text{E} = \text{H}\sqrt{\tfrac{1}{3}} = 0{,}577\,\text{H}.$$

L'examen de la formule relative aux batardeaux à faces inclinées montre que l'épaisseur est d'autant moindre que l'angle α qui mesure cette inclinaison est plus petit. Il peut arriver que la formule conduise même à une valeur nulle ou négative. Aussi faut-il avoir soin de limiter cette inclinaison, de manière que le batardeau ait une épaisseur convenable. Éclairés par l'expérience, les constructeurs, pour empêcher les infiltrations qui peuvent se produire, leur donnent, à la partie supérieure, une épaisseur qui n'est jamais moindre que $0^{m},60$ à 1 mètre. Dans la construction des murs de quais qui doivent à la fois résister à la pression de l'eau et à la poussée des terres, le talus extérieur est de $\frac{1}{8}$ à $\frac{1}{10}$ et au milieu de la hauteur on fait l'épaisseur égale à $\frac{1}{3}$ de cette hauteur. Enfin, si l'on prend, dans l'équation générale d'équilibre, deux fois le moment de la pression totale de l'eau, la formule sera ainsi représentée :

$$\text{E} = -\frac{3\text{H}}{2\,\text{tang}\,\alpha} - \tfrac{1}{4}\text{L}'\cos\alpha + \sqrt{\tfrac{1}{3}\,\text{HL}'\sin\alpha - \frac{2\text{H}^2}{\text{tang}^2\alpha} - \frac{5\,\text{HL}'\cos\alpha}{6\,\text{tang}\,\alpha} + \left(\frac{3\text{H}}{2\,\text{tang}\,\alpha} + \tfrac{1}{4}\text{L}'\cos\alpha\right)^2},$$

dans laquelle le premier terme du radical est le double de celui de la formule précédente. La quantité L′ qui représente la dimension du rectangle dans le sens de la hauteur du batardeau se déduira facilement de la relation qui existe entre l'inclinaison et la hauteur, car on aura toujours

$$\text{L}' = \frac{\text{H}}{\sin\alpha}.$$

CHAPITRE IV.

84. *Force ou travail absolu d'un cours d'eau.* — Lorsqu'on se propose d'établir une usine hydraulique et qu'on ne possède pas une chute naturelle, on crée une chute artificielle, au moyen d'un barrage, qui oblige l'eau à s'élever en amont et à s'abaisser en aval. Le cours d'eau est ainsi partagé en deux biefs ou bassins, l'un supérieur qu'on appelle *canal d'arrivée* et l'autre inférieur nommé *canal de fuite.* L'écoulement se fait par l'ouverture d'une vanne ou par un orifice en déversoir; mais, dans ce dernier cas, la dépense d'eau est réglée par une vanne plongeante.

On donne le nom de *chute* à la différence des niveaux dans les deux biefs.

Quand on peut disposer d'une chute naturelle, il n'est pas nécessaire d'établir un barrage, mais on exécute des travaux de maçonnerie ou de charpente pour que l'eau puisse s'écouler par une vanne ou par un déversoir.

Souvent l'administration des Ponts et Chaussées, par des considérations locales, ne peut autoriser l'établissement d'une usine hydraulique sur la rivière même. Dans ce cas, on établit un canal de dérivation qui prend l'eau en un point, du côté d'amont, et la restitue à la rivière en aval. C'est en travers de ce canal qu'est disposé le barrage qui donne la chute artificielle nécessaire à la marche de l'usine. Ainsi une chute d'eau comprend deux éléments : la hauteur verticale entre les niveaux des deux biefs et la quantité d'eau dépensée. Pour connaître exactement la hauteur de la chute, on fait un nivellement. A l'état de régime, la dépense doit être égale au volume d'eau qui s'écoule, en une seconde, par une section quelconque du cours d'eau.

On appelle *force ou travail absolu d'un cours d'eau* le travail accompli par la gravité agissant sur l'eau, depuis le niveau supérieur jusqu'au niveau inférieur. D'après cette définition, le volume d'eau débité par la vanne ou par le déversoir étant déterminé par les règles que nous avons établies, si nous désignons par Q ce volume et par H la hauteur de la chute, le travail disponible sera

$$1000\,QH,$$

et, si N représente la force nominale en chevaux-vapeur, on aura

$$N = \frac{1000\,QH}{75}.$$

Ainsi la hauteur de chute fournie par le barrage établi en aval du Pont-Neuf étant de $1^m,50$ et le volume d'eau débité, en une seconde, de 130 mètres cubes, on aura, pour la valeur vénale du travail,

$$N = \frac{1000 \times 130 \times 1^m,50}{75} = 2600 \text{ chevaux-vapeur.}$$

85. *Classification des récepteurs hydrauliques.* — On donne ce nom aux machines destinées à recevoir l'action de l'eau et à la transmettre aux différents organes de mouvement employés dans les usines. On les divise en deux classes : les roues à axe horizontal et les roues à axe vertical. La première classe comprend :

1° Les roues à palettes planes, nommées *roues en dessous*, qui reçoivent l'eau à la partie inférieure et qui se meuvent dans des coursiers rectilignes où elles doivent avoir le moins de jeu possible ;

2° Les roues à palettes planes, emboîtées dans un coursier circulaire, sur une partie plus ou moins considérable de la hauteur de la chute, et qui reçoivent l'eau par des orifices avec charge sur le sommet ;

3° Les roues à palettes planes, dites *roues de côté*, emboîtées dans un coursier circulaire, sur la hauteur totale de la chute, et qui reçoivent l'eau par des orifices en déversoir ;

4° Les roues à aubes courbes de M. Poncelet, qui reçoivent l'eau à la partie inférieure par des vannages plus ou moins inclinés;

5° Les roues à augets, nommées aussi *roues en dessus*, qui reçoivent l'eau à la partie supérieure ou en un point intermédiaire entre le sommet et le bas de la roue;

6° Les roues pendantes des bateaux, qui se meuvent dans un courant indéfini par rapport aux dimensions de ces roues.

Les roues à axe vertical, dont l'idée première appartient à Euler, comprennent quatre genres : les turbines Fourneyron, les turbines hydropneumatiques de M. Girard, les turbines Fontaine-Baron et les turbines Kœchlin, de Mulhouse.

Dans les deux premières turbines, l'eau circule horizontalement de l'axe à la circonférence extérieure et agit en vertu de la force centrifuge, tandis que, dans les deux autres, elle reste à la même distance de l'axe et agit par son poids.

86. *Équation générale de l'effet utile théorique des récepteurs hydrauliques.* — La théorie des récepteurs hydrauliques est une conséquence directe du principe des forces vives et des lois du choc des corps. Il importe d'abord de connaître la vitesse avec laquelle l'eau arrive sur le récepteur. Or, comme la hauteur due à cette vitesse est sensiblement égale à la distance du point d'entrée au niveau de l'eau dans le bief supérieur; il sera toujours facile de l'obtenir par l'application des règles que nous avons indiquées plus haut. Au moment du départ, la vitesse de la roue, d'abord nulle, croît graduellement, jusqu'à ce qu'il y ait équilibre entre la puissance motrice et les résistances qui s'opposent au mouvement. Alors la roue possède sa vitesse de régime. Si les résistances conservent une valeur constante, le mouvement est uniforme; mais, si elles sont périodiquement variables, la vitesse de la roue est renfermée entre certaines limites et on peut lui assigner la valeur qui correspond au mouvement uniforme moyen. Considérons le récepteur au moment où le mouvement est uniforme ou du moins tel que la roue fasse le même nombre de tours dans le même temps. Il est évident que, la roue étant parvenue à cet état, la même quantité d'eau arrivera sur le récepteur dans chaque période considérée ou dans chaque

seconde. Si nous appelons M la masse de l'eau qui s'écoule en une seconde et V sa vitesse en arrivant sur le récepteur, la force vive qu'elle possédera sera

$$MV^2.$$

En rencontrant les organes du récepteur, elle perd, par le choc, une vitesse V′ et, par suite, la force vive perdue aura pour valeur

$$MV'^2.$$

Il pourra encore arriver que l'eau abandonne immédiatement le récepteur après le choc, ou qu'elle décrive conjointement avec lui un chemin dont nous désignerons la projection verticale par h. Dans ce dernier cas, le travail accompli sera Mgh, depuis le point d'introduction jusqu'au point de sortie; mais l'eau abandonnera la roue avec une vitesse V″ et conséquemment possédera encore une force vive représentée par

$$MV''^2.$$

Toutes ces circonstances étant ainsi analysées, il est clair que la variation de la force vive se composera de la force vive possédée après la sortie, diminuée de la force vive possédée en entrant et augmentée de la force vive perdue par le choc

$$MV''^2 - MV^2 + MV'^2.$$

Remarquons présentement que l'effet utile du récepteur peut être assimilé à celui qui aurait pour objet d'élever un poids suspendu à une corde enroulée sur la circonférence de la roue et que le point d'application de cette résistance constante tangentielle posséderait la vitesse propre de la roue à la circonférence extérieure. Désignant donc par P ce poids et par v la vitesse moyenne ou le chemin parcouru circulairement en une seconde, le travail résistant utile sera représenté par

$$Pv^{\text{km}},$$

et l'excès du travail des puissances sur celui des résistances aura pour valeur

$$Mgh - Pv.$$

Appliquant le principe des forces vives, on aura

$$Mgh - Pv = \tfrac{1}{2}MV''^2 - \tfrac{1}{2}MV^2 + \tfrac{1}{2}MV'^2;$$

d'où l'on déduit

$$Pv = Mgh + \tfrac{1}{2}MV^2 - \tfrac{1}{2}MV'^2 - \tfrac{1}{2}MV''^2.$$

Telle est la forme de l'équation générale de l'effet utile des récepteurs hydrauliques que nous appliquerons successivement à ceux dont nous avons donné l'énumération.

Si nous appelons h' la hauteur due à la vitesse V et si nous admettons que la vitesse d'entrée soit constante pendant un temps très-court, une seconde, par exemple, ce qui implique naturellement l'uniformité de la vitesse de sortie, comme $V^2 = 2gh'$, on aura, en substituant,

$$Pv = Mgh + \tfrac{1}{2}M \times 2gh' - \tfrac{1}{2}MV'^2 - \tfrac{1}{2}MV''^2$$

ou

$$Pv = Mg(h + h') - \tfrac{1}{2}MV'^2 - \tfrac{1}{2}MV''^2.$$

Or, $h + h' = H$, hauteur totale de la chute; d'où

$$Pv = MgH - \tfrac{1}{3}MV'^2 - \tfrac{1}{6}MV''^2.$$

Ainsi, en langage ordinaire, l'équation générale peut être traduite de la manière suivante : *L'effet utile théorique d'un récepteur hydraulique est égal au travail total disponible de la chute, diminué de la moitié de la force vive perdue par l'eau en rencontrant le récepteur et de la moitié de la force vive qu'elle possède en le quittant.*

87. *Conditions générales du maximum d'effet.* — De l'équation précédente il résulte que le maximum de l'effet utile sera obtenu si l'on a

$$Pv = Mg(h + h') = MgH;$$

ce qui exige que

$$V' = 0 \quad \text{et} \quad V'' = 0,$$

c'est-à-dire que *le liquide doit arriver sans choc sur la roue et sortir sans vitesse.*

Il est encore indispensable, pour que le rendement du récepteur soit égal au travail absolu, que l'eau abandonne la roue au niveau du canal de fuite, et qu'en circulant dans le bief supérieur la perte de force vive soit nulle ou du moins que la différence entre $h + h'$ et la hauteur totale de la chute H soit insensible. Or jamais $h + h'$ ne pourra devenir égal à H; car, d'une part, le liquide, dans le canal d'arrivée, perd une certaine quantité de force vive, soit par la contraction, soit par le frottement des filets fluides contre les parois, et, d'une autre, la hauteur h ne saurait être rigoureusement égale à la distance verticale du point d'introduction au niveau du bief inférieur; de sorte que, dans l'hypothèse même où il y aurait possibilité de réduire à zéro la perte de vitesse subie par le choc, ainsi que la vitesse de sortie, on ne pourrait obtenir qu'une fraction plus ou moins grande de la force absolue du cours d'eau. Les considérations qui vont suivre, et l'étude de chaque récepteur en particulier, nous feront connaître comment on peut atténuer la perte de force vive occasionnée par le choc et les conditions auxquelles il faut satisfaire pour que la vitesse de sortie ait une valeur relativement très-faible. En résumé, puisque le rendement de la roue ne peut, en aucun cas, devenir égal au travail disponible, on devra se borner à rechercher les conditions qui conviennent au maximum relatif.

88. *Avantage du mouvement uniforme.* — L'application générale du théorème des forces vives aux machines a déjà fait ressortir les avantages de l'uniformité du mouvement. Il est clair que cet état convient parfaitement aux récepteurs hydrauliques et que c'est un des moyens les plus sûrs pour éviter les pertes de force vive; car, si la vitesse de la roue et la vitesse de sortie varient sans cesse, comme la vitesse perdue par le choc dépend à la fois de la vitesse d'arrivée du liquide à certains instants, le mouvement de la roue pourra être tel que la perte de force vive, à l'introduction, aura une valeur sensible. Ainsi, pour les roues hydrauliques, comme pour toutes les machines industrielles, on doit prendre les dispositions qui peuvent assurer l'uniformité du mouvement ou du moins qui permettent d'en approcher le plus possible. Cette condition, inhérente au maximum d'effet, est toujours réalisable, dans le cas des roues hydrauliques animées d'un mouvement de rotation continu. Il arrive, comme dans les balanciers hydrau-

liques et autres machines, que le mouvement est alternatif. Dans ce cas, on pourra encore parvenir à des résultats assez voisins du travail absolu, en faisant décroître simultanément la vitesse de la roue et la vitesse de sortie de l'eau.

89. *Perte de force vive à la rencontre du liquide et du récepteur.* — Proposons-nous de trouver la condition qui doit être satisfaite pour que la perte de vitesse soit nulle au moment où le liquide atteint le récepteur. Considérons, à cet effet, une aube plane ou courbe AB qui, pendant le mouvement de rotation de la roue, se meut avec une vitesse $v = \mathrm{A}n$ (*fig.* 27), et soit Am la grandeur et la direction de la vitesse V

Fig. 27.

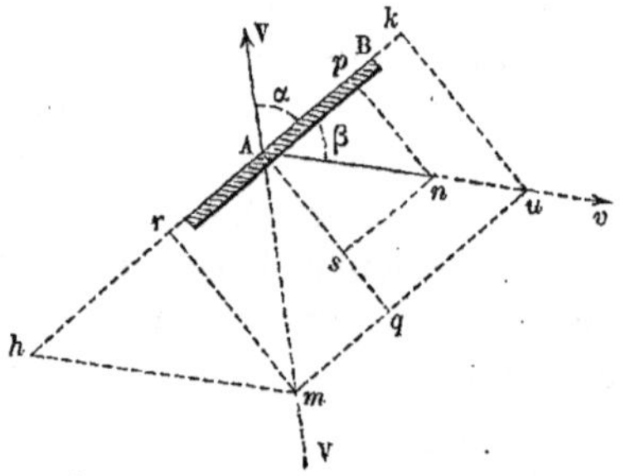

de l'eau. D'autre part, appelons α l'angle formé par la direction de la palette avec celle de la vitesse de l'eau et β celui que forme la palette avec la vitesse dont elle est animée. Si nous décomposons la vitesse V de l'eau en deux autres Aq, Ar, la première normale à la palette et la seconde suivant sa direction, ces composantes auront pour valeurs respectives

$$V \sin\alpha, \quad V \cos\alpha.$$

Décomposant de la même manière la vitesse v de la palette en deux autres As, Ap, leurs valeurs seront encore exprimées par

$$v \sin\beta, \quad v \cos\beta.$$

Il est évident qu'il y aura choc, si les deux composantes normales n'ont pas la même valeur. En admettant que l'on ait

$$V \sin\alpha > v \sin\beta,$$

le liquide choquera la palette, et si l'on a

$$V \sin\alpha < v \sin\beta,$$

la palette marchera à la rencontre du liquide.

Le même raisonnement étant applicable à tous les filets fluides qui passent par l'orifice, dans l'hypothèse où leurs directions sont parallèles, si nous appelons M la masse de l'eau qui arrive sur l'aube en une seconde, la quantité de mouvement perdu sera

$$M(V \sin\alpha - v \sin\beta)$$

et la perte de force vive correspondante aura pour valeur

$$M(V \sin\alpha - v \sin\beta)^2.$$

Il peut arriver que, pendant le mouvement, les quantités M, α, β éprouvent des variations. Dans ce cas, pour procéder rigoureusement, on prendrait, pour valeur de la force vive perdue, celle qui correspondrait aux valeurs moyennes des variables; mais, dans les applications, il est fort rare qu'on soit obligé de recourir à cette opération.

Enfin la perte de la force vive sera nulle si l'on a

$$V \sin\alpha = v \sin\beta.$$

Cette équation peut être satisfaite de plusieurs manières :

1° Si $V = v$, $\sin\alpha = \sin\beta$, ce qui exige que $\alpha = \beta$; il est évident, en effet, que, dans ce cas, les vitesses forment des angles égaux de part et d'autre de la palette,

2° Si $V = v$, $\beta = 180° - \alpha$, car le sinus d'un angle étant égal au sinus de son supplément pris avec le même signe, les composantes normales seront encore égales, ce qui correspond au cas où la vitesse de l'eau affluente se confond en grandeur et en direction avec la vitesse de la palette, c'est-à-dire que l'eau et la palette sont animées d'un mouvement de transport commun.

3° Si l'on a séparément $\alpha = 0$ et $\beta = 0$, l'équation est également satisfaite et, dans ce cas, la vitesse de l'eau est dirigée suivant le prolongement de l'aube si elle est rectiligne, et tangentiellement au premier élément si elle est courbe.

Les angles α et β des vitesses avec la direction de l'aube étant donnés, on peut se proposer de trouver la vitesse avec laquelle cette aube est emportée dans le mouvement de rotation de la roue.

Comme la vitesse de l'eau est toujours connue ou peut être facilement déterminée par les règles que nous avons données plus haut, de l'équation de condition

$$V \sin\alpha = v \sin\beta,$$

on déduit

$$v = \frac{V \sin\alpha}{\sin\beta}.$$

Cette relation peut être représentée par une construction géométrique. Au point A, où le filet fluide rencontre la palette, menons une droite $Am = V$, de manière que l'angle qu'elle forme avec BA soit égal à l'angle α, et au même point A menons une seconde droite Av, dont l'inclinaison sur AB soit égale à l'angle β. Construisant le parallélogramme $muAh$, la droite Au représentera la grandeur de la vitesse de l'aube qui doit satisfaire à l'équation. En effet, le triangle rectangle rAm donne

$$mr = Am \sin\alpha = V \sin\alpha,$$

et si du point u on abaisse la perpendiculaire uk du triangle Aku, on déduit aussi

$$uk = Au \sin\beta,$$

et, comme les deux perpendiculaires mr, uk sont égales, on a

$$V \sin\alpha = Au \sin\beta, \quad \text{d'où} \quad Au = \frac{V \sin\alpha}{\sin\beta}.$$

Les vitesses V et v étant données, trouver la direction de la palette. De l'équation

$$V \sin\alpha = v \sin\beta$$

on déduit

$$\frac{\sin\alpha}{\sin\beta} = \frac{v}{V}.$$

Soient AV, Av (*fig.* 28) les grandeurs et les directions des deux vitesses V, v. Joignons le point V au point v et achevons le parallélogramme $ABVv$. La droite AB sera la direction de la palette si elle est rectiligne ou de la tangente au premier élément si elle est courbe. Abaissons les perpendiculaires Vr,

Fig. 28.

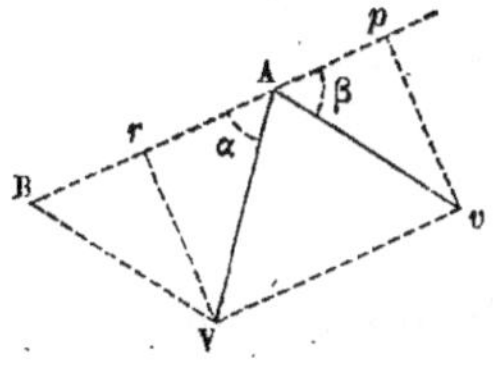

vp sur la direction de AB. Les deux triangles rectangles BrV et Apv donnent les relations

$$Vr = AV \sin rAV = V \sin rAV,$$
$$vp = Av \sin pAv = v \sin pAv,$$

et, à cause de l'égalité des longueurs Vr et Vp, on aura

$$V \sin rAV = v \sin pAv;$$

d'où

$$\frac{v}{V} = \frac{\sin rAV}{\sin pAv} = \frac{\sin\alpha}{\sin\beta}.$$

L'examen de la figure montre d'ailleurs que le choc sera évité si, décomposant la vitesse V de l'eau affluente en deux autres, de manière que, l'une ayant pour grandeur et pour direction la vitesse v, l'autre composante se trouve dirigée suivant la palette; car il est visible que, dans ce cas, les composantes normales des deux vitesses sont égales.

Lorsque la palette marche à la rencontre de la veine fluide, il suffit, dans l'expression de la perte de force vive, de changer le signe de $\sin\beta$ ou de la vitesse v. On a ainsi

$$M(V \sin\alpha + v \sin\beta)^2.$$

90. *Vitesse relative ou d'introduction de l'eau dans les organes du récepteur.* — Conservons les mêmes dénominations que précédemment et désignons par ω (*fig.* 29) l'angle des deux vitesses V et v. On comprend aisément que les actions et les réactions réciproques de la palette et de l'eau ne sauraient être modifiées en rien si ces deux corps étaient entraî-

nés dans l'espace d'un mouvement commun uniforme, dans n'importe quel sens. Pour avoir une idée exacte de la vitesse

Fig. 29.

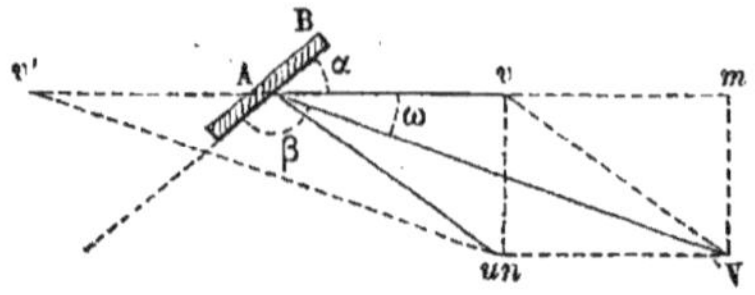

relative ou d'introduction, il suffit donc de réaliser cette hypothèse. Concevons qu'au moment du choc le milieu dans lequel s'accomplit ce phénomène soit emporté avec la palette et le liquide en sens contraire du mouvement de la palette avec une vitesse $Av' = v$. Il est évident que la palette, étant soumise à l'action de deux vitesses égales directement opposées, est à l'état de repos dans l'espace. De plus, remarquons que le liquide reste soumis à l'action de deux vitesses simultanées, l'une sa vitesse propre et l'autre la vitesse d'entraînement du milieu dans lequel il se meut. Par conséquent, la vitesse absolue du liquide sera la résultante Au de la vitesse V et de la vitesse $Av' = v$. Or précisément, dans de telles conditions, Au est la vitesse de l'eau relativement à la palette, puisque celle-ci est à l'état de repos; donc la vitesse relative ou d'introduction est représentée par le côté Au du parallélogramme $AvVu$. Pour plus de simplicité, appelant u cette vitesse et considérant le triangle uAV, on aura

$$u^2 = V^2 + v^2 - 2Vv\cos\omega.$$

On peut aussi exprimer cette vitesse en fonction de ses composantes vm, vn, la première parallèle à la vitesse v de la palette et la seconde perpendiculaire à sa direction. En considérant le triangle rectangle vmV, on a ainsi

$$\overline{Vv}^2 \text{ ou } u^2 = \overline{mv}^2 + \overline{mV}^2$$

ou

$$u^2 = (Am - Av)^2 + \overline{mV}^2.$$

Du triangle rectangle AmV, on déduit

$$Am = V\cos\omega \quad \text{et} \quad mV = V\sin\omega;$$

donc

$$u^2 = (V \cos\omega - v)^2 + V^2 \sin^2\omega.$$

Dans beaucoup de cas, il est plus commode d'estimer la vitesse relative à l'introduction en fonction de ses composantes parallèle et perpendiculaire au plan de la palette ou au premier élément de l'aube. D'après ce que nous avons vu précédemment, la résultante des forces normales est

$$V \sin\alpha - v \sin\beta,$$

et celle des forces parallèles

$$V \cos\alpha + v \cos\beta.$$

Si l'un des angles α ou β était obtus, son cosinus serait affecté du signe —. Conséquemment, la résultante générale de ces deux groupes de forces ou la vitesse relative u sera encore exprimée par

$$u^2 = (V \sin\alpha - v \sin\beta)^2 + (V \cos\alpha + v \cos\beta)^2.$$

Effectuant les calculs, on aura

$$u^2 = V^2 \sin^2\alpha + v^2 \sin^2\beta - 2Vv \sin\alpha \sin\beta + V^2 \cos^2\alpha + v^2 \cos^2\beta + 2Vv \cos\alpha \cos\beta$$

ou

$$u^2 = V^2(\sin^2\alpha + \cos^2\alpha) + v^2(\sin^2\beta + \cos^2\beta) + 2Vv(\cos\alpha \cos\beta - \sin\alpha \sin\beta),$$

$$u^2 = V^2 + v^2 + 2Vv \cos(\alpha + \beta).$$

Or, comme $\alpha + \beta = 180^\circ - \omega$, on aura

$$\cos(\alpha + \beta) = -\cos\omega,$$

et, en substituant,

$$u^2 = V^2 + v^2 - 2Vv \cos\omega,$$

expression que nous avons déjà trouvée.

Le terme $V \sin\alpha - v \sin\beta$ exprimant la vitesse normale avec laquelle l'eau vient choquer la palette, on comprend que, en vertu de la résistance opposée par le corps solide qui forme cette palette, son action est complétement détruite. Ainsi la vitesse de glissement le long de l'aube sera représentée par

$$V \cos\alpha \pm v \sin\beta,$$

selon le sens du mouvement de la palette.

Lorsque l'angle ω des deux vitesses est nul, la formule donnant la valeur de la vitesse relative u devient

$$u^2 = V^2 + v^2 - 2Vv = (V - v)^2, \quad \text{d'où} \quad u = V - v.$$

Ce cas se présente dans les roues à aubes courbes de Poncelet.

91. *Vitesse de l'eau à la sortie du récepteur.* — Nous avons vu, dans la discussion de l'équation générale, que, pour le maximum d'effet, le liquide doit quitter le récepteur sans vitesse. Examinons s'il y a possibilité de satisfaire à cette condition d'une manière absolue.

Pendant le mouvement de glissement le long de l'aube, l'eau est soumise à l'action de forces accélératrices ou retardatrices qui, naturellement, doivent modifier la vitesse relative initiale

$$V \cos\alpha \pm v \sin\beta,$$

de sorte qu'au point de sortie la vitesse n'a pas généralement cette valeur.

Supposons que l'eau abandonne la roue au point A de la palette AB et désignons par

u' sa vitesse à ce point dirigée suivant le prolongement du dernier élément de la palette ;
v' la vitesse de la palette au même point A ;
φ l'angle des vitesses u', v' (*fig.* 30).

Fig. 30.

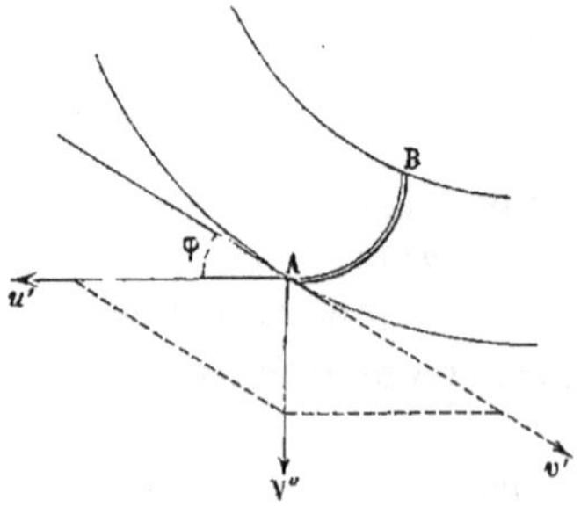

Il est évident que, parvenues au point A, toutes les molécules fluides sont soumises à l'action de deux vitesses simultanées, dont la résultante représentera en grandeur et en direction la vitesse absolue de l'eau, lorsqu'elle quitte le récepteur. Appelant V″ cette dernière, on aura

$$V''^2 = u'^2 + v'^2 - 2u'v' \cos\varphi;$$

d'où

$$V'' = \sqrt{u'^2 + v'^2 - 2u'v' \cos\varphi}.$$

La vitesse V″ deviendra nulle si

$$\cos\varphi = 1 \quad \text{ou} \quad \varphi = 0 \quad \text{et} \quad u' = v';$$

ce qui signifie qu'au point de sortie la vitesse relative de l'eau doit être égale et directement opposée à la vitesse de la roue. Cette condition ne peut être complétement réalisée, attendu que l'espace compris entre deux palettes consécutives serait tellement resserré que l'eau s'échapperait difficilement du récepteur. D'autre part, de la relation qui existe entre la vitesse du liquide affluent et la vitesse du récepteur, au point d'entrée, découle une seconde relation entre la vitesse de la roue au point de sortie et la vitesse que possède l'eau au moment de l'introduction, en vertu de la charge génératrice au-dessus de ce point. Il n'est donc pas possible de satisfaire simultanément à la double condition

$$V' = 0 \quad \text{et} \quad V'' = 0,$$

c'est-à-dire que le liquide entre sans choc et sorte sans vitesse.

On est donc conduit, suivant la nature du récepteur, à chercher le *minimum relatif* du terme $\frac{1}{2}M(V'^2 + V''^2)$ qui doit rendre le travail utile Pv *un maximum relatif,* en faisant usage de toutes les données de la question qui toujours sont la vitesse de l'eau affluente et la vitesse que doit posséder la roue. C'est en cela que consiste principalement l'étude des récepteurs hydrauliques.

92. *Vitesse d'arrivée de l'eau sur les récepteurs hydrauliques. — Tracé de la trajectoire.* — On prend toujours pour point d'introduction celui où le filet fluide moyen rencontre la circonférence extérieure de la roue. Nous avons trouvé plus haut que la courbe affectée par ce filet, abstraction faite

de la résistance de l'air, est une parabole dont l'équation se présente sous la forme

$$y = \frac{gx^2}{2V^2\cos^2\alpha} \pm x \operatorname{tang}\alpha,$$

selon que le jet est dirigé de haut en bas ou de bas en haut. Dans le cas actuel, c'est la première valeur que l'on doit considérer. Cela posé, par le point O, extrémité du coursier qui amène l'eau sur le récepteur, on trace deux axes OX, OY (*fig.* 17), l'un horizontal et l'autre vertical. La valeur de V étant déterminée par la formule

$$V = \sqrt{2gh}$$

on se donnera différentes valeurs de x, telles que

$$x = oa, \quad x = ob, \quad x = oc,$$

exprimées numériquement, et, en les introduisant dans l'équation, on obtiendra les valeurs correspondantes de y. On portera à l'échelle convenue ces valeurs de y perpendiculairement à l'axe des x et la courbe continue, telle que $oa'b'c'$, qui passera par les extrémités sera la trajectoire du filet fluide moyen. Lorsque la pente du coursier mesurée par l'angle α est nulle, ce qui a lieu pour les coursiers horizontaux ou pour les déversoirs, $\cos\alpha = 1$, et l'équation devient

$$y = \frac{gx^2}{2V^2}.$$

On obtiendra facilement la vitesse de l'eau en un point quelconque de la trajectoire par la formule

$$V_1 = \sqrt{V^2 + 2gy} \quad \text{ou} \quad V_1 = \sqrt{2gh + 2gy} = \sqrt{2g(h+y)}.$$

93. *Roues verticales à palettes planes recevant l'eau à la partie inférieure.* — Les roues à palettes planes, très-anciennement connues, sont sans contredit les plus simples des roues hydrauliques. Elles se composent de deux ou plusieurs jantes égales et parallèles, à la circonférence desquelles sont fixées les palettes, au moyen de chevilles intermédiaires nommées *coyaux*. D'après Poncelet, l'épaisseur des palettes doit être

de 2 à 3 centimètres, leur longueur de 30 à 40 centimètres dans le sens du rayon, et il convient qu'à la circonférence extérieure elles soient écartées de la même quantité. Quelques ingénieurs font varier la longueur des palettes entre deux et trois fois la levée verticale de la vanne, et leur distance, mesurée sur la circonférence passant par leurs centres de gravité, a pour limites une fois et une fois et demie la longueur. Le diamètre de la roue est compris entre 3 et 5 mètres. La largeur de la roue parallèlement à l'axe dépend de la force du cours d'eau que l'on veut utiliser. Les jantes sont reliées à l'axe par des bras au nombre de quatre, six ou huit (*fig.* 31). Dans les

Fig. 31.

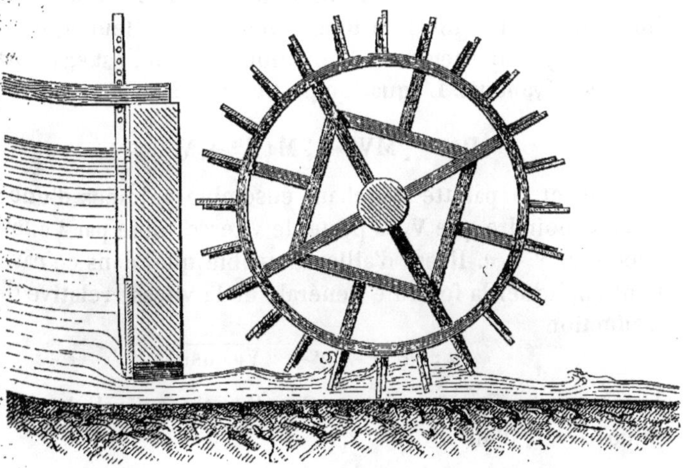

roues de ce genre que l'on construit aujourd'hui, la section de l'arbre, ordinairement de forme polygonale, est embrassée par des colliers en fonte nommés *tourteaux*, que l'on cale sur l'arbre au moyen de tasseaux en bois; dans chaque tourteau sont pratiquées des rainures qui permettent d'implanter les bras par leurs extrémités. Le coursier rectiligne doit bien emboîter la roue et ne lui laisser qu'un jeu de 1 à 2 centimètres. Sa pente varie de $\frac{1}{8}$ à $\frac{1}{15}$.

La profondeur de l'eau dans le bas du coursier ne doit pas excéder $\frac{1}{3}$ ou $\frac{1}{4}$ de la dimension des aubes dans le sens du rayon. Le vannage, ordinairement vertical, est disposé à une certaine distance de la roue; mais il importe de l'en rapprocher le plus possible, afin d'atténuer la perte de force vive qui se produit toujours entre l'orifice et la palette.

94. *Effet utile d'une roue à palettes planes.* — A cet effet, appelons

P l'effort moyen exercé par l'eau à la circonférence qui passe par le milieu de la partie immergée de la palette;
V la vitesse du liquide au moment de son arrivée sur la palette;
v la vitesse de la roue au point d'application de l'effort P;
M la masse de l'eau débitée par l'orifice en une seconde.

Évidemment, puisque l'eau rencontre la roue à la partie inférieure et la quitte au même point, le facteur h, qui fait partie du premier terme de l'équation générale, est égal à zéro, et Mgh s'évanouit. L'équation particulière à ce genre de roues sera

$$Pv = \frac{1}{2}MV^2 - \frac{1}{2}M(V'^2 + V''^2).$$

L'eau et la palette marchant ensemble animées d'une vitesse v moindre que V, la perte de vitesse subie par l'effet du choc sera $V - v$. Il est d'ailleurs visible que, dans ce cas, on peut appliquer la formule générale de la vitesse relative d'introduction

$$u = \sqrt{V^2 + v^2 - 2Vv\cos\alpha}.$$

Les deux vitesses V et v ayant des directions parallèles, $\alpha = 0$ et $\cos\alpha = 1$; d'où

$$u = \sqrt{V^2 + v^2 - 2Vv} = \sqrt{(V^2 - v)^2} = V - v = V',$$

c'est-à-dire que l'eau perd totalement sa vitesse relative, et, puisque, en quittant la palette, elle possède la vitesse de celle-ci, on aura

$$V'' = v.$$

Remplaçant, dans l'équation ci-dessus, V' et V'' par leurs valeurs respectives, on aura

$$Pv = \frac{1}{2}MV^2 - \frac{1}{2}M(V - v)^2 - \frac{1}{2}Mv^2,$$
$$Pv = \frac{1}{2}MV^2 - \frac{1}{2}MV^2 - \frac{1}{2}Mv^2 + MVv - \frac{1}{2}Mv^2,$$
$$Pv = MVv - Mv^2 = M(V - v)v.$$

Appelant Q le volume d'eau dépensé en une seconde, on pourra remplacer M par $\frac{1000\,Q}{g}$, et l'équation se présentera sous la forme

$$Pv = \frac{1000\,Q}{g}(V - v)v.$$

95. *Condition du maximum d'effet.* — A l'inspection de cette formule, on voit que l'effet utile sera nul pour

$$V = v \quad \text{et} \quad v = 0.$$

Il doit y avoir entre ces deux limites de la vitesse de la roue une valeur de cette vitesse qui doit rendre l'effet utile un maximum relatif. On est donc conduit à chercher la relation qui doit exister entre la vitesse de l'eau et celle de la roue. A cet effet, prenons une longueur AB = V, sur laquelle nous décrirons une demi-circonférence (*fig.* 32). A partir du point B,

Fig. 32.

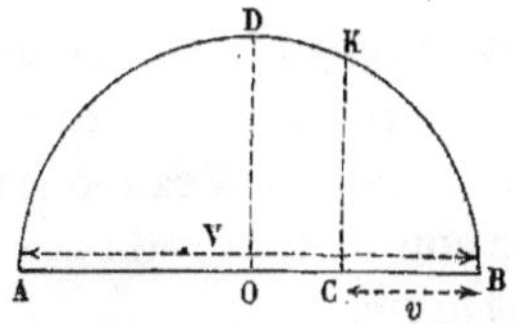

portons sur cette droite une longueur BC = v, et élevons sur AB une perpendiculaire CK. En vertu d'un théorème de Géométrie, on aura

$$\overline{CK}^2 = AC \times CB = (V - v)v.$$

Évidemment le maximum du produit $(V - v)v$ correspond à la valeur maxima de la demi-corde CK, qui, dans ce cas, devient égale à la moitié de AB. Le point C étant ainsi transporté au centre O, il s'ensuit que

$$v = \tfrac{1}{2}AB = \tfrac{1}{2}V;$$

par conséquent, la vitesse de la roue qui convient au maximum relatif de l'effet utile est égale à la moitié de la vitesse que possède l'eau au moment de sa rencontre avec le récepteur.

Sans avoir recours à ces considérations géométriques, on comprend aisément qu'il doit en être ainsi; car, la somme des facteurs $(V - v)$ et v étant constante, le maximum du produit répond au cas où les deux facteurs sont égaux :

$$V - v = v \quad \text{ou} \quad 2v = V \quad \text{et} \quad v = \frac{V}{2}.$$

Dans l'équation du travail, substituons à v sa valeur maxima $\frac{V}{2}$:

$$Pv = M\left(V - \frac{V}{2}\right)\frac{V}{2} = \frac{MV^2}{4}$$

ou

$$Pv = \frac{MgH}{2} = \frac{1000QH}{2}.$$

Ainsi, théoriquement, l'effet utile maximum de ces roues n'est que la moitié de la force du cours d'eau, et, à cause de la perte considérable de travail, leur emploi est peu avantageux. Considérés au point de vue pratique, les inconvénients qu'elles présentent se font bien plus sentir, puisque, dans la théorie que nous avons donnée, nous n'avons tenu aucun compte des pertes notables d'eau occasionnées par le jeu qu'elles ont dans le coursier, et qui souvent dépasse les limites que nous lui avons assignées.

96. *Formules pratiques.* — Les expériences de l'abbé Bossut et de l'ingénieur anglais Smeaton ont conduit aux conclusions suivantes :

1° La vitesse de la roue qui correspond au maximum relatif de l'effet utile est de 0,40 à 0,45 de la vitesse de l'eau affluente :

$$v = 0{,}40V \quad \text{ou} \quad v = 0{,}45V.$$

2° Quand les roues ont peu de jeu dans le coursier, le coefficient de réduction qui doit affecter la formule théorique est égal à 0,65 :

$$Pv = 0{,}65M(V - v)v,$$

$$Pv = 0{,}65\,\frac{1000Q}{9{,}81}(V - v)v = 66{,}2Q(V - v)v^{\text{km}}.$$

3° Quand le jeu est de $0^m,03$, le coefficient de réduction est 0,60 :

$$Pv = 0,60\,M(V - v)v,$$

$$Pv = 0,60\,\frac{1000\,Q}{9,81}(V - v)v = 61\,Q(V - v)v.$$

4° Le rendement de la roue est approximativement les 0,30 du travail disponible :

$$Pv = 0,30\,MgH,$$

$$Pv = 0,30 \times 1000\,QH = 300\,QH.$$

5° La perte de force vive subie par l'eau entre la roue et le coursier est très-considérable; aussi, pour diminuer la perte de travail, il faut avoir soin de substituer la vanne inclinée à la vanne verticale, de la rapprocher le plus possible des roues et de disposer l'orifice de manière à atténuer les effets de la contraction.

Dans les deux cas auxquels se rapportent les formules pratiques que nous avons établies, on obtiendra la valeur de l'effort exercé à la circonférence moyenne, prise au milieu de la partie immergée de la palette, par les relations

$$P = \frac{66,2\,Q(V - v)v}{v}, \quad P = \frac{61\,Q(V - v)v}{v}.$$

97. *Cas où le jeu des palettes dans le coursier est très-considérable.* — Il est évident que, dans ce cas, une quantité considérable d'eau passe, sans agir, sous la roue et à côté. L'effet utile est ainsi notablement diminué, et, pour l'obtenir avec une approximation suffisante, il convient de n'introduire dans la formule que le poids de l'eau, qui agit réellement sur les palettes. Soient $abcd = A$ la section d'eau dans le coursier et $a'b'c'd' = A'$ la section de la partie de la palette immergée (*fig.* 33). Le volume d'eau dépensé en une seconde étant Q et la vitesse V qu'elle possède en arrivant sur les palettes ayant été déterminée par la règle indiquée plus haut, on aura approximativement

$$Q = AV; \quad \text{d'où} \quad A = \frac{Q}{V}.$$

Appelant l la largeur du coursier et h_1 la hauteur ab de l'eau dans le coursier, l'aire de la section A sera exprimée par lh_1.

Fig. 33.

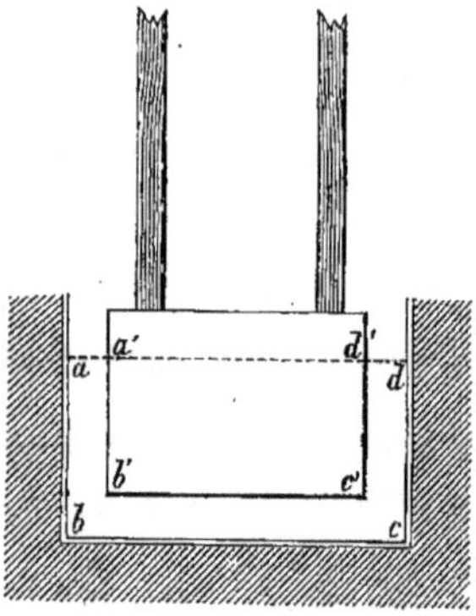

On pourra donc poser

$$A = lh_1 = \frac{Q}{V}; \quad \text{d'où} \quad h_1 = \frac{Q}{Vl}.$$

Il est préférable, quand on le peut, de mesurer directement cette hauteur. En retranchant le jeu i, que le lever de la roue fait connaître, on aura l'une des dimensions $a'b' = h_1 - i$ de la surface immergée de la palette; par suite, appelant l' la largeur de la palette, cette surface sera exprimée par

$$l'(h_1 - i) = A'.$$

Le produit de A' par la vitesse V de l'eau affluente exprimera le volume de l'eau qui agit utilement sur la palette. Il est d'ailleurs évident que le volume d'eau qui afflue sur la palette est au volume d'eau dépensé dans le rapport de la surface de la partie immergée à la surface de la section d'eau dans le canal. On aura donc

$$\frac{A'}{A} = \frac{Q'}{Q},$$

en appelant Q' le volume cherché; d'où l'on déduit

$$Q' = \frac{A'Q}{A},$$

et, en remplaçant A par sa valeur $\frac{Q}{V}$, on aura

$$Q' = \frac{A'Q}{\frac{Q}{V}} = A'V.$$

Telle est l'expression du volume que l'on doit introduire dans la formule pour obtenir l'effet utile avec quelque exactitude. Le poids étant 1000 A'V, la masse sera exprimée par $\frac{1000\,A'V}{g}$, et il viendra

$$Pv = \frac{1000\,A'V}{g}(V - v)v.$$

Il résulte des expériences faites sur ces roues par M. Christian que la vitesse qui correspond à l'effet utile maximum est encore de 0,40 à 0,45 de la vitesse de l'eau affluente, et que le travail utile effectif est de 0,75 environ de celui obtenu par la formule théorique ci-dessus. On aura donc

$$Pv = 0{,}75\,\frac{1000\,A'V}{g}(V - v)v$$

ou

$$Pv = 76{,}45\,A'V(V - v)v.$$

98. *Perfectionnement de M. Bélanger.* — D'après ce savant ingénieur, la vanne MN doit être inclinée, afin de rapprocher l'orifice du point où le liquide rencontre la roue (*fig.* 34). Entre le vannage et la roue, l'inclinaison du coursier est de $\frac{1}{12}$ à $\frac{1}{15}$. Au-dessous de la roue, le coursier devient circulaire sur une étendue qui embrasse trois ou quatre palettes en ne laissant qu'un jeu très-faible. Il résulte de cette disposition, comme l'indique la figure, qu'au bout d'un temps très-court, mais suffisant pour qu'une palette soit remplacée par une autre, l'eau qui a choqué la palette est renfermée dans l'espace formé par le fond du coursier et deux palettes consécutives, absolument comme dans un vase, et qu'elle y perd totalement sa vitesse relative pour prendre celle des aubes. Parvenue à l'extrémité K du coursier circulaire, l'eau quitte la roue sous la forme d'une lame rectangulaire, de même lar-

geur qu'à l'entrée, mais d'une hauteur plus grande, puisque la vitesse a diminué. A partir du point K, le coursier devient

Fig. 34.

rectiligne, et sur une longueur de $1^m,50$ à 2 mètres, représentée par KG, on lui donne la pente strictement nécessaire pour que l'eau conserve la vitesse de sortie. Ensuite le coursier est relié au fond du bief inférieur par une pente GS, convenablement réglée pour que le niveau de la lame d'eau aille gagner le niveau des eaux d'aval. La pente du canal de fuite est ordinairement de $\frac{1}{15}$, et, lorsque les localités le permettent, sur une étendue de 10 mètres environ, on lui donne un élargissement de $0^m,50$ de chaque côté, en ayant soin de le ménager, de manière qu'il ait lieu graduellement.

Pour trouver l'effet utile, considérons deux sections AB, CD, faites en travers de la lame d'eau, à une petite distance de la roue, la première en amont et la seconde en aval, et supposons que le mouvement soit parvenu à l'état de permanence. Appelons

l la largeur du coursier;
h_1 l'épaisseur de la lame d'eau à la section AB;
V la vitesse de l'eau à cette section, laquelle diffère fort peu de la vitesse d'arrivée sur le récepteur;
h'_1 l'épaisseur de la lame d'eau à la section CD;
v la vitesse des filets fluides à cette section, laquelle, d'après

la constitution du coursier, est sensiblement égale à la vitesse des aubes, prise au milieu de la partie immergée;
M la masse liquide qui s'écoule en une seconde;
p le poids spécifique de l'eau ou le poids de 1 mètre cube;
P l'effort ou la réaction exercée par la palette.

Il est évident que l'accroissement de quantité de mouvement dans le passage de la section AB à la section CD sera

$$M(v - V) \text{ (1)}.$$

Si nous faisons abstraction de la pression atmosphérique, la pression exercée sur la section AB aura pour valeur

$$plh_1 \frac{h_1}{2} = \frac{plh_1^2}{2}.$$

et, comme le poids du volume qui s'écoule en une seconde est égal à

$$plh_1 V = Mg,$$

il s'ensuit que

$$plh_1 = \frac{Mg}{V};$$

par conséquent, l'impulsion de cette force, dont la durée de l'action est, par hypothèse, égale à une seconde, sera

$$\frac{Mgh_1}{2V}.$$

De même, à la section CD, la pression exercée par le poids de la colonne liquide de hauteur $\frac{h'_1}{2}$, prise au-dessus du centre de figure de la section, étant

$$plh'_1 \frac{h'_1}{2} = \frac{plh'^2_1}{2},$$

(1) Le mot *accroissement de quantité de mouvement* est pris dans un sens purement algébrique. Il arrive souvent, comme dans le cas actuel, que la vitesse diminue, de sorte que l'accroissement est une quantité négative. Cette observation est de la plus haute importance pour la mise en équation du problème. On comprend, en effet, que, si la force agit en sens contraire de la vitesse initiale, l'*impulsion* doit être affectée du signe —. Cette locution, fréquemment employée en Mécanique rationnelle et qui a pour valeur le produit de la force par la durée de son action, signifie la même chose que l'expression *activité de la force*, employée par Poncelet.

l'impulsion sera encore représentée par $\frac{Mgh'_1}{2v}$, et la somme algébrique des impulsions sera

$$\frac{Mgh_1}{2V} - \frac{Mgh'_1}{2v} = \frac{Mg}{2}\left(\frac{h_1}{V} - \frac{h'_1}{v}\right).$$

D'autre part, l'effort ou la réaction de la palette étant P, l'impulsion en une seconde sera $P \times 1''$ ou P, et, comme elle agit en sens inverse du mouvement, elle sera négative. Ainsi l'impulsion totale aura pour valeur

$$\frac{Mg}{2}\left(\frac{h_1}{V} - \frac{h'_1}{v}\right) - P.$$

Or, puisque l'accroissement de quantité de mouvement est égal à la somme algébrique de toutes les impulsions, on aura l'équation

$$M(v - V) = \frac{Mg}{2}\left(\frac{h_1}{V} - \frac{h'_1}{v}\right) - P,$$

et, en changeant les signes des termes des deux membres,

$$M(V - v) = \frac{Mg}{2}\left(\frac{h'_1}{v} - \frac{h_1}{V}\right) + P.$$

En résumé, on parvient à cette relation en estimant la quantité de mouvement perdue et en la faisant égale à la somme algébrique des impulsions des forces qui ont occasionné cette perte; car on a vu, dans les préliminaires, que la quantité de mouvement gagnée ou perdue est égale au produit de la force par la durée de son action, c'est-à-dire à l'impulsion. De l'équation ci-dessus on déduit

$$P = M(V - v) - \frac{Mg}{2}\left(\frac{h'_1}{v} - \frac{h_1}{V}\right).$$

Multipliant les deux membres par la vitesse v de la palette, on aura l'effet utile en une seconde

$$Pv = M(V - v)v - \frac{Mg}{2}\left(\frac{h'_1}{v} - \frac{h_1}{V}\right)v.$$

Puisque le mouvement est permanent, il est évident que le

volume d'eau qui passe par les deux sections AB, CD est le même; d'où

$$lh_1 V = lh'_1 v, \quad h_1 V = h'_1 v$$

et

$$h'_1 = \frac{h_1 V}{v}.$$

Faisant passer dans la parenthèse la quantité v, l'équation du travail deviendra

$$Pv = M(V - v)v - \frac{Mg}{2}\left(\frac{vh'_1}{v} - \frac{vh_1}{V}\right)$$

ou

$$Pv = M(V - v)v - \frac{Mg}{2}\left(h'_1 - \frac{vh_1}{V}\right).$$

Remplaçant h'_1 par sa valeur en fonction de h_1 que nous avons trouvée, on aura

$$Pv = M(V - v)v - \frac{Mg}{2}\left(\frac{h_1 V}{v} - \frac{h_1 v}{V}\right).$$

Mettant h_1 en facteur commun,

$$Pv = M(V - v)v - \frac{Mgh_1}{2}\left(\frac{V}{v} - \frac{v}{V}\right).$$

Substituant à M sa valeur $\frac{1000Q}{g}$,

$$Pv = \frac{1000Q}{g}(V - v)v - \frac{1000Qh_1}{2}\left(\frac{V}{v} - \frac{v}{V}\right).$$

Mettant 1000Q en facteur commun,

$$Pv = 1000Q\left[\frac{(V - v)v}{g} - \frac{h_1}{2}\left(\frac{V}{v} - \frac{v}{V}\right)\right].$$

Pour trouver la valeur de v, vitesse de la roue, qui répond au maximum relatif de l'effet utile, il suffit de chercher la dérivée du second membre de l'équation et de l'égaler à zéro. A cet effet, désignons par x le rapport de la vitesse v à la vitesse V. On aura

$$v = Vx$$

et, en substituant,

$$Pv = 1000\,Q\left[\frac{(V - Vx)Vx}{g} - \frac{h_1}{2}\left(\frac{1}{x} - x\right)\right],$$

$$Pv = 1000\,Q\left[\frac{V^2x - V^2x^2}{g} - \frac{h_1}{2}\left(\frac{1}{x} - x\right)\right],$$

$$Pv = 1000\,Q\left[\frac{xV^2(1 - x)}{g} - \frac{h_1}{2}\left(\frac{1}{x} - x\right)\right].$$

Remplaçant V^2 par sa valeur $2gH$,

$$Pv = 1000\,Q\left[\frac{2gHx(1 - x)}{g} - \frac{h_1}{2}\left(\frac{1}{x} - x\right)\right].$$

Effectuant les calculs indiqués dans la parenthèse,

$$Pv = 1000\,Q\left(2Hx - 2Hx^2 - \frac{1}{2}\frac{h_1}{x} + \frac{1}{2}h_1x\right).$$

Sous cette forme, il est plus facile de prendre la dérivée de la fonction par les méthodes que fournit l'Algèbre. On aura ainsi (¹)

$$2H - 4Hx + \frac{h_1}{2x^2} + \frac{h_1}{2} = 0.$$

Faisant disparaître les dénominateurs,

$$4Hx^2 - 8Hx^3 + h_1 + h_1x^2 = 0,$$

et, en changeant les signes pour résoudre l'équation, on aura

$$8Hx^3 - 4Hx^2 - h_1x^2 - h_1 = 0.$$

Divisant par 8H,

$$x^3 - \frac{1}{2}x^2 - \frac{h_1x^2}{8H} - \frac{h_1}{8H} = 0,$$

$$x^3 - x^2\left(\frac{1}{2} + \frac{1}{8}\frac{h_1}{H}\right) - \frac{1}{8}\frac{h_1}{H} = 0.$$

Supposons que la hauteur H, en amont de la roue, soit égale à $1^m,20$ et que l'épaisseur de la lame d'eau, déterminée par la

(¹) Voir l'*Algèbre* de M. Briot, p. 120, 2ᵉ Partie.

levée de vanne, soit $h_1 = 0,12$. En remplaçant par ces valeurs dans l'équation, il viendra

$$x^3 - x^2\left(\frac{1}{2} + \frac{1}{8}\,\frac{0,12}{1,20}\right) - \frac{1}{8}\,\frac{0,12}{1,20} = 0.$$

Résolvant cette équation du troisième degré par la méthode des approximations successives, on trouve, pour la valeur de la racine positive,

$$x = 0,553; \quad \text{d'où} \quad v = 0,553\text{V}.$$

Nous ferons observer que l'équation de l'effet utile, considérée sous ce nouveau point de vue, renferme implicitement la condition que la roue marche assez lentement pour qu'elle puisse perdre la totalité de sa vitesse quand une palette parcourt toute l'étendue du coursier circulaire. Afin d'éviter tout mécompte dans l'évaluation du travail, il convient donc de réduire la valeur de v ainsi obtenue et d'adopter la relation

$$v = \frac{\text{V}}{2}.$$

L'application de la formule nous montrera les avantages de cette disposition. Supposons, en effet, que l'épaisseur de la lame d'eau en aval de la roue soit $h'_1 = 0,24$. En introduisant cette quantité numérique dans l'équation générale, on aura

$$\text{P}v = 1000\text{Q}\left[\frac{\left(\text{V} - \frac{\text{V}}{2}\right)\frac{\text{V}}{2}}{g} - \frac{0,12}{2}\left(2 - \frac{1}{2}\right)\right],$$

$$\text{P}v = 1000\text{Q}\left(\frac{\text{V}^2}{4g} - 0,09\right),$$

$$\text{P}v = 1000\text{Q}\left(\frac{2g\text{H}}{4g} - 0,09\right),$$

$$\text{P}v = 1000\text{Q}\left(\frac{1}{2}\,1,20 - 0,09\right),$$

$$\text{P}v = 510\text{Q}.$$

Ainsi qu'on le voit, la formule à laquelle nous ont conduit les considérations précédentes dispense de recourir à un coefficient de correction pour avoir l'effet utile effectif. Pour faire la comparaison des résultats obtenus dans les deux cas, appliquons la première formule

$$Pv = 0,65 M (V - v) v,$$

dans l'hypothèse où, suivant l'observation que nous avons faite, $v = 0,40 V$:

$$Pv = 0,65 \frac{1000 Q}{g} (V - 0,40 V) 0,40 V,$$

$$Pv = 0,65 \frac{1000 Q}{g} 0,24 V^2,$$

$$Pv = 0,65 \frac{1000 Q}{g} 0,24 \times 2 g H,$$

$$Pv = 0,65 \times 1000 Q \times 0,24 \times 2 \times 1,20,$$

$$Pv = 374,40 Q,$$

résultat bien au-dessous de celui qu'on obtient par la formule de M. Bélanger.

En comparant les deux résultats au travail total disponible, on a

1° $$\frac{Pv}{MgH} = \frac{510 Q}{1200 Q} = 0,425;$$

2° $$\frac{Pv}{MgH} = \frac{374,4 Q}{1200 Q} = 0,311.$$

Dans la description du perfectionnement de M. Bélanger, nous avons dit que l'eau, en quittant la roue, devait gagner le niveau des eaux d'aval dans le bief inférieur. A ce moment, il se produit un phénomène dont l'étude nous permettra d'établir la condition qui doit être satisfaite pour que l'écoulement ait lieu ainsi. Au delà de la roue, d'amont en aval, les eaux s'élèvent subitement et forment ce que Bidone, géomètre italien, a désigné sous le nom de *ressaut superficiel*. Ce phénomène, qui se manifeste dans les eaux courantes, a été observé et étudié par ce savant au moyen de barrages établis en travers de canaux à régime constant. L'eau s'élève immédiatement au point où le barrage est établi, tandis que le niveau baisse à mesure que l'on s'avance de plus en plus vers l'amont, de sorte qu'il existe un raccordement entre le niveau primitif et celui que prend l'eau après l'établissement du barrage. Cette élévation du niveau de l'eau de l'amont vers l'aval, pour former ressaut, est indiquée sur la figure.

Il suit de là qu'il importe de connaître la limite de la hauteur que prend l'eau en quittant la roue pour être sûr qu'elle gagnera le niveau d'aval. Soient CD = A l'aire de la section transversale où la vitesse est égale à la vitesse v de sortie et A' l'aire d'une autre section où les filets fluides sont redevenus parallèles, après leur déviation, pour former ressaut. Désignons par v' la vitesse moyenne à la section A' et par h''_1 l'épaisseur de la lame d'eau.

Le volume d'eau qui s'écoule par la section A, en une seconde, est $\mathrm{A}v$, son poids $p\mathrm{A}v$ et sa masse $\frac{p\mathrm{A}v}{g}$; par conséquent, la quantité de mouvement que possède l'eau qui traverse la section A, en une seconde, sera exprimée par

$$\frac{p\mathrm{A}v}{g}v = \frac{p\mathrm{A}v^2}{g}.$$

De même, la quantité de mouvement possédée par l'eau à la section A' sera

$$\frac{p\mathrm{A}'v'^2}{g},$$

et, par suite, l'accroissement de quantité de mouvement aura pour valeur

$$\frac{p\mathrm{A}'v'^2}{g} - \frac{p\mathrm{A}v^2}{g} = \frac{p}{g}(\mathrm{A}'v'^2 - \mathrm{A}v^2).$$

Dans les deux sections, les filets fluides se mouvant parallèlement, il sera facile d'estimer, par les règles de l'Hydrostatique, les pressions exercées en amont et en aval, abstraction faite de la pression atmosphérique.

La pression relative à la section A, ou l'impulsion, a pour valeur

$$\frac{p\mathrm{A}h'_1}{2},$$

et celle qui se rapporte à la section A'

$$\frac{p\mathrm{A}'h''_1}{2};$$

par suite, la somme algébrique des impulsions sera

$$\frac{pAh'_1}{2} - \frac{pA'h''_1}{2} = \frac{p}{2}(Ah'_1 - A'h''_1).$$

Comme cette somme est égale à l'accroissement de quantité de mouvement, on aura l'équation suivante :

$$\frac{p}{g}(A'v'^2 - Av^2) = \frac{p}{2}(Ah'_1 - A'h''_1)$$

ou

$$\frac{1}{g}(A'v'^2 - Av^2) = \frac{1}{2}(Ah'_1 - A'h''_1).$$

Puisque le régime est constant, la quantité d'eau qui passe par les deux sections est la même. On a donc

$$Av = A'v'; \quad \text{d'où} \quad v' = \frac{Av}{A'}$$

et, en substituant dans l'équation,

$$\frac{1}{g}\left(\frac{A^2v^2A'}{A'^2} - Av^2\right) = \frac{1}{2}(Ah'_1 - A'h''_1),$$

$$\frac{1}{g}\left(\frac{A^2v^2}{A'} - Av^2\right) = \frac{1}{2}(Ah'_1 - A'h''_1).$$

Mettant v^2 en facteur commun dans le premier membre,

$$\frac{v^2}{g}\left(\frac{A^2}{A'} - A\right) = \frac{1}{2}(Ah'_1 - A'h''_1).$$

Divisant les deux membres par A,

$$\frac{v^2}{g}\left(\frac{A}{A'} - 1\right) = \frac{1}{2}\left(h'_1 - \frac{A'}{A}h''_1\right).$$

Les deux rectangles A, A', de hauteurs respectives h'_1 et h''_1, ayant pour base commune la largeur du coursier, on aura la relation

$$\frac{A}{A'} = \frac{h'_1}{h''_1} \quad \text{ou} \quad \frac{A'}{A} = \frac{h''_1}{h_1},$$

et, en substituant dans l'équation,

$$\frac{v^2}{g}\left(\frac{h'_1}{h''_1}-1\right)=\frac{1}{2}\left(h'_1-\frac{h''^2_1}{h'_1}\right) \quad \text{ou} \quad \frac{v^2}{g}\frac{h'_1-h''_1}{h''_1}=\frac{1}{2}\frac{h'^2_1-h''^2_1}{h'_1},$$

$$\frac{v^2}{g}(h'_1-h''_1)h'_1=\frac{1}{2}h''_1(h'^2_1-h''^2_1),$$

$$\frac{v^2}{g}(h'_1-h''_1)h'_1=\frac{1}{2}h''_1(h'_1+h''_1)(h'_1-h''_1).$$

Supprimant aux deux membres le facteur commun $(h'_1-h''_1)$,

$$\frac{v^2h'_1}{g}=\frac{1}{2}h''_1(h'_1+h''_1) \quad \text{ou} \quad \frac{2v^2h'_1}{g}=h'_1h''_1+h''^2_1.$$

Résolvant cette équation du second degré par rapport à h'' et ne prenant que la racine qui répond au signe + du radical, on a

$$h''_1=-\frac{h'_1}{2}+\sqrt{\frac{h'^2_1}{4}+\frac{2v^2h'_1}{g}}.$$

Puisque la hauteur h''_1 doit être plus grande que h'_1, on aura

$$-\frac{h'_1}{2}+\sqrt{\frac{h'^2_1}{4}+\frac{2v^2h'_1}{g}}>h'_1$$

ou

$$\sqrt{\frac{h'^2_1}{4}+\frac{2v^2h'_1}{g}}>h'_1+\frac{h'_1}{2}, \quad \sqrt{\frac{h'^2_1}{4}+\frac{2v^2h'_1}{g}}>\frac{3}{2}h'_1.$$

Élevant au carré les deux membres de l'inégalité,

$$\frac{h'^2_1}{4}+\frac{2v^2h'_1}{g}>\frac{9}{4}h'^2_1, \quad \frac{2v^2h'_1}{g}>\frac{9}{4}h'^2_1-\frac{h'^2_1}{4},$$

$$\frac{2v^2h'_1}{g}>\frac{8}{4}h_{'2}, \quad \frac{v^2h'_1}{g}>h'^2_1.$$

Divisant les deux membres par h'_1, il reste

$$\frac{v^2}{g}>h'_1 \quad \text{ou} \quad h'_1<\frac{v^2}{g}.$$

Appelant H_1 la hauteur due à la vitesse v, on aura

$$v^2=2gH_1,$$

d'où

$$h'_1 < \frac{2gH_1}{g}, \quad h'_1 < 2H_1.$$

Donc, pour qu'il y ait ressaut, *il faut que l'épaisseur de la lame d'eau, à la section d'aval, où la vitesse de l'eau est égale à celle de la roue, soit moindre que deux fois la hauteur due à cette vitesse.* Il sera donc possible de disposer plus bas la roue et la vanne, de manière que la lame d'eau, dans le coursier, forme ressaut pour aller rejoindre le niveau du bief inférieur. La hauteur du ressaut, calculée par la formule que nous avons établie, représentera la quantité dont la roue et la vanne pourront être abaissées, ce qui aura pour effet d'obtenir une plus grande chute que par la disposition anciennement employée. Ces considérations théoriques, dues à M. Bélanger, mettent en évidence l'avantage qui résulte de l'enfoncement des palettes dans le fond circulaire du coursier. Ce fait a été confirmé par l'expérience, dans le cas où la hauteur de la partie immergée ne dépasse pas l'épaisseur de la lame d'eau. Ordinairement les palettes plongent d'une quantité égale aux $\frac{2}{3}$ ou aux $\frac{3}{4}$ de cette épaisseur. D'après cet éminent professeur, leur hauteur doit être de deux fois et demie à trois fois la levée verticale de vanne et leur distance à la circonférence moyenne de une fois à une fois et demie la hauteur. Enfin le nombre des palettes doit être égal au nombre pair le plus voisin de six fois le diamètre de la même circonférence. Au moyen de ces innovations introduites dans l'établissement des roues en dessous, M. Bélanger estime que le rendement de ces roues peut être porté jusqu'à 0,50 du travail disponible et même au delà, tandis que, dans les conditions ordinaires, elles ne rendent que 0,30 environ.

On pourrait augmenter l'effet utile, suivant Deparcieux, en inclinant les aubes de 20 à 22 degrés sur le rayon, du côté où elles reçoivent l'eau. Cette opinion a été contredite par les expériences de Bossut. Toutefois, quand les roues sont exposées à être noyées par les eaux d'aval, il conviendrait d'adopter cette disposition qui favorise la sortie des aubes de l'eau où elles sont plongées.

99. Applications. — 1° *Trouver l'effet utile d'une roue à*

palettes planes en dessous qui dépense 650 litres d'eau par seconde, sachant que la vitesse d'arrivée de l'eau sur la roue est de $4^m,56$ et que la vitesse à la circonférence qui passe par le milieu de la partie de la palette immergée est de $2^m,05$.

$$Pv = 66{,}2Q(V - v)v,$$
$$Pv = 66{,}2 \times 0^{mc},650(4{,}56 - 2{,}05)2{,}05,$$
$$Pv = 221^{kgm},41,$$

et en chevaux-vapeur :

$$N = \frac{221^{kgm},41}{75} = 2^{chvap},952.$$

Remarquons que, la vitesse d'arrivée $V = 4^m,56$ correspondant à une hauteur de chute égale à $1^m,06$, le travail disponible sera

$$MgH = 1000 \times 0^{mc},650 \times 1{,}06 = 689^{kgm}.$$

L'effort exercé sur la palette ou la réaction de celle-ci aura pour valeur

$$P = \frac{221{,}41}{2{,}05} = 108^{kg}.$$

Si le jeu de la roue dans le coursier est de $0^m,03$ à $0^m,04$, on appliquera la formule

$$Pv = 61Q(V - v)v,$$
$$Pv = 61 \times 0^{mc},650(4{,}56 - 2{,}05)2{,}05 = 204{,}02$$

et

$$N = \frac{204{,}02}{75} = 2^{chvap},72, \quad P = \frac{204{,}02}{2{,}05} = 99^{kg},512.$$

Dans le premier cas, le rapport de l'effet utile au travail disponible, c'est-à-dire le rendement de la roue, sera

$$\frac{Pv}{MgH} = \frac{221{,}41}{689} = 0{,}32,$$

et dans le second

$$\frac{Pv}{MgH} = \frac{204{,}02}{689} = 0{,}295$$

2° *Trouver l'effet utile d'une roue à palettes planes qui dépense 700 litres d'eau par seconde, sachant que la vitesse d'arrivée de l'eau et la vitesse de la roue sont respectivement égales à* $5^m,425$ *et* $2^m,45$*; de plus, le lever de la roue a fait reconnaître qu'elle a* $0^m,08$ *de jeu sur chaque côté,* $0^m,06$ *au-dessous des palettes et que la largeur du coursier est égale à* $1^m,10$.

$$Pv = 76,45A'V(V - v)v.$$

Évidemment, la largeur des palettes sera

$$1^m,10 - 0^m,16 = 0^m,94.$$

La hauteur du niveau de l'eau sous la roue, s'obtiendra par la formule

$$h_1 = \frac{Q}{Vl}, \quad h_1 = \frac{0,700}{5,425 \times 1,10} = 0^m,117.$$

L'aire A' de la partie immergée de la palette sera

$$A' = 0,94(0^m,117 - 0,06) = 0^{mc},05358.$$

Par conséquent,

$$Pv = 76,45 \times 0^{mc},05358 \times 5^m,425(5,425 - 2^m,45)2,45,$$
$$Pv = 161^{kgm},97,$$

et en chevaux-vapeur :

$$N = \frac{161,97}{75} = 2^{chvap},150.$$

La hauteur de chute qui correspond à la vitesse $V = 5,425$ étant de $1^m,50$, le travail disponible aura pour valeur

$$MgH = 700^{kgm} \times 1,50 = 1050^{kgm} \quad \text{ou} \quad N = \frac{1050}{75} = 14^{chvap}.$$

Par suite, le rapport de l'effet utile au travail disponible sera

$$\frac{Pv}{MgH} = \frac{161,97}{1050} = 0,154.$$

On voit, par cet exemple, que la roue n'utilise qu'une très-faible portion de la force du cours d'eau.

100. *Roues verticales à aubes courbes de M. Poncelet.* — La théorie des anciennes roues en dessous montre qu'elles n'utilisent au plus que le tiers du travail absolu du cours d'eau, mais qu'elles présentent le précieux avantage de pouvoir marcher à de grandes vitesses, d'occuper peu de place en largeur et d'être d'une construction simple et facile. En 1827, M. Poncelet s'est proposé de les modifier, de manière à obtenir un rendement plus considérable, sans toutefois sacrifier aucun des avantages qui les caractérisent. Partant de ce principe, déduit de la discussion de l'équation générale, que, pour obtenir le maximum absolu d'effet utile, le liquide doit entrer sans choc et sortir sans vitesse, il a remplacé les palettes planes par des aubes courbes, disposées à peu près tangentiellement à la circonférence extérieure. Le fond du réservoir est horizontal et se raccorde avec la partie rectiligne du coursier, comprise entre l'orifice et la roue. Pour atténuer les effets de la contraction, les côtés verticaux sont formés de parties arrondies; le vannage est incliné à 1 de base sur 2 de hauteur, et, quand il y a possibilité, à 1 de base sur 1 de hauteur. Le coursier, dont la pente est de $\frac{1}{10}$ à $\frac{1}{15}$, est

Fig. 35.

tangent à la circonférence extérieure de la roue; et le plus souvent, à partir du point de contact, il est suivi d'une partie circulaire concentrique avec la roue, d'un développement supérieur de $0^m,05$ à $0^m,06$ à la distance comprise entre deux aubes consécutives. Cet arc de cercle, dans lequel les palettes sont emboîtées au bas de la roue (*fig.* 35), est terminé par un ressaut de $0^m,30$ à $0^m,40$, dont le sommet doit être au niveau des eaux moyennes dans le canal de fuite, afin de rendre plus facile le dégorgement de la roue. Les aubes sont assemblées entre deux couronnes situées dans deux plans verticaux parallèles, dont la distance dépasse de $0^m,06$ à $0^m,10$ la largeur de l'orifice. L'écartement à la circonférence extérieure est de $0^m,25$ à $0^m,30$ et la plus courte distance doit être moindre que l'ouverture minima de la vanne, qui varie de $0^m,20$ à $0^m,30$. Leur nombre est de 36 pour les roues de 3 à 4 mètres de diamètre et de 48 pour les roues de 6 à 7 mètres. Les aubes sont ordinairement faites avec de la tôle de 4 à 6 millimètres d'épaisseur. Quand elles sont en bois, il faut avoir soin de munir les bords d'une feuille de tôle mince, afin qu'elles puissent offrir facilement leur tranchant à la lame d'eau affluente.

101. *Équation du travail des roues à aubes courbes.* — Dans les roues de ce genre, comme dans les précédentes, l'eau arrivant au bas de la roue et la quittant au même point, il est évident que le premier terme de l'équation générale disparaît, et que, dans ce cas, elle devient

$$Pv = \tfrac{1}{2}MV^2 - \tfrac{1}{2}MV'^2 - \tfrac{1}{2}MV''^2,$$

dans laquelle V représente la vitesse d'arrivée, V′ la perte de vitesse subie par le choc, V″ la vitesse de sortie et v la vitesse à la circonférence extérieure de la roue.

De la disposition donnée au coursier qui amène l'eau, il résulte que, les deux vitesses V et v étant de même direction et de même sens, il n'y aura pas de choc, et par suite $V' = 0$. On aura donc encore

$$Pv = \tfrac{1}{2}MV^2 - \tfrac{1}{2}MV''^2,$$

la vitesse relative ou d'introduction étant donnée par l'équation générale

$$u = \sqrt{V^2 + v^2 - 2Vv\cos\alpha}.$$

Comme, dans le cas particulier des roues à aubes courbes,

l'angle α des deux vitesses est nul, $\cos\alpha = 1$; d'où

$$u = \sqrt{V^2 + v^2 - 2Vv} = \sqrt{(V - v)^2}, \quad u = V - v.$$

Ainsi l'eau s'élèvera le long de l'aube en vertu de cette vitesse; mais, pendant ce mouvement ascensionnel, elle sera soumise à l'action de la force centrifuge et de la gravité qui tendent à le retarder. Parvenue au point culminant, l'eau redescend et les forces, qui avaient primitivement agi comme forces retardatrices, lui restituent, en sens contraire du mouvement, les degrés de vitesse qu'elles avaient enlevés; de sorte que, étant revenue à l'origine de l'aube, elle possède encore la vitesse relative $V - v$ qu'elle avait en entrant. Mais, comme elle participe au mouvement de transport de l'aube, il s'ensuit qu'elle aura en sortant une vitesse absolue égale à la résultante des deux vitesses $V - v$ et v de sens contraires. On aura donc

$$V'' = V - v - v = V - 2v.$$

Introduisant cette valeur de V'' dans l'équation, il viendra

$$Pv = \tfrac{1}{2}MV^2 - \tfrac{1}{2}M(V - 2v)^2$$

ou

$$Pv = \tfrac{1}{2}MV^2 - \tfrac{1}{2}M(V^2 + 4v^2 - 4Vv),$$
$$Pv = \tfrac{1}{2}MV^2 - \tfrac{1}{2}MV^2 + 2MVv - 2Mv^2,$$
$$Pv = 2MVv - 2Mv^2 = 2M(V - v)v,$$

ce qui montre que l'effet utile d'une roue à aubes courbes est le double de celui d'une roue à palettes planes emboîtée dans un coursier rectiligne.

Pour le maximum absolu d'effet utile, il faut encore que la vitesse de sortie soit nulle; d'où

$$V'' = V - 2v = 0 \quad \text{et} \quad v = \frac{V}{2},$$

relation qui indique que la vitesse de la roue doit être la moitié de la vitesse de l'eau au moment de son arrivée sur le récepteur. Ainsi l'équation du travail, dans le cas du maximum d'effet, sera

$$Pv = \tfrac{1}{2}MV^2.$$

Représentant par H la hauteur due à la vitesse V ou la

hauteur de la chute,

$$V^2 = 2gH,$$

et, en remplaçant,

$$Pv = MgH = 1000QH.$$

Il suit de là que, théoriquement, le rendement de la roue est égal à la totalité du travail disponible.

102. *Effet utile pratique.* — Dans la théorie qui précède, nous avons complétement fait abstraction de l'épaisseur de la lame fluide, pour ne considérer qu'un seul filet ou même une simple molécule. Or, dans la pratique, les choses ne se passent pas ainsi : d'abord, il est clair que les premiers filets fluides, introduits sur l'aube, sont poussés par ceux qui les suivent, de sorte que l'eau parvient sur l'aube, à une hauteur plus grande que celle due à la vitesse de glissement $V - v$, et, par suite, le mouvement de descente ne devient régulier que lorsque l'eau a cessé d'affluer sur l'aube. D'autre part, il est impossible de raccorder rigoureusement les aubes tangentiellement à la circonférence extérieure. En adoptant cette disposition, le filet inférieur seul s'introduirait suivant la tangente au premier élément de l'aube, tandis que les autres seraient choqués, quand l'aube traverse la lame d'eau; de plus, l'entrée et la sortie se feraient très-difficilement par le passage étroit que forment deux aubes consécutives à leurs extrémités. Les inconvénients que nous venons de signaler ont conduit Poncelet à adopter, pour l'inclinaison de l'aube sur la circonférence extérieure, un angle de 25 à 30 degrés.

Il est très-facile, dans ce cas, de déterminer la vitesse de sortie, ainsi que la force vive correspondante. Supposons, par exemple, que l'angle des aubes avec la circonférence extérieure soit de 30 degrés et que la vitesse de la roue v soit égale à la moitié $\frac{V}{2}$ de celle de l'eau. La vitesse relative avec laquelle le liquide s'élèvera le long de l'aube aura pour valeur

$$V - \frac{V}{2} = \frac{V}{2}.$$

Cette même vitesse sera celle que reprendra l'eau, à l'extrémité de l'aube, après la descente. Or, comme la vitesse absolue de sortie est la résultante de la vitesse de la roue et de la vitesse relative, dirigée suivant la tangente au premier élément de l'aube, si nous appelons φ l'angle des deux vitesses, nous aurons

$$V''^2 = \frac{V^2}{4} + \frac{V^2}{4} - \frac{2V^2}{4}\cos\varphi,$$

$$V''^2 = \frac{V^2}{2} - \frac{V^2}{2}\cos\varphi,$$

$$V''^2 = \frac{V^2}{2}(1 - \cos\varphi).$$

Remplaçant $1 - \cos\varphi$ par sa valeur $2\sin^2\frac{1}{2}\varphi$,

$$V''^2 = \frac{V^2}{2} \times 2\sin^2\tfrac{1}{2}\varphi = V^2\sin^2\tfrac{1}{2}\varphi;$$

d'où

$$V'' = V\sin\tfrac{1}{2}\varphi, \quad V'' = V\sin 15^\circ, \quad V'' = 0{,}259\,V;$$

par conséquent, le travail non utilisé en adoptant cette disposition des aubes sera

$$\tfrac{1}{2}MV''^2 = \frac{1}{2}\,\frac{1000\,Q}{g} \times (0{,}259)^2 V^2.$$

Remplaçant V^2 par sa valeur $V^2 = 2gH$,

$$\tfrac{1}{2}MV''^2 = \frac{500\,Q}{g} \times (0{,}259)^2 \times 2gH,$$

$$\tfrac{1}{2}MV''^2 = 1000\,QH \times (0{,}259)^2 = 0{,}067\,MgH.$$

Ainsi le travail perdu, par approximation, est égal à $\frac{1}{15}$ du travail disponible.

De nombreuses expériences, faites sur les roues de Poncelet, ont appris que la vitesse qui convient au maximum relatif d'effet utile est égale aux 0,55 de la vitesse du liquide qui afflue sur l'aube ;

$$v = 0{,}55\,V,$$

au lieu de 0,50, comme l'indique la discussion de l'équation.

Pour des chutes de 2 mètres ou au-dessus et des ouvertures

de vanne variant de $0^m,08$ à $0^m,12$, l'effet utile pratique est environ les 0,65 de l'effet utile théorique ; d'où

$$P v = 0,65 \times 2M(V - v)v,$$

$$P v = 0,65 \times \frac{2000Q}{g}(V - v)v,$$

$$P v = 132,52Q(V - v)v,$$

et, pour le maximum d'effet, on aura

$$P v = 0,65 \times MgH = 0,65 \times 1000QH, \quad P v = 650QH.$$

Lorsque la chute est de $1^m,50$ et que la levée de vanne varie de $0^m,20$ à $0^m,30$, l'effet utile effectif est égal aux 0,75 de l'effet théorique :

$$P v = 0,75 \times 2M(V - v)v,$$

$$P v = 0,75 \times \frac{2000Q}{9,81}(V - v)v,$$

$$P v = 152,9Q(V - v)v,$$

et, pour le maximum d'effet,

$$P v = 750QH.$$

Dans les deux cas, on obtiendra la valeur de l'effort moyen exercé à la circonférence extérieure de la roue, en divisant les deux membres de l'équation par v.

1° $$P = 132,52Q(V - v), \quad P = \frac{650QH}{v};$$

2° $$P = 152,9Q(V - v), \quad P = \frac{750QH}{v}.$$

M. Morin a adopté les trois formules suivantes :

1° Roues très-bien construites, à coursiers courbes ou plans, dans lesquelles l'eau ne jaillit pas intérieurement, et qui fonctionnent avec des ouvertures de vanne de 0,20 et au-dessus, avec des chutes de $1^m,50$ et au-dessous :

$$P v = 162,9Q(V - v)v;$$

2° Roues bien construites, fonctionnant à de fortes levées

de vanne, sous des chutes de $1^m,60$ à 2 mètres :

$$Pv = 152{,}9Q(V - v)v;$$

3° Roues dans lesquelles l'eau jaillit un peu à l'intérieur et qui fonctionnent avec des ouvertures de vanne comprises entre $0^m,10$ et $0^m,20$, sous des chutes supérieures à $1^m,50$:

$$Pv = 142{,}9Q(V - v)v;$$

4° Roues dont le vannage est peu incliné ou même vertical et placé à une très-grande distance de la roue :

$$Pv = 102Q(V - v)v.$$

La comparaison des trois formules fait ressortir tous les avantages d'une bonne disposition de toutes les parties de la roue. L'expérience a encore appris que l'effet utile croît avec la hauteur de l'orifice et que les ouvertures de vanne les plus favorables sont $0^m,20$, $0^m,25$ et au-dessus.

103. *Largeur des couronnes.* — Lorsque les couronnes n'ont pas une largeur suffisante, l'eau jaillit à l'intérieur de la roue et occasionne une perte de travail. On comprend, en effet, que la capacité formée par deux aubes consécutives doit dépendre du volume d'eau à introduire, et que, pour plus de sécurité, il convient même qu'elle lui soit supérieure. L'observation a d'ailleurs fait reconnaître que la largeur des couronnes doit être d'autant plus grande que l'ouverture de la vanne est plus considérable.

Appelons

R, R' les rayons extérieur et intérieur de la roue;
$E = R - R'$ la largeur des couronnes;
L la largeur dans œuvre de la roue, c'est-à-dire la distance des deux couronnes.

Évidemment, le volume total compris entre les deux couronnes aura pour valeur la différence de deux cylindres ayant pour rayons R, R' et pour hauteur commune L,

$$\pi R^2 L - \pi R'^2 L = \pi(R^2 - R'^2)L.$$

La vitesse de la roue étant v, la fraction de ce volume qui passera en une seconde devant l'orifice sera

$$\pi(R^2 - R'^2)L \times \frac{v}{2\pi R} = (R^2 - R'^2)L \times \frac{v}{2R},$$

ou

$$(R + R')(R - R')L \times \frac{v}{2R} = (R + R')E \times L \times \frac{v}{2R}.$$

Or $R' = R - E$. En substituant, on aura

$$(R + R - E)EL\frac{v}{2R} = (2R - E)EL\frac{v}{2R}.$$

Faisant passer dans la parenthèse le dénominateur $2R$, il viendra

$$\left(\frac{2R}{2R} - \frac{E}{2R}\right)ELv = \left(1 - \frac{E}{2R}\right)ELv.$$

Cette expression a reçu le nom de *capacité des aubes pour l'admission de l'eau.* Pour être sûr que cette capacité est supérieure au volume d'eau débité, et pour tenir compte de l'épaisseur des aubes, Poncelet la réduit aux $\frac{6}{7}$ de sa valeur, ce qui donne

$$\frac{6}{7}\left(1 - \frac{E}{2R}\right)ELv.$$

Appelons h la hauteur de l'orifice et V la vitesse de l'eau. A cause de l'inclinaison de la vanne, l'épaisseur de la lame d'eau, dans le coursier, sera moindre que h; de plus, la largeur de la roue étant un peu plus grande que celle de l'orifice, il est certain que le volume d'eau qui doit être introduit en une seconde sera inférieur au volume LhV. Au plus, on aura donc

$$\frac{6}{7}\left(1 - \frac{E}{2R}\right)ELv = LhV.$$

Remplaçant v par sa valeur $v = 0,55V$,

$$\frac{6}{7}\left(1 - \frac{E}{2R}\right)EL \times 0,55V = LhV$$

ou

$$\frac{6}{7}\left(1-\frac{E}{2R}\right)E\times 0{,}55=h,$$

$$E-\frac{E^2}{2R}=\frac{7h}{6\times 0{,}55},$$

$$\frac{E^2}{2R}-E=-\frac{7h}{3{,}30},$$

$$E^2-2RE=-\frac{14hR}{3{,}30};$$

d'où

$$E=R-\sqrt{R^2-\frac{14hR}{3{,}30}},$$

$$E=R-\sqrt{R^2-4{,}2424hR},$$

$$E=R-\sqrt{R(R-4{,}2424h)}.$$

Cette formule est employée lorsque le rayon est déterminé d'après les convenances de travail et de localités.

Lorsque, au contraire, les circonstances que présentent les lieux et les conditions de l'établissement de la roue ne déterminent pas le diamètre extérieur, on admet généralement entre la largeur des couronnes et le diamètre le rapport

$$\frac{E}{2R}=0{,}25;$$

d'où

$$\frac{6}{7}(1-0{,}25)ELv=hLV,$$

$$\frac{6}{7}\times 0{,}75E\times 0{,}55V=hV,$$

$$\frac{6}{7}\times 0{,}75\times 0{,}55\times E=h,$$

$$E=2{,}82h.$$

M. Morin fait observer que la largeur obtenue par ces deux formules est un peu trop faible et qu'il convient de substituer le coefficient $\frac{2}{3}$ au coefficient $\frac{6}{7}$. On aura ainsi

$$\frac{2}{3}\left(1-\frac{E}{2R}\right)ELv=LhV;$$

d'où l'on déduit

$$E^2 - 2RE = -\frac{6hR}{2 \times 0,55},$$

$$E = R - \sqrt{R^2 - \frac{6hR}{1,10}},$$

$$E = R - \sqrt{R^2 - 5,4545hR},$$

$$E = R - \sqrt{R(R - 5,4545h)},$$

et en adoptant le rapport $\frac{E}{2R} = 0,25$,

$$\frac{2}{3}\left(1 - \frac{E}{2R}\right)E \times 0,55 = h,$$

$$\frac{2}{3} \times 0,75 \times E \times 0,55 = h,$$

$$E = \frac{3h}{2 \times 0,75 \times 0,55} = 3,63h.$$

On trouve, dans l'*Aide-mémoire de Mécanique* de M. Morin, une formule qui exprime directement la largeur des couronnes, en fonction du volume d'eau débité par l'orifice en une seconde. Ce savant estime que la capacité des aubes pour l'admission de l'eau doit être égale à deux fois le volume d'eau débité par l'orifice. On a donc

$$\left(1 - \frac{E}{2R}\right)ELv = 2Q, \quad \left(1 - \frac{E}{2R}\right)E = \frac{2Q}{Lv},$$

$$\frac{E^2}{2R} - E = -\frac{2Q}{Lv}, \quad E^2 - 2RE = -\frac{4QR}{0,55L\sqrt{2gH}},$$

$$E = R - \sqrt{R^2 - \frac{4QR}{0,55L\sqrt{2gH}}}, \quad E = R - \sqrt{R^2 - \frac{7,27QR}{L\sqrt{2gH}}}.$$

Si le rayon extérieur n'est pas déterminé, $\frac{E}{2R} = 0,25$ et l'on a

$$0,75E = \frac{2Q}{0,55L\sqrt{2gH}} \quad \text{et} \quad E = \frac{2Q}{0,75 \times 0,55\sqrt{2gH}}.$$

Divisant les deux termes par 2, il vient

$$E = \frac{Q}{0,206 L\sqrt{2gH}}.$$

Le volume Q est calculé par la règle établie. Ainsi, h étant la hauteur de l'orifice, L' sa largeur et m le multiplicateur de la dépense,

$$Q = mL'h\sqrt{2gH}.$$

On peut aussi, comme l'a fait Poncelet, trouver la largeur des couronnes par la considération des effets combinés de la gravité et de la force centrifuge. Nous avons vu que, pendant le mouvement ascensionnel du liquide le long de l'aube, ces deux forces tendent à détruire le mouvement; donc le liquide s'arrêtera lorsque le travail accompli par ces deux forces aura réduit à zéro la force vive qui correspond à la vitesse de glissement $(V - v)$. On comprend dès lors que la hauteur à laquelle peut s'élever l'eau détermine la largeur des couronnes et qu'il suffit d'établir l'équation du mouvement.

Appelons

M la masse de l'eau qui s'écoule en une seconde;
R, R' les rayons extérieur et intérieur;
V_1 la vitesse angulaire de la roue.

Puisque l'eau s'introduit à la partie inférieure de la roue, le chemin parcouru dans le sens propre de la gravité sera approximativement $(R - R')$ et le travail accompli aura pour valeur

$$Mg(R - R').$$

D'après ce que nous avons vu plus haut, sur les effets de la force centrifuge, le travail développé par cette force, depuis l'entrée de l'eau sur la palette jusqu'à la circonférence intérieure, sera

$$\tfrac{1}{2}MV_1^2(R^2 - R'^2).$$

La force vive perdue par l'eau étant $M(V - v)^2$, on aura, en vertu du théorème des forces vives, l'équation suivante :

$$\tfrac{1}{2}MV_1^2(R^2 - R'^2) + Mg(R - R') = \tfrac{1}{2}M(V - v)^2$$

ou

$$\frac{V_1^2(R^2-R'^2)}{2}+g(R-R')=\frac{(V-v)^2}{2}.$$

Faisant disparaître le dénominateur 2, il viendra

$$V_1^2(R^2-R'^2)+2g(R-R')=(V-v)^2$$

ou

$$V_1^2R^2-V_1^2R'^2+2gR-2gR'=(V-v)^2.$$

Changeant les signes,

$$V_1^2R'^2+2gR'-V_1^2R^2-2gR=-(V-v)^2.$$

Si le rayon intérieur est l'inconnue, comme le rayon extérieur est donné, on aura facilement la largeur de la couronne, après avoir résolu l'équation par rapport à R'. Faisant donc passer dans le second membre tous les termes qui ne renferment pas R', il viendra

$$V_1^2R'^2+2gR'=V_1^2R^2+2gR-(V-v)^2$$

ou

$$R'^2+\frac{2gR'}{V_1^2}=\frac{V_1^2R^2+2gR-(V-v)^2}{V_1^2};$$

d'où

$$R'=-\frac{g}{V_1^2}+\sqrt{\frac{g^2}{V_1^4}+\frac{V_1^2R^2+2gR-(V-v)^2}{V_1^2}}.$$

Réduisant au même dénominateur les termes du radical

$$R'=-\frac{g}{V_1^2}+\sqrt{\frac{g^2+V_1^4R^2+2gV_1^2R-(V-v)^2V_1^2}{V_1^4}}$$

ou

$$R'=\frac{-g+\sqrt{(g+V_1^2R)^2-(V-v)^2V_1^2}}{V_1^2}.$$

Si l'on fait abstraction des effets de la force centrifuge, on obtiendra évidemment une valeur supérieure à celle déduite de l'équation ci-dessus. C'est ce que l'on fait ordinairement, attendu que, pour éviter le jaillissement de l'eau dans l'intérieur de la roue, il vaut mieux avoir une largeur un peu plus grande que celle strictement obtenue, en ayant égard à toutes les circonstances du mouvement de l'eau. Dans ce cas, l'équation devient

$$Mg(R - R') = \frac{1}{2}M(V - v)^2 \quad \text{ou} \quad g(R - R') = \frac{(V - v)^2}{2}.$$

Si nous supposons la vitesse v égale à la moitié de la vitesse de l'eau, ce qui correspond au maximum relatif d'effet utile théorique, en remplaçant v par $\frac{V}{2}$, on aura

$$g(R - R') = \frac{\left(V - \frac{V}{2}\right)^2}{2} = \frac{V^2}{8}, \quad \text{d'où} \quad R - R' = \frac{V^2}{8g}.$$

Substituant à V^2 sa valeur $2gH$,

$$R - R' = \frac{2gH}{8g} = \frac{1}{4}H,$$

c'est-à-dire que la largeur de la couronne doit être egale au quart de la chute disponible. Mais il faut bien remarquer que, si la partie postérieure de la lame s'élève moins, par compensation la partie antérieure s'élève plus que le centre de gravité de l'ensemble. Aussi, pour éviter tout jaillissement, il semble convenable de porter la largeur de la couronne à la moitié ou au tiers de la hauteur totale de la chute. Poncelet conseille de prendre $\frac{1}{2}$ ou $\frac{1}{3}$ pour les chutes de $0^m,60$ à $0^m,80$ et $\frac{1}{3}$ ou $\frac{1}{4}$ pour les grandes chutes.

104. *Tracé des aubes. — Coursier rectiligne.* — Soient OA et OB les rayons extérieur et intérieur de la roue (*fig.* 36). Menons une tangente Rs inclinée à $\frac{1}{10}$ sur la circonférence de rayon Os, un peu plus grand que le rayon OA, pour tenir compte du jeu; nous aurons ainsi la direction du fond du coursier rectiligne. Par le sommet C de l'orifice, traçons une parallèle au fond du coursier, jusqu'à sa rencontre au point A de la circonférence extérieure. Comme la vitesse de la roue à l'extrémité de l'aube est dirigée suivant la tangente à la circonférence et de plus qu'elle est égale à 0,55 de la vitesse de l'eau, prenons sur la tangente du point A une longueur $An = 0,55\,V = 0,55\,Am$. Joignant le point n au point m et

achevant le parallélogramme des vitesses A*nmk*, la droite A*k* représentera, d'après ce qui a été vu, la vitesse relative d'in-

Fig. 36.

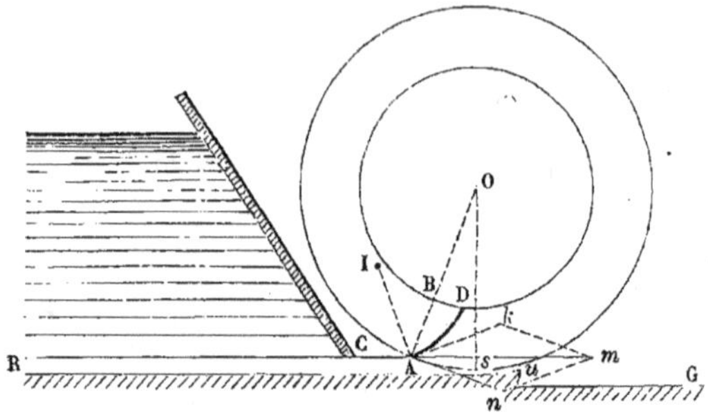

troduction. Or, pour que le choc soit nul, il faut qu'elle soit dirigée suivant le premier élément de l'aube; donc, si au point A nous menons une perpendiculaire à A*k*, cette droite contiendra le centre de courbure de l'aube. On choisit ce point I, de manière que l'arc de cercle dont il est le centre coupe la circonférence intérieure en un point D, sous un angle droit, ou du moins qui en soit très-voisin. A partir du point *s*, le coursier est prolongé par un arc de cercle *su*, dont le développement est supérieur de $0^m,05$ ou $0^m,06$ à l'intervalle de deux aubes consécutives. Le point *u* est le sommet du ressaut qui relie le coursier au canal de fuite. Par cette construction, on évite le choc des filets fluides supérieurs à leur entrée sur l'aube; mais, comme les filets fluides placés au-dessous rencontrent la circonférence extérieure, sous des angles de plus en plus petits, il s'ensuit que les composantes normales, relatives à la vitesse de l'eau et à la vitesse de l'aube, cessent d'être égales entre elles et que l'introduction de ces filets ne saurait avoir lieu sans choc.

Quand on sait, *a priori*, que la tangente au premier élément de l'aube doit former avec la tangente à la circonférence extérieure, au même point, un angle de 25 ou 30 degrés, on peut employer le tracé suivant.

Soit A un point de la circonférence extérieure, de la roue, par lequel doit passer une aube (*fig.* 37). Menons une droite AN qui forme avec la tangente AM, à la circonférence,

Fig. 37.

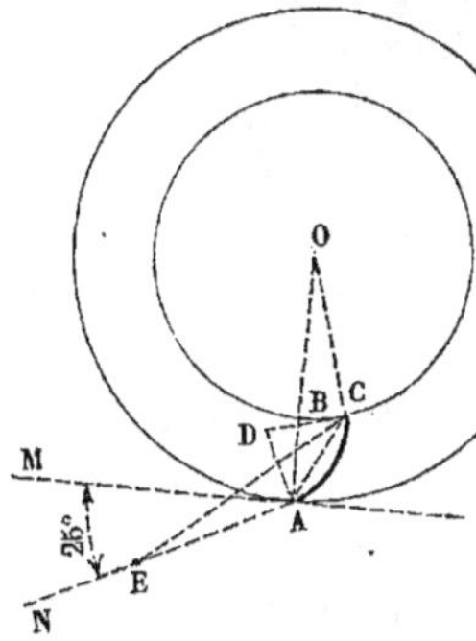

un angle de 25 degrés. Traçons OA qui coupe la circonférence intérieure au point B et prenons, à partir du point A, la longueur AE = OB. Du point E comme centre, avec un rayon égal à OA, décrivons un arc de cercle qui coupe la circonférence intérieure au point C. Si l'on mène au point A une perpendiculaire à AN et au point C une tangente à la circonférence intérieure, l'intersection D de ces deux droites sera le centre de courbure de l'aube qui doit passer par le point A. En effet, les deux triangles ECA, OCA sont égaux, puisque leurs trois côtés le sont; d'où, angle EAC = angle OCA, et si l'on retranche de chacun d'eux un angle droit, c'est-à-dire les angles DAE, DCO, il restera

angle DAC = angle DCA.

Ainsi le triangle DAC est isoscèle et, par suite, l'arc de cercle décrit du point A avec DA pour rayon passera par le point C. Il est visible que les conditions auxquelles il devait être soumis sont satisfaites, puisqu'il est tangent à OC qui forme avec la tangente à la circonférence intérieure un angle droit et qu'il est aussi tangent à la droite AN, dont l'inclinaison sur la circonférence extérieure est de 25 degrés. Nous verrons plus loin que cette question n'est qu'un cas particulier d'un problème général que nous aurons à résoudre.

105. *Coursier à développante de cercle.* — Poncelet, frappé des inconvénients que présente le coursier rectiligne pour l'introduction de l'eau sur les aubes, a substitué en amont de la roue, entre l'orifice et les aubes, un coursier dont le fond affecte la forme d'une développante. On comprend aisément que, lorsqu'il en est ainsi, tous les filets qui forment la lame d'eau s'infléchissent, décrivent des courbes semblables à celles du fond et se présentent sur la roue, sous le même angle. Toutefois, lorsque la roue est établie dans de telles conditions, le sommet du ressaut est reporté en amont du point le plus bas. Pour les petites chutes et les roues de 3 mètres de diamètre, on le place à $0^m,30$ environ de la verticale passant par le centre de la roue, et à $0^m,40$ lorsque le diamètre est supérieur à 3 mètres. Soit K (*fig.* 38) le sommet

Fig. 38.

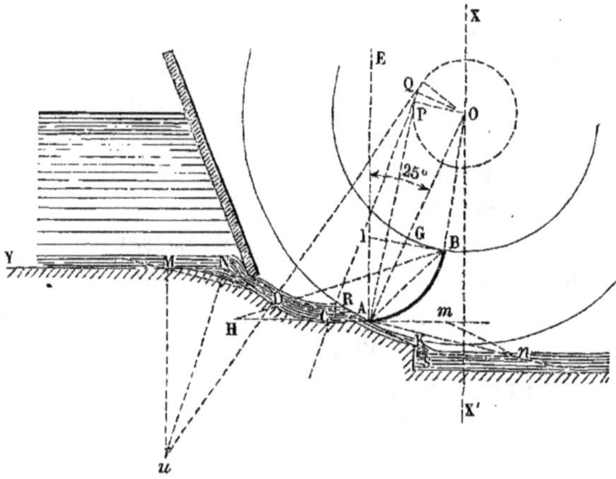

du ressaut ainsi disposé à gauche de la verticale XX'. Dans ce nouveau dispositif, comme dans le précédent, deux aubes consécutives doivent être emboîtées dans un fond circulaire concentrique, dont le développement doit être un peu plus grand que l'intervalle des aubes à la circonférence extérieure. Pour satisfaire à cette condition, à partir du sommet K du ressaut, prenons un arc dont la longueur est supérieure de $0^m,06$ à l'écartement des aubes, et nous aurons ainsi la position A du premier élément de l'aube qui doit être soumise à l'action de l'eau. Rappelons que la tangente au premier élément de l'aube doit former avec la tangente à la circonférence extérieure un angle de 25 degrés, et, au moyen de cette donnée, il sera facile de trouver la vitesse relative de glissement sur la palette et la direction de la vitesse d'arrivée. A cet effet, menons le rayon AO et la droite AE, telle que l'angle OAE = 25°. Au point A menons une tangente à la circonférence extérieure et prenons AS égale à la vitesse *v* de la roue, c'est-à-dire à 0,55V, qui correspond au maximum relatif d'effet utile. Élevant au point A la perpendiculaire A*m* sur AE, on aura la direction de la vitesse relative de l'eau, puisque l'angle *m*AS est égal à l'angle OAE ou 25 degrés, à cause de la perpendicularité des côtés. Par le point S menons une parallèle à A*m* et du point A comme centre, avec un rayon égal à la longueur qui représente la vitesse V du liquide affluent, décrivons un arc de cercle qui coupe cette parallèle au point *n*. Joignant le point A au point *n* et construisant le parallélogramme A*mn*S, la droite A*n* représentera la grandeur et la direction de la vitesse V et A*m* la vitesse de glissement le long de l'aube; car nous avons vu que la vitesse d'arrivée est la résultante de la vitesse de la palette à l'extrémité et de la vitesse relative. Le centre de courbure de l'aube étant situé sur la perpendiculaire AE à A*m*, si l'on veut qu'elle coupe la circonférence intérieure sous un angle droit, on fera la même construction que dans le cas précédent. Il suffira de prolonger A*m* d'une longueur AH égale au rayon intérieur AG, de décrire du point H comme centre, avec un rayon égal au rayon extérieur AO de la roue, un arc de cercle qui coupe la circonférence intérieure au point B. La perpendiculaire menée à BO au point B rencontrera la droite AE au point I, qui sera le centre de courbure cherché. Pour trouver la circonférence dont la développante doit former le fond du coursier en amont de la roue, on mène au point A une perpendiculaire à A*n* et la droite OP, abaissée perpendiculairement sur AP, sera le rayon de cette circonférence. On est ainsi conduit à la développer à partir de la tangente AP, qui passe par le point origine A. Cette courbe étant tracée par la méthode qu'indique la Géométrie, on obtiendra le point où le filet supérieur rencontre la circonférence extérieure de la roue, en prenant, à partir du point P sur la circonférence développée, un arc PQ de longueur égale à la hauteur de l'orifice. La tangente menée à cette circonférence au point Q rencontrera la circonférence extérieure au point R, qui sera évidemment le point cherché. L'inflexion des filets fluides suivant la courbure de la développante sera mieux assurée, si, à partir du point C, on prolonge cette courbe d'une longueur DC égale à $0^m,25$. On opère le raccordement du coursier avec le réservoir d'amont, en menant au point D une tangente à la développante qui rencontre au point N la direction du fond du radier. La bissectrice de l'angle MND coupe la normale à la développante ou la tangente à la développée au point u qui est le centre de l'arc de raccordement. A cette construction du coursier, qui a pour objet de faire arriver tous les filets sur la roue, sous le même angle, on doit toutefois apporter cette restriction que, si l'on peut admettre, sans erreur sensible, que ces filets possèdent la même vitesse en quittant l'orifice, il ne saurait en être de même aux points où ils pénètrent dans la roue, puisque, à ce moment, ils sont placés à des hauteurs différentes au-dessous du seuil de l'orifice. On pourrait atténuer cet inconvénient, en opérant le tracé par rapport au filet fluide moyen. A cet effet, par le milieu de CR qui représente l'épaisseur de la lame d'eau, on ferait passer une développante du cercle de rayon OP et au point de rencontre avec la circonférence extérieure on exécuterait les mêmes constructions que dans le cas où l'on a considéré le filet fluide inférieur.

106. *Coursier en spirale.* — Soit OA (*fig.* 39) le rayon extérieur de la roue. Menons à la circonférence extérieure une tangente YY' inclinée à $\frac{1}{10}$, qui représente la direction du fond du coursier rectiligne et une parallèle ZZ' à cette tangente qui en soit distante d'une quantité égale à l'épaisseur de la lame d'eau. Par le point C où elle rencontre la circonférence, menons un rayon OC que nous prolongerons jusqu'à la rencontre de la tangente au point B. Partageons AC et la partie BC du rayon prolongé en un même nombre de parties égales, en quatre par exemple, et en dehors de la

circonférence, portons sur les rayons prolongés des points de division autant de parties égales de BC qu'il y a d'unités

Fig. 39.

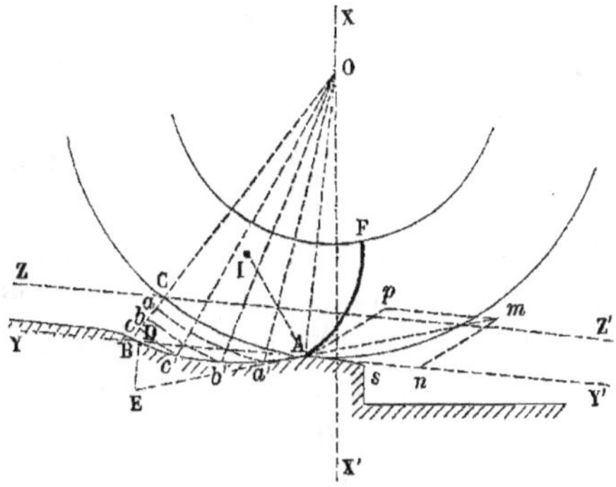

dans le nombre qui représente le rang qu'occupe le rayon considéré, à partir du point origine A. Il est visible que la courbe continue qui passe par les points A, a', b', c', B ainsi obtenus seront autant de points d'une spirale d'Archimède dont le pôle est en O, puisque le point générateur s'en éloigne de quantités proportionnelles aux déplacements angulaires. Du côté d'aval, la spirale est prolongée au moyen d'un arc de cercle d'un grand rayon, dont le développement est un peu plus grand que l'intervalle compris entre deux aubes consécutives à la circonférence extérieure. L'extrémité de cet arc fixe la position de la crête du ressaut qui relie le coursier au canal de fuite. En amont de la roue, le coursier en spirale est également raccordé avec le radier par une partie circulaire d'un grand rayon. Lorsque le côté inférieur de l'orifice est sensiblement plus élevé que le ressaut, on peut facilement l'abaisser en exécutant le tracé par la considération de la tangente horizontale à la circonférence extérieure, au lieu de la prendre inclinée à $\frac{1}{10}$, comme nous l'avons fait. Il résulte de cette nouvelle disposition que les différents filets composant la lame d'eau qui, d'ailleurs, conserve à peu près la même épaisseur entre la vanne et la roue, décrivent des spirales semblables et rencontrent la roue sous le même angle, c'est-à-dire que le choc est évité, pourvu toutefois que le premier élément de l'aube soit dirigé suivant cet angle. Il est encore évident que le filet fluide inférieur, en arrivant au point A, aura une vitesse dont la direction sera la tangente à la spirale. Nous mènerons cette tangente par la méthode de Roberval, ce qui est très-facile, puisque nous connaissons la loi du mouvement du point générateur. A cet effet, à partir du point origine A, portons sur la tangente YY′ une longueur AD égale à l'arc développé AC, et au point D menons une perpendiculaire DE égale à BC. Puisque les deux mouvements relatifs du point générateur sont perpendiculaires l'un à l'autre, il est clair que la diagonale AE du rectangle dont les côtés sont AD, DE représentera la direction de la tangente à la spirale au point A. Portons sur cette tangente une longueur Am, qui exprime à une échelle convenue la vitesse d'arrivée $V = \sqrt{2gH}$ et sur la tangente à la circonférence extérieure une longueur $An = 0{,}55V$. Joignant le point n au point m et achevant le parallélogramme $Anmp$, la droite Ap représentera la grandeur et la direction de la vitesse avec laquelle l'eau tend à monter le long de l'aube. Élevant au point A une perpendiculaire à Ap, on choisira le centre de courbure I de l'aube, de manière que l'arc de cercle qui passe par le point A coupe la circonférence intérieure sous un angle aigu très-voisin d'un angle droit. Si l'on s'impose la condition que cet angle doit être rigoureusement droit, on pourra employer la construction que nous avons déjà indiquée.

Nous avons vu plus haut que l'effet utile théorique de la roue à aubes courbes est exprimé par la formule

$$Pv = \tfrac{1}{2}MV^2 - \tfrac{1}{2}MV''^2 = \tfrac{1}{2}M(V^2 - V''^2),$$

dans laquelle V représente la vitesse d'arrivée et V″ la vitesse absolue avec laquelle l'eau quitte le récepteur. On obtient, comme nous l'avons déjà dit, cette dernière vitesse en cherchant la résultante de la vitesse de la roue à la circonférence extérieure et de la vitesse relative de l'eau, après son mouvement ascensionnel et de descente. On comprend que, dans le cas où les aubes se raccordent tangentiellement à la circonférence extérieure, cette vitesse est $V - v$ et, par suite, la vitesse absolue $V - 2v$. Mais, dans la pratique, il n'en est jamais ainsi : la vitesse d'introduction a une valeur différente de celle qui se rapporte au cas, purement idéal, qui a servi de base à la théorie que nous avons donnée. Ainsi, pour que la formule ci-dessus reçoive une application exacte, il faut d'abord chercher la vitesse d'introduction au moyen de la relation

$$u = \sqrt{V^2 + v^2 - 2Vv\cos\alpha},$$

α représentant l'angle formé par la vitesse de l'eau et la vitesse de la roue. La vitesse de sortie étant la résultante des deux vitesses u et v, si nous désignons par φ l'angle formé par la tangente à l'aube et la tangente à la circonférence, on aura

$$V'' = \sqrt{u^2 + v^2 - 2uv\cos\varphi}.$$

Des expériences rapportées par M. Morin, il résulte que le coefficient de correction qui doit affecter la formule théorique est égal à 0,829. Par conséquent, dans tous les cas de la pratique, le travail utile effectif pourra être obtenu avec une approximation suffisante par la formule

$$Pv = 0,829 \times \tfrac{1}{2}M(V^2 - V''^2),$$

dans laquelle la valeur de V'' à introduire aura été calculée *a priori* par la méthode que nous venons de rappeler.

Remplaçant M par $\dfrac{1000Q}{g}$, on aura

$$Pv = 0,829 \times \frac{1000Q}{9,81 \times 2}(V^2 - V''^2),$$

$$Pv = \frac{0,829 \times 500}{9,81} Q(V^2 - V''^2) = 42,25Q(V^2 - V''^2)^{\text{kgm}}.$$

107. Applications. — 1° *Trouver l'effet utile d'une roue à aubes courbes bien construite qui dépense 600 litres d'eau par seconde, sachant que la vitesse de l'eau est* $4^{\text{m}},645$ *et la vitesse de la roue* $2^{\text{m}},40$.

$$Pv = 162,9Q(V - v)v,$$

$$Pv = 162,9 \times 0^{\text{mc}},600(4,645 - 2,40)2,40,$$

$$Pv = 526^{\text{kgm}},62,$$

ou

$$N = \frac{526.62}{75} = 7^{\text{chvap}}.$$

La hauteur de la chute se mesure ordinairement au-dessus de la crête du ressaut. Si elle est égale à $1^{m},25$, le travail absolu du cours d'eau aura pour valeur

$$1000\,QH = 600^{kg} \times 1,25 = 750^{kgm},$$

ou

$$N = \frac{750}{75}\, 10^{\text{chvap}}.$$

Le rapport de l'effet utile au travail disponible sera donc

$$\frac{Pv}{MgH} = \frac{526,62}{750} = 0,70.$$

L'effort moyen exercé à la circonférence extérieure ou à l'extrémité de l'aube aura pour valeur

$$P = \frac{526,62}{2,40} = 219^{kgm}.$$

Proposons-nous, avec les mêmes données numériques, d'appliquer la formule

$$Pv = 42,25\,Q(V^2 - V''^2),$$

dans l'hypothèse où la tangente au premier élément de l'aube forme avec la tangente à la circonférence extérieure de la roue un angle de 25 degrés. Il est évident que, pour traiter la question sous ce nouveau point de vue, il faut d'abord chercher la vitesse relative d'introduction, pour en déduire la vitesse absolue de sortie V″. Soient A*m* (*fig.* 40) une droite

Fig. 40.

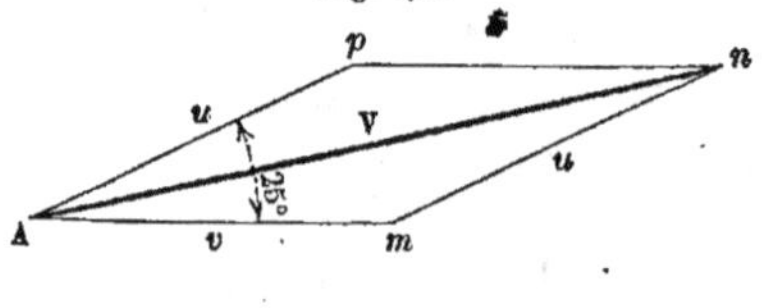

représentant à une certaine échelle la vitesse de la roue $v = 2,40$ et A*p* une autre droite représentant la vitesse relative d'introduction suivant le premier élément de l'aube et formant avec am un angle de 25 degrés. Si nous construisons sur les droites Am, Ap le parallélogramme des vitesses, la diagonale An représentera en grandeur et en direction la vitesse d'arrivée du liquide. Dans le triangle Amn, nous connaissons $Am = v = 2^{m},40$, $An = V = 4,645$ et l'angle Amn qui est le supplément de l'angle pAm égal à 25 degrés. On aura donc

$$\frac{V}{v} = \frac{\sin 155^{\circ}}{\sin Anm},$$

ou bien, attendu que le sinus d'un angle est égal au sinus de son supplément affecté du même signe :

$$\frac{V}{v} = \frac{\sin 25^{\circ}}{\sin Anm}, \quad \frac{4,645}{2,40} = \frac{\sin 25^{\circ}}{\sin Anm},$$

d'où

$$\sin Anm = \frac{2,40 \times \sin 25^{\circ}}{4,645},$$

$$\log \sin Anm = \log 2,40 + \log \sin 25^{\circ} - \log 4,645$$

et

$$\text{angle } Anm = 12^{\circ}36'45''.$$

Comme l'angle Anm est égal à l'angle pAn, il s'ensuit que l'angle formé par la direction de la vitesse d'arrivée avec celle de l'extrémité de l'aube aura pour valeur

$$nAm = 25^{\circ} - 12^{\circ}36'45'' = 12^{\circ}23'15''.$$

La connaissance de cet angle permet de déterminer la vitesse d'introduction représentée par le côté mn ou le côté Ap. Du triangle nAm, on déduit

$$\frac{V}{mn} = \frac{\sin Amn}{\sin nAm}, \quad \frac{4,645}{mn} = \frac{\sin 25}{\sin 12^{\circ}23'15}, $$

d'où

$$mn = u = \frac{4,645 \times \sin 12^{\circ}23'15''}{\sin 25^{\circ}},$$

$$\log u = \log 4,645 + \log \sin 12^{\circ}23'15'' - \log \sin 25^{\circ},$$

$$u = 2^{m},36.$$

La vitesse absolue de sortie étant la résultante de la vitesse relative u et de la vitesse de la roue v, on aura

$$V''^2 = u^2 + v^2 - 2uv\cos\varphi,$$
$$V''^2 = (2,36)^2 + (2,40)^2 - 2 \times 2,36 \times 2,40 \times \cos 25^\circ,$$
$$V'' = \sqrt{(2,36)^2 + (2,40)^2 - 2 \times 2,36 \times 2,40 \cos 25^\circ} = 1^{m},03.$$

Remplaçant V″ par cette valeur dans l'équation du travail,

$$Pv = 42,25 \times 0^{mc},600\,[(4,645)^2 - (1,03)^2],$$
$$Pv = 520^{kgm},$$

résultat qui diffère bien peu de celui obtenu par la première formule.

2° *Établir une roue à aubes courbes de la force de* 10 *chevaux-vapeur, avec une chute de* 1ᵐ,20.

Le travail qui doit être transmis sera, en kilogrammètres,

$$Pv = 10 \times 75 = 750^{kgm}.$$

Le rendement d'une roue de ce système étant les 0,60 du travail disponible,

$$Pv = 0,60\,MgH = 600\,QH;$$

par conséquent,

$$750^{kgm} = 600\,Q \times 1,20,$$

d'où le volume d'eau débité en une seconde

$$Q = \frac{750}{600 \times 1,20} = 1^{mc},0416.$$

Si la disposition des lieux fait reconnaître que la roue est exposée à des crues d'aval, on placera le sommet du ressaut à $0^{m},10$ environ du niveau moyen des eaux, ce qui réduira la chute à $1^{m},10$. Supposons que l'ouverture de la vanne soit de 0,25 et que, en vertu de la pente du coursier, la crête du ressaut soit à $0^{m},10$ au-dessous du seuil de l'orifice, la charge H_1 sur le sommet, aura pour valeur

$$H_1 = 1^{m},20 - 0^{m},10 - 0^{m},25 = 0^{m},85;$$

par suite, la vitesse V sera

$$V = \sqrt{2g \times 0,85} = 4^{m},083.$$

Le volume d'eau dépensé est aussi exprimé par la relation

$$Q = mL'hV,$$

m représentant le multiplicateur de la dépense, L' la largeur de l'orifice, h sa hauteur et V la vitesse de l'eau.

Si le vannage est incliné à 1 de base sur 1 de hauteur, d'après Poncelet, $m = 0,80$. Quand des circonstances locales obligent à lui donner une inclinaison de 1 de base sur 2 de hauteur, $m = 0,74$. Dans l'hypothèse où la première inclinaison est celle du cas actuel, si l'on remplace les quantités générales par leurs valeurs particulières, on aura

$$1^{mc},0416 = 0,80 \times L' \times 0,25 \times 4,083,$$

d'où, pour la largeur de l'orifice,

$$L' = \frac{1^{mc},0416}{0,80 \times 0,25 \times 4,083} = 1^{m},275.$$

Pour rendre l'introduction de l'eau plus facile, ordinairement la largeur intérieure de la roue L excède de $0^{m},08$ à $0^{m},10$ celle de l'orifice;

$$L = 1^{m},275 + 0,10 = 1^{m},375.$$

Si le rayon de la roue n'est pas déterminé *a priori*, en admettant avec Poncelet le rapport $\frac{E}{2R} = 0,25$ et de plus que la capacité des aubes pour l'admission de l'eau doit être affectée du coefficient $\frac{6}{7}$, on aura en fonction de la levée de vanne $h = 0,25$;

$$E = 2,82\,h = 2,82 \times 0,25, \quad E = 0^{m},705.$$

Si l'on prend le coefficient $\frac{2}{3}$ adopté par M. Morin,

$$E = 3,63\,h = 3,63 \times 0,25, \quad E = 0^{m},9075.$$

Il suit de là que, par la première formule, le rayon de la roue est le double de la largeur $0^{m},705$ ou $1^{m},41$, et, par la seconde, deux fois $0^{m},9075$ ou $1^{m},815$.

On peut aussi se servir de la formule qui exprime la largeur de la couronne en fonction du volume d'eau débité par l'orifice en une seconde

$$E = \frac{Q}{0,206\,LV}, \quad E = \frac{1,0416}{0,206 \times 1,375 \times 4,083} = 0^m,901.$$

Ainsi qu'on le voit, l'application des formules conduit à des valeurs plus considérables que celles fixées par Poncelet, qui estimait d'abord la largeur des couronnes à la moitié ou au tiers de la hauteur totale de la chute. Il est juste de remarquer que, si les dimensions ainsi déterminées augmentent le poids de la roue, cet accroissement de largeur empêche le jaillissement de l'eau à l'intérieur, soit au moment de la mise en marche, soit pendant le mouvement régulier de la roue. Lorsque, par des considérations locales, telles, par exemple, que la nécessité de placer le sol de l'usine à une certaine hauteur pour la mettre à l'abri des inondations, on est obligé de prendre un diamètre supérieur à celui qui est fourni par la relation indiquée, on détermine directement la largeur de la couronne en fonction du rayon donné par la formule

$$E = R - \sqrt{R^2 - \frac{7,27\,QR}{L\sqrt{2gH_1}}}.$$

Supposons que, dans le cas dont il s'agit, on soit obligé de porter le rayon à 2 mètres; pour prévenir l'inconvénient que nous avons signalé, on aura

$$E = 2 - \sqrt{4 - \frac{7,27 \times 1,0416 \times 2}{1,375 \times 4,083}}, \quad E = 0^m,859.$$

CHAPITRE V.

108. *Roues à palettes planes embottées dans un coursier circulaire.* — Ces roues, improprement nommées *roues de côté*, reçoivent l'eau au-dessous de l'axe, soit par un orifice avec charge sur le sommet, soit par un déversoir. Elles sont embottées dans un coursier circulaire dont le rayon est de $0^m,01$ environ supérieur à celui de la roue. On prend le point d'introduction à l'intersection du filet fluide moyen avec la palette,

Fig. 41.

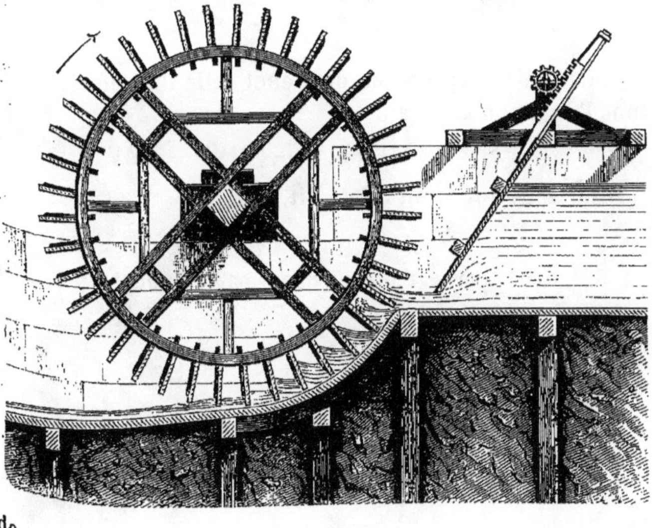

de sorte que l'eau parcourt avec la roue le chemin compris entre ce point et le point de sortie. Afin de favoriser le dégagement de l'air compris entre deux aubes consécutives, on laisse au fond du tambour de la roue un vide de $0^m,04$ (*fig.* 41 et 42). Il résulte de cette disposition que l'eau, en entrant, choque la palette, perd totalement sa vitesse relative et se meut avec la vitesse propre de la roue.

Fig. 42.

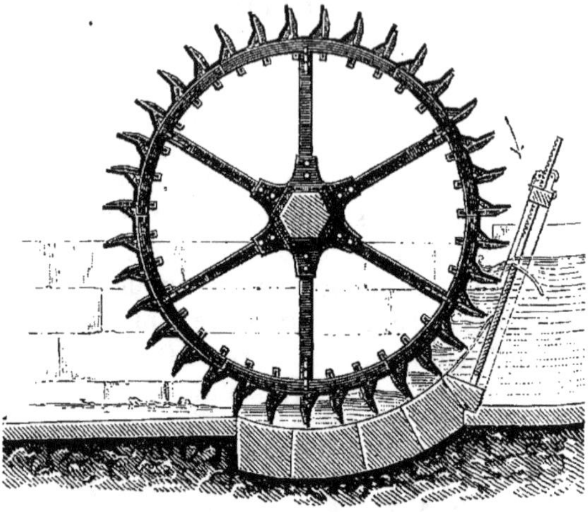

Pour avoir l'expression de l'effet utile théorique, considérons l'équation générale

$$Pv = Mgh + \frac{1}{2}MV^2 - \frac{1}{2}MV'^2 - \frac{1}{2}MV''^2.$$

D'après ce qui vient d'être dit,

$$V'^2 = V^2 + v^2 - 2Vv\cos\alpha,$$

en désignant par α l'angle formé par la courbe parabolique

Fig. 43.

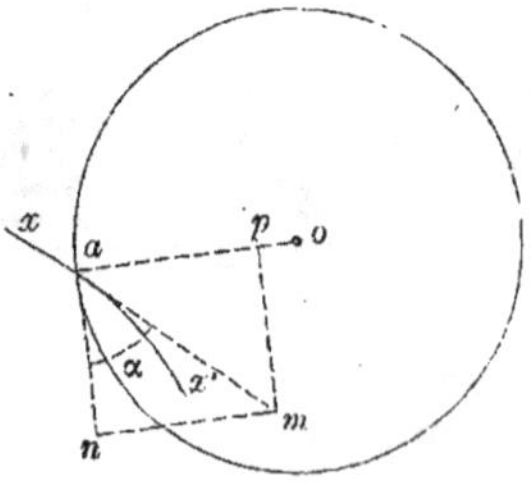

affectée par le filet fluide avec la circonférence extérieure au point d'introduction. On voit d'ailleurs (*fig.* 43) que Am = V a deux composantes *an*, *ap*, la première ayant pour valeur $V \cos\alpha$ et la seconde $V \sin\alpha$. Comme le liquide, après l'introduction, se meut dans le sens de la tangente avec la vitesse de la roue v, la vitesse perdue sera $V \cos\alpha - v$, et puisque, après les tourbillonnements, la vitesse relative $V \sin\alpha$ cesse d'exister, on aura

$$V'^2 = (V \cos\alpha - v)^2 + V^2 \sin^2\alpha$$

ou

$$V'^2 = V^2 \cos^2\alpha + v^2 - 2Vv \cos\alpha + V^2 \sin^2\alpha,$$
$$V'^2 = V^2 (\cos^2\alpha + \sin^2\alpha) + v^2 - 2Vv \cos\alpha;$$

or, $\cos^2\alpha + \sin^2\alpha = 1$: donc

$$V'^2 = V^2 + v^2 - 2Vv \cos\alpha.$$

Remplaçant V'^2 par cette valeur dans l'équation générale, et remarquant que l'eau, en sortant du récepteur, a une vitesse sensiblement égale à celle de la roue, l'équation deviendra

$$Pv = Mgh + \tfrac{1}{2} MV^2 - \tfrac{1}{2} M (V^2 + v^2 - 2Vv \cos\alpha) - \tfrac{1}{2} Mv^2,$$

ou

$$Pv = Mgh + \tfrac{1}{2} MV^2 - \tfrac{1}{2} MV^2 - \tfrac{1}{2} Mv^2 + MVv \cos\alpha - \tfrac{1}{2} Mv^2,$$
$$Pv = Mgh + MVv \cos\alpha - Mv^2.$$

Mettant Mv en facteur commun dans le second membre,

$$Pv = Mgh + M (V \cos\alpha - v) v.$$

Remplaçant M par sa valeur $\frac{1000\,Q}{g}$, on aura

$$Pv = 1000\,Qh + \frac{1000\,Q}{g} (V \cos\alpha - v) v.$$

Comme précédemment, nous ferons observer que le maximum d'effet utile dépend de la relation qui existe entre la vitesse V de l'eau et la vitesse v de la roue. Le terme Mgh étant une quantité constante, si l'écoulement est permanent, il faudra nécessairement que le produit $(V \cos\alpha - v) v$ soit un maximum, ce qui implique l'égalité des deux facteurs; donc

$$(V \cos\alpha - v) = v,$$

d'où

$$V\cos\alpha = 2v \quad \text{et} \quad v = \frac{V\cos\alpha}{2}.$$

Évidemment l'effet utile augmentera à mesure que l'angle α des vitesses diminuera. Si $\alpha = 0$, ce qui correspond au cas où la vitesse du liquide affluent est dirigée suivant la vitesse du point où il atteint la palette

$$\cos\alpha = 1 \quad \text{et} \quad v = \frac{V}{2}.$$

Remplaçant v par cette valeur dans l'équation du travail, il vient

$$Pv = Mgh + M\left(V - \frac{V}{2}\right)\frac{V}{2}, \quad Pv = Mgh + \frac{MV^2}{4}.$$

Si nous appelons h' la hauteur due à la vitesse V, c'est-à-dire la distance verticale comprise entre le point d'introduction et le niveau de l'eau dans le réservoir supérieur, on aura

$$V^2 = 2gh',$$

et, en substituant cette valeur à V^2 dans l'équation,

$$Pv = Mgh + \frac{M \times 2gh'}{4},$$

$$Pv = Mgh + \frac{Mgh'}{2},$$

$$Pv = Mg\left(h + \frac{h'}{2}\right).$$

Or la hauteur totale de la chute $H = h + h'$ et $h + \frac{h'}{2} < H$; donc, dans le cas le plus favorable où l'angle $\alpha = 0$, il sera impossible théoriquement d'obtenir un effet utile égal au travail disponible. Si l'on fait $h' = 0$, la hauteur h parcourue par l'eau, depuis le point d'introduction, devient égale à H, et, dans ce cas, on a

$$Pv = MgH.$$

Mais alors la vitesse $V = \sqrt{2gh'}$ devient nulle, ainsi que la vitesse de la roue. Il faudrait donc, pour réaliser le maximum absolu d'effet utile, que l'eau arrivât sans vitesse sur la roue et que la vitesse de celle-ci fût nulle, conditions impossibles à satisfaire, car alors on aurait un engin mécanique qui ne marcherait pas, et par conséquent ne serait propre à aucun usage. Cette discussion montre toutefois que le rendement de la roue sera d'autant plus grand que le point d'introduction de l'eau sur la roue sera plus près du niveau du bief supérieur. On comprend donc l'avantage que l'on peut retirer des vannes en déversoir pour les roues qui doivent marcher à une faible vitesse.

Lorsque l'angle α des deux vitesses est droit, $\cos\alpha = 0$, et la force vive perdue à l'introduction est

$$M(V^2 + v^2);$$

car, dans ce cas, on a

$$V'^2 = V^2 + v^2 - 2Vv\cos\alpha = V^2 + v^2.$$

Introduisant cette valeur dans l'équation du travail, on aura

$$Pv = Mgh + \tfrac{1}{2}MV^2 - \tfrac{1}{2}M(V^2 + v^2) - \tfrac{1}{2}Mv^2$$

ou

$$Pv = Mgh + \tfrac{1}{2}MV^2 - \tfrac{1}{2}MV^2 - \tfrac{1}{2}Mv^2 - \tfrac{1}{2}Mv^2,$$

$$Pv = Mgh - Mv^2.$$

L'observation permet de constater ce fait. Avec un peu d'attention, on voit, en effet, que l'eau, en arrivant perpendiculairement à la vitesse de la roue, perd sa vitesse V en choquant le tambour. D'autre part, la palette qui suit, la rencontrant avec la vitesse v, normale à celle de l'eau, se trouve exactement dans les mêmes conditions que si, à son tour, elle était choquée par le fluide, en sens inverse du mouvement, avec la vitesse propre de la roue, ce qui produit encore une nouvelle perte de vitesse. La somme des forces vives perdues est donc $MV^2 + Mv^2$. Il est indispensable, lorsque le lever de la roue révèle cette particularité, de calculer exactement la perte de force vive subie à l'introduction, surtout si la vitesse de l'eau et celle de la roue ont d'assez grandes valeurs.

109. *Formules pratiques.* — Des expériences faites par M. Morin sur les roues de ce système il résulte que la vitesse

de la roue peut varier depuis $v = 0,30V$ jusqu'à $v = V$, sans que l'effet utile s'écarte sensiblement du maximum relatif. Ordinairement on fait $v = 0,70V$. Les constructeurs donnent à cette vitesse une valeur de 1 mètre à $1^m,50$ et la portent même à 2 mètres. La comparaison des résultats déduits de la formule avec ceux obtenus expérimentalement au moyen du frein dynamométrique a appris que, si les augets formés par les aubes et le tambour ne sont pas remplis au delà de la moitié ou des deux tiers de leur capacité, le coefficient de correction est 0,797 pour les roues recevant l'eau par des vannes en déversoir et 0,75 quand l'écoulement de l'eau a lieu par des orifices avec charge sur le sommet. Quand cette limite est dépassée, on emploie le coefficient 0,60; par conséquent, dans les applications, on pourra faire usage des trois formules suivantes :

1°
$$\begin{cases} Pv = 0,797\left[1000\,Qh + \dfrac{1000\,Q}{g}(V\cos\alpha - v)v\right], \\ Pv = 797\,Q\left[h + \dfrac{(V\cos\alpha - v)v}{g}\right]; \end{cases}$$

2°
$$Pv = 750\,Q\left[h + \dfrac{(V\cos\alpha - v)v}{g}\right];$$

3°
$$Pv = 600\,Q\left[h + \dfrac{(V\cos\alpha - v)v}{g}\right].$$

110. *Calcul du volume d'eau introduit dans les augets formés par les aubes.* — Soient e l'écartement de deux palettes, mesuré à la circonférence extérieure et v la vitesse. Il est clair que, en une seconde, il se présentera un nombre d'augets représenté par $\frac{v}{e}$. Or, comme le volume d'eau débité par l'orifice se distribue également entre ce nombre d'augets, le volume d'eau q que chacun recevra sera égal à

$$q = \frac{Q}{\frac{v}{e}} = \frac{Qe}{v}.$$

La comparaison de ce volume, ainsi déterminé, avec la capacité d'un auget, permettra de s'assurer si cet auget est rempli au delà des deux tiers de sa capacité.

111. *Observation sur l'emploi des formules précédentes.* — L'application de ces formules implique naturellement que tout le volume d'eau qui s'écoule par l'orifice en une seconde s'introduit dans les augets. Il importe donc de connaître, *a priori*, le rapport qui existe entre ce volume et la capacité disponible des aubes pour l'admission de l'eau.

Appelons

m le nombre de révolutions de la roue en une minute, lorsqu'elle marche à la vitesse de régime;
n le nombre des augets formés par les aubes;
q_1 la capacité de chaque auget, mesurée aussi exactement que possible.

Évidemment le volume d'eau qui pourra être introduit dans la roue, en une seconde, aura pour valeur

$$\frac{mnq_1}{60},$$

et, pour être sûr que le volume d'eau Q qui s'écoule par l'orifice s'introduira dans la roue, il faudra que l'on ait

$$Q < \frac{mnq_1}{60} \quad \text{ou au plus} \quad Q = \frac{mnq_1}{60}.$$

Si le calcul conduit à la relation

$$Q > \frac{mnq_1}{60},$$

le volume d'eau dépensé ne sera pas complétement utilisé; par conséquent la masse M, qui doit être introduite dans la formule du travail, sera

$$M = \frac{1000\,mnq_1}{60\,g}.$$

L'observation fait d'ailleurs reconnaître, dans ce cas, qu'il se forme, entre la roue et l'orifice, un gonflement qui modifie l'écoulement de l'eau et ne permet plus d'estimer la dépense comme si le liquide débouchait à l'air libre. Dans de telles conditions, on peut négliger le terme $M(V\cos\alpha - v)v$ et ne considérer que le travail accompli par la gravité, depuis le point d'introduction jusqu'au point de sortie. On aura donc

1°
$$\begin{cases} Pv = 0,797\,\dfrac{1000\,mnq_1h}{60}, \\ Pv = 13,28\,mnq_1h\,; \end{cases}$$

2°
$$\begin{cases} Pv = 0,75\,\dfrac{1000\,mnq_1h}{60}, \\ Pv = 12,5\,mnq_1h\,; \end{cases}$$

mais il faut être sûr que l'espace disponible compris entre deux aubes est complétement rempli d'eau.

112. *Détails de construction.* — Pour favoriser l'introduction de l'eau et éviter le choc contre le tambour, l'axe de la roue doit être placé à $0^m,30$ au moins au-dessus du niveau de l'eau, dans le bief supérieur. Si l'on n'a pas à craindre que la roue soit noyée par de fréquentes crues d'aval, il convient que le point du coursier circulaire qui correspond à la verticale du centre de la roue soit placé à $0^m,15$ ou $0^m,20$ au-dessous du niveau moyen des eaux d'aval. Le radier, qui fait suite au coursier circulaire, doit être limité par deux plans verticaux, qui sont dans le prolongement des joues. On lui donne ordinairement une inclinaison de $\frac{1}{12}$ à $\frac{1}{15}$, bien que cette disposition soit critiquée par quelques auteurs. Pour obtenir le rayon de la roue, il suffit de retrancher $0^m,1$, nécessaire au jeu qu'elle doit avoir, de la distance comprise entre l'axe et le point le plus bas de la partie circulaire du coursier. L'abaissement de la vanne doit être de $0^m,20$ à $0^m,25$. On obtient le point d'introduction et le chemin vertical parcouru par l'eau en traçant la courbe parabolique affectée par le filet fluide moyen. Les aubes sont en bois de chêne ou d'orme, et leur distance à la circonférence extérieure est de $0^m,30$ à $0^m,40$. Dans le sens du rayon, elles ont la même dimension, et leur épaisseur est de $0^m,025$. Cependant, s'il y a nécessité pour la

bonne marche de la roue, dans le cas des fortes dépenses d'eau, où l'abaissement de la vanne est supérieur à $0^m,30$, la longueur et l'écartement à la circonférence extérieure peuvent être portés à $0^m,48$ ou $0^m,50$. Ordinairement on divise la circonférence extérieure de la roue par $0^m,35$, et l'on prend pour le nombre des aubes le nombre entier multiple du nombre des bras de la roue qui approche le plus du quotient obtenu. La capacité des augets doit être telle que le volume d'eau qu'ils reçoivent en soit la moitié ou les deux tiers au plus.

113. Applications. — 1° *Trouver l'effet utile d'une roue à palettes planes, emboîtée dans un coursier circulaire, recevant l'eau par un orifice avec charge sur le sommet, sachant que le lever de la roue a fourni les données suivantes :*

Vannage incliné à 1 de base sur 2 de hauteur;
Levée de vanne........................ $0^m,15$;
Largeur de l'orifice........................ $1^m,55$;
Valeur de l'angle α déduite du tracé de la courbe parabolique........................ $30°$;
Hauteur du point d'introduction au-dessus du point de sortie........................ $h = 0^m,50$;
Hauteur du niveau supérieur au-dessus du point d'introduction........................ $1^m,50$;
Hauteur du même niveau au-dessus du centre de l'orifice........................ $1^m,45$;
Multiplicateur de la dépense pour les vannes inclinées........................ $m = 0,75$;
Vitesse de la roue........................ $v = 3,80$.

Avec ces données on obtient :

Volume d'eau dépensé $\left\{ Q = 0,75 \times 1,55 \times 0,15 \sqrt{19,62 \times 1,45} = 0^{mc},930; \right.$

Vitesse d'arrivée $\left\{ V = \sqrt{19,62 \times 1,50} = 5^m,425; \right.$

Valeur de $V\cos\alpha - v$ $\left\{ 5,425 \cos 30° - 3,80 = 0,898. \right.$

Dans ce cas, on doit appliquer la formule

$$Pv = 750\,Q\left[h + \frac{(V\cos\alpha - v)v}{g}\right],$$

$$Pv = 750 \times 0^{mc},930\left(0,50 + \frac{0,898 \times 3,80}{9,81}\right),$$

$$Pv = 591^{kgm},48,$$

$$N = \frac{591^{kgm},48}{75} = 7^{chvap},88.$$

La hauteur totale de la chute étant de 2 mètres, le travail disponible aura pour valeur

$$MgH = 930^{kg} \times 2 = 1860^{kgm}.$$

Le rendement de la roue sera

$$\frac{Pv}{MgH} = \frac{591,48}{1860} = 0,32 \text{ par approximation.}$$

2° *Établir une roue de la force de 8 chevaux-vapeur avec une chute de 2^m,50. L'eau doit arriver sur la roue par une vanne en déversoir.*

$$Pv = 8 \times 75 = 600^{kgm}.$$

Si l'abaissement moyen de la vanne est égal à $0^m,25$, comme l'épaisseur de la lame d'eau mesurée au-dessus de l'arête du déversoir est approximativement égale aux 0,80 de la distance comprise entre cette arête et le niveau, il s'ensuit que la distance du filet fluide moyen au niveau supérieur sera égale à 0,40 + 0,20 ou aux 0,60 de l'abaissement de la vanne, ce qui donne

$$0,60 \times 0^m,25 = 0^m,15;$$

par conséquent la vitesse de l'eau V', en quittant le déversoir, aura pour valeur

$$V' = \sqrt{19,62 \times 0,15} = 1,715.$$

Pour obtenir le point d'introduction, on tracera par points la courbe parabolique en appliquant la formule

$$y = \frac{gx^2}{2V'^2},$$

relative au cas où l'angle de la vitesse sur l'horizon est nul, ce qui a lieu dans les déversoirs.

Faisons successivement

$$x = 0^m,05,\quad x = 0^m,10,\quad x = 0^m,15,$$
$$x = 0^m,20,\quad x = 0^m,25,\quad x = 0^m,30.$$

En résolvant l'équation pour ces différentes valeurs de x, on trouve pour les valeurs correspondantes de y

$$y = 0^m,0042,\quad y = 0^m,017,\quad y = 0^m,037,$$
$$y = 0^m,0667,\quad y = 0^m,104,\quad y = 0^m,15.$$

La courbe étant construite, supposons que l'angle des deux vitesses, obtenu par le tracé des deux tangentes, soit de 38 degrés, et que le point d'introduction de l'eau soit à 0,30 du niveau supérieur. La vitesse d'arrivée sera

$$V = \sqrt{19,62 \times 0,30} = 2^m,426;$$

d'où

$$V \cos\alpha = 2^m,426 \cos 38^\circ = 1,912.$$

De la formule

$$Pv = 797\, Q\left[h + \frac{(V\cos\alpha - v)v}{g}\right],$$

qui se rapporte au cas actuel, on déduit

$$Q = \frac{Pv}{797\left[h + \frac{(V\cos\alpha - v)v}{g}\right]},$$

$$Q = \frac{600^{kgm}}{797\left[2^m,20 + \frac{(1,912 - v)v}{9,81}\right]}.$$

Si l'on s'impose la condition que la vitesse de la roue doit être les 0,70 de la vitesse du liquide affluent,

$$v = 0,70 \times 2,426 = 1^m,70,$$

et, en substituant, on aura

$$Q = \frac{600^{kgm}}{797(2,20 + 0,036)} = 0^{mc},337.$$

Nous avons vu que, dans le cas particulier où la largeur du barrage est égale à celle du cours d'eau, la dépense d'un déversoir est exprimée par la formule

$$Q = 0{,}480 L' h \sqrt{2gh},$$

h représentant la distance du niveau à l'arête du barrage et L' la largeur. On aura donc

$$0^{mc},337 = 0{,}480 L' \times 0{,}25 \sqrt{19{,}62 \times 0{,}25};$$

d'où, pour la largeur de l'orifice ou la largeur du barrage,

$$L' = \frac{0^{mc},337}{0{,}480 \times 0{,}25 \sqrt{19{,}62 \times 0{,}25}},$$

$$L' = \frac{0^{mc},337}{0{,}12 \times 2{,}215} = 1^{m},266.$$

La largeur de la roue doit excéder un peu celle de l'orifice. En l'augmentant de $0^{m},10$, on aura

$$L = 1^{m},266 + 0{,}10 = 1^{m},366.$$

D'après ce qui a été dit, l'axe de la roue doit être placé à $0^{m},25$ au-dessus du niveau supérieur et le point le plus bas du coursier circulaire à $0^{m},15$ au-dessous du niveau des eaux d'aval; donc le rayon de l'arc du coursier sera égal à la hauteur de la chute, augmentée de $0^{m},25$ et de $0^{m},15$:

$$2{,}50 + 0{,}25 + 0{,}15 = 2^{m},90.$$

En retranchant $0^{m},01$ nécessaire au jeu de la roue, on aura le rayon qu'il convient de lui donner. Ainsi le diamètre de la roue, dans les conditions où elle est établie, sera

$$D = 2^{m},89 \times 2 = 5^{m},78.$$

Quand le mouvement de la roue est devenu uniforme ou du moins périodique, l'espace parcouru par un point de la circonférence extérieure en une minute étant $60v$, le nombre de tours n, dans le même temps, sera

$$n = \frac{60v}{2\pi R}, \quad n = \frac{60 \times 1{,}70}{2 \times 3{,}1416 \times 2{,}89} = 6 \text{ tours environ.}$$

Pour avoir le nombre de palettes, il suffit de diviser le développement de la circonférence extérieure

$$2\pi R = 2 \times 3,1416 \times 2,89 = 18,16$$

par $0^m,35$. On obtient ainsi, par approximation, le nombre 51. Si la roue doit avoir quatre ou six bras, le nombre 48, le plus voisin du quotient, étant un multiple de 4 et de 6, exprimera le nombre de palettes de la roue.

L'écartement e à la circonférence extérieure sera exprimé par

$$e = \frac{2 \times 3,1416 \times 2,89}{48} = 0^m,378.$$

Le rayon de la circonférence intérieure étant égal à $2^m,89$, diminué de la profondeur des augets, que nous ferons égale à $0^m,40$, on obtiendra l'écartement intérieur par la relation

$$\frac{e'}{0,378} = \frac{2,89 - 0,40}{2,89}$$

ou

$$\frac{e'}{0,378} = \frac{2,49}{2,89}, \quad e' = \frac{0,378 \times 2,49}{2,89} = 0,325;$$

par conséquent, l'écartement moyen sera

$$\frac{0,378 + 0,325}{2} = 0^m,351.$$

Retranchant l'épaisseur, qui est de $0^m,025$, l'écartement réel moyen sera $0^m,326$.

Comme la largeur de la roue est de $1^m,366$, la capacité d'un auget aura pour valeur

$$0^m,326 \times 0,40 \times 1,366 = 0^{mc},1781.$$

On peut encore l'obtenir de la manière suivante :

La capacité dans œuvre de la roue est égale à

$$\pi R^2 L - \pi R'^2 L = \pi (R^2 - R'^2) L,$$

moins la somme des volumes de toutes les planchettes qui forment les aubes, laquelle est exprimée par

$$0,025 \times 1^m,366 \times 0,40.$$

Comme il y a 48 augets, la capacité de chacun sera

$$\frac{\pi(R^2 - R'^2)L}{48} - 0,025 \times 1,366 \times 0,40$$

ou

$$\frac{3,1416(2,89+2,49)(2,89-2,49)1,366}{48} - 0,025 \times 1,366 \times 0,40.$$

En effectuant les calculs, on trouve encore $0^{mc},178$.

L'écartement à la circonférence extérieure, y compris l'épaisseur, étant $0^m,378$, et la vitesse $v = 1^m,70$, il se présentera devant l'orifice, en une seconde, un nombre d'augets exprimé par le quotient

$$\frac{v}{e} = \frac{1,70}{0,378} = 4,5.$$

Divisant le volume d'eau débité $Q = 0^{mc},337$ par ce nombre, on aura la quantité d'eau introduite dans chaque auget

$$\frac{0^{mc},337}{4,5} = 0^{mc},0748.$$

Le rapport $\frac{0,0748}{0,1781} = 0,419$ du volume d'eau introduit à la capacité disponible de l'auget indique que la condition établie plus haut pour la marche régulière de la roue est satisfaite.

Le travail disponible de la chute est exprimé par

$$MgH = 337^{kg} \times 2,50 = 842^{kgm},5,$$

et puisque, d'après les données de la question, le travail à transmettre est 8 chevaux-vapeur, 600 kilogrammètres, le rendement de la roue sera

$$\frac{Pv}{MgH} = \frac{600}{842,5} = 0,71.$$

114. *Roues à augets.* — On emploie généralement les roues à augets pour utiliser de grandes chutes d'eau. Elles se composent de deux couronnes annulaires réunies intérieurement par un fond cylindrique ou tambour, et entre lesquelles sont emboîtées des aubes polygonales ou courbes qui reçoivent l'eau à la partie supérieure, le plus souvent, et la conservent jusque vers le bas (*fig.* 44). La forme des augets est très-

Fig. 44.

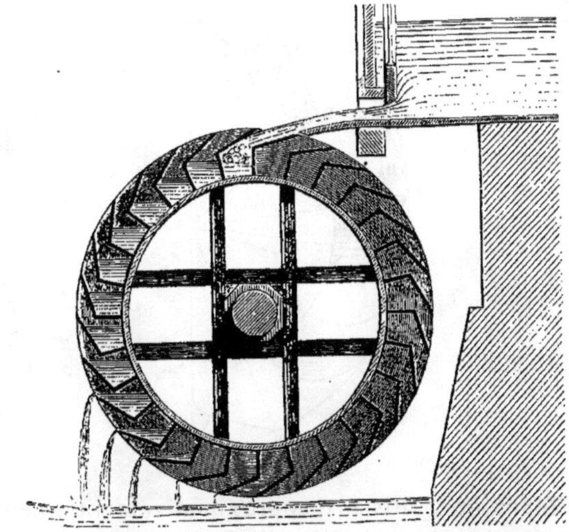

variable; mais ordinairement les constructeurs adoptent le tracé suivant : l'écartement des bords, à la circonférence extérieure, étant de $0^m,30$ à $0^m,40$, on divise le développement de cette circonférence par $0^m,35$ et l'on prend, pour le nombre d'augets, le multiple du nombre des bras de la roue le plus voisin du quotient obtenu. La circonférence étant divisée en autant de parties égales qu'il doit y avoir d'augets, on joint les points de division au centre, et, pour former le fond de l'auget, on prend, à partir de la circonférence intérieure, la moitié de la partie comprise entre les deux circonférences de la couronne. La droite qui unit le point milieu au point de division précédent de la circonférence extérieure représente le profil de la face. Quelques ingénieurs, pour rendre l'introduction de l'eau plus facile, prennent le fond de l'auget égal aux deux tiers de la partie du rayon comprise entre les deux circonférences.

M. d'Aubuisson, pour former le fond de l'auget, prend le tiers

BC de la partie du rayon interceptée par les deux circonférences et, au point B, il mène une droite AB formant avec BC un angle de 110 à 120 degrés (*fig.* 45). On peut, d'après cet

Fig. 45.

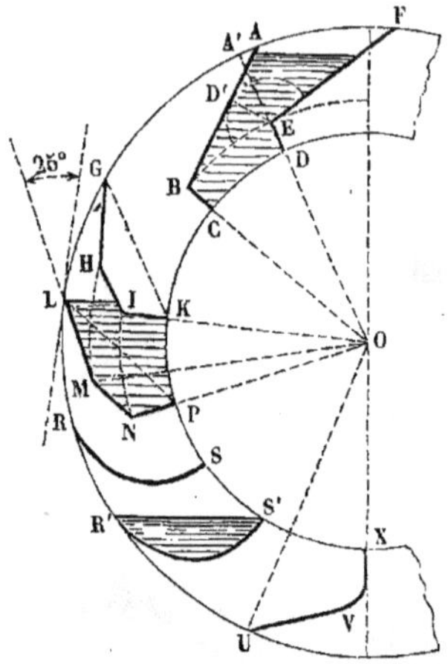

éminent ingénieur, satisfaire approximativement à cette condition en portant, à partir du point B, une longueur BE égale à $0^m,32$ environ. Faisant passer un rayon A'O par le point E et portant de A' en A une longueur de $0^m,04$ à $0^m,05$, on a ainsi l'extrémité A de la direction de la face de l'auget que l'on joint au point B, de sorte que la ligne brisée ABC est le profil de l'auget. On y parvient encore de la manière suivante : la plus courte distance de deux aubes consécutives devant être supérieure à l'épaisseur de la lame d'eau augmentée de $0^m,01$, du point E comme centre avec un rayon D'E, qui ne saurait être moindre que $0^m,12$, on décrit une circonférence. La tangente menée du point B à cette circonférence représente la direction de la face de l'auget.

Lorsque l'auget doit affecter une forme polygonale, le profil se compose de trois parties : la première NP, dirigée suivant le rayon, est égale à la moitié de la distance des deux circonférences. Pour avoir les deux autres, on fait au point P un angle LPN de 50 à 60 degrés. On mène une droite LM qui forme, avec la tangente à la circonférence, un angle de 25 degrés, et l'on joint N au point M où cette droite rencontre la circonférence décrite du centre de la roue avec un rayon égal aux trois quarts du rayon de la circonférence extérieure. Par cette construction on obtient le profil polygonal de l'auget LMNP (*fig.* 45). Les augets qui ont cette forme présentent l'avantage de bien retenir l'eau; mais, comme le tracé est fort compliqué, il est peu suivi. On donne quelquefois au profit de l'auget la forme d'une courbe RS (*fig.* 45), dont l'élément extérieur forme avec la circonférence un angle très-petit. Cette disposition a pour effet de conserver l'eau dans les augets, d'augmenter leur capacité et d'atténuer les réactions de l'eau. Elle convient parfaitement aux augets en tôle. Enfin, quelquefois, notamment dans les forges, on fait le fond de l'auget XV (*fig.* 45) perpendiculaire à la face UV. Si la roue est en bois, les deux parties de l'auget se coupent à vive arête; mais, pour les roues en fer, on arrondit l'angle au moyen d'une légère courbure, afin d'éviter la rupture de la tôle en la ployant. Ces diverses constructions des augets ont été combinées de manière que l'eau sorte facilement lorsqu'ils sont parvenus vers le point le plus bas. Il est cependant utile de faire observer que l'auget ne se viderait pas bien, si l'on n'avait pas soin de pratiquer au fond deux ou trois ouvertures de 3 à 4 millimètres de diamètre. L'air qui s'introduit par ces trous empêche que le vide se fasse derrière l'eau qui sort et qu'elle soit retenue par la pression extérieure. Cette précaution offre encore l'avantage de donner issue à l'air, au moment de l'introduction de l'eau; car, s'il restait dans l'auget, par la compression il occasionnerait des bouillonnements et des rejaillissements d'eau qui nuiraient à la régularité du mouvement de la roue.

115. *Effet utile d'une roue à augets.* — Quelle que soit la forme donnée aux augets, la théorie est toujours la même. Dès que l'eau s'est introduite dans l'auget, elle a perdu entièrement sa vitesse relative pour ne conserver que la vitesse v de la roue. Appelant α l'angle des deux vitesses et u la vitesse relative, on aura, pour la valeur de la vitesse perdue contre l'auget ou contre le fond cylindrique,

$$u^2 = V^2 + v^2 - 2Vv\cos\alpha.$$

Introduisant cette expression dans l'équation générale, il viendra

$$Pv = Mgh + \tfrac{1}{2}MV^2 - \tfrac{1}{2}M(V^2 + v^2 - 2Vv\cos\alpha) - \tfrac{1}{2}MV''^2.$$

Dans l'hypothèse où la vitesse absolue de sortie est égale à celle de la roue, on aura

$$V'' = v,$$

ce qui n'est pas rigoureusement vrai, attendu que l'eau, en glissant sur la face de l'auget, prend une vitesse dirigée en sens contraire de celle de la roue et, par suite, acquiert une vitesse absolue différente de v. Il est même à remarquer que quelquefois elle est supérieure, mais, comme la différence est relativement faible, on peut, sans erreur sensible, admettre cette supposition; d'où

$$Pv = Mgh + \tfrac{1}{2}MV^2 - \tfrac{1}{2}MV^2 - \tfrac{1}{2}Mv^2 + MVv\cos\alpha - \tfrac{1}{2}Mv^2,$$
$$Pv = Mgh + MVv\cos\alpha - Mv^2.$$

Mettant Mv en facteur commun,

$$Pv = Mgh + M(V\cos\alpha - v)v,$$
$$Pv = 1000Qh + \frac{1000Q}{g}(V\cos\alpha - v)v,$$
$$Pv = 1000Q\left[h + \frac{(V\cos\alpha - v)v}{g}\right].$$

Comme dans les roues précédemment étudiées, pour le maximum relatif d'effet utile, il faut que l'on ait

$$V\cos\alpha - v = v \quad \text{d'où} \quad v = \frac{V\cos\alpha}{2}.$$

Si l'angle $\alpha = 0$, ce qui est le cas le plus favorable,

$$v = \frac{V}{2},$$

et, en introduisant cette valeur dans l'équation,

$$Pv = Mgh + M\left(V - \frac{V}{2}\right)\frac{V}{2}, \quad Pv = Mgh + \frac{MV^2}{4}.$$

Appelant h' la hauteur due à la vitesse V, ou la distance du point d'introduction au niveau supérieur,

$$V^2 = 2gh',$$

d'où

$$Pv = Mgh + \frac{2Mgh'}{4} = Mgh + \frac{Mgh'}{2}, \quad Pv = Mg\left(h + \frac{h'}{2}\right).$$

Or $H = h + h'$; donc, théoriquement, en se plaçant dans le cas le plus favorable, il est impossible que l'on puisse obtenir un rendement égal au travail disponible. Si nous faisons $h' = 0$, alors $h = H$; mais, dans ce cas purement idéal, $V = 0$, ainsi que la vitesse de la roue. Ainsi que pour les roues à palettes planes, emboîtées dans un coursier circulaire, la discussion conduit à cette conclusion que l'effet utile sera d'autant plus considérable que le point d'introduction sera plus rapproché du niveau de l'eau dans le réservoir supérieur. Au point de vue du rendement, il y a donc avantage à faire arriver l'eau à la partie supérieure de la roue, mais le mouvement sera très-lent.

116. *Formules pratiques.* — Des expériences faites sur une grande échelle, par M. Morin, il résulte :

1° Que, lorsque les augets ne sont remplis qu'à moitié de leur capacité et que la vitesse à la circonférence extérieure n'est pas supérieure à 2 mètres, on obtient l'effet utile à $\frac{1}{20}$ près, en affectant le premier terme du second membre de l'équation du coefficient 0,78;

2° Que le rapport de la vitesse de la roue à celle de l'eau affluente peut varier entre les limites 0,30 et 0,80, sans que l'effet utile soit notablement modifié;

3° Que le rapport de l'effet utile transmis par ces roues au travail disponible de la chute est de 0,65 à 0,70;

4° Que, si les augets sont remplis au delà de la moitié de leur capacité, le coefficient de correction du terme Mgh est 0,65 et même quelquefois 0,60;

5° Que, dans ce dernier cas, la vitesse de la roue peut varier depuis 0,25V jusqu'à 0,80V, sans que le travail utile s'éloigne sensiblement du maximum relatif.

D'après cela, on aura les formules suivantes :

1°
$$\begin{cases} Pv = 0{,}78 \times 1000\,Qh + \dfrac{1000\,Q}{g}(V\cos\alpha - v)v, \\ Pv = 780\,Qh + \dfrac{1000\,Q}{g}(V\cos\alpha - v)v; \end{cases}$$

2°
$$\begin{cases} Pv = 0{,}65 \times 1000\,Qh + \dfrac{1000\,Q}{g}(V\cos\alpha - v)v, \\ Pv = 650\,Qh + \dfrac{1000\,Q}{g}(V\cos\alpha - v)v; \end{cases}$$

3°
$$Pv = 600\,Qh + \frac{1000\,Q}{g}(V\cos\alpha - v)v.$$

117. *Tracé des augets pour éviter le choc à l'introduction.* — La théorie précédente suppose que le liquide qui sort du réservoir supérieur est entièrement admis dans la roue, ce qui ne peut avoir lieu que si les composantes de la vitesse V de l'eau et de la vitesse v de la roue, normales à la face de l'auget, sont égales. Appelant α l'angle formé par la direction de la vitesse V avec celle de la face de l'auget et β celui de la vitesse v, ces deux composantes normales ont pour valeurs

$$V\sin\alpha, \quad v\sin\beta.$$

Nous avons vu, quand il a été question d'estimer la perte de force vive à l'introduction, que, si

$$V\sin\alpha > v\sin\beta,$$

le liquide choque la palette.

Dans le cas particulier des roues à augets, l'eau rencontrerait perpendiculairement la face de l'auget, et l'excès de la vitesse du liquide sur celle de l'auget occasionnerait des jaillissements qui nuiraient à la régularité du mouvement.

Si, au contraire, on a

$$v\sin\beta > V\sin\alpha,$$

la palette frappe le liquide.

S'il en était ainsi dans les roues dont il s'agit, la face de l'auget choquerait l'eau de dessous en dessus, et *ferait battoir,* suivant la locution employée par les charpentiers. Il résulterait évidemment de ce choc qu'une partie de l'eau qui arrive sur le récepteur serait immédiatement projetée en dehors de la roue. On comprend donc la nécessité de satisfaire à la condition

$$V \sin\alpha = v \sin\beta.$$

De cette relation on déduit

$$\frac{V}{v} = \frac{\sin\beta}{\sin\alpha},$$

ce qui nous permettra de trouver la direction de la face de l'auget pour que le choc soit évité à l'introduction.

Soit A (*fig.* 46) le point où la courbe, affectée par le filet

Fig. 46.

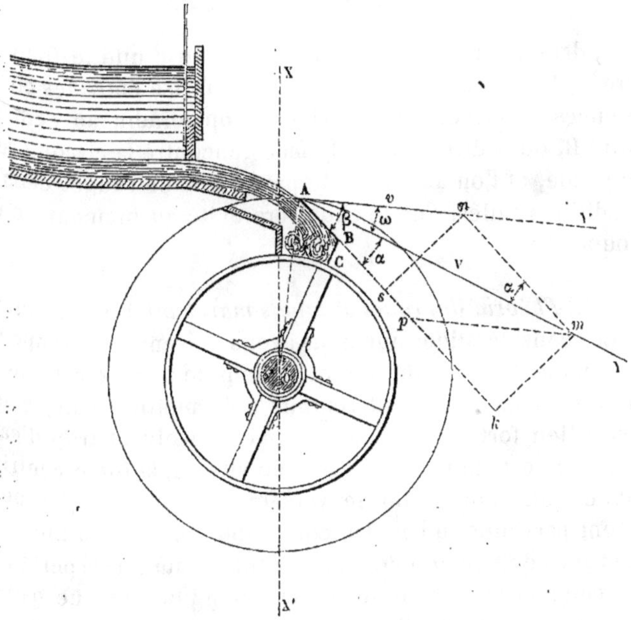

fluide supérieur, rencontre la circonférence extérieure de la roue. A ce point, menons une tangente AY à cette trajectoire et une tangente AY' à la circonférence de la roue. Prenons sur la première tangente une longueur Am représentant, à une certaine échelle, la vitesse de l'eau, et sur la seconde la longueur $An = v$, à la même échelle. Joignant le point m au point n et achevant le parallélogramme $Anmp$, la droite Ak sera la direction de la face de l'auget; car la composante de $Am = V$, perpendiculaire à la direction Ak de la face de l'auget, est mk, et celle de $An = v$ est représentée par ns. Or ces deux longueurs sont visiblement égales, puisqu'elles mesurent l'une et l'autre la distance de deux droites parallèles : donc le tracé indiqué satisfait à l'équation de condition

$$V \sin\alpha = v \sin\beta.$$

D'ailleurs on déduit des deux triangles rectangles Amk, Ans

$$mk = Am \sin\alpha = V \sin\alpha,$$

$$ns = An \sin\beta = v \sin\beta.$$

Si, dans le tracé de l'auget, on s'impose que le fond doit être égal à la moitié de la distance comprise entre les circonférences extérieure et intérieure, on joindra au centre le point B, où la direction de la face rencontre la circonférence moyenne, et l'on aura ainsi le profil ABC de l'auget dans des conditions telles, que le choc sera évité au moment de l'introduction.

118. *Théorie des roues à augets marchant à grande vitesse.* — Les considérations que nous avons présentées se rapportent uniquement au cas où le mouvement de la roue est très-lent et où les augets ne sont remplis qu'à moitié; mais, comme cela a lieu fort souvent, si les augets reçoivent trop d'eau et si la roue est animée d'une grande vitesse, la force centrifuge influe notablement sur le versement avant que les augets soient parvenus au bas. On comprend donc que la théorie de ces roues doit différer de la précédente à cause de la perte d'eau qui commence à se produire beaucoup plus tôt que dans les roues lentes, et dont il faut tenir compte, sinon avec une exactitude absolue, du moins avec une approximation qui puisse suffire aux applications.

A cet égard, rappelons que, un liquide étant contenu dans un vase animé d'un mouvement de rotation autour d'un axe horizontal, la courbe du profil de la surface affectée est un arc de cercle dont le centre est éloigné de l'axe d'une quantité représentée par $\frac{g}{V_1^2}$, c'est-à-dire par le rapport de l'accélération $g = 9,81$ à la vitesse angulaire.

Le centre de courbure S étant ainsi déterminé (*fig.* 47), si,

Fig. 47.

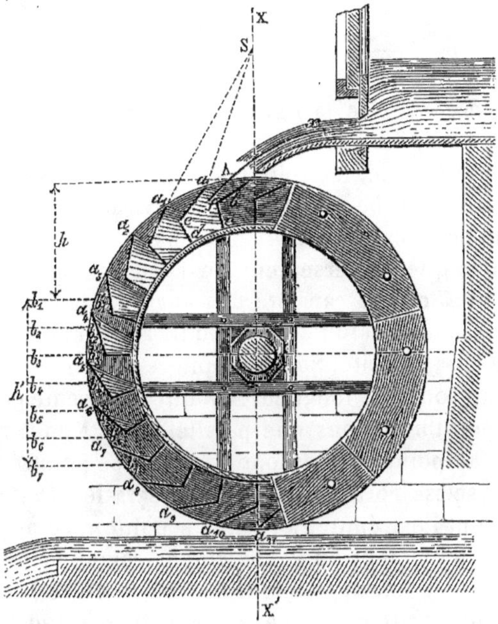

de ce point avec des rayons respectivement égaux à la distance de ce point au bord de chaque auget, nous décrivons des arcs de cercle, nous aurons la courbe limitant la surface de l'eau qui peut être contenue dans les augets, suivant la position qu'ils occupent, pendant le mouvement de la roue. Soit *ab* l'arc de cercle relatif au premier auget. Il est clair que, si, pour un auget dans une position quelconque, le produit de la largeur dans œuvre de la roue par une surface telle que *abfcde*, que limitent l'arc de cercle, le tambour, la face et le fond de l'auget, est supérieur au volume d'eau introduit, le versement n'aura pas encore lieu. S'il est moindre, le versement aura déjà commencé, et enfin, s'il lui est égal, il sera sur le point de commencer.

Cela posé, sur une droite A_1X (*fig.* 48), développons les

Fig. 48.

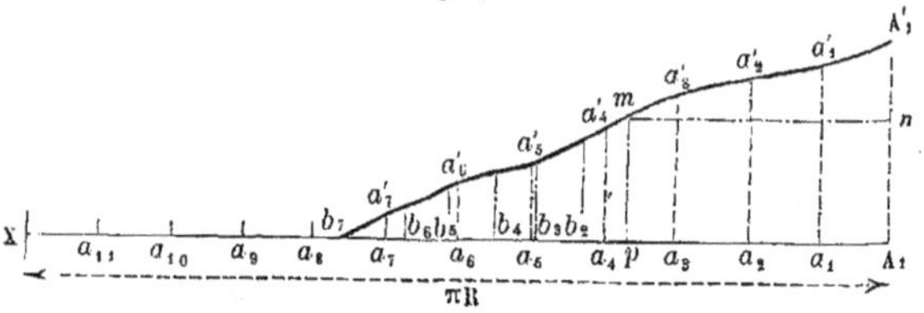

arcs aa_1, a_1a_2, ... de la *fig.* 47, et, aux points de division, menons les perpendiculaires $A_1A'_1$, $a_1a'_1$, ..., représentant, à une certaine échelle, les volumes d'eau que peuvent contenir les augets. La courbe continue, passant par les extrémités de ces ordonnées, servira à trouver la position que doit occuper l'auget pour que le versement de l'eau commence. Supposons, en effet, que la capacité des augets soit proportionnée de manière que le volume d'eau qu'ils reçoivent soit égal à la moitié de leur capacité. Sur la première ordonnée, à partir du point A_1, portons une longueur A_1n qui représente ce volume, et par le point n menons une parallèle à A_1X, qui rencontre la courbe au point m. L'ordonnée mp de ce point étant égale à A_1n, l'abscisse correspondante A_1p sera le développement de l'arc, dont l'extrémité, à partir du point a, sera la position de l'auget au moment où le versement commencera. Comme ce point, sur le développement, est placé entre les points a_3 et a_4, si, sur la circonférence, à partir du point a_3, nous prenons un arc $a_3b'_1$ égal à a_3p du développement, nous aurons le point où devra être parvenu l'auget. La courbe rencontrant A_1X au point b_7, en prenant sur la circonférence un arc a_7b_7 égal à celui du développement, nous aurons la position de l'auget quand il ne contiendra plus d'eau. La distance verticale h du point b'_1 et du point A, où la courbe parabolique décrite par le filet fluide moyen rencontre la circonférence extérieure, représentera la hauteur sur laquelle il n'y aura pas de versement. Le tracé indique encore que, sur la hauteur h' du point b'_1, au-dessus du point b'_7, l'auget se videra peu à peu.

Remarquons présentement que le travail se compose de trois éléments distincts :

1° Le travail accompli par la gravité agissant sur l'eau depuis le point d'introduction jusqu'au point où le versement commence;

2° Le travail accompli par la gravité depuis le point où le versement commence jusqu'au point où l'auget est vide;

3° Le travail dû à la variation de la force vive éprouvée par l'eau depuis son entrée jusqu'à sa sortie du récepteur.

Appelant q le volume d'eau reçu par l'auget, le premier travail sera

$$1000qh.$$

Pour trouver le second, divisons la distance h' des deux points b'_1 et b'_7 en un nombre pair de parties égales, en six par exemple, et par les points de division b_1, b_2, b_3, ... menons des horizontales qui rencontrent la circonférence extérieure de la roue aux points b'_1, b'_2, ... Portant, à partir du point p du développement de la circonférence (*fig.* 43), des longueurs pb_2, b_2b_3, ... égales aux arcs interceptés sur la circonférence par les horizontales que nous avons menées, les ordonnées de la courbe représenteront les volumes d'eau que pourra conserver l'auget dans les positions qui correspondent aux différents points de division. On est donc ainsi ramené à évaluer le travail d'une force variable sur une étendue de chemin représentée par h', ce qui est très-facile par la méthode de quadrature de Simpson. A cet effet, divisons une droite $AB = h'$ (*fig.* 49) en six parties égales, et aux points de

Fig. 49.

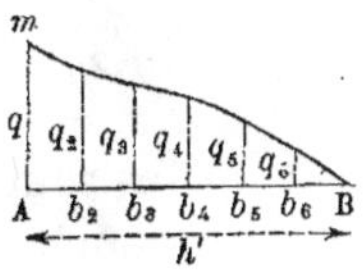

division élevons des perpendiculaires égales à celles qui représentent sur la *fig.* 48, aux points correspondants, les volumes d'eau contenus dans l'auget, suivant sa position. Il est évident que la courbe continue qui passera par tous ces points limitera une surface qui, estimée numériquement et multipliée par le poids spécifique de l'eau (1000 kilogrammes pour 1 mètre cube), sera l'expression du travail accompli par la gravité depuis le point où le versement commence jusqu'au point où l'auget est entièrement vide. On aura pour le deuxième travail, en appelant q; q_2, q_3, ... les différents volumes,

$$1000 \frac{1}{3} \frac{h'}{6} (q + 4q_2 + 4q_4 + 4q_6 + 2q_3 + 2q_5);$$

mais ces travaux ne se rapportent qu'à l'eau admise dans un seul auget. Si nous désignons par v la vitesse de la roue et par e l'écartement des bords de deux augets consécutifs, il passera, en une seconde, devant le canal d'arrivée un nombre d'augets représenté par $\frac{v}{e}$. Ainsi la somme des deux travaux, en une seconde, sera

$$1000 \frac{v}{e} qh + 1000 \frac{e}{v} \frac{1}{3} \frac{h'}{6} (q + 4q_2 + 4q_4 + \ldots + 2q_3 + 2q_5 + \ldots)$$

ou, en désignant, d'une manière générale, par n le nombre des divisions de la hauteur h',

$$1000 \frac{v}{e} \left[qh + \frac{1}{3} \frac{h'}{n} (q + 4q_2 + 4q_4 + \ldots + 2q_3 + 2q_5 + \ldots) \right].$$

Le troisième travail, dû à la variation de la force vive, ayant pour valeur

$$M(V\cos\alpha - v)v = \frac{1000\,Q}{g} (V\cos\alpha - v)v = 102\,Q(V\cos\alpha - v)v,$$

le travail total sera exprimé par la formule suivante :

$$Pv = 1000 \frac{v}{e} \left[qh + \frac{1}{3} \frac{h'}{n} (q + 4q_2 + 4q_4 + \ldots + 2q_3 + 2q_5 + \ldots) \right] + 102\,Q(V\cos\alpha - v)v.$$

Des expériences faites sur les roues à augets à grande vitesse, au moyen du frein dynamométrique de M. de Prony, ont donné des résultats conformes à ceux obtenus par la formule, où l'on tient compte, comme on le voit, de toutes les circonstances du mouvement de l'eau, depuis l'introduction jusqu'à la sortie. Ainsi, dans tous les cas pareils, on pourra l'appliquer sans recourir à un coefficient de correction.

119. *Observation sur le centre de courbure de la surface de l'eau renfermée dans les augets.* — En considérant l'expression $\frac{g}{V_1^2}$, qui sert à trouver la position du centre de courbure de la surface de l'eau contenue dans les augets, on voit aisément que, la distance de ce point à l'axe de la roue étant en raison inverse du carré de la vitesse angulaire, il peut arriver, dans le cas où cette vitesse est très-grande, que le centre de courbure soit placé intérieurement à la roue. Alors l'arc de cercle décrit de ce point, avec un rayon égal à sa distance au bord du premier auget, passe au-dessous de la face, et même cela arrive quelquefois pour les deux augets suivants, ce qui indique que l'eau ne peut être reçue dès le sommet de la roue ou qu'elle est immédiatement expulsée par l'effet de la force centrifuge. Ce phénomène a été remarqué dans des roues anciennes servant à faire mouvoir des marteaux de forge. Aussi les constructeurs de ces roues, guidés plutôt par l'observation que par les enseignements de la Science, ont eu soin de diriger l'avant-bec, qui amène l'eau sur la roue, de manière qu'elle ne s'introduise que dans le troisième auget.

120. *Détails de construction.* — L'eau peut être introduite dans une roue à augets de deux manières : 1° au sommet, en disposant un coursier, nommé *avant-bec*, entre ce sommet et le réservoir supérieur; 2° au-dessous du sommet, au moyen de cloisons directrices. La première disposition convient aux chutes qui ne descendent pas au-dessous de 3 mètres; on emploie la seconde pour des chutes inférieures à 3 mètres et dont le niveau subit des variations considérables. Le coursier qui amène l'eau au sommet de la roue est en bois bien goudronné et calfaté. Il doit être incliné à $\frac{1}{10}$ ou $\frac{1}{12}$, et se terminer à $0^m,10$ environ de la verticale passant par le centre de la roue, de manière à ne laisser que $0^m,01$ de jeu.

Nous avons vu comment, par la connaissance de la vitesse du liquide affluent et de la vitesse de la roue, il était possible de trouver la direction de la face de l'auget, pour éviter le choc à l'introduction, ou bien quelle vitesse il convenait de donner à la roue pour une vitesse d'arrivée déterminée et un tracé d'augets exécuté *a priori*.

Or, comme la vitesse du liquide affluent dépend de la charge génératrice sur le seuil de l'orifice, l'expérience a conduit à adopter les valeurs suivantes :

Chutes totales.	Charges sur le seuil.
2^{m},60 à 3^{m}	0^{m},50
3,00 à 4	0,60
4,00 à 6	0,70
6,00 à 7	0,80
7,00 à 8	0,90

Ces charges ont été déterminées en prévision d'une vitesse, à la circonférence de la roue, de 1^{m},50 ou environ, laquelle semble le mieux convenir à la régularité du mouvement.

Lorsque les diamètres de ces roues sont très-grands, comme la capacité des augets doit être approximativement double du volume d'eau introduit, il s'ensuit que l'angle de la face de l'auget avec la tangente à la circonférence extérieure diminue à mesure que le diamètre de la roue augmente et, par suite, la vitesse de la roue décroît. Or, comme il convient que, pour les grandes roues, la vitesse du bord de l'auget soit supérieure à celle des roues de petites dimensions, on obviera à cet inconvénient en prenant, pour former le fond de l'auget, la moitié de la largeur de la couronne, ce qui donnera à la fois une plus grande valeur à la vitesse de la roue et à l'angle formé par la face de l'auget avec la circonférence extérieure.

Ces considérations permettent de fixer le diamètre de la roue. A cet effet, la hauteur totale de la chute étant donnée, on en retranchera la charge sur le seuil réglée d'après le tableau ci-dessus, augmentée de 0^{m},10 pour tenir compte de la pente du coursier et du jeu au-dessus de la partie supérieure, et cette différence sera la valeur du diamètre de la roue pour la chute qu'il s'agit d'utiliser. Après avoir décrit la trajectoire du filet fluide au moyen de l'équation de la courbe, on tracera le profil de l'auget, d'où l'on déduira la vitesse de la roue, si *a priori* on ne lui donne pas une certaine valeur en fonction de la vitesse de l'eau affluente. Si le tracé conduit à une vitesse moindre que 1^{m},50, on modifiera le profil de l'auget en donnant au fond une longueur égale au tiers de la largeur de la couronne. Lorsque le niveau de l'eau est variable dans le réservoir supérieur, on exécute le tracé pour la vitesse de l'eau qui correspond à la charge minima sur le seuil de l'orifice. Pour rendre plus facile l'introduction de l'eau, et sachant d'ailleurs, d'après ce qui a été dit plus haut, que la plus courte distance de deux augets, mesurée entre la face intérieure de l'un et la face extérieure de l'autre, doit être de $0^m,10$ à $0^m,12$, on fixe l'ouverture de la vanne à $0^m,08$ ou $0^m,10$ pour les roues de force moyenne, et $0^m,12$ ou $0^m,15$ pour les roues d'une grande puissance.

Il arrive souvent que, pendant un temps plus ou moins long, le niveau de l'eau au-dessus du seuil de l'orifice descend au-dessous du niveau le plus bas pour lequel la roue a été établie. Dans ce cas, comme nous l'avons dit plus haut, on fait arriver l'eau au-dessous du sommet de la roue, du côté d'amont. Contrairement à ce qui se passe dans les roues recevant l'eau au sommet, le mouvement de la roue a lieu dans le même sens que les eaux du canal de fuite. On obtient alors le rayon de la roue, en prenant pour base les données suivantes, purement conventionnelles, mais, cependant, justifiées par l'expérience.

On considère d'abord le niveau ordinaire des eaux dans le réservoir supérieur, et l'on s'impose la condition que l'eau arrive sur la roue avec une vitesse de 3 mètres, et que l'arc compris entre le point d'introduction et le sommet de la roue

Fig. 50.

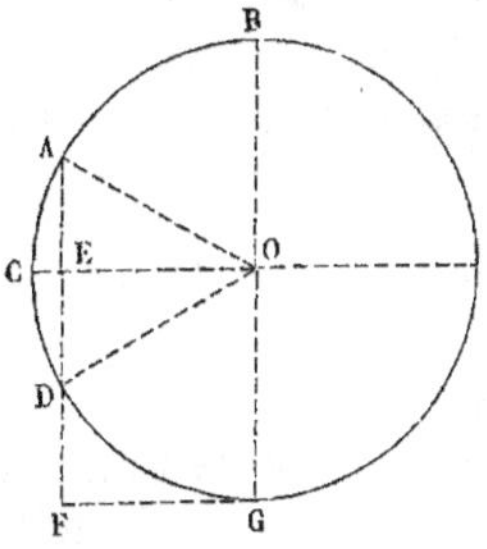

B (*fig.* 50) soit de 60 degrés environ. Il sera donc facile de trouver la hauteur h' du niveau en amont au-dessus du point A par la relation

$$V^2 = 2gh' \quad \text{ou} \quad h' = \frac{V^2}{2g},$$

$$h' = \frac{9}{19{,}62} = 0^{\text{m}},46.$$

Par conséquent, dans l'hypothèse où l'eau ne quitte la roue qu'au point le plus bas, la hauteur AF $= h$ parcourue par l'eau conjointement avec la roue sera H — $0^{\text{m}},46$, en désignant par H la hauteur totale de la chute. Or, d'après la figure, on a

$$\text{AF ou } h = \text{AE} + \text{EF} = \text{AE} + \text{OG}.$$

Puisque l'arc AB $= 60°$, son complément AC sera égal à 30 degrés, et par suite le sinus de ce dernier sera égal à la moitié du rayon R de la roue ; d'où

$$h = \text{R} + \tfrac{1}{2}\text{R} = \tfrac{3}{2}\text{R} = 1{,}50\,\text{R} \quad \text{et} \quad \text{R} = \frac{h}{1{,}50}.$$

Ainsi, dans le cas dont il s'agit, on obtiendra le rayon de la roue en divisant par $1^{\text{m}},50$ la hauteur totale de la chute diminuée de $0^{\text{m}},46$.

Si la valeur de l'arc AB en degrés n'est pas donnée, en le désignant par α, on aura

$$h = \text{R} + \text{R}\cos\alpha = \text{R}(1 + \cos\alpha);$$

d'où

$$\text{R} = \frac{h}{1 + \cos\alpha} = \frac{h}{2\cos^2\frac{1}{2}\alpha}.$$

121. Applications. — 1° *Trouver l'effet utile d'une roue à augets établie sur une chute de 7 mètres, sachant qu'elle reçoit l'eau au sommet, et que le lever de la roue a fourni les données suivantes :*

Volume d'eau dépensé..................	$Q = 0^{\text{mc}},145$
Vitesse de l'eau..........................	$V = 4^{\text{m}},17$
Vitesse de la roue........................	$v = 1^{\text{m}},60$
Distance du point de rencontre du filet fluide moyen au-dessus du point le plus bas...	$h = 6^{\text{m}},11$
Angle formé par la tangente à la courbe parabolique avec la tangente à la circonférence extérieure..........................	$\alpha = 25°$

$$Pv = 780\,Qh + \frac{1000\,Q}{g}(V\cos\alpha - v)v,$$

$$Pv = 780 \times 0^{mc},145 \times 6,11 + 102 \times 0^{mc},145\,(4.17\cos 25^\circ - 1,60)\,1,60,$$

$$Pv = 742^{kgm},$$

$$N = \frac{742}{75} = 9^{chvap},89.$$

Travail disponible.. .... 1015^{kgm}

Rapport de l'effet utile au travail disponible :

$$\frac{Pv}{MgH} = \frac{742}{1015} = 0,73.$$

2° *Établir une roue à augets de la force de* 8 *chevaux-vapeur sur une chute de* 6 *mètres.*

En se reportant au tableau où sont consignées les valeurs des charges sur le seuil de l'orifice, suivant la hauteur de la chute, on voit que, dans le cas actuel, elle doit être de $0^m,70$. Comme on doit tenir compte de la pente et du jeu du coursier au-dessus de la roue, en l'augmentant de $0^m,10$, ce qui donne $0^m,80$, l'excès de la hauteur de la chute sur ce dernier nombre exprimera le diamètre de la roue. On aura donc

Diamètre....... $D = 6^m - 0,80 = 5^m,20.$

Si nous donnons au coursier, qui amène l'eau sur la roue, une pente de $\frac{1}{12}$ environ ou de 4 degrés, on trouvera dans les Tables des lignes naturelles

$$\cos 4^\circ = 0,9975640 \quad \text{et} \quad \operatorname{tang} 4^\circ = 0,0699268.$$

La levée de vanne étant de $0^m,10$, la charge sur le centre de l'orifice sera égale à $0^m,70$, moins la moitié de l'ouverture de la vanne, ce qui donne $0^m,65$.

Comme la pente du coursier peut servir à compenser la perte de vitesse résultant du frottement des filets fluides contre les parois, on peut admettre que la vitesse à l'extrémité de ce coursier est sensiblement la même qu'au centre de l'orifice. Si nous la désignons par V_1, sa valeur sera

$$V_1 = \sqrt{2g \times 0,65} = \sqrt{19,62 \times 0,65} = 3^m,571.$$

On décrira la courbe parabolique affectée par le filet fluide moyen en résolvant l'équation

$$y = \frac{gx^2}{2V_1^2 \cos^2\alpha} + x \operatorname{tang}\alpha$$

pour différentes valeurs données à x.

On aura ainsi

$x = 0^m,05,\quad x = 0^m,10,\quad x = 0^m,20,\quad x = 0^m,30,\quad x = 0^m,40,$

$y = 0^m,0045,\quad y = 0^m,0108,\quad y = 0^m,0294,\quad y = 0^m,0557,\quad y = 0^m,0898.$

Le tracé a montré que le filet fluide moyen atteignait la circonférence extérieure de la roue à $0^m,10$ environ au-dessous de l'extrémité de l'avant-bec sous un angle de 22 degrés; par conséquent, on aura pour la valeur de la vitesse d'arrivée

$$V = \sqrt{19,62\,(0,65 + 0,10)} = 3^m,836$$

et

$$V\cos\alpha = 3^m,836 \times 0,927 = 3^m,56.$$

Si, à partir du point de rencontre de la courbe parabolique avec la circonférence extérieure, on porte, sur la tangente à cette courbe, une longueur qui représente à l'échelle adoptée la vitesse $V = 3^m,836$, et que par l'extrémité on mène une parallèle à la face de l'auget, elle détermine sur la tangente à la circonférence une longueur qui est la vitesse de la roue. On a ainsi trouvé

$$v = 1^m,60.$$

Le développement de la circonférence extérieure étant

$$5,20 \times 3,1416 = 16^m,34.$$

En divisant ce nombre par $0^m,35$, on a

$$\frac{16,34}{0,35} = 46.$$

Admettant que, dans le projet, on convienne de donner quatre bras à la roue, comme le nombre 48 est le multiple de 4 qui approche le plus du quotient obtenu 46, il exprimera combien la roue doit contenir d'augets, et, par suite, la distance des bords de deux faces consécutives sera

$$\frac{16,34}{48} = 0^{m},34,$$

abstraction faite de l'épaisseur.

Le travail utile à transmettre a pour valeur

$$8^{chvap} = 8 \times 75 = 600^{kgm}.$$

De l'équation générale du travail on déduit

$$Q = \frac{Pv}{780h + 102(V\cos\alpha - v)v}.$$

Le tracé indique aussi que la hauteur du point d'introduction au-dessus du point le plus bas est

$$h = 5,15.$$

Introduisant ces valeurs dans l'expression du volume Q, on aura

$$Q = \frac{600^{km}}{780 \times 5^{m},15 + 102(3^{m},56 - 1^{m},60)\,1^{m},60},$$

$$Q = 0^{mc},1396.$$

Le volume Q est encore représenté par la relation

$$Q = mL'h_1\sqrt{2gh'},$$

dans laquelle m exprime le multiplicateur de la dépense, égal à $0^{m},70$ pour une levée de vanne de $0^{m},10$, lorsque le seuil de l'orifice est prolongé par un coursier, h_1 la hauteur de l'orifice, L' sa largeur et h' la charge mesurée au centre. On aura donc

$$0^{mc},1396 = 0,70 \times L' \times 0,10\sqrt{19,62 \times 0,65},$$

d'où

$$L' = \frac{0^{mc},1396}{0,70 \times 0,10\sqrt{19,62 \times 0,65}}, \quad L' = 0^{m},558.$$

La largeur L dans œuvre de la roue doit être supérieure de $0^{m},10$ environ à celle de l'orifice :

$$L = 0^{m},558 + 0,10 = 0^{m},658.$$

Le volume total compris entre les deux couronnes est exprimé par

$$\pi(R^2 - R'^2)L,$$

R représentant le rayon extérieur, R′ le rayon intérieur et L la distance des couronnes. Ordinairement la largeur de la couronne est égale à l'écartement e de deux augets. Si nous faisons $e = 0,35$, la valeur de R′ sera $2^m,60 - 0^m,35 = 2,25$ et il viendra

$$3,14[(2,60)^2 - (2,25)^2]\,0,658 = 3^{mc},507.$$

L'écartement à la circonférence extérieure étant de $0^m,34$, il passera sous la lame d'eau, en une seconde, un nombre d'augets exprimé par le rapport de la vitesse $v = 1,60$ à cet écartement.

$$\frac{v}{e} = \frac{1,60}{0,34} = 4,70.$$

Comme la roue contient 48 augets, en négligeant l'épaisseur, la capacité de chacun sera égale à

$$\frac{3^{mc},507}{48} = 0^{mc},073,$$

et le volume d'eau admis aura pour valeur

$$\frac{Q}{\frac{v}{e}} = \frac{Qe}{v} = \frac{0^{mc},1396}{4,70} = 0,0297.$$

122. *Roues pendantes sur bateaux.* — Ces roues sont semblables aux roues à palettes planes que nous avons étudiées ; la seule différence consiste en ce qu'elles sont montées entre deux bateaux qui portent leur axe et laissent entre eux une section supérieure à la surface des palettes. On les établit ordinairement dans les endroits du courant où la vitesse est la plus grande, et quelquefois on fait reposer l'axe sur pilotis. On donne aux palettes une hauteur égale au quart ou au cinquième du rayon extérieur. Pour les roues de ce genre que l'on a établies sur le Rhône, cette dimension est de $0^m,50$ à $0^m,80$, et le bord supérieur plonge au-dessous du niveau du courant, ce que Poncelet justifie en remarquant que, le fleuve étant très-profond, la plus grande vitesse du courant corres-

pond à un point assez éloigné de la surface. La longueur des aubes croît à peu près proportionnellement au travail que l'on veut transmettre. Ordinairement leur nombre est égal à 12, et, d'après les expériences de Bossut, il doit être de 18 à 24 (*fig.* 51). M. Navier conseille de faire leur écartement égal à

Fig. 51.

leur hauteur, de porter leur nombre à vingt au moins et, en outre, de les incliner sur le rayon de manière qu'elles forment avec son prolongement un angle de 30 degrés, si la roue plonge du quart de son rayon, et de 15 degrés quand elle plonge du tiers, ce qui est, d'après ce célèbre ingénieur, la proportion maxima d'immersion.

Appelons

V la vitesse du courant;
v la vitesse de la roue au centre de la partie immergée de la palette;
A l'aire de cette section;
P l'effort exercé sur la palette.

Le volume d'eau qui se présente sur la palette, en une seconde, est AV, son poids 1000 AV et sa masse

$$\frac{1000\,AV}{g}.$$

Cette masse liquide rencontrant la palette perd par le choc la vitesse $V - v$ et ne conserve que celle de la palette. Par suite, la quantité de mouvement perdue en une seconde sera représentée par

$$\frac{1000\,AV^2}{g} - \frac{1000\,AVv}{g} = \frac{1000\,A}{g}(V - v)V.$$

En vertu du principe de Newton sur les actions réciproques de deux corps, l'action étant égale et contraire à la réaction, l'impulsion de la force P, c'est-à-dire le produit de cette force par la durée de son action, sera égale à la quantité de mouvement perdue. On aura donc

$$P \times 1'' \quad \text{ou} \quad P = \frac{1000\,AV}{g}(V - v).$$

Pour avoir le travail, il suffit de multiplier P par le chemin que parcourt le point d'application, lequel n'est autre chose que la vitesse de la palette, d'où

$$Pv = \frac{1000\,AV}{g}(V - v)v.$$

Des expériences faites par Poncelet il résulte que si, dans la formule, on introduit la valeur de V prise à la surface du courant, le coefficient de correction qui doit affecter l'effet utile théorique est égal à 0,80. On aura donc

$$Pv = \frac{0,80 \times 1000\,AV}{g}(V - v)v = \frac{800}{9,81}AV(V - v)v$$

ou

$$Pv = 81,55\,AV(V - v)v.$$

Nous ferons observer, comme cela a eu lieu pour les roues à palettes planes ordinaires, que le maximum relatif d'effet utile répond à la relation

$$(V - v) = v \quad \text{ou} \quad v = \frac{V}{2},$$

c'est-à-dire que la vitesse de la palette doit encore être égale à la moitié de la vitesse du liquide affluent. Toutefois les expériences de Bossut ont montré que le rapport qui convient le mieux au maximum relatif pratique est

$$\frac{v}{V} = 0,40.$$

123. *Formule de Navier.* — Ce savant, d'après l'opinion émise par Bélidor, suppose que l'action de l'eau sur les palettes est analogue à celle qui se produirait dans le cas où une seule aube verticale remplacerait toutes celles qui sont soumises à l'action du courant, et si cette aube marchait sans cesse devant l'eau avec une vitesse v. De plus, il a admis que le volume d'eau qui vient frapper la palette est proportionnel à un coefficient k déduit de l'observation et à la vitesse relative $V - v$.

Par conséquent, si nous appelons h la hauteur due à cette vitesse relative, on aura

$$(V - v)^2 = 2gh, \quad \text{d'où} \quad h = \frac{(V - v)^2}{2g},$$

et l'effort P exercé sur la palette aura pour valeur

$$P = 1000\,kA\,h = \frac{1000\,kA\,(V - v)^2}{2g}.$$

Multipliant par la vitesse v de la palette, on aura le travail développé en une seconde

$$Pv = \frac{1000\,kA}{2g}(V - v)^2 v.$$

Cherchons maintenant la relation entre V et v qui répond au maximum relatif d'effet utile et développons, à cet effet, le carré du binôme $(V - v)$. On aura

$$(V - v)^2 v = (V^2 + v^2 - 2Vv)\,v.$$

Posons $v = Vx$ et substituons dans la fonction

$$\begin{aligned}(V^2 + v^2 - 2Vv)\,v &= (V^2 + V^2x^2 - 2V^2x)\,Vx \\ &= V^3x + V^3x^3 - 2V^3x^2 = V^3(x + x^3 - 2x^2).\end{aligned}$$

Faisant abstraction de la constante V^3, prenant la dérivée de la fonction $x + x^3 - 2x^2$ et l'égalant à zéro, il viendra

$$1 + 3x^2 - 4x = 0 \quad \text{ou} \quad x^2 - \frac{4}{3}x = -\frac{1}{3},$$

d'où

$$x = \frac{2}{3} \pm \sqrt{\frac{4}{9} - \frac{1}{3}} = \frac{2}{3} \pm \frac{1}{3}.$$

Prenant la racine qui correspond au signe moins du radical, attendu qu'elle seule satisfait à la condition, à moins que la vitesse de la roue ne soit égale à celle de l'eau, ce qui ne saurait être, il viendra

$$x = \frac{1}{3}, \quad \text{d'où} \quad v = \frac{1}{3}V.$$

Ainsi, d'après la théorie de Navier, la vitesse de la roue qui correspond au maximum d'effet est le $\frac{1}{3}$ de la vitesse du liquide affluent au lieu d'en être la moitié, ainsi que nous l'avons obtenu par la discussion de la première formule.

Remplaçant, dans l'équation, v par $\frac{1}{3}V$, on aura

$$Pv = \frac{1000\,kA}{2g}\left(V - \frac{V}{3}\right)^2 \frac{V}{3},$$

$$Pv = \frac{1000\,kA}{2g} \times \frac{4}{27}V^3,$$

$$Pv = 7{,}55\,kAV^3.$$

Poncelet, en expérimentant des roues de ce genre établies sur le Rhône, a trouvé les valeurs suivantes du coefficient :

$$k = 2{,}80, \quad k = 2{,}70, \quad k = 3{,}19,$$

dont la moyenne est approximativement $k = 2{,}90$.

On aura donc la formule

$$Pv = 2{,}90 \times \frac{1000\,A\,(V - v)^2 v}{2 \times 9{,}81},$$

ou

$$Pv = 147{,}80\,A\,(V - v)^2 v.$$

Antérieurement à ces expériences, Bossut et M. Boistard avaient trouvé que la valeur du coefficient k était comprise entre 2 et 3.

La formule due à Poncelet repose sur des considérations plus rigoureuses que celle de Navier. Elle concorde assez exactement avec les résultats fournis par les expériences de Bossut. Bien que la dernière formule soit encore généralement employée, il serait préférable, dans les applications, de se servir de celle de Poncelet, qui tient compte de toutes les circonstances du mouvement de l'eau.

124. Applications. — *Trouver l'effet utile d'une roue pendante sur bateaux dans les conditions suivantes :*

Aire de la partie immergée de la palette........	$A = 1^{mc},48$
Vitesse du courant à la surface.................	$V = 2^{m},00$
Vitesse de la palette au milieu de la partie immergée..............................	$v = 0^{m},80$

1° Formule de Poncelet :

$$Pv = 81,55\,AV(V - v)v,$$

$$Pv = 81,55 \times 1^{mc},48 \times 2(2 - 0,80)\,0,80 = 231^{kgm},73,$$

$$N = \frac{231^{kgm},73}{75} = 3^{ch\ vap},09.$$

2° Formule de Navier :

$$Pv = 147,8\,A(V - v)^2 v,$$

$$Pv = 147,8 \times 1^{mc},48 \times (2 - 0,80)^2\,0,80 = 251^{kgm}.$$

125. *Roue Sagebien.* — Cette roue est destinée à remplacer avantageusement la roue ordinaire, à palettes planes, emboîtée dans un coursier circulaire. Elle convient parfaitement aux petites chutes et aux grandes dépenses d'eau. L'eau est distribuée au récepteur au moyen d'une vanne plongeante formant déversoir. On donne aux aubes une longueur suffisante pour que l'eau ne puisse jamais se déverser par-dessus le bord intérieur, et leur inclinaison sur le rayon doit être telle, que l'aube qui reçoit l'eau à la surface du canal forme avec cette surface un angle de 45 degrés (*fig.* 52).

Avec la même vitesse, une roue de ce système ne peut recevoir qu'un même volume d'eau, déterminé par la hauteur du niveau dans le bief supérieur. On voit aisément qu'un récepteur construit dans de telles conditions fait en quelque sorte office de compteur, ce qui lui a fait donner par les ingénieurs le nom de *roue-vanne*. La mise en marche de cette

Fig. 52.

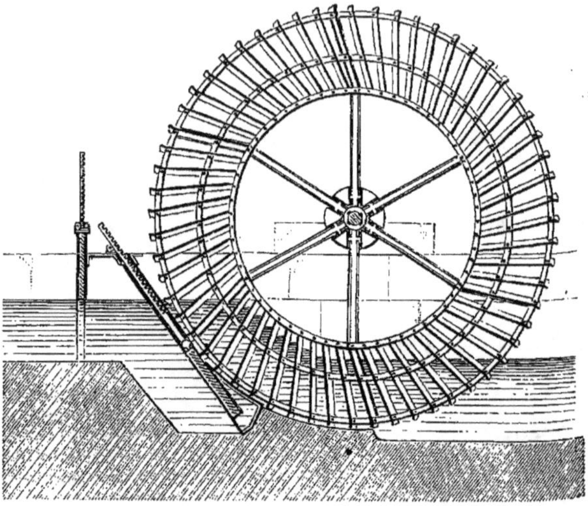

roue s'opère difficilement, attendu que les intervalles compris entre les palettes se remplissent avec une excessive lenteur et uniquement en raison du jeu du coursier. Lorsque les résistances viennent subitement à croître, le mouvement se ralentit, la roue dépense moins d'eau, ce qui diminue le travail moteur, tandis que le contraire devrait avoir lieu. C'est pour ce motif que ce système de roues ne doit être établi que sur des cours d'eau très-réguliers et pour faire marcher des opérateurs affectés à l'exécution d'un travail sensiblement constant.

Des expériences rapportées par M. Tresca dans le *Bulletin de la Société d'encouragement* (24 juillet 1868), il résulte que la roue Sagebien donne un rendement moyen de 80 pour 100 du travail disponible.

Cette roue, à juste titre préconisée par les ingénieurs, présente quelques inconvénients qu'il importe de signaler : elle exige de grandes dimensions et une solidité telle, qu'elle puisse supporter le poids considérable d'eau qu'elle dépense; d'autre part, comme elle marche à de très-faibles vitesses, lorsque le mouvement de l'opérateur, par la nature des produits à obtenir, doit être très-rapide, on est obligé d'employer une transmission complexe, qui, par les résistances passives qu'elle développe, absorbe en pure perte une partie plus ou moins grande de l'effet utile.

On peut néanmoins considérer la roue Sagebien comme un moteur très-précieux, qui mérite de prendre place à côté de la roue Poncelet et d'autres récepteurs hydrauliques perfectionnés.

CHAPITRE VI.

126. *Turbine Fourneyron.* — Ce récepteur se compose de deux parties principales : 1° une roue RR (*fig.* 53), animée d'un mouvement de rotation autour d'un axe vertical; 2° un plateau fixe OO, de diamètre légèrement inférieur à celui de la roue et muni de cloisons directrices ayant pour objet de

Fig. 53.

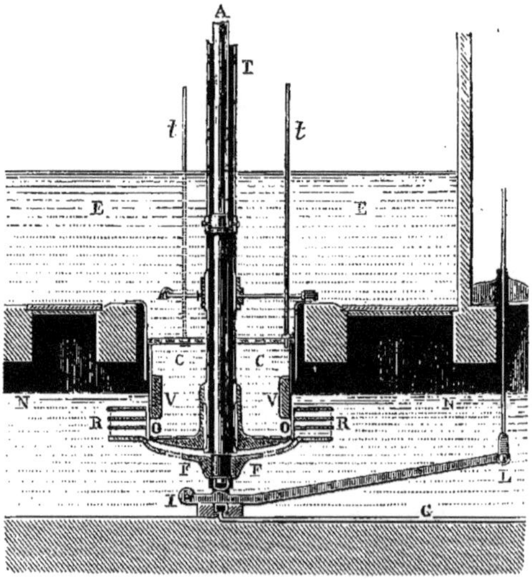

conduire l'eau sur la roue mobile. La roue est formée de deux couronnes horizontales, en fonte, entre lesquelles sont emboîtées des aubes courbes, en tôle, qui forment à peu près un angle droit avec la circonférence intérieure et un angle de 25 degrés avec la circonférence extérieure. Elle est réunie à l'axe vertical A au moyen d'une calotte sphérique ou cul-de-lampe FF. Les cloisons directrices du plateau fixe sont des surfaces cylindriques, à base circulaire, qui rencontrent la circonférence du moyeu sous un angle droit et la circonférence intérieure de la roue sous un angle de 30 degrés. L'arbre A se termine inférieurement par un pivot, supporté lui-même par un levier du second genre IL, qui sert à relever la roue et son équipage, de manière à amener exactement les aubes en regard des orifices distributeurs. Le graissage du pivot s'effectue au moyen du tuyau horizontal G, qui se recourbe verticalement à une certaine distance, sort de l'eau et se termine par un entonnoir dans lequel on verse de l'huile. L'arbre du mouvement est enveloppé par un tube central en fonte, T, nommé tuyau *porte-fond*, solidement scellé par des boulons au plancher supérieur de la turbine et faisant corps, au moyen de clavettes, avec le plateau des directrices. Un cylindre creux CC, où pénètre librement l'eau du bief d'amont, descend jusqu'au niveau du bief d'aval. Le débit de l'eau dans le distributeur est réglé par des obturateurs V, V, montés sur une couronne, qui correspondent aux débouchés extérieurs du distributeur, en faisant varier la hauteur du système au moyen de tiges verticales *t*, *t*, solidaires à la partie supérieure d'un plateau, que l'on peut faire mouvoir au moyen d'une manœuvre de vanne. On comprend dès lors que, lorsque ces obturateurs ont été complétement abaissés, ils viennent reposer sur le plateau des directrices, et que l'eau contenue dans la capacité cylindrique, dont le plateau fixe est le fond, ne peut s'introduire dans la roue proprement dite. Lorsque, au contraire, les obturateurs sont levés d'une quantité égale à la hauteur de la roue, l'eau de ce vase, s'écoulant par les cloisons directrices, vient rencontrer les aubes de la roue et leur communique le mouvement en vertu de la vitesse relative qu'elle possède. Par les temps de crues, comme l'on peut disposer d'un volume d'eau considérable, il convient de démasquer complétement les orifices; mais, par les temps de basses eaux, la vanne ne devant être levée que d'une fraction plus ou moins grande de la hauteur de la roue, il en résulte une diminution notable du travail moteur. Aussi, il y a quelques années, Fourneyron, frappé de l'inconvénient que présentent les faibles levées de vanne nécessitées par les hauteurs accidentelles de la chute, a proposé de diviser la hauteur totale de la roue en trois parties, telles qu'on les voit sur la roue RR, par des cloisons horizontales en tôle. Il a ainsi, en quelque sorte, formé trois turbines de capacités différentes, pouvant correspondre à des volumes d'eau différents, en ayant soin cependant de faire coïncider le bord inférieur de la vanne avec la cloison qui convient à la hauteur de chute. Enfin, pour achever cette description sommaire, nous ajouterons que la moitié seulement des directrices se prolonge jusqu'au noyau du plateau de fond, et que les autres sont limitées environ au milieu de la distance comprise entre ce noyau et la circonférence intérieure de la roue (*fig.* 54).

Fig. 54.

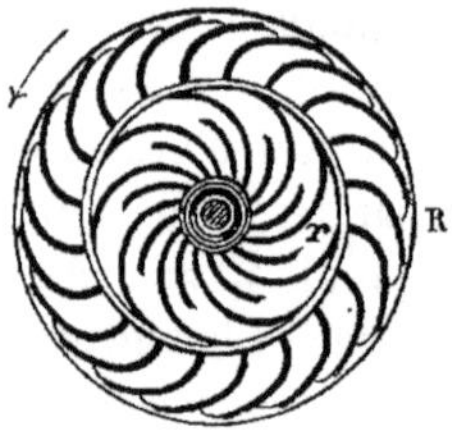

127. *Théorie de la turbine Fourneyron.* — Soient AB et BC (*fig.* 55) les profils d'une directrice et d'une aube, et supposons que la circonférence intérieure de la roue forme avec l'aube un angle droit.

Appelons

h_1 la hauteur des orifices d'écoulement;

d la plus courte distance comprise entre deux directrices consécutives;

e la distance des extrémités de ces directrices;

α l'angle sous lequel les filets fluides rencontrent la circonférence intérieure de la roue;

V la vitesse moyenne avec laquelle les filets fluides arrivent sur la roue;

m' le multiplicateur de la dépense relatif aux orifices d'écoulement formés par les directrices, et qui, dans ce cas, a pour valeur minima $m' = 0,95$;

m le multiplicateur de la dépense qui se rapporte à l'introduction de l'eau dans le réservoir, lequel peut descendre à 0,60 lorsque les dispositions n'ont pas été convenablement prises pour atténuer les effets de la contraction;

A l'aire de la section du réservoir;

Fig. 55.

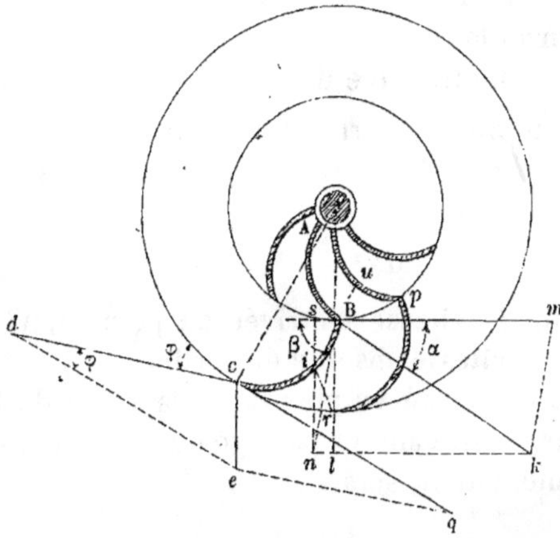

O la somme totale des aires contractées des orifices de sortie formés par les directrices;

Q le volume d'eau débité par ces orifices en une seconde;

R, R' les rayons extérieur et intérieur de la roue;

h'_1 la hauteur des canaux de circulation formés par les aubes;

d' la plus courte distance de deux aubes consécutives;

e', e'' les distances de deux aubes, mesurées aux circonférences extérieure et intérieure;

φ l'angle formé par les filets fluides avec la circonférence extérieure;

O' la somme totale des sections contractées du liquide lorsqu'il traverse les orifices de sortie que forment les aubes;

v' la vitesse de la roue à la circonférence intérieure;

v la vitesse à la circonférence extérieure;

V_1 la vitesse angulaire;

u' la vitesse relative d'introduction;

u la vitesse relative à l'extrémité des aubes;

β l'angle formé par la direction de cette vitesse avec celle de la roue, mais en sens contraire du mouvement;

h la hauteur de l'eau, dans le bief supérieur, au-dessus du centre des orifices d'écoulement;

h' la hauteur de l'eau en aval au-dessus du même point;

H la hauteur de la chute, laquelle est égale à $h - h'$;

P_1 la pression extérieure sur l'unité de surface;

P'_1 la pression intérieure exercée dans l'espace compris entre le réservoir et la roue;

p le poids de 1 mètre cube d'eau.

Comme l'eau ne parcourt pas de hauteur verticale conjointement avec la roue, l'équation des forces vives appliquée à ce récepteur devient

$$Pv = \tfrac{1}{2} MV^2 - \tfrac{1}{2} MV'^2 - \tfrac{1}{2} MV''^2,$$

V représentant la vitesse d'arrivée au point B, V′ la vitesse perdue et V″ la vitesse absolue de sortie.

D'après ce qui a été vu plus haut, la perte de force vive éprouvée par l'eau, dans le passage du bief supérieur au réservoir d'alimentation, sera

$$MV^2 \frac{O^2}{A^2} \left(\frac{1}{m} - 1\right)^2,$$

et, par suite, la force vive communiquée par les forces qui agissent sur l'eau aura pour valeur

$$MV^2 \left[1 + \frac{O^2}{A^2} \left(\frac{1}{m} - 1\right)^2\right].$$

Si nous appelons x, x' les hauteurs des colonnes liquides qui font respectivement équilibre aux pressions P_1, P'_1 sur l'unité de surface, on aura

$$P_1 = 1\,x\,p, \quad \text{d'où} \quad x = \frac{P_1}{p},$$

$$P'_1 = 1\,x'p, \quad \text{d'où} \quad x' = \frac{P'_1}{p};$$

par conséquent le travail des forces qui produisent le mouvement sera représenté par

$$Mgh + Mg\left(\frac{P_1}{p} - \frac{P'_1}{p}\right),$$

attendu que les pressions P_1 et P'_1 agissent en sens contraires.

Appliquant le théorème des forces vives, on aura l'équation suivante :

$$\frac{1}{2}MV^2\left[1+\frac{O^2}{A^2}\left(\frac{1}{m}-1\right)^2\right]=Mgh+Mg\left(\frac{P_1}{p}-\frac{P'_1}{p}\right),$$

ou bien, en divisant les deux membres par $\frac{1}{2}M$,

$$V^2\left[1+\frac{O^2}{A^2}\left(\frac{1}{m}-1\right)^2\right]=2gh+2g\left(\frac{P_1}{p}-\frac{P'_1}{p}\right).$$

Pour faciliter les calculs, posons

$$\frac{O^2}{A^2}\left(\frac{1}{m}-1\right)^2=k.$$

En substituant, on aura

$$V^2(1+k)=2gh+2g\left(\frac{P_1}{p}-\frac{P'_1}{p}\right),$$

d'où l'on déduit

$$\frac{P'_1}{p}-\frac{P_1}{p}=\frac{2gh}{2g}-\frac{V^2}{2g}(1+k)$$

ou,

$$\frac{P'_1}{p}-\frac{P_1}{p}=h-\frac{V^2}{2g}(1+k).$$

Cette relation servira à trouver la hauteur de la colonne d'eau qui, dans l'espace compris entre la roue et le réservoir, fait équilibre à la pression, lorsque la vitesse réelle d'arrivée sera connue.

Comme dans les récepteurs précédemment étudiés, on obtiendra la vitesse relative d'introduction au moyen de l'équation

$$u'^2=V^2+v'^2-2Vv'\cos\alpha.$$

Or on a

$$Q=OV \quad \text{et} \quad Q=O'u,$$

d'où

$$OV=O'u \quad \text{et} \quad V=\frac{O'}{O}u.$$

Remplaçant V par cette valeur dans l'équation qui exprime la valeur de la vitesse relative u', on aura

$$u'^2 = \frac{O'^2}{O^2} u^2 + v'^2 - \frac{2O'}{O} uv' \cos\alpha.$$

Présentement, décomposons la vitesse relative u' représentée sur la figure par Bn en deux autres Bs, Bl, la première tangente à la circonférence et la seconde suivant le rayon. Comme l'aube rencontre la circonférence intérieure sous un angle droit, la composante Bl sera évidemment tangente à l'aube. Ces deux composantes ont pour valeurs

$$Bs = u' \cos\beta, \quad Bl = u' \sin\beta.$$

Par conséquent, la perte de force vive dans le sens de la tangente à la circonférence sera

$$Mu'^2 \cos^2\beta.$$

Remarquons que la plus courte distance de deux aubes étant $ri = d'$ et h'_1, la hauteur du débouché qu'elles offrent, la dépense sera représentée par

$$m'' d' h'_1 u,$$

en désignant par m'' le coefficient relatif à cet orifice d'évacuation, lequel sert à atténuer l'erreur commise par l'admission absolue du parallélisme des filets fluides, lorsqu'ils se meuvent dans la roue.

Or, à la circonférence intérieure, la distance de deux aubes consécutives est e'' : la surface de l'orifice d'entrée sera donc approximativement $e'' h'_1$. Par suite, la vitesse moyenne de l'eau, un peu au delà de l'introduction, sera sensiblement égale à

$$\frac{m'' d' h'_1 u}{e'' h'_1} = \frac{m'' d' u}{e''}.$$

Puisque le jet liquide forme avec la circonférence extérieure un angle φ, de la figure cir considérée comme un triangle rectangle, on déduira comme valeur approximative

$$ir = cr \sin\varphi, \quad \text{d'où} \quad \sin\varphi = \frac{ir}{cr} = \frac{d'}{e'}.$$

D'autre part, les distances e' et e'' étant proportionnelles aux rayons R, R', on a

$$\frac{e'}{e''} = \frac{R}{R'}, \quad \text{d'où} \quad e'' = \frac{R'}{R} e',$$

et, en substituant cette valeur à e'', il vient

$$\frac{m'' d' u}{e''} = \frac{m'' d' u}{\frac{R'}{R} e'} = \frac{m'' R d' u}{R' e'}.$$

Remplaçant aussi le rapport $\frac{d'}{e'}$ par sa valeur $\sin\varphi$, on a

$$\frac{m'' R d' u}{R' e'} = m'' \frac{R}{R'} \sin\varphi u.$$

Il résulte de là que la perte de vitesse, suivant la tangente au premier élément de l'aube, aura pour valeur

$$u' \sin\beta - m'' \frac{R}{R'} \sin\varphi u,$$

et la perte de force vive

$$M \left(u' \sin\beta - m'' \frac{R}{R'} \sin\varphi u \right)^2.$$

Par conséquent, la perte totale de force vive subie à l'entrée de l'eau dans la roue aura pour valeur

$$M u'^2 \cos^2\beta + M \left(u' \sin\beta - m'' \frac{R}{R'} \sin\varphi u \right)^2$$
$$= M \left[u'^2 \cos^2\beta + \left(u' \sin\beta - m'' \frac{R}{R'} \sin\varphi u \right)^2 \right].$$

Développant le carré du second terme de la parenthèse,

$$M \left(u'^2 \cos^2\beta + u'^2 \sin^2\beta + m''^2 \frac{R^2}{R'^2} \sin^2\varphi u^2 - 2 u' \sin\beta m'' \frac{R}{R'} \sin\varphi u \right).$$

Mettant dans la parenthèse u'^2 en facteur commun, on aura

$$M \left[u'^2 (\sin^2\beta + \cos^2\beta) + m''^2 \frac{R^2}{R'^2} \sin^2\varphi u^2 - 2 u' \sin\beta m'' \frac{R}{R'} \sin\varphi u \right].$$

Comme $\sin^2\beta + \cos^2\beta = 1$, cette expression devient

$$M\left(u'^2 + m''^2 \frac{R^2}{R'^2}\sin^2\varphi\, u^2 - 2u'\sin\beta\, m''\frac{R}{R'}\sin\varphi\, u\right).$$

De ce que l'aube est perpendiculaire à la circonférence intérieure, il résulte que Bl ou sa valeur $u'\sin\beta = V\sin\alpha$, et, puisque l'on a trouvé précédemment

$$V = \frac{O'}{O}u,$$

on aura

$$u'\sin\beta = V\sin\alpha = \frac{O'}{O}u\sin\alpha;$$

en substituant cette valeur à $u'\sin\beta$ dans l'expression de la perte de force vive, on aura aussi

$$M\left(u'^2 + m''^2\frac{R^2}{R'^2}\sin^2\varphi\, u^2 - \frac{2O'}{O}u\sin\alpha\, m''\frac{R}{R'}\sin\varphi\, u\right)$$

ou

$$M\left(u'^2 + m''^2\frac{R^2}{R'^2}\sin^2\varphi\, u^2 - \frac{2O'}{O}\quad\sin\alpha\, m''\frac{R}{R'}\sin\varphi\, u^2\right).$$

Pour plus de simplicité, posons

$$m''\frac{R}{R'}\sin\varphi = b \quad \text{et} \quad \frac{O'}{O}\sin\alpha = c,$$

et l'expression prendra la forme suivante :

$$M(u'^2 + b^2u^2 - 2bcu^2).$$

Dans le passage de la circonférence intérieure à la circonférence extérieure, le liquide est soumis à l'action de la force centrifuge qui accomplit un travail dont la valeur est

$$\tfrac{1}{2}MV_1^2(R^2 - R'^2) = \tfrac{1}{2}MV_1^2R^2 - \tfrac{1}{2}MV_1^2R'^2.$$

Or les vitesses de la roue v et v' aux circonférences extérieure et intérieure, en fonction de la vitesse angulaire, sont respectivement V_1R et V_1R'. Donc le travail de la force centrifuge sera aussi représenté par

$$\tfrac{1}{2}Mv^2 - \tfrac{1}{2}Mv'^2 = \tfrac{1}{2}M(v^2 - v'^2).$$

De plus, l'eau passant de la vitesse relative u' à la vitesse u éprouve une variation de force vive représentée par

$$Mu^2 - Mu'^2 = M(u^2 - u'^2),$$

et comme, à l'introduction, elle a perdu une quantité de force vive que nous avons trouvée égale à

$$M(u'^2 + b^2u^2 - 2bcu^2),$$

la variation totale de la force vive jusqu'au point où l'eau abandonne le récepteur sera

$$M(u^2 - u'^2) + M(u'^2 + b^2u^2 - 2bcu^2).$$

Remarquons, en outre, que cette variation de la force vive est produite par le travail des forces qui agissent sur l'eau entre le réservoir supérieur et la roue. Ce travail se compose :

1° Du travail de la pression $\frac{P'_1}{p} - \frac{P_1}{p}$ égale à la différence de la pression atmosphérique et de la pression dans l'espace compris entre le réservoir et la roue, lequel est égal à $Mg\left(\frac{P'_1}{p} - \frac{P_1}{p}\right)$;

2° Du travail négatif $-Mgh'$ de la pression exercée en aval par la colonne liquide de hauteur h' au-dessus du centre des orifices;

3° Du travail $\frac{1}{2}MV_1^2(R^2 - R'^2) = \frac{1}{2}M(v^2 - v'^2)$ développé par la force centrifuge, quand l'eau passe de la circonférence intérieure à la circonférence extérieure.

L'application du théorème des forces vives conduira à l'équation suivante, qui exprime toutes les circonstances du mouvement relatif de l'eau entre le réservoir et le point de sortie :

$$Mg\left(\frac{P'_1}{p} - \frac{P_1}{p}\right) - Mgh' + \frac{1}{2}M(v^2 - v'^2) = \frac{1}{2}M(u^2 - u'^2) + \frac{1}{2}M(u'^2 + b^2u^2 - 2bcu^2).$$

Divisant les deux membres par M et multipliant par 2, on aura

$$2g\left(\frac{P'_1}{p} - \frac{P_1}{p}\right) - 2gh' + v^2 - v'^2 = u^2 - u'^2 + b^2u^2 - 2bcu^2.$$

Remplaçant dans cette équation $\frac{P'_1}{p} - \frac{P_1}{p}$ par sa valeur $h - \frac{V^2}{2g}(1 + k)$ trouvée plus haut, il viendra

$$2g\left[h - \frac{V^2}{2g}(1 + k)\right] - 2gh' + v^2 - v'^2 = u^2 + b^2u^2 - 2bcu^2$$

ou

$$2g\left[h - h' - \frac{V^2}{2g}(1 + k)\right] + v^2 - v'^2 = u^2 + b^2u^2 - 2bcu^2.$$

Substituant à $h - h'$ sa valeur H qui représente la hauteur de chute disponible, on aura encore

$$2gH - V^2(1 + k) + v^2 - v'^2 = u^2 + b^2u^2 - 2bcu^2.$$

Remplaçant V^2 par $\frac{O'^2}{O^2}u^2$,

$$2gH - \frac{O'^2}{O^2}u^2(1 + k) + v^2 - v'^2 = u^2 + b^2u^2 - 2bcu^2,$$

$$2gH + v^2 - v'^2 = u^2 + b^2u^2 - 2bcu^2 + \frac{O'^2}{O^2}u^2(1 + k).$$

Mettant u^2 en facteur commun,

$$2gH + v^2 - v'^2 = u^2\left[\frac{O'^2}{O^2}(1 + k) + b^2 - 2bc + 1\right].$$

Pour plus de simplicité, posons

$$\frac{O'^2}{O^2}(1 + k) + b^2 - 2bc = q,$$

$$2gH + v^2 - v'^2 = u^2(1 + q);$$

d'ou

$$u^2 = \frac{2gH + v^2 - v'^2}{1 + q} \quad \text{et} \quad u = \sqrt{\frac{2gH + v^2 - v'^2}{1 + q}},$$

ou bien encore, en exprimant les vitesses v et v' en fonction de la vitesse angulaire,

$$u = \sqrt{\frac{2gH + V_1^2(R^2 - R'^2)}{1 + q}}.$$

La vitesse relative de l'eau à la circonférence extérieure de la roue étant ainsi déterminée, on en déduira facilement la vitesse qu'elle possède au moment de l'introduction, car on a

$$V = \frac{O'}{O} u,$$

et, en remplaçant u par sa valeur,

$$V = \frac{O'}{O} \sqrt{\frac{2gH + V_1^2(R^2 - R'^2)}{1 + q}};$$

par suite, la dépense d'eau sera exprimée par

$$Q = OV = O' \sqrt{\frac{2gH + V_1^2(R^2 - R'^2)}{1 + q}}.$$

En examinant avec attention ces deux formules, on voit aisément que la vitesse et la dépense d'eau augmentent avec la vitesse angulaire et même qu'elles peuvent devenir supérieures à celles qui se rapportent à la hauteur utile de chute, c'est-à-dire à la différence des niveaux en amont et en aval au-dessus du centre des orifices, ce qui s'accorde parfaitement avec les résultats fournis par l'expérience. On peut d'ailleurs mettre en évidence que la pression dans l'espace compris entre le réservoir et la roue décroît avec la vitesse angulaire et même qu'elle peut descendre au-dessous de la pression atmosphérique. Considérons, à cet effet, la relation

$$\frac{P'_1}{p} - \frac{P_1}{p} = h - \frac{V^2}{2g}(1 + k).$$

Remplaçant V^2 par sa valeur en fonction de u, on aura

$$\frac{P'_1}{p} - \frac{P_1}{p} = h - \frac{2gH + V_1^2(R^2 - R'^2)}{2g(1 + q)} \frac{O'^2}{O^2}(1 + k)$$

ou

$$\frac{P'_1}{p} - \frac{P_1}{p} = h - \frac{1 + k}{1 + q}\left[H + \frac{V_1^2(R^2 - R'^2)}{2g}\right]\frac{O'^2}{O^2}.$$

Il est clair que cette expression diminue de plus en plus, à mesure que la vitesse angulaire V_1 croît et que le second membre deviendra négatif, lorsqu'on aura

$$h < \frac{1+k}{1+q}\left[H + \frac{V_1^2(R^2 - R'^2)}{2g}\right]\frac{O'^2}{O^2},$$

ce qui implique que $\frac{P'_1}{p}$ soit moindre que la pression atmosphérique $\frac{P_1}{p}$.

Tous les éléments qui peuvent servir à l'évaluation du travail étant connus, il ne reste plus qu'à appliquer l'équation générale des moteurs hydrauliques, telle que nous l'avons établie. Comme la vitesse absolue avec laquelle l'eau abandonne le récepteur est la résultante de la vitesse u et de la vitesse v de la roue à la circonférence extérieure, sa valeur se déduira de l'équation

$$V''^2 = u^2 + v^2 - 2uv\cos\varphi;$$

par conséquent, l'équation du travail sera

$$Pv = \tfrac{1}{2}MV^2 - \tfrac{1}{2}M(u'^2 + b^2u^2 - 2bcu^2) - \tfrac{1}{2}M(u^2 + v^2 - 2uv\cos\varphi).$$

Si nous admettons que la vitesse du liquide affluent correspond à la hauteur H de la chute, c'est-à-dire à la différence des niveaux d'amont et d'aval, ce qui est à peu près exact, à cause de la disposition donnée aux orifices pour atténuer les effets de la contraction, on aura approximativement

$$V^2 = 2gH,$$

et, en substituant, on aura

$$Pv = MgH - \tfrac{1}{2}M(u'^2 + b^2u^2 - 2bcu^2) - \tfrac{1}{2}M(u^2 + v^2 - 2uv\cos\varphi).$$

Nous ferons toutefois observer que le terme MgH qui représente le travail absolu de la chute n'est pas indépendant de la vitesse angulaire, puisque, ainsi que nous l'avons montré, la dépense varie avec cette vitesse. On parviendrait donc à une conclusion erronée si, comme pour les roues précédemment étudiées, on supposait que la masse M est une constante dont on peut faire abstraction dans la discussion du maximum d'effet. Aussi on se borne à rechercher la condition qui doit être satisfaite pour rendre maximum le rapport de l'effet utile au travail absolu développé par l'eau qui s'écoule en une seconde, rapport que nous avons désigné sous le nom de *rendement* du récepteur.

Dans l'équation précédente, remplaçons u'^2 par sa valeur

$$u'^2 = \frac{O'^2}{O^2} u^2 + v'^2 - 2\frac{O'}{O} uv' \cos\alpha,$$

et l'on aura

$$P_v = MgH - \tfrac{1}{2}M\left(\frac{O'^2}{O^2}u^2 + v'^2 - 2\frac{O'}{O}uv'\cos\alpha + b^2u^2 - 2bcu^2\right) - \tfrac{1}{2}M(u^2 + v^2 - 2uv\cos\varphi).$$

Divisant les deux membres de l'égalité par MgH pour avoir le rapport de l'effet utile au travail absolu, nous aurons

$$\frac{P_v}{MgH} = 1 - \frac{1}{2gH}\left(\frac{O'^2}{O^2}u^2 + v'^2 - 2\frac{O'}{O}uv'\cos\alpha + b^2u^2 - 2bcu^2 + u^2 + v^2 - 2uv\cos\varphi\right)$$

ou

$$\frac{P_v}{MgH} = 1 - \frac{v^2 + v'^2}{2gH} - \left(1 + \frac{O'^2}{O^2} + b^2 - 2bc\right)\frac{u^2}{2gH} + 2\left(\frac{O'}{O}v'\cos\alpha + v\cos\varphi\right)\frac{u}{2gH}.$$

Nous avons posé plus haut

$$(1 + k)\frac{O'^2}{O^2} + b^2 - 2bc = q = \frac{O'^2}{O^2} + b^2 - 2bc + \frac{kO'^2}{O^2}$$

d'où

$$\frac{O'^2}{O^2} + b^2 - 2bc = q - \frac{kO'^2}{O^2}.$$

D'autre part, on a aussi

$$u^2 = \frac{2gH + v^2 - v'^2}{1 + q} \quad \text{et} \quad v = V_1R; \quad v' = V_1R'.$$

Introduisant ces valeurs dans l'équation, il viendra

$$\frac{P_v}{MgH} = 1 - \frac{V_1^2R^2 + V_1^2R'^2}{2gH} - \left(1 + q - \frac{kO'^2}{O^2}\right)\frac{2gH + V_1^2R^2 - V_1^2R'^2}{2gH(1+q)}$$
$$+ 2\left(V_1R'\frac{O'}{O}\cos\alpha + V_1R\cos\varphi\right)\frac{\sqrt{\dfrac{2gH + V_1^2(R^2 - R'^2)}{(1+q)}}}{2gH}.$$

Effectuant les calculs, on aura

$$\frac{Pv}{MgH}=1-\frac{V_1^2R^2+V_1^2R'^2}{2gH}-\left[\frac{1}{2gH(1+q)}+\frac{q}{2gH(1+q)}-\frac{kO'}{O'^2 2gH(1+q)}\right](2gH+V_1^2R^2-V_1^2R'^2)$$

$$+2V_1\left(R'\frac{O'}{O}\cos\alpha+R\cos\varphi\right)\sqrt{\frac{2gH+V_1^2(R^2-R'^2)}{4g^2H^2(1+q)}}.$$

$$\frac{Pv}{MgH}=1-\frac{V_1^2R^2+V_1^2R'^2}{2gH}-\left[\frac{1+q}{2gH(1+q)}-\frac{kO'^2}{O^2 2gH(1+q)}\right](2gH+V_1^2R^2-V_1^2R'^2)$$

$$+\frac{2\left(R'\frac{O'}{O}\cos\alpha+R\cos\varphi\right)}{\sqrt{1+q}}\sqrt{\frac{V_1^2}{2gH}+\frac{V_1^4(R^2-R'^2)}{4g^2H^2}},$$

$$\frac{Pv}{MgH}=\frac{k}{1+q}\frac{O'^2}{O^2}+\left[\frac{k}{1+q}\frac{O'^2}{O^2}(R^2-R'^2)-2R^2\right]\frac{V_1^2}{2gH}$$

$$+\frac{2\left(R'\frac{O'}{O}\cos\alpha+R\cos\varphi\right)}{\sqrt{1+q}}\sqrt{\frac{V_1^2}{2gH}+\frac{V_1^4(R^2-R'^2)}{4g^2H^2}}.$$

Évidemment, dans cette expression, il existe plusieurs quantités variables qui peuvent influer sur le rendement de la roue; mais, comme le rapport qui le représente dépend principalement de la relation entre la vitesse à la circonférence extérieure et la vitesse du liquide affluent, dans la discussion du maximum, nous ne considérerons que ces deux quantités.

A cet effet, multiplions et divisons par R^2 le second terme du second membre de l'équation et divisons par R les deux termes du facteur placé devant le radical; on aura ainsi

$$\frac{Pv}{MgH}=\frac{k}{1+q}\frac{O'^2}{O^2}+\left[\frac{k}{1+q}\frac{O'^2}{O^2}\left(1-\frac{R'^2}{R^2}\right)-2\right]\frac{V_1^2R^2}{2gH}$$

$$+2\frac{\left(\frac{R'}{R}\frac{O'}{O}\cos\alpha+\cos\varphi\right)}{\frac{1}{R}\sqrt{1+q}}\sqrt{\frac{V_1^2}{2gH}+\frac{V_1^4(R^2-R'^2)}{4g^2H^2}},$$

ou bien, en faisant passer $\frac{1}{R}$ sous le radical,

$$\frac{Pv}{MgH}=\frac{k}{1+q}\frac{O'^2}{O^2}+\left[\frac{k}{1+q}\frac{O'^2}{O^2}\left(1-\frac{R'^2}{R^2}\right)-2\right]\frac{V_1^2R^2}{2gH}$$

$$+2\frac{\left(\frac{R'}{R}\frac{O'}{O}\cos\alpha+\cos\varphi\right)}{\sqrt{1+q}}\sqrt{\frac{V_1^2R^2}{2gH}+\frac{V_1^4R^2(R^2-R'^2)}{4g^2H^2}}.$$

Multipliant et divisant par R^2 le second terme du radical

$$\frac{P\varphi}{MgH} = \frac{k}{1+q}\frac{O'^2}{O^2} + \left[\frac{k}{1+q}\frac{O'^2}{O^2}\left(1-\frac{R'^2}{R^2}\right) - 2\right]\frac{V_1^2 R^2}{2gH}$$

$$+ 2\,\frac{\left(\frac{R'}{R}\frac{O'}{O}\cos\alpha + \cos\varphi\right)}{\sqrt{1+q}}\sqrt{\frac{V_1^2 R^2}{2gH} + \frac{V_1^4 R^4\left(1-\frac{R'^2}{R^2}\right)}{4g^2H^2}}.$$

Pour simplifier le calcul, posons encore

$$\frac{k}{1+q}\frac{O'^2}{O^2} = B, \quad 2 - \frac{k}{1+q}\frac{O'^2}{O^2}\left(1-\frac{R'^2}{R^2}\right) = C;$$

d'où

$$\frac{k}{1+q}\frac{O'^2}{O^2}\left(1-\frac{R'^2}{R^2}\right) - 2 = -C, \quad \frac{\frac{R'}{R}\frac{O'}{O}\cos\alpha + \cos\varphi}{\sqrt{1+q}} = D,$$

$$\frac{V_1^2 R^2}{2gH} = x \quad \text{et} \quad 1 - \frac{R'^2}{R^2} = E.$$

Par conséquent, en substituant, l'équation prendra la forme

$$\frac{P\varphi}{MgH} = B - Cx + 2D\sqrt{x + Ex^2}.$$

Prenant la dérivée de la fonction $-Cx + 2D\sqrt{x+Ex^2}$ et l'égalant à zéro, on aura

$$-C + \frac{D + 2DEx}{\sqrt{x+Ex^2}} = 0, \quad -C\sqrt{x+Ex^2} + D + 2DEx = 0,$$

$$D + 2DEx = C\sqrt{x+Ex^2},$$

$$D^2 + 4D^2E^2x^2 + 4D^2Ex = C^2x + C^2x^2E,$$

$$C^2x^2E - 4D^2E^2x^2 + C^2x - 4D^2Ex = D^2,$$

ou

$$x^2(C^2E - 4D^2E^2) + x(C^2 - 4D^2E) = D^2,$$

et

$$x^2 + x\frac{(C^2 - 4D^2E)}{E(C^2 - 4D^2E)} = \frac{D^2}{C^2E - 4D^2E^2}$$

$$x^2 + \frac{x}{E} = \frac{D^2}{C^2E - 4D^2E^2},$$

d'où

$$x = -\frac{1}{2E} + \sqrt{\frac{D^2}{C^2E - 4D^2E^2} + \frac{1}{4E^2}}$$

et, en réduisant sous le radical,

$$x = -\frac{1}{2E} + \sqrt{\frac{4D^2E^2 + C^2E - 4D^2E^2}{4E^2(C^2E - 4D^2E^2)}},$$

$$x = -\frac{1}{2E} + \frac{1}{2E}\sqrt{\frac{C^2}{C^2 - 4D^2E}}.$$

Remplaçant x par cette valeur dans l'expression du rapport $\frac{Pv}{MgH}$ de l'effet utile au travail absolu, nous aurons

$$\frac{Pv}{MgH} = B + \frac{C}{2E} - \frac{C}{2E}\sqrt{\frac{C^2}{C^2 - 4D^2E}}$$

$$+ 2D\sqrt{-\frac{1}{2E} + \frac{1}{2E}\sqrt{\frac{C^2}{C^2 - 4D^2E}} + \frac{1}{4E} + \frac{1}{4E}\left(\frac{C^2}{C^2 - 4D^2E}\right) - \frac{1}{2E}\sqrt{\frac{C^2}{C^2 - 4D^2E}}}$$

ou

$$\frac{Pv}{MgH} = B + \frac{C}{2E} - \frac{C}{2E}\sqrt{\frac{C^2}{C^2 - 4D^2E}} + 2D\sqrt{-\frac{1}{4E} + \frac{1}{4E}\left(\frac{C^2}{C^2 - 4D^2E}\right)}.$$

Mettant, sous le radical, la quantité $\frac{1}{4E}$ en facteur commun,

$$\frac{Pv}{MgH} = B + \frac{C}{2E} - \frac{C}{2E}\sqrt{\frac{C^2}{C^2 - 4D^2E}} + 2D\sqrt{\frac{1}{4E}\left(\frac{C^2}{C^2 - 4D^2E} - 1\right)},$$

$$\frac{Pv}{MgH} = B + \frac{C}{2E} - \frac{C}{2E}\sqrt{\frac{C^2}{C^2 - 4D^2E}} + 2D\sqrt{\frac{1}{4E}\left(\frac{C^2 - C^2 + 4D^2E}{C^2 - 4D^2E}\right)},$$

$$\frac{Pv}{MgH} = B + \frac{C}{2E} - \frac{C}{2E}\sqrt{\frac{C^2}{C^2 - 4D^2E}} + 2D\sqrt{\frac{1}{4E}\left(\frac{4D^2E}{C^2 - 4D^2E}\right)},$$

$$\frac{Pv}{MgH} = B + \frac{C}{2E} - \frac{C}{2E}\sqrt{\frac{C^2}{C^2 - 4D^2E}} + 2D\sqrt{\frac{D^2}{C^2 - 4D^2E}}.$$

Faisant sortir les quantités C et D des radicaux, on aura

$$\frac{Pv}{MgH} = B + \frac{C}{2E} - \frac{C^2}{\sqrt{C^2 - 4D^2E}} + \frac{2D^2}{\sqrt{C^2 - 4D^2E}}.$$

Mettant $\frac{1}{\sqrt{C^2 - 4D^2E}}$ en facteur commun,

$$\frac{Pv}{MgH} = B + \frac{C}{2E} - \frac{1}{\sqrt{C^2 - 4D^2E}}\left(\frac{C^2}{2E} - 2D^2\right)$$

ou

$$\frac{Pv}{MgH} = B + \frac{C}{2E} - \frac{1}{\sqrt{C^2 - 4D^2E}}\left(\frac{C^2 - 4D^2E}{2E}\right).$$

Faisant passer le radical au numérateur,

$$\frac{Pv}{MgH} = B + \frac{C}{2E} - \frac{(C^2 - 4D^2E)\sqrt{C^2 - 4D^2E}}{(C^2 - 4D^2E)\,2E}$$

et, enfin, toutes réductions faites, il restera

$$\frac{Pv}{MgH} = B + \frac{C}{2E} - \frac{1}{2E}\sqrt{C^2 - 4D^2E}.$$

A l'inspection de cette formule, on reconnaît aisément que la hauteur totale de la chute H et les hauteurs h, h' de l'eau, en amont et en aval, au-dessus du centre des orifices, n'étant pas des éléments du calcul dans le second membre, la turbine, considérée au point de vue purement théorique, doit fonctionner avec le même avantage, quelle que soit la hauteur de la chute et même quand elle est noyée, ce qui d'ailleurs a été confirmé par l'expérience.

Quant à la valeur du rapport $\frac{V_1 R}{MgH} = \frac{v}{MgH}$ qui correspond au maximum d'effet, on voit aussi qu'elle ne subit pas l'influence des mêmes quantités et qu'elle dépend uniquement des particularités que présente la roue, telles que la grandeur des orifices d'écoulement et les angles sous lesquels les courbes des canaux de circulation rencontrent les circonférences des couronnes.

Dans une discussion savamment approfondie, M. Morin a mis en lumière que le rendement de la turbine, déduit de la relation que nous avons établie, est supérieur au rendement réel fourni par l'expérience et que la différence des résultats provient principalement de la résistance opposée par les eaux d'aval au mouvement de la roue. Il est donc évident que la formule théorique qui donne la valeur du rapport $\frac{Pv}{MgH}$, pour être rigoureusement exacte, devrait tenir compte du travail négatif dû à cette résistance. Comme elle exprime parfaitement toutes les circonstances du mouvement relatif de l'eau, on comprend que si, pour les différents moteurs de ce système employés dans les usines, on déterminait, par des expériences variées, les valeurs de ce travail, en les retranchant de la formule théorique, on obtiendrait une ou plusieurs formules pratiques que l'on pourrait employer dans les cas les plus usuels.

128. *Formules pratiques.* — Des expériences faites sur la turbine Fourneyron, notamment par M. Morin, en 1838, il résulte que, si nous désignons par n_1 le nombre de tours en une minute, lorsque ce nombre sera compris entre les limites suivantes :

$$n_1 = \frac{3,3V}{R} \quad \text{et} \quad n_1 = \frac{5,6V}{R},$$

si la levée de vanne est supérieure aux deux tiers de la hauteur de la roue, on aura à $\frac{1}{15}$ près

$$\frac{Pv}{MgH} = 0,65 \quad \text{à} \quad \frac{Pv}{MgH} = 0,70,$$

d'où

$$Pv = 0,65MgH = 650QH, \quad Pv = 700QH.$$

Quand l'ouverture de la vanne est comprise entre les $\frac{2}{3}$ et la moitié de la hauteur, on a

$$\frac{Pv}{MgH} = 0,60 \quad \text{à} \quad \frac{Pv}{MgH} = 0,650,$$

d'où

$$Pv = 600QH, \quad Pv = 650QH.$$

Pour des ouvertures de vanne inférieures, ce rapport diminue de plus en plus.

129. *Détails de construction.* — L'observation des moteurs de ce genre, construits dans d'excellentes conditions de marche, a fait reconnaître qu'il convient d'adopter les proportions suivantes :

Angle des filets fluides avec la circonférence intérieure de la roue........................ $\alpha = 30°$

Angle des filets fluides avec la circonférence extérieure.............................. $\varphi = 25°$

Rapport des rayons extérieur et intérieur....... $\frac{R}{R'} = 1,33$

Rapport du nombre d'aubes au nombre de directrices.................................. $\frac{n}{n'} = 1,33$

De ce dernier rapport on déduit facilement celui qui existe entre les plus courtes distances de deux aubes et de deux directrices consécutives; car, e'' étant la distance de deux aubes à la circonférence intérieure et e celle des directrices à leurs extrémités, on aura

$$2\pi R' = ne'', \quad 2\pi R' = n'e,$$

d'où

$$ne'' = n'e \quad \text{et} \quad \frac{n'}{n} = \frac{e''}{e} = 0,75$$

ou

$$\frac{n}{n'} = \frac{e}{e''} = 1,33;$$

par conséquent,

$$e = 1,33\, e''.$$

Puisque d est la plus courte distance de deux directrices, du triangle Bup (*fig.* 55) on déduira

$$Bu = Bp \sin\alpha, \quad \text{ou} \quad d = e \sin\alpha = 1,33\, e'' \sin\alpha.$$

Pareillement le triangle cir fournit aussi

$$ir = cr \cos\varphi \quad \text{ou} \quad d' = e' \sin\varphi.$$

De ces deux relations on tire

$$\frac{1,33\, e'' \sin\alpha}{e' \sin\varphi} = \frac{d}{d'}.$$

Les deux arcs e'' et e' étant proportionnels aux rayons R', R, on a

$$\frac{e''}{e'} = \frac{R'}{R} = 0,75;$$

de plus

$$\sin\alpha = \sin 30^\circ = 0,50 \quad \text{et} \quad \sin\varphi = \sin 25^\circ = 0,422,$$

d'où, par substitution,

$$\frac{1,33 \times 0,75 \times 0,50}{0,422} = \frac{d}{d'} \quad \text{ou} \quad \frac{d}{d'} = 1,18.$$

Ordinairement on fait ce rapport égal à 1,20.

Réciproquement on aura

$$\frac{d'}{d} = 0,833.$$

Dans les cas ordinaires, on prend :

1° Le multiplicateur de la dépense relatif à l'introduction de l'eau du bief supérieur dans le réservoir $m = 0,60$ ou $0,62$;

2° Le multiplicateur qui se rapporte aux orifices formés par les directrices $m' = 0,80$ et celui des orifices d'évacuation formés par les aubes $m'' = 0,90$.

Les aires des orifices d'évacuation formés par les aubes et par les directrices étant respectivement

$$O' = nm''d'h'_1, \quad O = n'm'dh_1,$$

on en déduit

$$\frac{O'}{O} = \frac{nm''d'h'_1}{n'm'dh_1} = \frac{nm''d'}{n'm'd},$$

attendu que $h_1 = h'_1$.

Remplaçant les coefficients m'', m' par leurs valeurs précédemment indiquées, et les rapports $\frac{n}{n'}$ et $\frac{d'}{d}$ par leurs valeurs

$$\frac{n}{n'} = 1,33, \quad \frac{d'}{d} = 0,833,$$

il viendra

$$\frac{O'}{O} = 1,33\,\frac{0,90}{0,80}\,0,833 = 1,24.$$

Ordinairement, dans le cylindre de vannage, la vitesse de l'eau est égale à $1^m,50$. En désignant par R_1 le rayon de ce cylindre, le volume d'eau dépensé en une seconde sera exprimé par

$$Q = \pi R_1^2 \, 1,50;$$

d'où

$$R_1^2 = \frac{Q}{1,50\pi}, \quad R_1 = \sqrt{\frac{Q}{1,50 \times 3,1416}} = \sqrt{\frac{Q}{4,7124}}.$$

Le rayon intérieur de la roue est égal à R_1 plus $0^m,03$ environ, pour tenir compte de l'épaisseur de la tôle et du jeu nécessaire. Ainsi sa valeur sera

$$R' = \sqrt{\frac{Q}{4,7124}} + 0^m,03$$

et, d'après le rapport établi entre les deux rayons,

$$R = 1,33\left(\sqrt{\frac{Q}{4,7124}} + 0^m,03\right).$$

L'expérience a appris que, pour faciliter l'introduction de l'eau dans la roue, l'épaisseur de la lame fluide ne doit pas être supérieure à $0^m,06$. Il sera donc facile, au moyen de cette donnée, de trouver l'écartement des directrices à leurs extrémités; car on a

$$d = e \sin\alpha,$$

la plus courte distance d de deux directrices étant égale à l'épaisseur de la veine; d'où

$$e = \frac{d}{\sin\alpha} = \frac{0^m,06}{0,50} = 0^m,12,$$

que l'on augmentera de $0^m,003$ à $0^m,004$, pour tenir compte de l'épaisseur du métal dont les aubes sont formées.

L'écartement des directrices étant ainsi déterminé, on divisera la circonférence $2\pi R_1$ du cylindre de vannage par cet écartement, et le nombre entier le plus voisin du quotient exprimera le nombre des directrices qui doivent servir à conduire l'eau sur la roue. Pour la facilité du tracé, on pourra même prendre un nombre qui soit un multiple de plusieurs facteurs, à la condition toutefois qu'il ne s'écarte pas trop du quotient obtenu et, de plus, que l'épaisseur de la lame d'eau ou la plus courte distance de deux directrices consécutives n'excède pas la limite que nous avons posée.

On obtiendra le nombre des aubes de la roue par la relation

$$n = 1,33\,n'.$$

L'expérience a encore fait reconnaître que le rapport de la somme totale des aires des orifices formés par les directrices à l'aire de la section du réservoir doit être égal à 0,20. On aura donc

$$\frac{O}{A} = \frac{n'm'dh_1}{A} = 0,20; \quad \text{d'où} \quad h_1 = \frac{0,20}{m'}\,\frac{A}{n'd}.$$

Remplaçant le coefficient m' par sa valeur 0,80,

$$h_1 = \frac{0,20}{0,80}\,\frac{A}{n'd} = 0,25\,\frac{A}{n'd},$$

relation qui donne la hauteur de la turbine, et puisque, à la marche normale, la hauteur des orifices de distribution doit être égale à celle de la roue, on aura $h_1 = h'_1$.

Lorsque la roue est exposée à dépenser des volumes d'eau très-variables qui s'éloignent, soit en plus, soit en moins, du volume qui convient à la marche normale de la roue, on calcule les hauteurs d'orifices qui se rapportent à la dépense moyenne, ainsi qu'aux dépenses minima et maxima; puis, ainsi que le conseille Fourneyron, on partage la hauteur totale en cloisons horizontales qui correspondent à ces différentes hauteurs.

Pour trouver la vitesse qu'il convient de donner à la circonférence extérieure de la roue, considérons la relation relative au maximum d'effet trouvée plus haut :

$$x \text{ ou } \frac{V_1^2 R}{2gH} = -\frac{1}{2E} + \frac{1}{2E}\sqrt{\frac{C^2}{C^2 - 4D^2E}},$$

dans laquelle

$$E = 1 - \frac{R'^2}{R^2} = 1 - (0,75)^2 = 0,4375,$$

$$C = 2 - \frac{k}{1+q}\,\frac{O'^2}{O^2}\left(1 - \frac{R'^2}{R^2}\right).$$

Remplaçant, dans cette dernière relation, $\frac{O'}{O}$ par sa valeur, 1,24 et $1-\frac{R'^2}{R^2}$ par 0,4375, on aura

$$C = 2 - \frac{k}{1+q}(1,24)^2 0,4375,$$

$$k = \frac{O^2}{A}\left(\frac{1}{m}-1\right)^2 = (0,2)^2\left(\frac{1}{0,80}-1\right)^2 = 0,0025.$$

Lorsque les parois de l'orifice ne sont pas convenablement évasées pour atténuer les effets de la contraction, on fait

$$m = 0,60,$$

et, dans ce cas, la valeur de k est

$$k = 0,04\left(\frac{1}{0,60}-1\right) = 0,01776.$$

Nous avons posé plus haut

$$q = \frac{O'^2}{O^2}(1+k) + b^2 - 2bc,$$

$$b = m''\frac{R}{R'}\sin\varphi,$$

$$c = \frac{O'}{O}\sin\alpha,$$

et, en introduisant dans ces relations les valeurs numériques

$$b = 0,90 \times 1,33 \times 0,4226 = 0,506,$$
$$c = 1,24 \times 0,50 = 0,62,$$
$$q = (1,24)^2 \times 1,0025 + (0,506)^2 + 2 \times 0,506 \times 0,62,$$
$$q = 1,170;$$

d'où

$$C = 2 - \frac{0,0025}{2,170}1,5376 \times 0,4375 = 1,9992,$$

$$D = \frac{\frac{R'}{R}\frac{O'}{O}\cos\alpha + \cos\varphi}{\sqrt{1+q}},$$

et, en remplaçant par les valeurs numériques que nous avons obtenues,

$$D = \frac{0,75 \times 1,24 \times 0,866 + 0,9063}{\sqrt{2,170}}, \quad D = 1,162;$$

par conséquent on aura, pour la valeur du rapport du carré de la vitesse de la roue à celui de la vitesse de l'eau due à la chute totale,

$$x \text{ ou } \frac{V_1^2 R^2}{2gH} = -\frac{1}{2.0,4375} + \frac{1}{2.0,4375}\sqrt{\frac{(1,9992)^2}{(1,9992)^2 - 4(1,162)^2 0,4375}},$$

$$\frac{V_1^2 R^2}{2gH} = \frac{1}{0,875}\left(\sqrt{\frac{(1,9992)^2}{(1,9992)^2 - 4(1,162)^2 0,4375}} - 1\right),$$

$$\frac{V_1^2 R^2}{2gH} = 0,645;$$

d'où

$$\frac{V_1 R}{\sqrt{2gH}} = \sqrt{0,645} = 0,804.$$

Le rapport des vitesses aux circonférences extérieure et intérieure étant égal à celui des rayons, on aura

$$v' = 0,75 v;$$

par conséquent

$$V_1 R \text{ ou } v = 0,804\sqrt{2gH}$$

et

$$V_1 R' \text{ ou } v' = 0,75 \times 0,804\sqrt{2gH} = 0,603\sqrt{2gH}.$$

L'expérience a fourni le résultat suivant :

$$v' = 0,55\sqrt{2gH};$$

d'où

$$v = 1,33 \times 0,55\sqrt{2gH} = 0,7315\sqrt{2gH}.$$

Les calculs qui précèdent se rapportent à des turbines établies sous des chutes de 2 mètres. Le rapport $\frac{R'}{R}$ doit être diminué quand il s'agit de chutes supérieures, ce qui revient à augmenter la largeur des couronnes. Ainsi, pour les chutes de 2 à 6 mètres, on adopte la proportion

$$\frac{R'}{R} = 0{,}70 \quad \text{et au delà} \quad \frac{R'}{R} = 0{,}65.$$

130. Application. — *Établir une turbine de 50 chevaux-vapeur sous une chute de 2 mètres.*

Le travail utile en kilogrammètres sera

$$Pv = 50 \times 75 = 3750^{\text{kgm}}.$$

Dans l'hypothèse où le rendement de la turbine est les 0,65 du travail absolu de la chute, on aura

$$3750^{\text{kgm}} = 0{,}65\,MgH = 650 \times 2\,Q = 1300\,Q\,;$$

d'où la dépense d'eau en une seconde

$$Q = \frac{3750}{1300}\,2^{\text{mc}},884.$$

En adoptant la vitesse $1^{\text{m}},50$ dans le cylindre de vannage, on aura

$$R_1 = \sqrt{\frac{Q}{1,50 \times 3,1416}} = \sqrt{\frac{2^{\text{mc}},884}{4,7124}}, \quad R_1 = 0^{\text{m}},782.$$

En ajoutant à ce résultat $0^{\text{m}},03$ pour tenir compte du jeu et de l'épaisseur de la tôle, on aura le rayon intérieur

$$R' = 0^{\text{m}},782 + 0^{\text{m}},03 = 0^{\text{m}},812.$$

D'après le rapport adopté entre les deux rayons de la roue, le rayon extérieur aura pour valeur

$$R = 1,33 \times 0,812 = 1^{\text{m}},08.$$

En admettant, comme l'expérience l'a appris, que l'épaisseur de la lame d'eau ne doit pas être supérieure à $0^{\text{m}},06$, on aura d'abord

$$d = e\sin\alpha, \quad 0,06 = e\sin 30^{\circ} = 0,50\,e,$$

d'où

$$e = \frac{0,06}{0,50} = 0^{\text{m}},12.$$

On déduira le nombre des directrices de la relation

$$n'e = 2\pi R', \quad n' = \frac{2\pi R'}{e} = \frac{2 \times 3,1416 \times 0,812}{0,12} = 42,516.$$

Adoptant le nombre exact 42, celui des aubes de la roue sera

$$n = 1,33 \times 42 = 55,86,$$

de sorte qu'il faudra prendre le nombre 56.

L'arc embrassé sur la circonférence intérieure par l'orifice que forment deux directrices consécutives, y compris l'épaisseur de l'une d'elles, aura pour longueur

$$e = \frac{2\pi R'}{42} = \frac{2 \times 3,1416 \times 0,812}{42} = 0^{m},121.$$

Comme l'épaisseur de la tôle est de $0^{m},005$, la distance de deux directrices consécutives, en y comprenant cette épaisseur, sera

$$0,121 \times \sin 30^{\circ} = 0,121 \times 0,50 = 0^{m},060,$$

et, en retranchant $0^{m},005$, on aura pour l'épaisseur de la lame d'eau ou la distance réelle de deux directrices

$$d = 0^{m},060 - 0,005 = 0^{m},055.$$

Pareillement, l'arc intercepté sur la circonférence extérieure de la roue par deux aubes consécutives sera

$$e' = \frac{2\pi R}{56} = \frac{2 \times 3,1416 \times 1^{m},08}{56} = 0^{m},121$$

et pour la distance d', épaisseur du métal comprise,

$$d' = 0,121 \times \sin 25^{\circ} = 0,121 \times 0,4226, \quad d' = 0^{m},051$$

et, en retranchant $0^{m},005$, comme précédemment, la vraie plus courte distance de deux aubes consécutives sera

$$d' = 0^{m},051 - 0^{m},005 = 0^{m},046.$$

Le rayon du cylindre de vannage étant égal à $0^{m},782$, l'aire de la section aura pour valeur

$$A = \frac{D^2}{1,273} = \frac{(2 \times 0,782)^2}{1,273} = 1^{mc},921.$$

De plus, nous avons trouvé

$$\frac{O}{A} = \frac{n' m' d h_1}{A} = 0,20,$$

d'où

$$\frac{n' m' d h_1}{1^{mc},921} = 0,20 \quad \text{et} \quad h_1 = \frac{0,20 \times 1^{mc},921}{n' m' d}.$$

Remplaçant n', m' et d par leurs valeurs respectives, on aura pour la valeur de la hauteur de la roue

$$h_1 = \frac{0,20 \times 1^{mc},921}{42 \times 0,80 \times 0,055} = 0^{m},207.$$

Nous avons vu que la vitesse de la roue à la circonférence intérieure est les 0,55 de la vitesse de l'eau due à la hauteur totale de la chute; donc

$$v' = V_1 R' = 0,55\sqrt{19,62 \times 2} = 0,55 \times 6,264, \quad v' = 3^{m},445$$

et, par suite, la vitesse à la circonférence extérieure sera

$$v = V_1 R = 1,33 \times 3^{m},445 = 4^{m},582.$$

Désignant par n_1 le nombre de tours de la roue, en une minute, on aura

$$60v = 2\pi R n_1, \quad \text{d'où} \quad n_1 = \frac{60v}{2\pi R} = \frac{60 \times 4,582}{2 \times 3,1416 \times 1,08} = 40,5.$$

131. *Tracé des aubes et des directrices.* — Soient OA, OA' les rayons des circonférences extérieure et intérieure (*fig.* 56). Après avoir calculé le nombre des aubes et leur plus courte distance par la méthode que nous avons indiquée, on divise la circonférence extérieure en autant de parties égales A*a*, *ab*,... que la roue doit avoir d'aubes. Aux points de division, on mène des tangentes et des droites telles que AD inclinées à 25 degrés sur ces tangentes et l'on a ainsi la direction suivant laquelle les filets fluides abandonnent la roue. Des points A, *a*, *b*,..., comme centres avec un rayon égal à la plus courte distance de deux aubes consécutives $d' = e \sin\varphi$, on décrit des arcs de cercle, puis, avec le même rayon, augmenté de l'épaisseur de la tôle, on décrit d'autres arcs concentriques avec les premiers.

La courbe intérieure de l'aube sera tangente à la plus grande des circonférences concentriques, tandis que la courbe extérieure le sera à la plus petite. Le profil de chaque aube se compose de deux parties se raccordant sur ces circonférences.

Fig. 56.

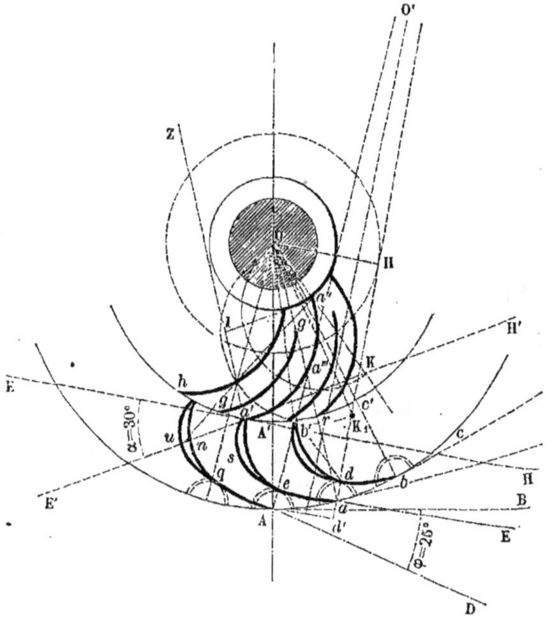

Pour avoir la partie extrême, la question est ramenée à mener un arc de cercle tangent à une droite et à une circonférence. Pour tracer la courbe du point a, par exemple, menons au point a une perpendiculaire aH à la droite aE, inclinée à 25 degrés sur ces tangentes, et prolongeons-la hors de la circonférence d'une longueur $ad' = ad$; de plus, joignons le point d' au point A, et élevons sur le milieu de Ad' une perpendiculaire jusqu'à la rencontre de aH. Le point O' ainsi obtenu étant le centre de la circonférence qui passe par les points d' et A, il est visible qu'il sera aussi celui d'un arc de cercle tangent à la droite aE et à la circonférence du point A ayant pour rayon la distance des aubes. On procéderait exactement de la même manière pour toutes les aubes; mais il est à remarquer que la construction peut être simplifiée, attendu que les droites telles que aH, menées perpendiculairement aux droites inclinées à 25 degrés, sont toutes tangentes à une circonférence décrite du centre de la roue avec un rayon égal à la perpendiculaire OH abaissée sur la droite aH. Quant à la partie de la courbe limitée à la circonférence intérieure, elle doit former un angle droit avec cette circonférence et se raccorder avec la partie comprise entre la circonférence extérieure et l'arc de cercle qui a pour centre le point de division considéré. Il suit de là que cette courbe, celle qui passe par le point b' par exemple, aura pour tangente le rayon Ob' de ce point, et que, si nous supposons le centre K_1 connu, le triangle O$b'K_1$ sera rectangle en b', et l'on aura $K_1b' = K_1d$. Comme l'on sait d'ailleurs que le centre doit se trouver sur aH, qui est la normale du point a à la première partie de la courbe, il sera facile de trouver par tâtonnement sa véritable position sur cette droite. A cet effet, menons la ligne OK_1 rencontrant aH hors du cercle intérieur de la roue, et sur OK_1, comme diamètre, décrivons une demi-circonférence O$m$$K_1$, qui coupe la circonférence intérieure au point b'. Si, à la suite de cette construction, on trouve $K_1b' = K_1d$, le point K_1 sera le centre cherché. Dans le cas contraire, sur une nouvelle droite menée du centre O à un point de aH, on décrira une demi-circonférence, et l'on vérifiera si l'égalité des lignes K_1b' et K_1d existe. Lorsque K_1b' est moindre que K_1d, en recommençant la construction, on prendra le point K_1 plus près du point d, et, si elle est plus grande, on le prendra plus près de la circonférence intérieure.

D'après ce tracé, l'épaisseur des aubes étant uniforme entre les deux circonférences, il en résulte que les canaux de la turbine, du côté de la circonférence intérieure, offrent à l'eau un passage beaucoup trop large, ce qui peut occasionner des tourbillonnements et, par suite, une perte de force vive.

Pour obvier à cet inconvénient, Poncelet a conseillé de donner aux aubes une surépaisseur à la partie extérieure, afin de rétrécir les canaux qu'elles forment. Cette épaisseur additionnelle affecte une forme arrondie et renflée huq, qui se raccorde tangentiellement avec la partie qA du profil de l'aube. La détermination rigoureuse de cette courbe conduirait à de longs calculs, dont on peut se dispenser en ayant soin de tracer la courbe qui forme le contour de la surépaisseur de manière qu'elle ne présente pas de jarret, et que, à partir du plus grand renflement, la plus courte distance de la courbe extérieure d'une aube à la courbe intérieure de l'aube qui suit décroisse graduellement jusqu'au point de raccordement avec la partie du profil qui rencontre la circonférence extérieure sous un angle de 25 degrés.

Pour tracer les courbes directrices qui forment les cloisons de circulation, on divise la circonférence intérieure de la roue en autant de parties égales, $a'h$, $a'r$, qu'il doit y avoir de ces directrices, et aux points de division on mène des tangentes à cette circonférence. Soient EH la tangente du point a' et E'H' une droite inclinée à 30 degrés, qui représente la direction suivant laquelle les filets fluides doivent se présenter sur la roue. Au point a' de cette droite menons une perpendiculaire a'Z et cherchons, par tâtonnement, sur cette perpendiculaire un point I tel, que l'arc de cercle décrit de ce point avec Ia' pour rayon coupe, suivant un angle droit, au point a'', la circonférence qui enveloppe le noyau, et l'on aura ainsi la courbe directrice $a'a''a'''$, qui correspond à l'aube du point a'. On peut facilement, sans tâtonner, trouver le centre I au moyen de la construction que nous avons déjà employée pour le tracé des aubes courbes de la roue de Poncelet. A cet effet, à partir du point a' sur la droite E'H', inclinée à 30 degrés sur la circonférence intérieure, portons une longueur $a'n$ égale au rayon Oa'' de la circonférence qui enveloppe le noyau, et du point n comme centre, avec un rayon égal à celui de la circonférence intérieure Oa'', décrivons un arc de cercle qui coupe la première au point a''. La tangente menée au point a'' rencontrera la perpendiculaire a'Z à E'H' en un point I, qui sera le centre de courbure de la directrice qui passe par le point a'. Outre ces courbes directrices, dont le nombre se déduit des données qui servent à l'établissement de la roue, on en dispose ordinairement d'autres à égales distances des premières, telles que gg', mais qui ne s'étendent que jusqu'à la circonférence qui passe par le centre de courbure.

Comme les aubes et les directrices, d'après le tracé que nous venons d'indiquer, affectent la forme circulaire, on voit que la question, traitée dans toute sa généralité, se réduit au problème suivant, dont la solution est due à Poncelet :

Étant données deux circonférences concentriques, insérer entre elles un arc de cercle qui, à sa rencontre avec chacune, fasse avec elle un angle donné.

Soient (*fig.* 57)

Fig. 57.

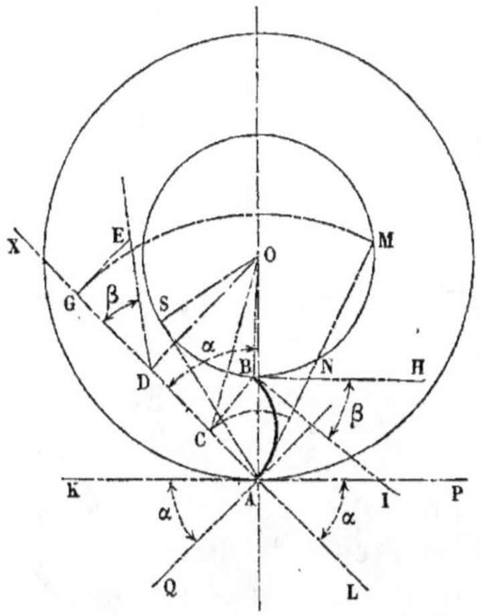

O le centre commun aux deux circonférences;
OA = R le rayon de la circonférence extérieure;
OB = R′ le rayon de la circonférence intérieure;
CB = r le rayon de l'arc cherché;
KAQ = α l'angle de cet arc avec la circonférence extérieure;
HBI = β l'angle du même arc avec la circonférence intérieure.

Il est évident que, si l'on mène AX perpendiculairement à QA, l'angle XAO sera égal à l'angle α, et que le centre de l'arc qui doit être inséré entre les deux circonférences sera situé sur cette droite. Supposons le problème résolu et soit C le centre de cet arc. Joignons le point C au centre O et au point B, supposé connu. Le triangle OCA donne

$$\overline{OC}^2 = \overline{OA}^2 + \overline{CA}^2 - 2\,OA.CA\cos CAO$$

ou

$$\overline{OC}^2 = R^2 + r^2 - 2Rr\cos\alpha.$$

Pareillement, du triangle OCB on déduit

$$\overline{OC}^2 = \overline{OB}^2 + \overline{CB}^2 - 2OB.CB\cos OBC.$$

Or, comme l'angle OBC est le supplément de l'angle β,

$$\cos OBC = -\cos\beta;$$

d'où

$$\overline{OC}^2 = R'^2 + r^2 + 2R'r\cos\beta;$$

par conséquent

$$R^2 + r^2 - 2Rr\cos\alpha = R'^2 + r^2 + 2R'r\cos\beta,$$

$$R^2 - R'^2 = 2Rr\cos\alpha + 2R'r\cos\beta$$

ou, en mettant $2r$ en facteur commun,

$$R^2 - R'^2 = 2r(R\cos\alpha + R'\cos\beta);$$

d'où l'on déduit

$$2r = \frac{R^2 - R'^2}{R\cos\alpha + R'\cos\beta}.$$

Pour construire cette expression, remarquons que le numérateur est la différence de deux carrés dont les côtés sont les rayons extérieur et intérieur. Si donc, du point A, on mène la tangente AS à la circonférence intérieure, on aura

$$\overline{AS}^2 = \overline{OA}^2 - \overline{OS}^2 = R^2 - R'^2.$$

Abaissant du point O la perpendiculaire OD sur AX, le triangle OAD donne

$$AD = OA\cos DAO = R\cos\alpha.$$

Ainsi la ligne AD représente le premier terme du dénominateur de l'expression. Au point D, tirons une droite qui forme avec DX un angle $XDE = \beta$; prenons une longueur $DE = OB = R'$, et projetons le point E sur la droite AX. Du triangle GED, on déduit

$$GD = DE\cos\beta = R'\cos\beta,$$

qui exprimera le second terme du dénominateur; d'où

$$AD + GD \text{ ou } AG = R\cos\alpha + R'\cos\beta.$$

Du point A comme centre avec un rayon égal à AG, décrivons un arc qui coupe la circonférence intérieure au point M, et tirons la droite MA, qui rencontre la circonférence au point N. En vertu d'un théorème de Géométrie, on aura

$$\overline{AS}^2 = AM.AN \quad \text{et} \quad AN = \frac{\overline{AS}^2}{AM} = \frac{\overline{AS}^2}{AG},$$

attendu que AM = AG comme rayons d'un même arc; par suite

$$AN = \frac{R^2 - R'^2}{R\cos\alpha + R'\cos\beta} = 2r.$$

Ainsi, en prenant la moitié de AN, on aura le rayon de l'arc qui doit satisfaire aux conditions de l'énoncé du problème, et, en portant cette longueur sur AX à partir du point A, on aura le centre de courbure C.

Si l'angle β est droit, ce qui a lieu fort souvent, $R'\cos\beta = 0$, et AN devient égal à AD. Dans ce cas, on a

$$2r = \frac{R^2 - R'^2}{R\cos\alpha}.$$

132. *Turbine hydropneumatique de Girard.* — Ce récepteur n'est, à proprement parler, qu'une turbine du système Fourneyron, dans laquelle certaines dispositions ont pour objet de faire baisser le niveau des eaux d'aval, quand ce niveau est tel que la turbine doit marcher noyée. La turbine est renfermée dans une cloche qui descend à quelques centimètres au-dessous de la couronne inférieure de la roue. Elle est traversée, au moyen de boîtes à étoupes, par le tuyau porte-fond, par l'arbre du mouvement et par les tiges de la vanne cylindrique. Dans l'espace limité par la cloche, une pompe, mue par la roue, injecte de l'air. Par la compression, l'eau contenue dans la cloche est expulsée, et celle qui vient du réservoir coule dans l'air comprimé. L'air injecté pendant le mouvement de la roue s'échappe dans l'atmosphère par le dessous de la cloche, après avoir traversé les eaux d'aval. Les formules pratiques, déduites de l'expérience, ont montré que le rendement diminue quand la vanne cylindrique est incomplétement levée ou que les orifices ne sont pas démasqués

sur leur hauteur entière. Le perfectionnement de Girard fait disparaître cet inconvénient et favorise la libre déviation des filets lorsqu'ils passent des cloisons directrices dans les canaux formés par les aubes de la roue. On n'a plus à craindre les changements brusques de section, selon que la vanne est plus ou moins levée, et le rendement de la roue n'est pas altéré. L'expérience a fait reconnaître que l'effet utile transmis par les turbines ainsi établies est de 0,70 à 0,75 du travail absolu de la chute. Toutefois on peut se demander si le travail absorbé pour la compression de l'air n'établit pas une compensation avec celui qui est perdu lorsque la turbine est noyée par les eaux d'aval. Il se peut donc que cette disposition ne constitue pas un avantage réel dans tous les cas; mais, comme il est toujours possible de suspendre le jeu de la pompe de refoulement et que son établissement est aussi simple que peu coûteux, on pourra toujours l'employer lorsque la roue sera exposée à être noyée. On pourra même, en faisant marcher la turbine avec ou sans pompe, comparer les deux résultats successivement obtenus et reconnaître dans quelles circonstances on doit compter sur l'efficacité du perfectionnement.

133. *Turbine Fontaine-Baron.* — Cette turbine reçoit l'eau à une certaine distance de l'axe et la laisse échapper à la même distance. Elle se compose d'un distributeur annulaire BB, disposé au fond d'un réservoir A terminant le bief d'amont (*fig.* 58).

Les aubes de ce distributeur affectent la forme de surfaces hélicoïdales dont la génératrice droite glisse sur l'axe et sur une courbe dont l'élément supérieur est vertical et l'élément inférieur forme un angle de 12 à 25 degrés. La roue, également annulaire, est noyée et a les mêmes rayons extérieur et intérieur que le distributeur au-dessous duquel elle est placée; les aubes de la roue sont aussi des surfaces hélicoïdales disposées en sens contraire des cloisons du distributeur. Les directrices de la zone fixe et de la roue mobile sont coulées avec les enveloppes cylindriques qui les emboîtent. La largeur de la zone est approximativement égale à $\frac{1}{10}$ ou $\frac{1}{12}$ du diamètre extérieur et la distance des aubes à la circonférence moyenne varie entre $0^m,06$ et $0^m,15$. Ordinairement, la hauteur de la roue, c'est-à-dire la distance comprise entre les couronnes

Fig. 58.

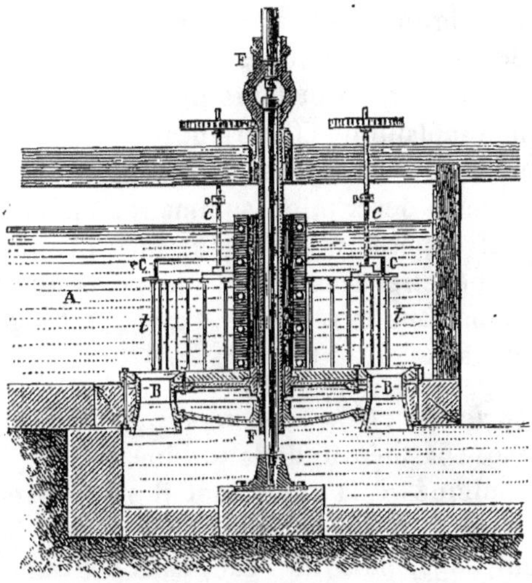

supérieure et inférieure, est à peu près égale au double de l'écartement de deux aubes consécutives. Au moyen d'une

Fig. 59.

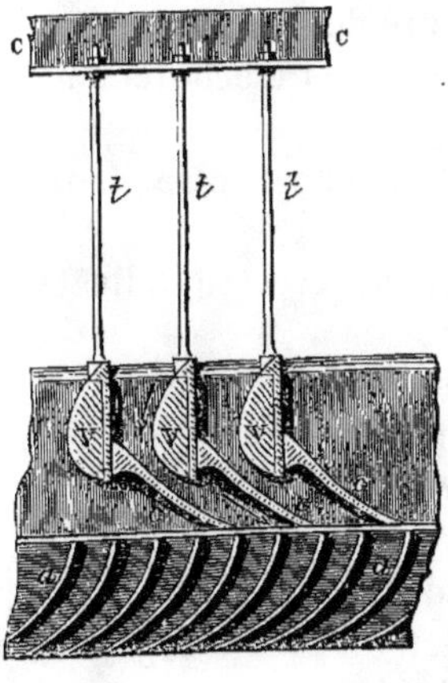

calotte sphérique, la roue est reliée à un arbre vertical FF.

Cet arbre creux est supporté, au moyen d'un pivot, par la tête d'un arbre plein qui le traverse et que l'on fixe inférieurement à un patin scellé dans la fondation. Chacun des canaux du distributeur est muni d'une petite vanne V (*fig.* 59), à l'aide de laquelle on peut le fermer plus ou moins. Ces vannes ont toutes leurs faces contenues dans des plans verticaux passant par l'axe de la roue et leurs tiges t sont assemblées sur une couronne métallique CC portant trois tiges verticales que l'on fait monter ou descendre au moyen de la manœuvre de vanne. Par cette description sommaire, on comprend que l'eau du bief supérieur, s'introduisant dans les canaux de distribution, pénètre dans les diaphragmes que forment les aubes et tombe dans le réservoir d'aval après avoir parcouru la hauteur de la roue.

134. *Théorie des effets mécaniques.* — Les principes sur lesquels repose la théorie de la turbine Fourneyron peuvent aussi être appliqués à la roue dont il s'agit, avec cette restriction que nous n'aurons pas à considérer les effets de la force centrifuge, puisque l'eau, dans son mouvement relatif, reste constamment à la même distance de l'axe de rotation.

Comme précédemment, appelons (*fig.* 60)

α l'angle formé par les filets fluides avec le plan de la circonférence supérieure de la roue;

e la largeur des orifices d'écoulement dans le sens du diamètre;

d la plus courte distance entre deux directrices consécutives;

V la vitesse moyenne avec laquelle le liquide arrive sur la roue;

m le multiplicateur de la dépense relatif à l'introduction de l'eau dans les canaux formés par les directrices, lequel, à cause de la forme arrondie donnée aux tasseaux, est approximativement égal à 0,85;

m' le multiplicateur de la dépense à la sortie de ces canaux et dont la valeur est de 0,85 à 0,90, lorsque les vannes sont complétement levées et au-dessous, si les orifices ne sont qu'en partie démasqués;

A la somme totale des aires des orifices à la partie supérieure;
O la somme totale des orifices de sortie;

Fig. 60.

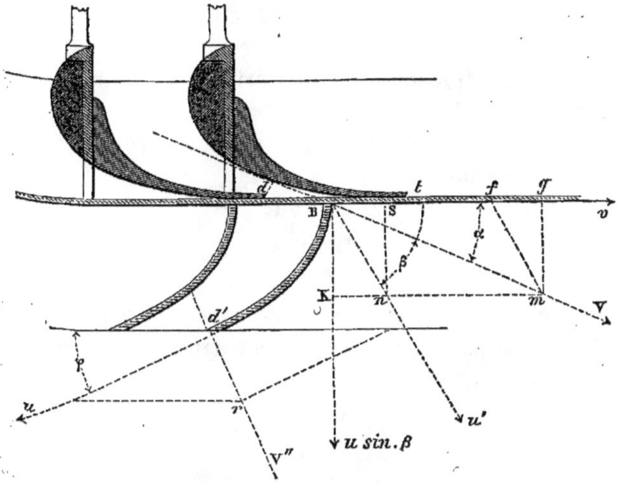

Q le volume d'eau débité par ces orifices en une seconde;
R le rayon moyen de la zone;
e' la largeur dans le sens du diamètre du débouché inférieur offert au liquide à la partie inférieure par les diaphragmes que forment les aubes;
d' la plus courte distance de deux aubes consécutives;
φ l'angle formé par les filets fluides avec l'horizon à la circonférence inférieure;
O' la somme totale des orifices d'évacuation;
m'' le multiplicateur de la dépense relatif à ces orifices et dont la valeur est de 0,90 à 0,95;
l, l' l'écartement des aubes à la partie supérieure et à la partie inférieure;
V_1 la vitesse angulaire de la roue;
v la vitesse de la roue à la circonférence moyenne;
u' la vitesse relative d'introduction;
u la vitesse relative à l'élément inférieur des aubes;
β l'angle formé par la vitesse relative u' avec la vitesse de la roue v;

h la hauteur de l'eau dans le bief supérieur au-dessus du centre des orifices formés par les aubes à la partie supérieure;

h' la hauteur de la roue mesurée depuis le plan inférieur jusqu'au milieu de l'orifice d'introduction;

H la hauteur totale de la chute;

P_1 la pression atmosphérique extérieure sur l'unité de surface;

P'_1 la pression dans l'espace compris entre les orifices supérieurs et la roue;

p le poids d'un mètre cube d'eau;

n' le nombre des aubes;

n le nombre des directrices.

De même que pour la turbine Fourneyron, la perte de force vive éprouvée par l'eau à son entrée dans les cloisons directrices aura pour valeur

$$MV^2 \frac{O^2}{A^2}\left(\frac{1}{m} - 1\right)^2$$

et la force vive communiquée par les forces qui agissent sur l'eau sera

$$MV^2 + MV^2 \frac{O^2}{A^2}\left(\frac{1}{m} - 1\right)^2 = MV^2\left[1 + \frac{O^2}{A^2}\left(\frac{1}{m} - 1\right)^2\right].$$

Appelant x, x' les hauteurs des colonnes d'eau qui, sur l'unité de surface, produisent le même effet que les pressions P_1, P'_1, on aura

$$1 \times x \times p = P, \quad \text{d'où} \quad x = \frac{P_1}{p},$$

$$1 \times x' \times p = P'_1 \quad \text{et} \quad x' = \frac{P'_1}{p},$$

et, par suite, le travail des forces qui engendrent le mouvement sera représenté par

$$Mgh + Mg\left(\frac{P_1}{p} - \frac{P'_1}{p}\right)$$

et, en vertu du théorème des forces vives, l'équation du mouvement sera

$$\frac{1}{2}MV^2\left[1 + \frac{O^2}{A^2}\left(\frac{1}{m} - 1\right)^2\right] = Mgh + Mg\left(\frac{P_1}{p} - \frac{P'_1}{p}\right).$$

ou

$$V^2\left[1+\frac{O^2}{A^2}\left(\frac{1}{m}-1\right)^2\right]=2gh+2g\left(\frac{P_1}{p}-\frac{P'_1}{p}\right).$$

Posant

$$\frac{O^2}{A^2}\left(\frac{1}{m}-1\right)^2=k,$$

il viendra

$$V^2(1+k)=2gh+2g\left(\frac{P_1}{p}-\frac{P'_1}{p}\right),$$

d'où

$$\frac{P_1}{p}-\frac{P'_1}{p}=\frac{V^2}{2g}(1+k)-h$$

ou bien

$$\frac{P'}{p}-\frac{P_1}{p}=h-\frac{V^2}{2g}(1+k).$$

On aura la vitesse avec laquelle le liquide tend à s'introduire dans les canaux formés par les aubes au moyen de la relation

$$u'^2=V^2+v^2-2Vv\cos\alpha.$$

Puisque le volume d'eau qui s'écoule par les orifices de sortie des cloisons directrices doit être égal à celui qui s'échappe par les orifices d'évacuation formés par les aubes à la partie inférieure de la roue, on aura

$$Q=OV=O'u,\quad \text{d'où}\quad V=\frac{O'}{O}u,$$

et, en substituant, il viendra, pour la valeur de la vitesse relative d'introduction,

$$u'^2=\frac{O'^2}{O^2}u^2+v^2-2\frac{O'}{O}uv\cos\alpha.$$

Décomposons la vitesse relative $Bn=u'$ en deux autres, l'une BS tangente à la circonférence de la roue et l'autre BK tangente au premier élément de l'aube. Ces deux vitesses auront pour valeurs respectives

$$BS=u'\cos\beta,\quad BK=u'\sin\beta.$$

Ainsi la perte de force vive dans le sens de la tangente sera

$$Mu'^2\cos^2\beta.$$

Si nous appelons e_1 la largeur des canaux formés par les aubes à la partie supérieure dans le sens du diamètre, la section du débouché qu'ils offrent à l'eau sera représentée par $e_1 l$; et comme le volume d'eau qui s'échappe par les orifices d'évacuation est

$$m'' d' e' u',$$

il s'ensuit que la vitesse moyenne que possède l'eau en circulant dans les canaux aura pour valeur

$$\frac{m'' d' e' u}{e_1 l}.$$

Or, par approximation, on a

$$d' = l' \sin \varphi,$$

d'où, en substituant,

$$\frac{m'' d' e' u}{e_1 l} = \frac{m'' e' u l' \sin \varphi}{e_1 l} = \frac{m'' e' u \sin \varphi}{e_1},$$

attendu que la différence entre l et l', toujours fort petite, peut être négligée.

Par conséquent, la perte de force vive, dans le sens de la tangente au premier élément de l'aube, aura pour valeur

$$M\left(u' \sin \beta - \frac{m'' e' u \sin \varphi}{e_1}\right)^2$$

et la perte totale

$$M u'^2 \cos^2 \beta + M\left(u' \sin \beta - \frac{m'' e' u \sin \varphi}{e_1}\right)^2$$

$$= M\left[u'^2 \cos^2 \beta + \left(u' \sin \beta - \frac{m'' e' u \sin \varphi}{e_1}\right)^2\right],$$

ou bien, en développant le carré du binôme,

$$M\left(u'^2 \cos^2 \beta + u'^2 \sin^2 \beta + \frac{m''^2 e'^2 u^2 \sin^2 \varphi}{e_1^2} - \frac{2 u' m'' e' u \sin \beta \sin \varphi}{e_1}\right),$$

$$M\left[u'^2 (\sin^2 \beta + \cos^2 \beta) + m''^2 \frac{e'^2}{e_1^2} u^2 \sin^2 \varphi - 2 u m'' \frac{e'}{e_1} u' \sin \beta \sin \varphi\right].$$

Si l'on considère le triangle rectangle BKm, on voit aisément que

$$\text{BK} \quad \text{ou} \quad u' \sin \beta = \text{B}m \sin \alpha = \text{V} \sin \alpha.$$

Remplaçant V par sa valeur

$$V = \frac{O'}{O} u,$$

trouvée plus haut, on aura

$$u' \sin\beta = \frac{O'}{O} u_1 \sin\alpha;$$

substituant cette valeur à $u' \sin\beta$ dans l'expression de la perte totale de force vive

$$M\left(u'^2 + m''^2 \frac{e'^2}{e_1^2} u^2 \sin^2\varphi - 2um'' \frac{e'}{e_1} \frac{O'}{O} u \sin\alpha \sin\varphi\right),$$

ou

$$M\left(u'^2 + m''^2 \frac{e'^2}{e_1^2} u^2 \sin^2\varphi - 2u^2 m'' \frac{e' O'}{e_1 O} \sin\alpha \sin\varphi\right),$$

si, pour simplifier les calculs, on pose, comme dans la turbine Fourneyron,

$$m'' \frac{e'}{e_1} \sin\varphi = b \quad \text{et} \quad \frac{O'}{O} \sin\alpha = c,$$

on aura

$$M(u'^2 + b^2 u^2 - 2bcu^2).$$

Remarquons présentement que l'eau, dans le passage du plan supérieur de la roue au plan inférieur, subit une variation de force vive égale à

$$Mu^2 - Mu'^2 = M(u^2 - u'^2).$$

Par conséquent la variation totale sera

$$M(u^2 - u'^2) + M(u'^2 + b^2 u^2 - 2bcu^2).$$

Comme elle est produite par le travail de la pression $\frac{P'_1}{p} - \frac{P_1}{p}$ et par le travail dû à la gravité sur la hauteur h' de la roue, on aura l'équation

$$Mgh' + Mg\left(\frac{P'_1}{p} - \frac{P_1}{p}\right) = \tfrac{1}{2} M(u^2 - u'^2) + \tfrac{1}{2} M(u'^2 + b^2 u^2 - 2bcu^2),$$

ou bien, en divisant les deux membres par M et en multipliant par 2,

$$2gh' + 2g\left(\frac{P'_1}{p} - \frac{P_1}{p}\right) = u^2 - u'^2 + u'^2 + b^2u^2 - 2bcu^2,$$

$$2gh' + 2g\left(\frac{P'_1}{p} - \frac{P_1}{p}\right) = u^2 + b^2u^2 - 2bcu^2.$$

Remplaçant la pression $\frac{P'_1}{p} - \frac{P_1}{p}$ par sa valeur trouvée plus haut,

$$2gh' + 2g\left[h - \frac{V^2}{2g}(1+k)\right] = u^2 + b^2u^2 - 2bcu^2,$$

$$2gh' + 2gh - V^2(1+k) = u^2 + b^2u^2 - 2bcu^2,$$

$$2g(h'+h) - V^2(1+k) = u^2 + b^2u^2 - 2bcu^2.$$

Mettant à la place de $h'+h$ la hauteur totale de la chute H et remplaçant V par sa valeur $\frac{O'}{O}u$, on aura

$$2gH - \frac{O'^2}{O^2}u^2(1+k) = u^2 + b^2u^2 - 2bcu^2;$$

d'où

$$u^2 + b^2u^2 - 2bcu^2 + \frac{O'^2}{O^2}u^2(1+k) = 2gH.$$

Mettant u^2 en facteur commun,

$$u^2\left[1 + b^2 - 2bc + \frac{O'^2}{O^2}(1+k)\right] = 2gH,$$

$$u^2 = \frac{2gH}{1 + b^2 - 2bc + \frac{O'^2}{O^2}(1+k)}.$$

Posant

$$b^2 - 2bc + \frac{O'^2}{O^2}(1+k) = q,$$

on aura

$$u^2 = \frac{2gH}{1+q}; \quad \text{d'où} \quad u = \sqrt{\frac{2gH}{1+q}}.$$

De la relation

$$OV = O'u \quad \text{ou} \quad V = \frac{O'}{O}u$$

on déduit, en remplaçant u par la valeur que nous venons de trouver,

$$V = \frac{O'}{O}\sqrt{\frac{2gH}{1+q}},$$

et pour le volume d'eau débité en une seconde

$$Q = O'\sqrt{\frac{2gH}{1+q}}.$$

Si l'observation fait reconnaître que la vitesse possédée par l'eau en circulant dans les canaux formés par les aubes est supérieure à la vitesse d'introduction, ce qui implique naturellement que la lame d'eau se rétrécit, le mouvement devient accéléré et, par suite, la force vive perdue se réduit à

$$Mu'^2\cos^2\beta.$$

Or la figure indique que l'on a

$$BS \text{ ou } u'\cos\beta = Bg - Bf = V\cos\alpha - v.$$

On pourra donc rendre nulle cette perte de force vive en faisant

$$V\cos\alpha - v = 0 \quad \text{ou} \quad V\cos\alpha = v;$$

d'où

$$\cos\alpha = \frac{v}{V},$$

relation qui donnera la valeur de l'angle α des deux vitesses pour qu'il en soit ainsi. On obtiendra la vitesse absolue de l'eau en quittant le récepteur par l'équation

$$d'r \text{ ou } V'' = \sqrt{u^2 + v^2 - 2uv\cos\varphi},$$

et la force vive qui n'est pas utilisée aura pour valeur

$$MV''^2 = M(u^2 + v^2 - 2uv\cos\varphi).$$

Pour appliquer le théorème des forces vives au mouvement général de l'eau, depuis l'origine des cloisons directrices jusqu'au plan inférieur de la roue, lorsque les vannes sont complétement levées, rappelons que la perte totale de force vive se compose :

1° De la perte de force vive à l'entrée dans les canaux directeurs

$$MV^2\frac{O^2}{A^2}\left(\frac{1}{m}-1\right)^2;$$

2° De la perte de force vive à l'introduction dans les canaux de circulation que forment les aubes, représentée par

$$M(u'^2+b^2u^2-2bcu^2)$$

ou bien par

$$Mu'^2\cos^2\beta=M(V\cos\alpha-v)^2$$

lorsque le mouvement de l'eau dans ces canaux est accéléré;

3° De la force vive due à la vitesse absolue de sortie

$$MV''^2=M(u^2+v^2-2uv\cos\varphi).$$

Par conséquent on aura

$$Pv=MgH-\tfrac{1}{2}M(u'^2+b^2u^2-2bcu^2)-\tfrac{1}{2}M(u^2+v^2-2uv\cos\varphi)-\tfrac{1}{2}MV^2\frac{O^2}{A^2}\left(\frac{1}{m}-1\right)^2.$$

Divisant par MgH les deux membres de l'équation, pour avoir le rapport de l'effet utile théorique au travail absolu de la chute, il viendra

$$\frac{Pv}{MgH}=1-\frac{u'^2+b^2u^2-2bcu^2}{2gH}-\frac{u^2+v^2-2uv\cos\varphi}{2gH}-\frac{V^2}{2gH}\frac{O^2}{A^2}\left(\frac{1}{m}-1\right)^2.$$

Comme le terme $\frac{V^2}{2gH}\frac{O^2}{A^2}\left(\frac{1}{m}-1\right)^2$ est ordinairement très-faible, dans les applications ordinaires on peut le négliger, et il reste

$$\frac{Pv}{MgH}=1-\frac{u'^2+b^2u^2-2bcu^2}{2gH}-\frac{u^2+v^2-2uv\cos\varphi}{2gH}.$$

Remplaçant u'^2 par sa valeur

$$u'^2=\frac{O'^2}{O^2}u^2+v^2-\frac{2O'}{O}uv\cos\alpha,$$

on aura

$$\frac{Pv}{MgH}=1-\frac{\frac{O'^2}{O^2}u^2+v^2-\frac{2O'}{O}uv\cos\alpha+b^2u^2-2bcu^2+u^2+v^2-2uv\cos\varphi}{2gH},$$

Mettant u^2 et $2uv$ en facteur commun,

$$\frac{P_v}{MgH} = 1 - \frac{\left(\frac{O'^2}{O^2} + b^2 - 2bc + 1\right)u^2}{2gH} - \frac{2v^2}{2gH} + \frac{2uv}{2gH}\left(\frac{O'}{O}\cos\alpha + \cos\varphi\right).$$

Nous avons trouvé plus haut

$$u = \sqrt{\frac{2gH}{1+q}} \quad \text{ou} \quad u^2 = \frac{2gH}{1+q},$$

d'où

$$\frac{u^2}{2gH} = \frac{1}{1+q},$$

et, en introduisant cette valeur dans l'équation qui exprime le rendement de la roue,

$$\frac{P_v}{MgH} = 1 - \left(\frac{O'^2}{O^2} + b^2 - 2bc + 1\right)\frac{1}{1+q} - \frac{2v^2}{2gH} + \frac{2u}{2gH}\left(\frac{O'}{O}\cos\alpha + \cos\varphi\right)v.$$

De la relation qui exprime la valeur de u^2, on déduit aussi

$$\frac{u^2}{2gH} = \frac{1}{1+q}$$

ou, en divisant les deux membres par $2gH$,

$$\frac{u^2}{(2gH)^2} = \frac{1}{(1+q)2gH}; \quad \text{d'où} \quad \frac{u}{2gH} = \frac{1}{\sqrt{(1+q)2gH}},$$

et, en remplaçant $\frac{u}{2gH}$ par cette valeur dans l'équation, on aura

$$\frac{P_v}{MgH} = 1 - \left(\frac{O'^2}{O^2} + b^2 - 2bc + 1\right)\frac{1}{1+q} + \frac{2\left(\frac{O'}{O}\cos\alpha + \cos\varphi\right)v}{\sqrt{(1+q)2gH}} - \frac{2v^2}{2gH}.$$

Pour trouver la vitesse de la roue qui répond au maximum relatif de rendement, nous ferons observer que le terme $\left(\frac{O'^2}{O^2} + b^2 - 2bc + 1\right)\frac{1}{1+q}$ est tout à fait indépendant de la hauteur de la chute et ne dépend absolument que des proportions adoptées dans la construction de la turbine, de sorte que, la relation précédente étant considérée sous la forme

$$\frac{Pv}{MgH}=1-\frac{\left(\frac{O'^2}{O^2}+b^2-2bc+1\right)u^2}{2gH}-\frac{2v^2}{2gH}+\frac{2uv}{2gH}\left(\frac{O'}{O}\cos\alpha+\cos\varphi\right),$$

si l'on fait abstraction de la constante $2gH$, le maximum du rendement correspondra au minimum de la fonction

$$\left(\frac{O'^2}{O^2}+b^2-2bc+1\right)u^2+2v^2-2uv\left(\frac{O'}{O}\cos\alpha+\cos\varphi\right).$$

Prenant la dérivée de cette fonction par rapport à v et l'égalant à zéro, on aura

$$4v-2u\left(\frac{O'}{O}\cos\alpha+\cos\varphi\right)=0;$$

d'où

$$4v=2u\left(\frac{O'}{O}\cos\alpha+\cos\varphi\right),\quad 2v=u\left(\frac{O'}{O}\cos\alpha+\cos\varphi\right)$$

et

$$v=\frac{u\left(\frac{O'}{O}\cos\alpha+\cos\varphi\right)}{2}.$$

Remplaçant u par sa valeur $\sqrt{\frac{2gH}{1+q}}$,

$$v=\frac{\left(\frac{O'}{O}\cos\alpha+\cos\varphi\right)\sqrt{\frac{2gH}{1+q}}}{2}$$

ou

$$v=\frac{\left(\frac{O'}{O}\cos\alpha+\cos\varphi\right)\sqrt{2gH}}{2\sqrt{1+q}}.$$

Remplaçant v par cette valeur dans l'équation générale, il viendra

$$\frac{Pv}{MgH}=1-\frac{\frac{O'^2}{O^2}+b^2-2bc+1}{1+q}+\frac{2\left(\frac{O'}{O}\cos\alpha+\cos\varphi\right)}{\sqrt{1+q}\sqrt{2gH}}\,\frac{\left(\frac{O'}{O}\cos\alpha+\cos\varphi\right)\sqrt{2gH}}{2\sqrt{1+q}}$$
$$-\frac{2\left(\frac{O'}{O}\cos\alpha+\cos\varphi\right)^2 2gH}{4(1+q)2gH}$$

ou

$$\frac{P_v}{MgH} = 1 - \frac{\frac{O'}{O} + b^2 - 2bc + 1}{1+q} + \frac{\left(\frac{O'}{O}\cos\alpha + \cos\varphi\right)^2}{1+q} - \frac{\left(\frac{O'}{O}\cos\alpha + \cos\varphi\right)^2}{2(1+q)},$$

$$\frac{P_v}{MgH} = 1 - \frac{\frac{O'}{O} + b^2 - 2bc + 1}{1+q} + \frac{\left(\frac{O'}{O}\cos\alpha + \cos\varphi\right)^2}{1+q} - \frac{\left(\frac{O'}{O}\cos\alpha + \cos\varphi\right)^2}{2(1+q)}.$$

Mettant $\left(\frac{O'}{O}\cos\alpha + \cos\varphi\right)^2$ en facteur commun, on aura

$$\frac{P_v}{MgH} = 1 - \frac{\left(\frac{O'^2}{O^2} + b^2 - 2bc + 1\right) + 0{,}50\left(\frac{O'}{O}\cos\alpha + \cos\varphi\right)^2}{1+q}.$$

Cette relation se rapporte au cas où la roue n'est pas noyée par les eaux d'aval. Lorsque, au contraire, les eaux s'élèvent au-dessus de la roue, M. Morin, en représentant graphiquement, comme il l'a fait pour la turbine Fourneyron, les résultats théoriques et ceux obtenus expérimentalement, a trouvé que le travail résistant provenant du mouvement gyratoire imprimé à l'eau dans laquelle la roue se meut est proportionnel :

1° Au coefficient numérique 0,0000295;

2° Au carré n_1^2 du nombre de tours de la roue en une minute;

3° A la surface S de la zone annulaire.

Ainsi ce travail négatif sera représenté par

$$0{,}0000295\,S n_1^2.$$

Désignant par R le rayon de la roue, on aura

$$v = \frac{2\pi R n_1}{60} = \frac{\pi R n_1}{30};$$

d'où

$$n_1 = \frac{30v}{\pi R} \quad \text{et} \quad n_1^2 = \frac{900v^2}{\pi^2 R^2},$$

et, en substituant, on aura

$$0{,}0000295\,S n_1^2 = 0{,}0000295\,S\,\frac{900v^2}{\pi^2 R^2} = 0{,}002691\,\frac{Sv^2}{R^2}.$$

Retranchant ce terme du second membre de l'équation, on

aura le rendement de la roue, en tenant compte de la résistance opposée au mouvement par les eaux d'aval,

$$\frac{\mathrm{P}v}{\mathrm{MgH}}=1-\left(\frac{\mathrm{O}'^2}{\mathrm{O}^2}+b^2-2bc+1\right)\frac{1}{1+q}+\frac{2\left(\frac{\mathrm{O}'}{\mathrm{O}}\cos\alpha+\cos\varphi\right)v}{\sqrt{(1+q)2g\mathrm{H}}}-\frac{2v^2}{2g\mathrm{H}}-0,002691\frac{\mathrm{S}v^3}{\mathrm{R}^2},$$

ou

$$\frac{\mathrm{P}v}{\mathrm{MgH}}=1-\frac{\left(\frac{\mathrm{O}'^2}{\mathrm{O}^2}+b^2-2bc+1\right)u^2}{2g\mathrm{H}}-\frac{2v^2}{2g\mathrm{H}}+\frac{2uv}{2g\mathrm{H}}\left(\frac{\mathrm{O}'}{\mathrm{O}}\cos\alpha+\cos\varphi\right)-0,002691\frac{\mathrm{S}v^3}{\mathrm{R}^2}.$$

Dans ce cas, le maximum relatif du rapport $\frac{\mathrm{P}v}{\mathrm{M}g\mathrm{H}}$ correspond au minimum de la valeur de la fonction

$$\left(\frac{\mathrm{O}'^2}{\mathrm{O}^2}+b^2-2bc+1\right)u^2+2v^2-2uv\left(\frac{\mathrm{O}'}{\mathrm{O}}\cos\alpha+\cos\varphi\right)+0,002691\frac{\mathrm{S}v^3}{\mathrm{R}^2}.$$

Prenant la dérivée par rapport à v et l'égalant à zéro, on aura

$$4v-2u\left(\frac{\mathrm{O}'}{\mathrm{O}}\cos\alpha+\cos\varphi\right)+2\times 0,002691\frac{\mathrm{S}v}{\mathrm{R}^2}=0,$$

et, en divisant par 2, on a

$$2v-u\left(\frac{\mathrm{O}'}{\mathrm{O}}\cos\alpha+\cos\varphi\right)+0,002691\frac{\mathrm{S}v}{\mathrm{R}^2}=0;$$

d'où

$$2v+0,002691\frac{\mathrm{S}v}{\mathrm{R}^2}=u\left(\frac{\mathrm{O}'}{\mathrm{O}}\cos\alpha+\cos\varphi\right),$$

$$v\left(2+0,002691\frac{\mathrm{S}}{\mathrm{R}^2}\right)=u\left(\frac{\mathrm{O}'}{\mathrm{O}}\cos\alpha+\cos\varphi\right)$$

et

$$v=\frac{u\left(\frac{\mathrm{O}'}{\mathrm{O}}\cos\alpha+\cos\varphi\right)}{\left(2+0,002691\frac{\mathrm{S}}{\mathrm{R}^2}\right)}.$$

Remplaçant u par sa valeur $\sqrt{\frac{2g\mathrm{H}}{1+q}}$, on aura

$$v=\frac{\left(\frac{\mathrm{O}'}{\mathrm{O}}\cos\alpha+\cos\varphi\right)\sqrt{2g\mathrm{H}}}{\left(2+0,002691\frac{\mathrm{S}}{\mathrm{R}^2}\right)\sqrt{1+q}}.$$

Introduisant cette valeur de v dans l'équation générale, on aura, comme précédemment, le rapport maximum de l'effet utile au travail absolu de la chute.

135. *Turbine Fontaine-Baron à aubes doubles.* — Au moyen des petites vannes dont les orifices sont munis, il est facile de mettre leur ouverture en rapport avec les volumes d'eau débités lorsque les variations de la chute sont peu considérables; mais cette disposition est insuffisante si, au moment des grandes eaux, par une surélévation du niveau d'aval, la hauteur de chute disponible se trouve réduite au tiers ou à la moitié de sa valeur normale. On comprend donc qu'il soit nécessaire d'augmenter le volume d'eau débité, c'est-à-dire de mettre le moteur en rapport constant avec ce volume d'eau, sans toutefois modifier les circonstances du mouvement de l'eau dans les canaux de circulation formés par les aubes. Frappé de l'inconvénient que nous venons de signaler, M. Fontaine-Baron a proposé d'employer une turbine double, composée de deux couronnes mobiles concentriques, coulées d'une seule pièce, et ayant chacune leurs aubes, leurs cloisons directrices et leurs petites vannes. Au moyen de cette ingénieuse disposition, on peut faire fonctionner les deux systèmes séparément ou ensemble, selon que la chute a sa valeur normale ou que l'abondance des eaux l'a considérablement réduite. Il suffit, à cet effet, de fermer, au moyen de son vannage, l'un des systèmes d'orifices distributeurs ou de les tenir tous deux ouverts. La couronne extérieure convient aux plus petites dépenses que l'on suppose correspondre aux hauteurs de chute dans l'état ordinaire du cours d'eau.

136. *Formules pratiques.* — Des expériences faites sur la turbine de la poudrerie du Bouchet, et dont les résultats ont été discutés par M. Morin, il résulte :

1° Que le rendement d'une turbine de ce genre est égal à 0,68 ou 0,70 du travail absolu du cours d'eau lorsque les orifices distributeurs sont complétement démasqués :

$$Pv = 0,70 MgH = 700 QH,$$
$$Pv = 0,68 MgH = 680 QH;$$

2° Que, pour des ouvertures d'orifice qui réduisent le volume d'eau, dans le rapport de 4 à 3 environ, à la vitesse du maximum d'effet, le rendement n'est jamais inférieur à 0,575 du travail disponible :

$$Pv = 0,575 MgH = 575 QH;$$

3° Que le rendement des turbines doubles est le même que celui des turbines simples;

4° Que, lorsque la roue n'est pas noyée, si les vannes sont entièrement levées, soit que l'on fasse fonctionner l'une des couronnes, soit que l'on utilise les deux, le rendement s'élève à 0,70 du travail absolu :

$$Pv = 700 QH;$$

5° Que, lorsque la roue est complétement noyée par les eaux d'aval, et jusqu'à une hauteur de $1^m,50$, avec une ou deux couronnes, le rendement minimum est 0,60 et le rendement maximum 0,70 du travail disponible :

$$Pv = 600 QH, \quad Pv = 700 QH;$$

6° Qu'il est cependant préférable d'établir la turbine de manière qu'elle ne soit pas noyée en temps ordinaire.

137. *Détails de construction.* — La turbine doit être établie de manière que le plan inférieur de la couronne mobile soit un peu au-dessus du niveau ordinaire des eaux d'aval. Généralement le nombre des aubes est double de celui des courbes directrices. On aura donc

$$n' = 2n \quad \text{ou} \quad n = \frac{n'}{2}.$$

L'épaisseur d de la lame d'eau qui sort des compartiments directeurs ne doit pas être supérieure à $0^m,06$ ou $0^m,08$ pour les dépenses d'eau de 2 mètres cubes sous des chutes moyennes ou faibles; mais le plus souvent elle est limitée à $0^m,04$ ou $0^m,05$:

$$d = 0^m,06, \quad d = 0^m,08, \quad d = 0^m,04, \quad d = 0^m,05.$$

Puisque le nombre des aubes est double de celui des directrices, il est évident que l'épaisseur de la lame d'eau qui quitte la roue au plan inférieur, c'est-à-dire la distance d' de l'extrémité inférieure d'une aube à la précédente, doit être la moitié de l'épaisseur d de la lame d'eau à sa sortie des cloisons distributrices de la couronne fixe; d'où

$$d = 2d' \quad \text{et} \quad d' = \frac{d}{2}.$$

La largeur horizontale e des orifices distributeurs, dans le sens du diamètre, est égale à trois ou quatre fois l'épaisseur de la lame d'eau d. Quand la dépense est considérable, on pourra élever cette proportion

$$e = 3d, \quad e = 4d.$$

A la partie supérieure, la largeur horizontale de la couronne mobile est la même que celle de la couronne fixe; mais, à la partie inférieure, ainsi que le conseille M. Fontaine, il convient, pour favoriser l'écoulement de l'eau, de l'augmenter de $\frac{1}{10}$. Ainsi l'on aura

$$e' = 1,10e.$$

La somme des aires des orifices de distribution sera

$$O = nm'de.$$

Le multiplicateur m' de la dépense étant égal à 0,85, on aura

$$O = 0,85\,nde.$$

De même, la somme des orifices d'évacuation au plan inférieur de la roue a pour valeur

$$O' = n'm''d'e',$$

et, comme $m'' = 0,90$, il vient

$$O' = 0,90\,n'd'e'.$$

L'écartement des aubes étant l et leur nombre n', le développement de la circonférence moyenne sera nl. En désignant par R le rayon, on aura

$$2\pi R = nl, \quad \text{d'où} \quad R = \frac{n'l}{2\pi}.$$

En portant de part et d'autre de la circonférence moyenne,

dans le sens du rayon, une longueur égale à $\frac{1}{2}e$, on aura les rayons extérieur et intérieur de la couronne fixe. Appelant R' et R'' ces rayons, leurs valeurs respectives, en fonction du rayon moyen, seront

$$R' = R + \frac{e}{2}, \quad R'' = R - \frac{e}{2}.$$

La discussion du rendement de la roue nous a appris que la vitesse de la roue qui correspond au maximum d'effet utile est représentée par l'équation

$$v = \frac{\left(\frac{O'}{O}\cos\alpha + \cos\varphi\right)\sqrt{2gH}}{2\sqrt{1+q}},$$

ce qui donne, en introduisant les valeurs numériques que nous avons trouvées,

$$v = \frac{(1,165\cos 25^\circ + \cos 30^\circ)\sqrt{2gH}}{2\sqrt{2,120}},$$

$$v = \frac{(1,165 \times 0,9063 + 0,866)\sqrt{2gH}}{2\sqrt{2,120}} = 0,66\sqrt{2gH}.$$

Nous ferons toutefois observer que le coefficient 0,66 auquel conduit la théorie est un peu trop fort. Dans les applications on adopte la formule

$$v = 0,60\sqrt{2gH}.$$

138. *Tracé des aubes de la roue.* — Pour exécuter cette construction, rappelons que, pour éviter le choc à l'introduction de l'eau dans la roue, la vitesse relative doit être dirigée suivant la tangente au premier élément de l'aube et qu'elle est représentée par l'un des côtés d'un parallélogramme dont l'autre côté est la vitesse de la roue et la diagonale la vitesse V avec laquelle les filets fluides traversent les orifices de distribution. De plus, nous avons trouvé précédemment

$$V = 0,80\sqrt{2gH} \quad \text{et} \quad v = 0,60\sqrt{2gH}.$$

Au point A du plan supérieur par lequel doit passer l'aube,

traçons une droite LA formant avec l'horizon un angle $LAM = \alpha = 25°$. Sur le prolongement de cette droite portons une longueur Am, représentant à une certaine échelle la vitesse $V = 0,80\sqrt{2gH}$ et sur l'horizontale une longueur An égale à la vitesse de la roue $v = 0,60\sqrt{2gH}$. Joignant le point m au point n et achevant le parallélogramme Anmp, la droite Ap représentera à la même échelle la vitesse relative u', dont la direction doit être tangente à l'aube au point origine A. Rappelons aussi que la courbe de l'aube doit satisfaire à la condition de former avec le plan inférieur de la roue un angle $\varphi = 30°$. Ainsi la question est ramenée à tracer une courbe qui soit tangente à la droite Ap et qui rencontre l'horizontale BQ du plan inférieure de la roue sous un angle de 30 degrés. Comme, d'ailleurs, la courbe peut être quelconque, on peut aisément satisfaire à cette double condition au moyen d'un arc parabolique. Supposons le problème résolu et soient (*fig.* 61)

Fig. 61.

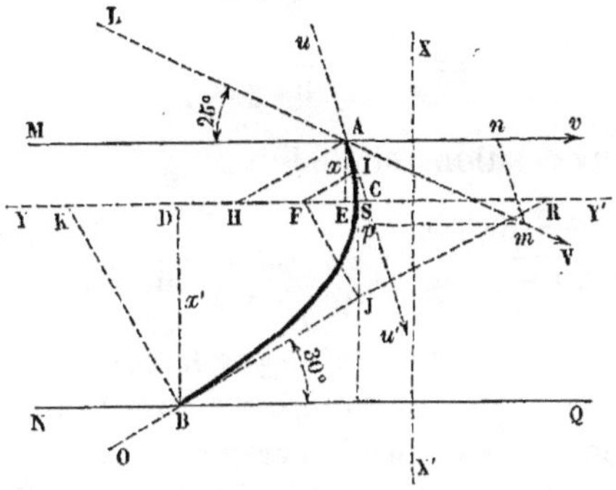

ASB la courbe cherchée;

YY' son axe;

AE, BD les ordonnées des points A et B;

AH, BK les normales des mêmes points;

EH, DK les sous-normales, lesquelles sont égales en vertu d'une propriété caractéristique de la parabole.

Appelant x, x' les ordonnées AE, BD, si l'on considère successivement les deux triangles AHE, BDK, on aura

$$EH = AE \tan HAE = x \tan HAE \quad \text{ou} \quad EH = x \tan MAu,$$

attendu que les deux angles HAE, MAu sont égaux comme ayant les côtés perpendiculaires

$$KD = BD \tang DBK = x' \tang NBO$$

ou

$$KD = x' \tang \varphi = x' \tang 30^\circ.$$

Puisque EH = KD, on aura

$$x \tang MAu = x' \tang 30^\circ,$$

d'où

$$\frac{x}{x'} = \frac{\tang 30^\circ}{\tang MAu} \quad \text{et} \quad \frac{x + x'}{x'} = \frac{\tang 30^\circ + \tang MAu}{\tang MAu}.$$

Remarquant que $x + x'$ est la hauteur h' de la roue, la relation deviendra

$$\frac{h'}{x'} = \frac{\tang 30^\circ + \tang MAu}{\tang MAu}.$$

On aura de même

$$\frac{h'}{x} = \frac{\tang 30^\circ + \tang MAu}{\tang 30^\circ}.$$

De ces deux relations on déduit

$$x = \frac{h' \tang 30^\circ}{\tang 30^\circ + \tang MAu}, \quad x' = \frac{h' \tang MAu}{\tang 30^\circ + \tang MAu}.$$

L'angle MAu étant déterminé par la construction du parallélogramme des vitesses Anmp, on aura toutes les données suffisantes pour construire la parabole. Il est visible, en effet, qu'en menant YY' parallèlement à AM, à une distance égale à la valeur de x, on aura l'axe de la parabole. Comme la sous-tangente est le double de l'abscisse, le sommet S de la courbe sera au milieu de la droite EC. En menant une perpendiculaire à la tangente Ap au point I, où elle rencontre la tangente du sommet, on obtiendra le foyer F. Enfin la perpendiculaire XX' sur YY' à une distance égale à SF sera la directrice.

La courbe que nous avons obtenue par cette construction se rapporte à la circonférence moyenne de la couronne. Si la largeur n'est pas très-grande, elle conviendra à toute l'étendue de l'aube, dans le sens du rayon; mais lorsque cette dimension a une valeur relativement considérable, ainsi que cela a lieu dans les turbines doubles, il faudra exécuter le même tracé pour le profil des aubes aux circonférences extérieure et intérieure de la couronne.

139. Applications. — 1° *Trouver l'effet utile d'une turbine simple, établie sous une chute de* $1^{m},50$, *sachant que le volume d'eau dépensé en une seconde est de* 460 *litres.*

$$Pv = 700\,QH, \quad Pv = 700 \times 0^{mc},460 \times 1,50 = 483^{kgm}$$

et, en chevaux-vapeur,

$$N = \frac{483}{75} = 6^{chvap},44.$$

2° *Établir une turbine double pour un cours d'eau qui, en temps ordinaire, fournit* 1200 *litres d'eau avec une chute de* $1^{m},80$ *et* 1800 *litres en temps de grandes eaux, la chute étant alors réduite de un tiers de sa hauteur normale.*

Dans les deux circonstances, le travail disponible sera

1° $$MgH = 1200^{kg} \times 1,80 = 2160^{kgm},$$
2° $$MgH' = 1800^{kg} \times 1,20 = 2160^{kgm}.$$

Il résulte de là que, si la couronne intérieure est convenablement proportionnée, l'usine pourra disposer de la même force motrice.

Cherchons d'abord les dimensions de la couronne extérieure qui doit fonctionner seule, lorsque la chute se trouve à l'état ordinaire.

Nous avons trouvé précédemment

$$Q = 0,68\,n\,de\sqrt{2gH}.$$

L'épaisseur de lame étant égale à $0^{m},06$, d'après la convention établie, et la largeur e étant prise égale à 3 fois cette épaisseur, on aura

$$1^{mc},200 = 0,68 \times n \times 0,06 \times 0,18\sqrt{19,62 \times 1,8},$$

d'où

$$n = \frac{1^{mc},200}{0,68 \times 0,06 \times 0,18\sqrt{19,62 \times 1,8}} = 28.$$

Ainsi la couronne fixe aura 28 directrices.

On obtiendra leur écartement à la partie inférieure par la relation

$$l_1 \times \sin 25^\circ = d + 0,01, \quad l_1 = \frac{0,06 + 0,01}{0,423} = 0^m,165,$$

et le rayon de la circonférence moyenne aura pour valeur

$$R = \frac{28 \times 0,165}{2\pi} = 0^m,735.$$

Le nombre des aubes de la roue sera égal à 56, et leur plus courte distance d', d'après ce qui a été dit, sera la moitié de d ou égale à $0^m,03$.

A la partie inférieure, l'épaisseur des aubes est de $0^m,005$.

La largeur de la couronne dans le sens du rayon sera

$$e' = 1,1\,e = 1,1 \times 0,18 = 0^m,198.$$

Le rayon extérieur de la roue à la partie supérieure aura pour valeur

$$R + \frac{e}{2} = 0,735 + 0,09 = 0^m,815.$$

On calculera la vitesse à la circonférence moyenne par la formule

$$v = 0,60\sqrt{2gH}, \quad v = 0,60\sqrt{19,62 \times 1,80} = 3^m,565.$$

Pour trouver les dimensions de la couronne intérieure, nous ferons remarquer que la hauteur de chute, en temps de grandes eaux, étant réduite à $1^m,20$, le volume d'eau que pourra dépenser la couronne extérieure sera, en faisant $d = 0,06$ et $e = 4d$,

$$Q = 0,68\,nde\sqrt{19,62 \times 1,20},$$
$$Q = 0,68 \times 28 \times 0,06 \times 0,24\sqrt{19,62 \times 1,20} = 1^{mc},330.$$

Comme le volume d'eau débité, quand les deux couronnes doivent fonctionner, est égal à $1^{mc},800$, il s'ensuit que la dépense par la couronne intérieure sera

$$1^{mc},800 - 1^{mc},330 = 0^{mc},470.$$

On comprend donc que les dimensions de cette couronne devront être calculées en prenant ce débit pour base. En appliquant les règles précédemment indiquées, on aura

$$0^{\text{mc}},470 = 0,68 \times n \times 0,06 \times 0,24\sqrt{19,62 \times 1,20};$$

d'où

$$n = \frac{0^{\text{mc}},470}{0,68 \times 0,06 \times 0,24\sqrt{19,62 \times 1,20}} = 18,$$

et, par conséquent, le nombre des aubes n' de cette seconde turbine sera 36. On aura, comme dans la première,

$$l_1 = \frac{0,07}{\sin 25^\circ} = 0,165,$$

et, pour le rayon de la circonférence,

$$\text{R} = \frac{18 \times 0,165}{6,28} = 0^{\text{m}},476.$$

Le rayon extérieur de la couronne intérieure aura pour valeur

$$0,476 + \frac{e}{2} = 0,476 + 0,12 = 0^{\text{m}},596,$$

et le rayon intérieur

$$0,476 - \frac{e}{2} = 0,476 - 0,12 = 0^{\text{m}},356.$$

La vitesse v de la couronne extérieure étant 3,565, on aura pour le nombre de tours de la roue

$$n_1 = \frac{60\,v}{2\pi\text{R}} = \frac{60 \times 3,565}{6,28 \times 0,735} = 46,3.$$

Pour tracer les aubes, considérons l'équation

$$x = \frac{h' \operatorname{tang} 30^\circ}{\operatorname{tang} 30^\circ + \operatorname{tang} \text{MA}u}.$$

La construction du parallélogramme des vitesses fait connaître la valeur de l'angle MAu. En employant ce procédé ou en résolvant directement le triangle $p\text{A}m$ par la méthode que fournit la Trigonométrie, on trouve

$$\mathrm{MA}u = 70^\circ.$$

La hauteur de la roue étant ordinairement de 3 à 4 fois l'épaisseur de la lame d'eau que nous avons faite égale à $0^{m},06$, si nous prenons $0^{m},20$ pour cette dimension, on aura

$$x = \frac{0,20 \operatorname{tang} 30^\circ}{\operatorname{tang} 30^\circ + \operatorname{tang} 70^\circ},$$

$$x = \frac{0,20 \times 0,5773}{0,5773 + 2,7474} = 0^{m},034$$

et, pour la seconde ordonnée,

$$x' = \frac{0,20 \times 2,7474}{0,5773 + 2,7474} = 0,165.$$

Il est plus commode, pour le tracé de la parabole, de calculer l'ordonnée x' et de prendre le premier point de l'aube sur le plan inférieur de la roue, attendu que la tangente au point B rencontre la tangente du sommet en un point J plus éloigné du sommet que le point I et que la sous-tangente DR a une plus grande longueur que la sous-tangente EC du point A. Le sommet de la courbe sera donc au milieu de la droite DR.

Il est visible que, pour les couronnes extérieure et intérieure, les profils des aubes seront différents ; mais, dans les deux cas, les surfaces seront engendrées par le mouvement d'une horizontale assujettie à glisser sur chacune des courbes et à s'appuyer sur l'axe de la roue.

140. *Vannage à rouleaux.* — Depuis quelques années, M. Fontaine a remplacé les petites vannes des orifices distributeurs par un mécanisme qui permet de démasquer à volonté un nombre quelconque de ces orifices. Voici en quoi consiste ce nouveau système de vannage.

Il se compose de deux troncs de cône A, A (*fig.* 62) pouvant librement tourner sur deux axes faisant partie d'un bras BB, solidaire de l'arbre de la turbine. De cette disposition résulte que, pendant le mouvement de la roue, les deux cônes tronqués tournent en roulant sur l'espace que limitent, à la partie supérieure de la couronne, les orifices de distribution. Deux lames flexibles D, formées chacune d'une bande de gutta-percha de forme circulaire, sont fixées par l'une de leurs

Fig. 62.

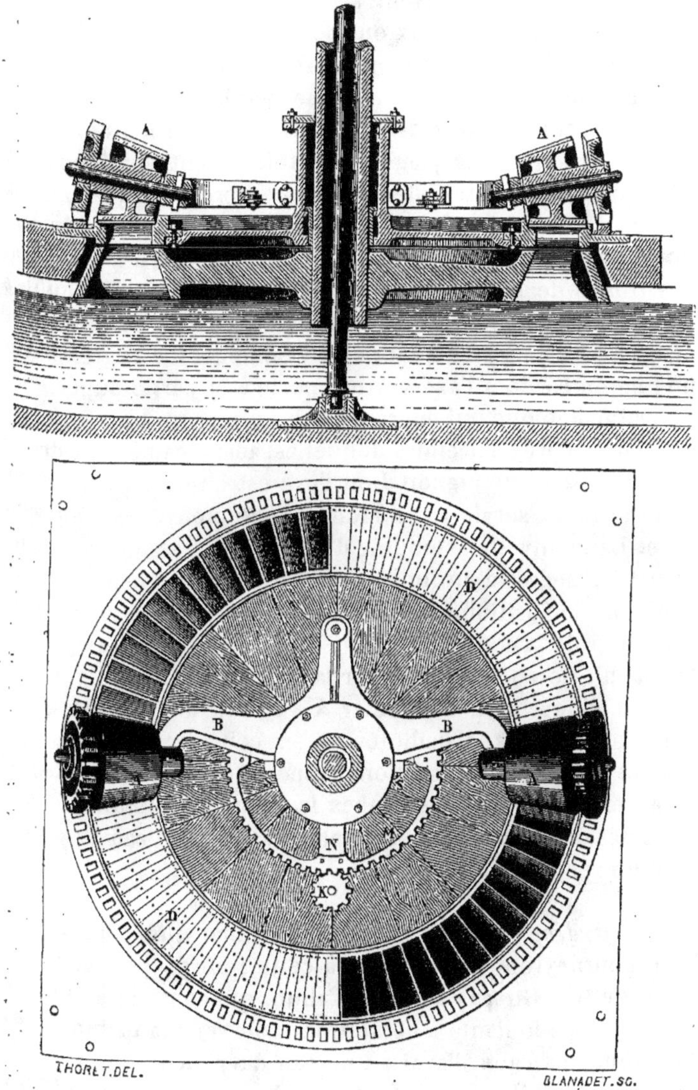

extrémités à l'origine de l'un des orifices et par l'autre sur chacun des troncs de cône, de sorte qu'en vertu du mouvement de rotation de ces cônes autour de leur axe, et du mouvement de transport sur le plan supérieur de la couronne, les lames flexibles peuvent se dérouler en s'appliquant sur les ouvertures des canaux ou s'enrouler en les démasquant. Les bandes flexibles sont garnies de plaques de tôle fixées par des rivets, afin d'empêcher que, par la pression de l'eau, elles puissent pénétrer dans l'intérieur des orifices distributeurs. Bien que ces plaques de tôle soient contiguës, on laisse cependant entre elles un espace libre pour que l'enroulement des bandes sur les cônes puisse s'opérer facilement. Pour faire fonctionner ce vannage, M. Fontaine a fixé au bras des troncs de cône un segment de roue dentée M, qu'il a eu soin aussi de boulonner à un bras N venu de fonte avec le demi-collier S. Ce fragment de couronne dentée engrène avec un pignon K, dont l'axe vertical porte à la partie supérieure une roue conique qui engrène avec un pignon monté sur un axe horizontal à l'extrémité duquel est adaptée une roue droite engrenant avec un pignon dont l'axe est terminé par la manivelle qui doit servir à communiquer le mouvement au vannage. La manivelle est munie d'une aiguille assujettie à parcourir les degrés d'un limbe circulaire dont la graduation fait connaître la position correspondante des rouleaux sur le plan supérieur de la couronne. Ce système de vannage exige une très-faible force motrice pour la manœuvre et, de plus, il permet d'ouvrir ou de fermer à volonté un nombre quelconque d'orifices distributeurs, en conservant à ceux qui restent ouverts leurs sections respectives constantes, tandis qu'au moyen des petites vannes la réduction simultanée des aires des orifices modifie le mode d'action de l'eau au préjudice du rendement de la roue.

141. *Hydropneumatisation.* — De même que pour la turbine Fourneyron, on applique à cette roue le perfectionnement de MM. Girard et Charles Callon, qui consiste au moyen d'une pompe foulante à comprimer l'air sous la turbine pour maintenir les eaux d'aval au niveau du plan inférieur de la couronne mobile : l'air refoulé par la pompe s'introduit par un tuyau qui débouche dans l'espace clos occupé par la tur-

bine à la partie supérieure du plateau des directrices. Un second tuyau, partant du même plateau, fait communiquer cette partie et celle qui peut être comprise entre le cadre en charpente et la vanne. On peut facilement se faire une idée du degré de compression que l'on doit obtenir suivant la hauteur des eaux d'aval. Ainsi, puisque la pression atmosphérique est équilibrée par une colonne d'eau de $10^m,33$, si le niveau de l'eau, dans le canal de fuite, s'élève à 1 mètre au-dessus du plateau inférieur, il suffit que l'air comprimé acquière une force élastique de $\frac{11}{10}$ d'atmosphère pour que la roue ne soit pas noyée.

Cette disposition présente plusieurs avantages, dont le principal, sans contredit, consiste à réduire considérablement la dépense de la roue, en n'ouvrant qu'un nombre limité d'orifices, sans diminuer le rapport de l'effet utile au travail disponible.

Les turbines construites par MM. Girard et Callon contiennent autant de directrices que d'aubes et l'aire de la section des canaux distributeurs est, par conséquent, moindre que celle des canaux d'évacuation formés par les aubes de la roue proprement dite. De cette modification il résulte une libre déviation des filets fluides à leur passage dans les aubes et, de plus, les corps étrangers, entraînés par les eaux, s'arrêtent dans les canaux distributeurs, d'où il est beaucoup plus facile de les extraire que s'ils étaient introduits entre les aubes de la roue.

142. *Turbine Jonval.* — Cette turbine, dont l'idée première appartient à M. Jonval, a été perfectionnée dans les ateliers de MM. Kœchlin, de Mulhouse. Quant à la disposition des cloisons directrices et des aubes de la roue, elle offre la plus grande analogie avec la turbine Fontaine. Elle est établie dans un tuyau vertical en fonte, qui se raccorde inférieurement avec un canal à section rectangulaire, dont l'axe est horizontal et qui est muni d'une vanne servant à arrêter l'écoulement de l'eau. A la partie supérieure, le cylindre vertical est rétréci et parfaitement alésé pour loger la roue en ne lui laissant que le jeu strictement nécessaire. La couronne qui porte les directrices est placée au-dessus, dans une partie du tuyau

légèrement évasée, en forme de tronc de cône. L'arbre vertical, dont la roue est rendue solidaire, au moyen de tourteaux en fonte, traverse les deux couronnes et se termine inférieurement par un pivot tournant sur crapaudine. Pour empêcher que l'eau s'écoule entre l'arbre et la roue, on dispose soigneusement une garniture ou bien on enveloppe l'arbre d'un cylindre creux vertical établi sur le tourteau supérieur et s'élevant au-dessus des eaux d'amont.

Les aubes de la roue sont des surfaces réglées, engendrées par le mouvement d'une horizontale rencontrant l'axe et dirigée par une courbe tracée sur la surface du cylindre intérieur dont l'élément supérieur forme avec l'horizon un angle de 70 degrés et l'élément inférieur un angle de 30 degrés.

Fig. 63.

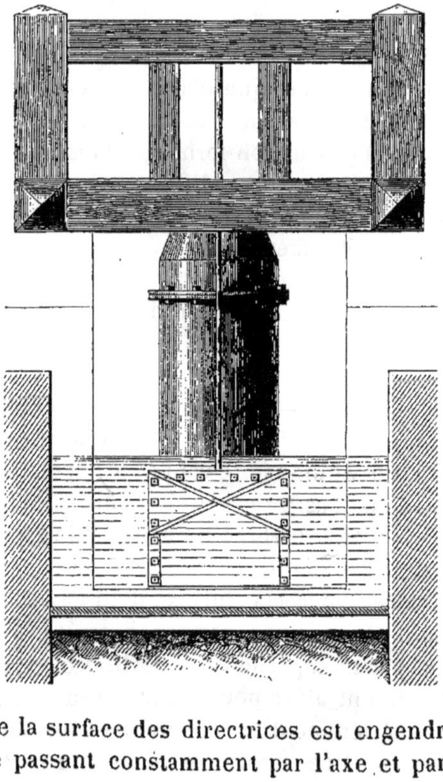

De même la surface des directrices est engendrée par une horizontale passant constamment par l'axe et par les points d'une courbe tracée sur la surface cylindrique du noyau de la couronne. L'élément supérieur de cette directrice forme un angle de 90 degrés avec le plan horizontal et l'élément inférieur un angle de 34 degrés environ.

La roue est placée à une hauteur intermédiaire entre les niveaux d'amont et d'aval et repose sur un support en fonte placé dans l'intérieur du cylindre. Le pivot, qui tourne sur crapaudine, étant plongé dans l'eau, on y fait déboucher un tuyau graisseur pour lubrifier les surfaces frottantes (*fig.* 63 et 64).

Fig. 64.

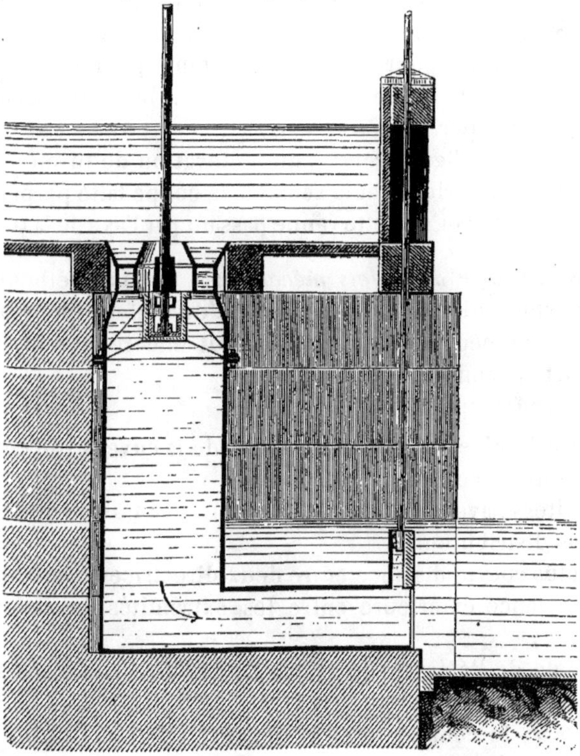

On comprend donc, par cette description sommaire, que cette turbine se distingue de la turbine Fontaine par deux caractères essentiels : 1° dans la turbine Fontaine, le plan inférieur de la roue est placé au niveau des eaux d'aval ; la turbine

Jonval est établie entre les deux biefs supérieur et inférieur presque toujours plus près du niveau d'amont que du niveau d'aval ; 2° dans la turbine Fontaine, la dépense d'eau est réglée par une série de petites vannes, dont les orifices distributeurs sont munis, tandis que dans la turbine Jonval elle se règle au moyen de la vanne qui sert à ouvrir ou fermer l'orifice du tuyau horizontal à section rectangulaire qui se raccorde avec le cylindre vertical. Lorsque la dépense d'eau diminue notablement pendant un temps plus ou moins long, on garnit les intervalles compris entre les aubes avec des coins obturateurs qui diminuent sensiblement la section des canaux de circulation. Si la dépense vient à augmenter, on enlève facilement ces obturateurs; pour les enlever comme pour les placer, il suffit de mettre la roue à sec, en retenant les eaux d'amont et en faisant écouler les eaux d'aval.

La première figure représente l'élévation du tuyau du côté de la vanne inférieure et la seconde la coupe faite perpendiculairement au plan de cette vanne passant par l'axe de la turbine.

143. *Théorie des effets mécaniques.* — La méthode que nous avons suivie pour la recherche de l'effet utile des deux turbines précédemment étudiées peut encore être appliquée à la turbine Jonval.

A cet effet, appelons

A l'aire du réservoir placé au-dessus de la cuvette qui contient les directrices;

V la vitesse avec laquelle les filets fluides traversent les orifices distributeurs;

d la plus courte distance entre deux directrices consécutives;

l la distance extérieure entre les extrémités de ces directrices;

α l'angle de l'élément inférieur de ces directrices avec l'horizon;

$m = 0,55$ le coefficient de la dépense relatif à l'introduction de l'eau dans le réservoir;

O la somme des aires des orifices distributeurs;

R_1 le rayon moyen de la roue;

R, R' les rayons des circonférences extérieure et intérieure;

e la largeur des orifices dans le sens du rayon;

d' la plus courte distance de deux aubes consécutives;

e' la largeur des canaux formés par les aubes dans le sens du rayon;

$l' = l''$ les intervalles entre deux aubes mesurés sur les circonférences moyennes supérieure et inférieure;

φ l'angle formé par l'élément inférieur des aubes avec l'horizon;

O′ la somme des aires des orifices d'évacuation formés par les aubes;

$m' = 0,85$ le multiplicateur de la dépense qui se rapporte aux orifices de sortie formés par les directrices;

m'' le coefficient de la dépense relatif à l'introduction de l'eau dans les canaux formés par les aubes. Ce coefficient varie de 0,50 à 0,70;

v la vitesse de la roue à la circonférence moyenne;

u', u les vitesses relatives de l'eau à l'entrée et à la sortie;

β l'angle formé par la vitesse relative u' avec la vitesse v;

ω l'angle formé par l'élément supérieur des aubes avec l'horizon;

h la hauteur du niveau de l'eau dans le réservoir supérieur au-dessus du milieu de la plus courte distance de deux directrices consécutives;

h' la hauteur de la roue mobile;

h'' la hauteur du plan inférieur de la roue au-dessus du niveau des eaux d'aval;

H la hauteur totale de la chute; on aura approximativement $H = h + h' + h''$;

P_1 la pression atmosphérique extérieure par unité de surface;

P'_1 la pression dans l'espace compris entre la roue et la plus courte distance des orifices distributeurs;

$p = 1000^{kg}$ le poids de 1 mètre cube d'eau;

A′ l'aire de la section transversale du canal horizontal qui à la partie inférieure se raccorde avec le cylindre vertical;

V′ la vitesse de l'eau dans ce canal;

L la largeur du canal;

H_1 sa hauteur;

m''' le multiplicateur de la dépense relatif à l'orifice déterminé par l'ouverture de la vanne qui règle la dépense d'eau. Ce coefficient a pour valeur moyenne $m''' = 0,70$.

Lorsque l'eau entre dans les orifices de distribution, la perte de force vive est

$$M\frac{O^2}{A^2}\left(\frac{1}{m}-1\right)V^2,$$

et la variation de force vive a pour valeur

$$MV^2\left[1+\frac{O^2}{A^2}\left(\frac{1}{m}-1\right)^2\right].$$

Appliquant le théorème général, on aura

$$\frac{1}{2}MV^2\left[1+\frac{O^2}{A^2}\left(\frac{1}{m}-1\right)^2\right]=Mgh+Mg\left(\frac{P_1}{p}-\frac{P'_1}{p}\right)$$

ou

$$V^2\left[1+\frac{O^2}{A^2}\left(\frac{1}{m}\right)^2\right]=2gh+2g\left(\frac{P_1}{p}-\frac{P'_1}{p}\right).$$

Posant, comme précédemment,

$$\frac{O^2}{A^2}\left(\frac{1}{m}-1\right)^2=k,$$

on aura

$$V^2(1+k)=2gh+2g\left(\frac{P_1}{p}-\frac{P'_1}{p}\right);$$

d'où

$$\frac{P'_1}{p}-\frac{P_1}{p}=h-\frac{V^2}{2g}(1+k).$$

On déterminera la vitesse relative d'introduction u' par la formule

$$u'^2=V^2+v^2-2Vv\cos\alpha,\quad \text{d'où}\quad u'=\sqrt{V^2+v^2-2Vv\cos\alpha}.$$

Le volume d'eau qui s'échappe par les orifices de distribution étant égal à celui qui s'écoule par les orifices d'évacuation, on aura

$$Q=OV=O'u,\quad \text{d'où}\quad V=\frac{O'}{O}u,$$

et, en substituant dans l'expression de la vitesse relative,

$$u'^2=\frac{O'^2}{O^2}u^2+v^2-2\frac{O'}{O}uv\cos\alpha.$$

Décomposons cette vitesse, représentée par An (*fig.* 65), en deux autres rectangulaires Aq, As, la première dirigée suivant

Fig. 65.

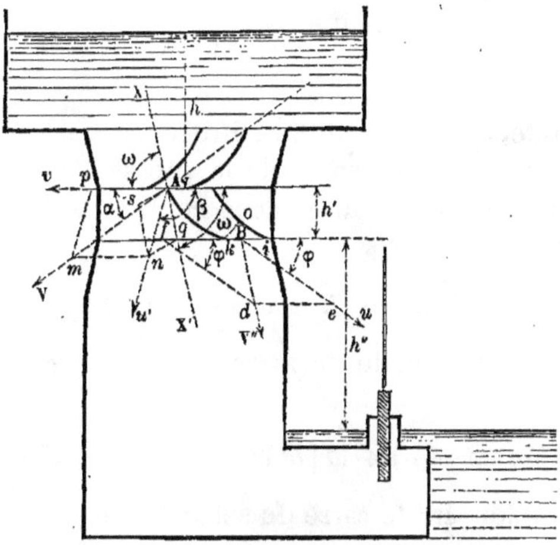

la tangente XX′ au premier élément de l'aube. Elles auront pour valeurs respectives

$$Aq = An \cos nAq = u' \cos(\beta - \omega),$$
$$As = An \sin snA = u' \sin(\beta - \omega);$$

par conséquent, la perte de force vive subie par le choc de l'eau contre l'aube sera

$$Mu'^2 \sin^2(\beta - \omega).$$

Le volume d'eau qui s'écoule en une seconde par les canaux que forment les aubes est

$$m''d'e'u,$$

et, comme l'aire de la section peut être représentée par $e'l''$, la vitesse moyenne de circulation sera

$$\frac{m''d'e'u}{e'l''} = \frac{m''d'u}{l''}.$$

Considérant sur la figure le triangle *koi*, on aura

$$ko = ki \sin\varphi \quad \text{ou} \quad d' = l'' \sin\varphi, \quad \text{d'où} \quad \sin\varphi = \frac{d'}{l''}$$

et, en substituant,

$$\frac{m'' d' u}{l''} = m'' u \sin\varphi.$$

Le liquide, en s'introduisant entre les aubes, rencontre celui qui s'y trouve déjà et passe de la vitesse $u' \cos(\beta - \omega)$ à la vitesse $m'' u \sin\varphi$; par suite, dans ce sens, la perte de force vive aura pour valeur

$$M[u' \cos(\beta - \omega) - m'' u \sin\varphi]^2.$$

Ainsi, la perte totale de force vive, à l'introduction, sera exprimée par

$$M u'^2 \sin^2(\beta - \omega) + M[u' \cos(\beta - \omega) - m'' u \sin\varphi]^2,$$

ou, en développant le carré du second terme,

$$M u'^2 \sin^2(\beta - \omega) + M[u'^2 \cos^2(\beta - \omega) + m''^2 u^2 \sin^2\varphi - 2m'' uu' \cos(\beta - \omega) \sin\varphi].$$

Mettant u'^2 en facteur commun

$$M\{u'^2[\sin^2(\beta - \omega) + \cos^2(\beta - \omega)] + m''^2 u^2 \sin^2\varphi - 2m'' uu' \cos(\beta - \omega) \sin\varphi\}.$$

Comme $\sin^2(\beta - \omega) + \cos^2(\beta - \omega) = 1$, il viendra

$$M[u'^2 + m''^2 u^2 \sin^2\varphi - 2m'' uu' \cos(\beta - \omega) \sin\varphi].$$

Si l'on admet, comme dans les turbines précédentes, que l'angle de l'élément supérieur de l'aube avec l'horizon est à peu près droit, l'équation des forces vives relative au mouvement de l'eau devient beaucoup plus simple; car, dans ce cas, on a

$$\cos(\beta - \omega) = \cos(\beta - 90^\circ) = \sin\beta,$$

et, en introduisant cette valeur dans l'expression, il vient

$$M(u'^2 + m''^2 u^2 \sin\varphi - 2m'' uu' \sin\beta \sin\varphi).$$

Dans cette hypothèse, la figure montre que l'on a

$$V \sin\alpha = u' \sin\beta,$$

et, en remplaçant V par sa valeur, $\frac{O'}{O}u$,

$$u\frac{O'}{O}\sin\alpha = u'\sin\beta$$

et

$$M\left(u'^2 + m''^2u^2\sin^2\varphi - 2m''u^2\frac{O'}{O}\sin\alpha\sin\varphi\right).$$

Posant

$$m''\sin\varphi = b \quad \text{et} \quad \frac{O'}{O}\sin\alpha = c,$$

on aura

$$M(u'^2 + b^2u^2 - 2bcu^2).$$

Pour établir l'équation du mouvement de l'eau, remarquons que, sur hauteur de la roue, le liquide passe de la vitesse u' à la vitesse u; conséquemment la force vive communiquée sera représentée par

$$Mu^2 - Mu'^2.$$

Il est évident que cet accroissement de force vive est produit par les forces suivantes :

1° La gravité qui développe, depuis le point d'introduction jusqu'au point de sortie, une quantité de travail

$$Mgh';$$

2° La pression $\frac{P'_1}{p}$ qui agit au-dessus de la roue de haut en bas, la pression extérieure $\frac{P_1}{p}$ agissant de bas en haut, diminuée de la pression due à la hauteur h'' de l'eau entre le plan inférieur de la roue et le niveau d'aval. Le travail relatif à ces trois forces a pour valeur

$$Mg\left(\frac{P'_1}{p} - \frac{P_1}{p} + h''\right) = Mg\left(\frac{P'_1}{p} - \frac{P_1}{p}\right) + Mgh''.$$

On aura donc

$$gh' + Mg\left(\frac{P'_1}{p} - \frac{P_1}{p}\right) + Mgh'' = \tfrac{1}{2}Mu^2 - \tfrac{1}{2}Mu'^2 + \tfrac{1}{2}M(u'^2 + b^2u^2 - 2bcu^2).$$

Remplaçant $\frac{P'_1}{p} - \frac{P_1}{p}$ par sa valeur $h - \frac{V^2}{2g}(1+k)$,

$$Mgh' + Mg\left[h - \frac{V^2}{2g}(1+k)\right] + Mgh'' = \tfrac{1}{2}Mu^2 - \tfrac{1}{2}Mu'^2 + \tfrac{1}{2}M(u'^2 + b^2u^2 - 2bcu^2$$

Divisant les deux membres par M et remplaçant V par $\frac{O'}{O}u$,

$$2gh' + 2g\left[h - \frac{O'^2}{2gO^2}u^2(1+k)\right] + 2gh'' = u^2 - u'^2 + u'^2 + b^2u^2 - 2bcu^2$$

ou

$$2g\left[(h + h' + h'') - \frac{O'^2u^2}{O^2}(1+k)\right] = u^2(1 + b^2 - 2bc).$$

Substituant à $h + h' + h''$ la hauteur totale de la chute,

$$2gH - \frac{O'^2u^2}{O^2}(1+k) = u^2(1 + b^2 - 2bc)$$

ou

$$2gH = u^2\left[1 + b^2 - 2bc + \frac{O'^2}{O^2}(1+k)\right].$$

Pour simplifier les calculs, posons

$$b^2 - 2bc + \frac{O'^2}{O^2}(1+k) = q;$$

on aura

$$2gH = u^2(1+q),$$

d'où

$$u^2 = \frac{2gH}{1+q} \quad \text{et} \quad u = \sqrt{\frac{2gH}{1+q}}.$$

On obtiendra la vitesse absolue avec laquelle l'eau quitte le récepteur par la formule

$$V''^2 = u^2 + v^2 - 2uv\cos\varphi, \quad V'' = \sqrt{u^2 + v^2 - 2uv\cos\varphi},$$

Dans l'intérieur du canal de fuite, la vitesse étant V', la force vive de l'eau aura pour valeur

$$MV'^2,$$

et, puisque le volume d'eau qui s'écoule par ce tuyau est égal à celui qui s'échappe par les orifices d'évacuation de la roue, on aura

$$A'V' = O'u, \quad \text{d'où} \quad V' = \frac{O'}{A'}u.$$

La force vive sera donc représentée par

$$M\frac{O'^2}{A'^2}u^2,$$

et la force vive perdue par l'eau, dans le passage du bas de la roue au canal de fuite, sera

$$MV''^2 - M\frac{O'^2}{A'^2}u^2 \quad \text{ou} \quad M(u^2 + v^2 - 2uv\cos\varphi) - M\frac{O'^2}{A'^2}u^2;$$

$$Mu^2 + M(v^2 - 2uv\cos\varphi) - M\frac{O'^2}{A'^2}u^2 = M\left[u^2\left(1 - \frac{O'^2}{A'^2}\right) + v^2 - 2uv\cos\varphi\right].$$

Comme le volume d'eau passant par le tuyau est égal au volume d'eau Q, dépensé par la roue, on aura

$$m'''LH_1V' = Q, \quad \text{d'où} \quad V' = \frac{Q}{m'''LH_1}$$

et, en remplaçant Q par sa valeur $O'u$,

$$V' = \frac{O'u}{m'''LH_1};$$

par suite, la force vive non utilisée sera exprimée par

$$MV'^2 = M\left(\frac{O'}{m'''LH_1}\right)^2 u^2.$$

En résumant toutes les circonstances du mouvement de l'eau, depuis son arrivée sur les directrices jusqu'au point de sortie par le tuyau latéral inférieur, nous voyons que la perte totale de force vive se compose :

1° De la perte de force vive subie, à l'introduction de l'eau dans les cloisons distributrices,

$$M\frac{O^2}{A^2}\left(\frac{1}{m} - 1\right)^2 V^2,$$

que l'on peut aussi exprimer par

$$M \frac{O'^2}{A^2}\left(\frac{1}{m}-1\right)^2 u^2,$$

puisque

$$OV = O'u \quad \text{et} \quad O^2V^2 = O'^2u^2;$$

2° De la perte de force vive, après l'introduction de l'eau dans la roue proprement dite et dans l'hypothèse où l'angle $\omega = 90^\circ$,

$$M(u'^2 + b^2u^2 - 2bcu^2);$$

si l'angle ω a une valeur quelconque, elle est exprimée par

$$M[u'^2 + m''u^2\sin^2\varphi - 2m''uu'\cos(\beta-\omega)\sin\varphi];$$

3° De la force vive perdue à la sortie des canaux d'évacuation formés par les aubes

$$M\left[\left(1-\frac{O'^2}{A'^2}\right)u^2 + v^2 - 2uv\cos\varphi\right];$$

4° De la force vive non utilisée et possédée par l'eau dans le tuyau inférieur

$$M\left(\frac{O'}{m'''LH_1}\right)^2 u^2 = M\frac{O'^2}{(m'''LH_1)^2}u^2.$$

Appliquant l'équation générale des moteurs hydrauliques, on aura

$$Pv = MgH - \tfrac{1}{2}M\frac{O'^2}{A^2}\left(\frac{1}{m}-1\right)^2u^2 - \tfrac{1}{2}M(u'^2+b^2u^2-2bcu^2)$$
$$-\tfrac{1}{2}M\left[\left(1-\frac{O'^2}{A'^2}\right)u^2+v^2-2uv\cos\varphi\right] - \tfrac{1}{2}M\frac{O'^2}{(m'''LH_1)^2}u^2.$$

Divisant les deux membres de l'égalité par MgH pour avoir le rapport de l'effet utile au travail disponible,

$$\frac{Pv}{MgH} = 1 - \frac{O'^2}{2gHA^2}\left(\frac{1}{m}-1\right)^2u^2 - \frac{u'^2+b^2u^2-2bcu^2}{2gH}$$
$$-\frac{\left[\left(1-\frac{O'^2}{A'^2}\right)u^2+v^2-2uv\cos\varphi\right]}{2gH} - \frac{O'^2u^2}{2gH(m'''LH_1)^2}.$$

Remplaçant u'^2 par sa valeur

$$u'^2 = \frac{O'^2}{O^2} u^2 + v^2 - 2\frac{O'}{O} uv\cos\alpha,$$

on aura

$$\frac{Pv}{MgH} = 1 - \frac{O'^2}{2gHA^2}\left(\frac{1}{m} - 1\right)^2 u^2 - \frac{\frac{O'^2}{O^2}u^2 + v^2 - 2\frac{O'}{O}uv\cos\alpha + b^2u^2 - 2bcu_2}{2gH}$$
$$- \frac{\left[\left(1 - \frac{O'^2}{A'^2}\right)u^2 + v^2 - 2uv\cos\varphi\right]}{2gH} - \frac{O'^2u^2}{2gH\,(m'''LH_1)^2}.$$

Mettant u^2 en facteur commun,

$$\frac{Pv}{MgH} = 1 - \frac{\left[\frac{O'^2}{A^2}\left(\frac{1}{m} - 1\right)^2 + \frac{O'^2}{O^2} + b^2 - 2bc + \frac{O'^2}{(m'''LH_1)^2} + \left(1 - \frac{O'^2}{A'^2}\right)u^2\right.}{2gH}$$
$$- \frac{v^2}{gH} + \frac{\left(\frac{O'}{O}\cos\alpha + \cos\varphi\right)uv}{gH}.$$

Pour abréger les calculs, posons

$$\frac{1}{2}\left[\frac{O^2}{A'^2}\left(\frac{1}{m} - 1\right)^2 + \frac{O'^2}{O^2} + b^2 - 2bc + \frac{O'^2}{m'''LH_1)^2} + \left(1 - \frac{O'^2}{A'^2}\right)\right] = A$$

et

$$\frac{O'}{O}\cos\alpha + \cos\varphi = B.$$

En remplaçant, l'équation deviendra

$$\frac{Pv}{MgH} = 1 - \frac{Au^2}{gH} - \frac{v^2}{gH} + \frac{Buv}{gH}.$$

Nous avons trouvé plus haut

$$u = \sqrt{\frac{2gH}{1+q}}.$$

Il est donc visible que la vitesse de la roue est indépendante de la vitesse relative à l'extrémité inférieure de l'aube; par conséquent le maximum du rapport $\frac{Pv}{MgH}$ correspondra au maximum de la fonction

$$\frac{Buv}{gH} - \frac{v^2}{gH}$$

ou, en faisant abstraction de la constante gH,

$$Buv - v^2 = v(Bu - v).$$

Or, pour que ce produit soit au maximum, il faut que les deux facteurs soient égaux; on aura donc

$$v = Bu - v \quad \text{et} \quad 2v = Bu,$$

d'où

$$v = \frac{Bu}{2}.$$

Remplaçant u par sa valeur, on aura pour la vitesse qui correspond au maximum relatif de rendement

$$v = \frac{B}{2}\sqrt{\frac{2gH}{1+q}},$$

et, en mettant à la place de B sa valeur,

$$\frac{O'}{O}\cos\alpha + \cos\varphi, \quad v = \frac{\frac{O'}{O}\cos\alpha + \cos\varphi}{2}\sqrt{\frac{2gH}{1+q}}.$$

L'application de cette formule à des turbines de ce système a conduit à la relation

$$v = 0,517\sqrt{2gH},$$

tandis que l'expérience a donné le résultat suivant :

$$v = 0,590\sqrt{2gH}.$$

Comme pour les turbines précédentes, nous ferons observer que, cette roue étant constamment noyée, la résistance que l'eau oppose au mouvement absorbe une fraction de l'effet utile. De la comparaison des résultats théorique et pratique, M. Morin, par une construction graphique, a déduit que ce travail résistant est encore proportionnel à l'aire de la zone annulaire, au carré du nombre de tours et à un coefficient constant $K = 0,0000122$. Il sera donc représenté par

$$0,0000122\, S n_1^2.$$

La vitesse à la circonférence moyenne étant égale à

$$v = \frac{2\pi R n_1}{60} = \frac{\pi R n_1}{30},$$

on en déduit

$$n_1 = \frac{30 v}{\pi R} \quad \text{et} \quad n_1^2 = \frac{900 v^2}{\pi^2 R^2},$$

et, en mettant cette valeur à la place de n_1^2, on aura pour l'expression du travail absorbé par la résistance de l'eau,

$$0,0000122\, S \frac{900 v^2}{\pi^2 R^2} = 0,0011136\, S \frac{v^2}{R^2}.$$

Ainsi le rendement de la roue pourra être obtenu, avec une très-grande approximation, par la formule

$$\frac{Pv}{MgH} = 1 - A\frac{u^2}{gH} + \frac{B}{gH} uv - \frac{v^2}{gH} - 0,0011136 \frac{Sv^2}{R^2}$$

ou, en mettant v^2 en facteur commun,

$$\frac{Pv}{MgH} = 1 - A\frac{u^2}{gH} + \frac{B}{gH} uv - v^2\left(\frac{1}{gH} + 0,0011136 \frac{S}{R^2}\right).$$

144. — *Formules usuelles.* — Des expériences faites par la Société industrielle de Mulhouse il résulte :

1° Que, lorsque la turbine Jonval, perfectionnée par M. Kœchlin, marche à son état normal et que tous les orifices sont démasqués, l'effet utile est les 0,72 du travail disponible

$$Pv = 0,72 MgH = 720 QH;$$

2° Que, la moitié des canaux formés par les aubes étant garnis de leurs obturateurs, l'effet utile est environ de 0,70 du travail absolu de la chute

$$Pv = 0,70 MgH = 700 QH;$$

3° Que, lorsque ces canaux sont tous munis de leurs obturateurs, l'effet utile est de 0,63 du travail disponible

$$Pv = 0,63 MgH = 630 QH;$$

4° Qu'à la circonférence moyenne, la vitesse de la roue qui correspond au maximum d'effet est très-approximativement égale à 0,590 de la vitesse due à la hauteur totale de la chute

$$v = 0,590 \sqrt{2gH};$$

5° Que la vitesse de la roue peut varier entre des limites assez étendues, en s'écartant, soit en plus, soit en moins, de $\frac{1}{4}$ de la vitesse qui se rapporte au maximum, sans que l'effet utile soit sensiblement modifié;

6° Que le rétrécissement de l'orifice du canal inférieur occasionne une diminution du rendement de la roue, et que cette diminution est d'autant plus grande que l'ouverture de la vanne est plus petite. Il s'ensuit donc que la vanne dont est munie l'orifice latéral inférieur ne saurait être employée à faire efficacement varier la dépense d'eau et, par suite, la vitesse de la roue.

145. *Détails de construction.* — Dans l'établissement des turbines de ce genre, les constructeurs ont adopté les proportions suivantes :

La vitesse de la roue à la circonférence extérieure doit être prise égale aux 0,70 de la vitesse due à la hauteur totale.

Nombre des aubes :

$$n' = 18.$$

Au moyen de ces valeurs et de la relation

$$V = \frac{O'}{O} \sqrt{\frac{2gH}{1+q}},$$

on trouve

$$V = 1,165 \frac{\sqrt{2gH}}{\sqrt{2,120}} = 0,800 \sqrt{2gH};$$

d'où, pour le volume d'eau dépensé en une seconde,

$$Q = OV = 0,800 \times O \sqrt{2gH}.$$

Remplaçant O par sa valeur $0,85nde$, on aura

$$Q = 0,800 \times 0,85\, nde \sqrt{2gH},$$
$$Q = 0,680\, nde \sqrt{2gH},$$

ces calculs indiquant de quelle manière on doit procéder quand la turbine est établie et que l'on veut en connaître le rendement.

Lorsqu'elle est en projet, le volume d'eau à dépenser en une seconde se déduit facilement de l'effet utile, qui est une des données de la question.

Si nous admettons, par exemple, d'après les résultats fournis par l'expérience, que l'effet utile doit être égal aux 0,65 du travail disponible, on aura

$$Pv = 0,65\, MgH = 0,650\, QH,$$

d'où

$$Q = \frac{Pv}{0,650\, Q}.$$

L'épaisseur de la lame d'eau ou la plus courte distance entre les directrices étant prise égale à $0^m,06$, si la largeur de la couronne dans le sens du diamètre est égale à 4 fois cette épaisseur, on aura

$$e = 4d = 4 \times 0,06 = 0^m,24,$$

et, en introduisant ces valeurs dans l'expression générale du volume Q, il viendra

$$Q = 0,680\, n \times 0,06 \times 0,24 \sqrt{2gH};$$

d'où

$$n = \frac{Q}{0,680 \times 0,06 \times 0,24 \sqrt{2gH}},$$

$$n = \frac{Q}{0,009792 \sqrt{2gH}}.$$

Pour trouver l'écartement de deux directrices consécutives, remarquons qu'il peut être considéré comme l'hypoténuse d'un triangle rectangle dont l'épaisseur d de la lame d'eau est le côté de l'angle droit opposé à l'angle aigu α. De plus, si l'on veut tenir compte de l'épaisseur de la directrice qui, généralement, est de 0,01, il faudra ajouter cette quantité à la valeur de d, ce qui donnera $0^m,06 + 0^m,01 = 0^m,07$. On aura ainsi

$$d + 0^m,01 = l_1 \sin\alpha;$$

d'où

$$l_1 = \frac{d + 0^m,01}{\sin\alpha} = \frac{0^m,07}{\sin 25^\circ} = 0^m,165,$$

d'où

$$\frac{O'}{O} = \frac{0,90 n' d' e'}{0,85 n\, de}.$$

Remplaçant d' par sa valeur $\frac{d}{2}$, e' par $1,10e$, et n' par $2n$, on a

$$\frac{O'}{O} = \frac{0,90 \times 2n \times d \times 1,10 e}{0,85 n de \times 2} = \frac{0,90 \times 2 \times 1,10}{0,85 \times 2} = 1,165.$$

Ordinairement, la somme des aires des orifices à l'entrée dans les compartiments formés par les directrices est trois fois plus grande que celle des orifices de distribution

$$\frac{O}{A} = \frac{1}{3} = 0,333,$$

d'où

$$\frac{O^2}{A^2}\left(\frac{1}{m} - 1\right)^2 = (0,333)^2\left(\frac{1}{0,85} - 1\right)^2 = 0,00345.$$

Comme nous avons posé plus haut

$$\frac{O^2}{A^2}\left(\frac{1}{m} - 1\right)^2 = k,$$

on aura

$$1 + k = 1,00345$$

et, par suite,

$$(1 + k)\frac{O'^2}{O^2} = 1,00345 \times (1,165)^2 = 1,362.$$

Pour simplifier les calculs, nous avons fait aussi

$$m'' \frac{e'}{e_1} \sin\varphi = b.$$

La largeur de la roue e_1 à la partie supérieure de la roue, dans le sens du rayon, étant égale à celle des compartiments directeurs e, comme on a d'ailleurs trouvé $e' = 1,10\,e$, on aura

$$b = 1,10\,m'' \sin\varphi.$$

Remplaçant m'' par sa valeur 0,90 et remarquant que l'angle $\varphi = 30°$, il viendra

$$b = 1,10 \times 0,90 \times \sin 30°;$$

or

$$\sin 30° = 0,5:$$

donc

$$b = 1,10 \times 0,90 \times 0,5 = 0,495,$$
$$b^2 = (0,495)^2 = 0,245.$$

On aura encore

$$\frac{O'}{O} \sin\alpha = c = 1,165 \times \sin\alpha,$$

Comme l'angle $\alpha = 25°$ et $\sin\alpha = 0,4226$,

$$\frac{O'}{O} \sin\alpha = 1,165 \times 0,4226 = 0,492$$

et

$$2bc = 2 \times 0,495 \times 0,492 = 0,487;$$

par conséquent,

$$q = \frac{O'^2}{O^2}(1+k) + b^2 - 2bc = 1,362 + 0,245 - 0,487 = 1,120$$

et

$$1 + q = 2,120.$$

Les constructeurs ont adopté les proportions suivantes :

La plus courte distance de deux aubes consécutives est égale à la huitième partie du rayon extérieur de la roue

$$d' = \frac{R'}{8}.$$

La largeur de la couronne est égale au quart du rayon

$$e' = \frac{R'}{4}.$$

La vitesse relative de sortie à l'extrémité inférieure des aubes est approximativement celle due à la hauteur de la chute disponible

$$u = \sqrt{2gH}.$$

Coefficient de contraction :

$$m' = 0,50.$$

Le volume d'eau dépensé en une seconde sera

$$Q = n'm'd'e'u = 18 \times 0,50 \times \frac{R'}{8} \times \frac{R'}{4}\sqrt{2gH} = \frac{9}{32}R'^2\sqrt{2gH},$$

d'où l'on déduit, pour la valeur du rayon extérieur de la roue,

$$R'^2 = \frac{32Q}{9\sqrt{2gH}}, \quad R' = \sqrt{\frac{32}{9}}\sqrt{\frac{Q}{\sqrt{2gH}}} = 1,885\sqrt{\frac{Q}{\sqrt{2gH}}}.$$

En appliquant la théorie à la recherche de la vitesse relative u, on trouve

$$u = 0,752\sqrt{2gH}.$$

D'après cette considération, si l'on calcule le volume d'eau dépensé et en adoptant le coefficient $m' = 0,85$, comme nous l'avons indiqué en commençant, on aura

$$Q = 18 \times 0,85 \times \frac{R'}{8} \times \frac{R'}{4} \times 0,752\sqrt{2gH};$$

d'où

$$R'^2 = \frac{32Q}{18 \times 0,85 \times 0,752\sqrt{2gH}},$$

$$R' = \sqrt{\frac{32}{18 \times 0,85 \times 0,752}}\sqrt{\frac{Q}{\sqrt{2gH}}} = 1,668\sqrt{\frac{Q}{\sqrt{2gH}}}.$$

La comparaison des deux formules montre que la valeur donnée par les constructeurs à la vitesse relative u conduit à un résultat un peu plus grand que celui déduit directement de la théorie.

Le tracé des aubes se fait exactement de la même manière que pour la turbine Fontaine-Baron, en se rappelant que l'élément supérieur doit former un angle de 70 degrés avec l'horizon, et l'élément inférieur un angle de 30 degrés.

146. *Perfectionnement de M. Fossey.* — De même que dans la turbine précédente, la roue mobile est établie dans l'intérieur d'un cylindre en fonte qui s'appuie sur le plancher et se termine au-dessous du niveau du bief d'aval. Ce cylindre est composé de plusieurs parties portant des rebords qui servent à les réunir ensemble par des boulons. La partie de ce cylindre supportée par la charpente renferme la turbine et la couronne fixe des directrices. A cet effet, elle est munie d'un rebord qui s'appuie sur la charpente et on lui donne une largeur suffisante pour que l'on puisse y ménager un évasement dans lequel s'emboîte exactement la couronne fixe, de manière à former un joint parfait. Au-dessous du premier segment cylindrique est adapté un anneau composé d'un fond plein relié par des nervures à une couronne munie d'une bride qui sert, à l'aide de boulons, à fixer cette pièce au cylindre de la turbine. Les compartiments formés par les nervures sont autant d'orifices d'évacuation, que l'on peut ouvrir ou fermer à volonté au moyen d'une vanne annulaire dont la forme a la plus grande analogie avec celle de la turbine Fourneyron.

La couronne fixe des directrices porte une garniture d'étoupe qui a pour objet de maintenir exactement l'arbre de la roue suivant la verticale et d'empêcher les fuites d'eau entre cet arbre et les couronnes. L'arbre s'élève au-dessus de la charpente supérieure et a pour guide un boîtard monté sur un socle en fonte. En dehors du boîtard, il porte une large embase servant à le suspendre, ainsi que la turbine qui en est solidaire, sur trois galets qui, pendant le mouvement, roulent sur la plate-forme annulaire venue de fonte avec le boîtard, et par laquelle le système se trouve fixé sur le socle. Les fusées des galets sont montées sur une bague qui enveloppe l'arbre.

Par cette description succincte, on comprend facilement que le mouvement de rotation de la roue s'effectue sur ces galets, qui deviennent ainsi le point d'appui de tout le système tournant. Comme ils sont parfaitement libres sur leurs fusées et que la bague qui les retient est indépendante de l'arbre, il en résulte que ces galets tournent sur eux-mêmes par l'entraînement de l'embase et se déplacent aussi circulairement sur la plate-forme, ce qui rend tout glissement impossible.

Dans la turbine Jonval construite par MM. Kœchlin, le pivot de l'arbre est constamment plongé dans l'eau, ce qui rend difficile le graissage des surfaces frottantes. La disposition adoptée par M. Fossey fait disparaître cette difficulté et permet d'obtenir un mouvement plus doux.

En résumé, la comparaison de cette turbine avec celle de MM. Kœchlin montre qu'elles appartiennent au même genre, puisque les deux sont établies à une hauteur intermédiaire entre les niveaux d'amont et d'aval. La seule différence consiste dans la substitution des galets au pivot noyé et de la vanne circulaire à la vanne verticale plane dont est muni l'orifice du canal inférieur de la turbine Kœchlin.

Les expériences faites sur cette turbine ont montré que l'effet est environ de 0,70 à 0,72 du travail absolu. On aura donc

$$Pv = 0{,}70 MgH = 700 QH,$$

$$Pv = 0{,}72 MgH = 720 QH.$$

147. *Tracé des directrices et des aubes de la turbine Fossey.* — La méthode suivie par cet ingénieur est basée sur les considérations suivantes :

Les orifices distributeurs, à la section minima, sont calculés en prenant 0,75 pour coefficient de la dépense.

Dans le calcul de ceux formés par les aubes de la roue, on prend aussi le coefficient 0,75.

L'élément supérieur des directrices forme avec l'horizon un angle de 90 degrés et l'élément inférieur un angle de 12 degrés.

Sous cette direction, la veine fluide, sortant des orifices distributeurs, vient rencontrer normalement les aubes de la roue, c'est-à-dire que le premier élément des aubes doit être perpendiculaire à la direction de la résultante des vitesses de l'eau affluente et de la roue.

Nous ferons toutefois observer que cette disposition est contraire à la théorie qui indique que le premier élément de l'aube doit être tangent à la vitesse relative d'introduction. Il est évident, en effet, qu'il doit en résulter un choc qui occasionne une perte de force vive, bien que l'auteur du perfectionnement constate qu'en se conformant aux prescriptions de la Science l'exécution présente plus de difficultés, sans conduire à un résultat plus avantageux.

L'élément inférieur des aubes forme, avec le plan inférieur, un angle de 19 degrés. Ordinairement le nombre des aubes est double de celui des directrices et la hauteur de la roue est les $\frac{3}{4}$ de la hauteur de la couronne qui porte les directrices.

Cela posé, traçons trois droites parallèles XX′, YY′, ZZ′, (*fig.* 66), qui indiquent les hauteurs des couronnes des di-

Fig. 66.

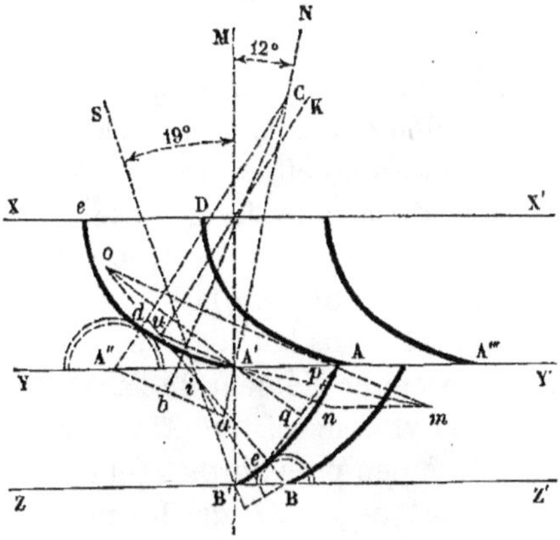

rectrices et de la roue mobile, et sur la ligne YY′, qui représente à la fois le plan inférieur de la couronne fixe et le plan supérieur de la turbine, portons des longueurs égales AA′, AA‴, ..., à l'écartement inférieur des directrices, que l'on obtient en divisant le développement de la circonférence moyenne par le nombre de ces directrices. De l'un des points de division, du point A″ par exemple, décrivons deux arcs de cercle dont l'un a pour rayon la plus courte distance de deux directrices consécutives et l'autre le même rayon augmenté de l'épaisseur du métal. Au point A′ tirons une droite A′N formant avec la verticale A′M un angle de 12 degrés et cherchons le centre C d'un arc de cercle qui passe par le point A′ et qui soit tangent à l'arc de cercle extérieur décrit du point A″. A cet effet, comme pour le tracé de la turbine Fourneyron, prolongeons NA′ d'une longueur A′*a* égale au rayon du cercle extérieur, dont le centre est en A″, et joignons le point *a* au point A″. La perpendiculaire élevée au point *b*, milieu de *a*A″, rencontrera la ligne A′N en un point C qui sera le centre cherché. Cet arc de cercle A′*d* représente la partie inférieure de la directrice et l'épaisseur de la directrice sera déterminée au moyen d'un second arc de cercle concentrique au premier et tangent à l'arc intérieur décrit du point A″. Pour obtenir la partie supérieure de la directrice, on joint le point A″ au centre C, et le point D où cette ligne rencontre la droite XX′, qui représente le plan supérieur des directrices, sera le centre de l'arc de cercle qui se raccorde avec l'arc qui termine inférieurement la directrice.

Pour tracer les aubes de la couronne mobile, portons sur la tangente au dernier élément de la directrice une longueur A′*m* égale à la vitesse du liquide affluent et sur YY′ une longueur A′*p* égale à la vitesse de la roue. Joignant le point *m* au point *p* et achevant le parallélogramme AA′*nm*, le côté A′*n* représentera la grandeur et la direction de la vitesse relative d'introduction. Comme nous l'avons fait observer, pour éviter le choc théoriquement, le premier élément de l'aube doit être dirigé tangentiellement à la vitesse relative A′*n*; mais M. Fossey lui donne une direction à peu près normale et opère le tracé de la manière suivante. Portons sur ZZ′ des longueurs égales, telles que BB′, obtenues en divisant le développement de la circonférence moyenne par le nombre des aubes, et, au point B′, menons une droite B′S, formant, avec la verticale B′*m*, un angle de 19 degrés, et du point B comme centre, avec un rayon égal à la plus courte distance de deux aubes consécutives, décrivons un premier arc de cercle et un second concentrique au précédent avec le même rayon augmenté de l'épaisseur de l'aube. Ainsi que pour les directrices, l'élément inférieur de l'aube sera formé par un arc de cercle B′*e* tangent à l'arc décrit du point B et passant par le point B′. Le centre *i* de cet arc est obtenu par la construction précédemment employée. Pour tracer la partie supérieure de l'aube, joignons le point B au point *e* et cherchons sur le prolongement de cette droite le centre O d'un arc de cercle *e*A tel, que le rayon OA soit parallèle à la direction A′*n* de la vitesse relative d'introduction, afin que le premier élément de l'aube soit normal à cette vitesse.

Remarquons, à cet effet, que l'extrémité A de l'aube doit être située sur une corde menée parallèlement par le point e à la bissectrice uK de l'angle obtus OuA'. Conséquemment, en menant cette parallèle, on obtiendra l'origine A de l'aube, et élevant une perpendiculaire au point q, milieu de la corde eA, sa rencontre avec la ligne Bi prolongée donnera le centre O de l'arc qui représente la partie supérieure de l'aube.

CHAPITRE VII.

148. *Pompes.* — On désigne sous ce nom des appareils destinés à élever l'eau d'un réservoir inférieur dans un réservoir placé au-dessus. Les moteurs généralement employés sont la force musculaire de l'homme, celle des animaux, le vent et la vapeur.

Une pompe se compose essentiellement d'un cylindre ou corps de pompe dans lequel on fait mouvoir d'un mouvement alternatif un disque plein nommé *piston.*

La disposition des pompes varie pour ainsi dire à l'infini, mais elles se réduisent à trois types, qu'il suffit d'étudier pour comprendre le jeu de toutes les autres.

Ces systèmes différents comprennent : 1° les *pompes aspirantes et élévatoires;* 2° les *pompes foulantes;* 3° les *pompes aspirantes et foulantes.*

149. *Soupapes.* — Ces organes, qui servent à ouvrir et à fermer alternativement l'orifice de communication entre deux capacités voisines, sont de différentes formes. La plus simple, nommée *soupape à clapet,* se compose d'une plaque métallique à charnière qui s'applique sur une ouverture pratiquée dans la pièce à laquelle est adaptée cette charnière. Ordinairement elle est doublée de cuir pour rendre le contact plus intime avec le bord de l'orifice (*fig.* 67).

Fig. 67.

Dans les pompes ménagères ou rustiques, le clapet est simplement formé d'une rondelle de cuir que l'on fixe vers le bord de l'orifice qu'il s'agit de fermer. Quelquefois cette rondelle est recouverte d'un morceau de plomb de forme sphérique qui sert à augmenter le poids du clapet et à le faire retomber de lui-même. Le mouvement ascensionnel des clapets métalliques est fixé à 45 degrés. Ils conviennent parfaitement aux pompes de dimensions moyennes dont la vitesse du piston est relativement faible; mais, pour les pompes mises en mouvement par des moteurs puissants, on ne doit pas l'employer, à cause des chocs violents qui ont lieu au moment de la fermeture de l'orifice.

La *soupape conique*, dite aussi *à soulèvement*, au lieu de tourner autour d'un axe, comme les clapets, se sépare de l'orifice par un mouvement de transport perpendiculaire à son plan. Cette soupape et le siége dans lequel elle vient se loger ont la forme d'un tronc de cône dont les génératrices forment avec l'axe un angle de 45 degrés. Dans son mouvement, elle est guidée par une tige traversant une bride disposée en dessous et qui se termine par une tête arrondie destinée à limiter la course (*fig.* 68).

Fig. 68.

La *soupape à ailettes* se compose d'une calotte sphérique en bronze dont la base repose sur le siége pour produire la fermeture. Elle est munie de quatre ailettes dont la section droite affecte la forme d'une croix à branches égales; elles glissent à frottement doux dans un cylindre creux qui termine le tuyau aboutissant à la soupape (*fig.* 69).

Fig. 69.

La *soupape à boulet* rentre dans la catégorie de la soupape à soulèvement. Elle est principalement employée pour les béliers hydrauliques et pour les pompes alimentaires des machines locomotives. Elle est formée d'une sphère creuse tournée et son siége est une zone sphérique de même rayon. Au-dessus, on a disposé une cloche à jour destinée à limiter le déplacement du boulet (*fig.* 70). Quelquefois les soupapes de ce genre sont en caoutchouc, mais on a soin de les lester intérieurement pour les rendre plus lourdes.

Fig. 70.

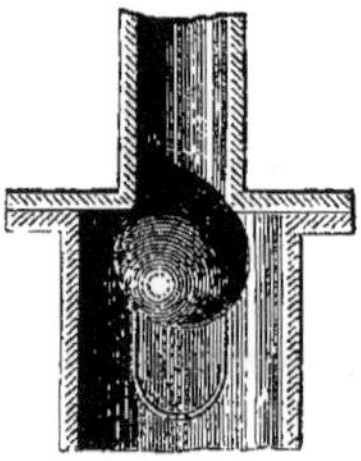

Pour reconnaître facilement l'état des soupapes et en rendre les réparations rapides, on donne une forme renflée aux tuyaux vers les points où elles reposent sur leur siége; ce renflement, nommé *chapelle*, est muni d'une ouverture fermée au moyen d'une plaque boulonnée. Cette disposition est très-avantageuse lorsque la nature des eaux qui passent dans la pompe ou le service auquel elle est affectée nécessite de fréquentes réparations.

Dans les pompes de grandes dimensions, où le choc des soupapes est d'autant plus dangereux que la pression est plus considérable, on emploie la soupape dite *à double siége*, qui offre à l'eau un passage suffisant sans éprouver une trop forte pression. Elle se compose d'une couronne circulaire dont la section méridienne est représentée par ABC (*fig.* 71). La partie AB est pleine, tandis que la partie BC évidée forme six compartiments verticaux par lesquels l'eau peut passer. Dans son mouvement ascensionnel ou de descente, la soupape est guidée par un cylindre fixe disposé suivant l'axe. Le siége est formé de deux parties : 1° d'un anneau fixe *aa* placé sur les bords de l'orifice; 2° d'un plateau plein *bb* disposé au-dessus de l'orifice. L'anneau et le plateau sont reliés par des cloisons verticales *mm* formant le passage d'introduction de l'eau. Le guide cylindrique KK est établi sur le plateau plein *bb*. Quand

Fig. 71.

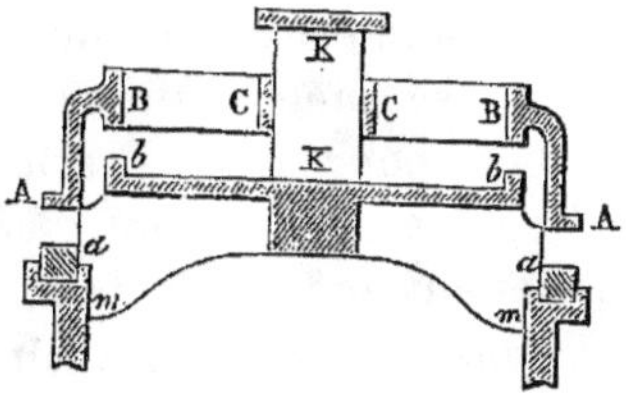

la soupape est fermée, l'anneau AA s'appuie sur l'anneau *aa*, qui forme ainsi le premier siége de la soupape, et l'anneau BB repose sur l'anneau *bb* qui est le second siége. Pendant le mouvement ascensionnel de la soupape, l'eau s'introduit par l'espace annulaire que comprennent les deux anneaux AA, *aa* et l'on voit aisément qu'il est toujours possible de donner à la soupape une course suffisante pour que l'orifice ait la grandeur qui convient au volume d'eau que l'on se propose d'élever. Ordinairement, on limite le déplacement de la soupape au moyen d'un chapeau placé à la partie supérieure du cylindre qui guide le mouvement. Enfin, lorsque la soupape descend, l'eau qui s'est introduite au-dessus du plateau *bb* passe entre les compartiments verticaux de la soupape. Les soupapes à double siége, dont l'invention est due à l'ingénieur anglais Hawthorn, présentent le précieux avantage de laisser passer un volume d'eau assez considérable sans qu'il en résulte une trop grande pression. Pour s'en rendre compte, désignons par R le rayon extérieur de l'anneau AA, par r le rayon intérieur de l'anneau BB, et par P, P′ les pressions exercées par unité de surface au-dessus et au-dessous de la soupape. La partie pleine qui supporte la pression a pour aire

$$\pi R^2 - \pi r^2 = \pi (R^2 - r^2)$$

et, par suite, la valeur de cette pression sera

$$(P - P') \pi (R^2 - r^2).$$

Or, quelle que soit la pression par mètre carré $(P - P')$, on pourra toujours rendre la pression totale de plus en plus petite, en construisant la soupape de manière que, dans les limites convenables, les deux rayons R, r diffèrent peu l'un de l'autre.

150. *Piston.* — Le piston est un organe de forme généralement cylindrique, qui se meut d'un mouvement alternatif dans le corps de pompe pour en faire varier la capacité. Dans les pompes ordinaires, les pistons sont *pleins* ou *à soupape.* Les pistons pleins sont eux-mêmes de deux sortes : les *pistons à garniture* et les *pistons plongeurs.* Ordinairement, les pistons à garniture sont formés de deux disques métalliques ou en bois de charme bouilli dans l'huile, que l'on peut approcher plus ou moins l'un de l'autre, déterminant sur leur pourtour une gorge qui reçoit une garniture d'étoupes; par le serrement des disques à l'aide de boulons et d'écrous, on comprime les étoupes de manière à les repousser au dehors quand la garniture vient à s'user (*fig.* 72).

Fig. 72.

Pour les pompes de précision, le piston est en fonte ou en bronze et porte sur ses deux faces une garniture de cuir embouti, à contours flexibles, que la pression de l'eau fait fortement appuyer contre les parois du corps de pompe, et il en résulte ainsi une garniture presque hermétique (*fig.* 73).

Fig 73.

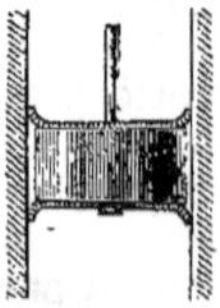

Un piston plongeur est un cylindre métallique, très-long

par rapport à son diamètre, qui est inférieur de 3 à 4 millimètres à celui du corps de pompe. Il ne frotte que sur une garniture à étoupes nommée *presse-étoupes* ou *stuffing-box*, disposée à la partie supérieure du cylindre.

Ce piston doit être tourné avec soin; mais, par son emploi, on peut se dispenser d'aléser le corps de pompe. Le presse-étoupes se compose essentiellemenl de deux pièces de fonte dont l'une pénètre annulairement dans l'autre. On garnit d'étoupes le fond de l'une des pièces et la seconde serre cette garniture contre laquelle glisse le piston.

Les *pistons à soupape* sont des pistons à garniture, dans lesquels on a percé une ou deux ouvertures, qui sont fermées par des soupapes à clapet ou à soulèvement. Quand le piston est muni de deux soupapes, elles sont disposées en sens inverse de chaque côté de la tige; lorsqu'il n'a qu'une seule soupape, la tige est reliée par un étrier au corps du piston.

151. *Pompe aspirante.* — Cette pompe passe pour être la plus anciennement connue. D'après Vitruve, l'invention en est due à Ctésibius, qui vivait 130 ans avant Jésus-Christ. La pompe aspirante se compose essentiellement d'un corps de pompe O (*fig.* 74) dans lequel se meut un piston muni d'une soupape ou de deux soupapes, placées de chaque côté de la tige du piston. Un tuyau d'aspiration T, fixé au fond du corps de pompe, plonge au-dessous du niveau de l'eau dans le réservoir inférieur. Au point de jonction du tuyau d'aspiration et du corps de pompe est adaptée une autre soupape dite *dormante*, qui s'ouvre dans le même sens que les premières. Le piston se meut alternativement de haut en bas et de bas en haut au moyen d'un levier auquel est appliquée la force motrice. Pour bien comprendre le jeu de l'appareil, supposons d'abord que le tuyau T ne renferme pas d'eau au-dessus du niveau du réservoir d'alimentation et que le piston soit au bas de sa course. Si l'on élève ce piston, la soupape dormante s'ouvrira et l'eau s'introduira dans le tuyau T jusqu'au moment où le piston sera parvenu à la limite supérieure de sa course. En abaissant le piston, il comprimera l'air placé au-dessous de lui, ce qui produira la fermeture de la soupape dormante en même temps que la soupape du piston s'ouvrira pour laisser échapper librement cet air dans l'atmosphère pendant la descente du piston. Après une oscillation double, la hauteur de

Fig. 74.

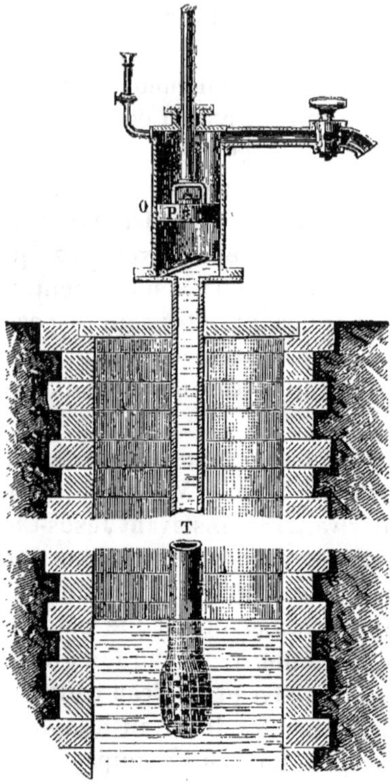

l'eau aura subi un accroissement dans le tuyau d'aspiration et une nouvelle quantité d'air sera expulsée. En réitérant cette manœuvre, la pompe sera bientôt *amorcée*, c'est-à-dire que toute la quantité d'air que renfermait le tuyau d'aspiration aura été remplacée par de l'eau.

On comprend donc qu'à partir de là l'eau du réservoir s'introduira dans le corps de pompe et sera déversée au dehors, dans chaque pulsation ascendante, tandis que, dans la pulsation suivante, elle ne fera que passer de la face inférieure du piston à la face supérieure. Si l'on considère le mouvement ascensionnel de l'eau au point de vue purement théorique, on reconnaît qu'elle peut être élevée à la hauteur de $10^m,33$; mais on ne peut guère compter que sur une hauteur de 8 mètres et rarement de 9 mètres, en raison de ce que les joints, quelle que soit leur perfection, laissent toujours passer de l'air, et d'autres causes encore que nous ferons ressortir.

Proposons-nous maintenant de trouver la hauteur à laquelle peut s'élever l'eau après un nombre quelconque de coups de piston. A cet effet, appelons

H la hauteur de la colonne d'eau qui équilibre la pression atmosphérique;
h la longueur du tuyau d'aspiration;
l la course du piston;
R le rayon du piston ou du corps de pompe;
r le rayon du tuyau d'aspiration;
x_1 la hauteur à laquelle s'élève l'eau après le premier coup de piston;
y_1 la force élastique de l'air contenu dans le tuyau d'aspiration après ce premier coup de piston.

Lorsque le piston est au bas de sa course, l'air occupe dans le tuyau un volume représenté par $\pi r^2 h$ et la force élastique correspondante est H. Si on l'amène à la limite supérieure de sa course, le volume occupé par l'air devient égal au volume du corps de pompe, augmenté du volume du tuyau d'aspiration et diminué du volume occupé par l'eau qui s'est élevée dans ce tuyau

$$\pi R^2 l + \pi r^2 h - \pi r^2 x_1.$$

A ce moment, la pression atmosphérique est équilibrée par la colonne d'eau de hauteur x_1 et par la force élastique de l'air contenu dans le tuyau. On aura donc

$$H = x_1 + y_1,$$

et, en vertu de la loi de Mariotte,

$$\pi r^2 h H = (\pi R^2 l + \pi r^2 h - \pi r^2 x_1) y_1,$$

$$r^2 h H = (R^2 l + r^2 h - r^2 x_1) y_1;$$

d'où

$$y_1 = \frac{r^2 h H}{R^2 l + r^2 h - r^2 x_1}.$$

Introduisant cette valeur dans l'expression de H, il viendra

$$\mathrm{H} = x_1 + \frac{r^2 h \mathrm{H}}{\mathrm{R}^2 l + r^2 h - r^2 x_1}.$$

Faisant disparaître le dénominateur, on aura

$$\mathrm{H}\mathrm{R}^2 l + \mathrm{H} r^2 h - \mathrm{H} r^2 x_1 = x_1 \mathrm{R}^2 l + x_1 r^2 h - r^2 x_1^2 + r^2 h \mathrm{H},$$

$$r^2 x_1^2 - x_1 (\mathrm{H} r^2 + \mathrm{R}^2 l + r^2 h) = - \mathrm{H}\mathrm{R}^2 l,$$

$$x_1^2 - x_1 \left(\mathrm{H} + h + \frac{\mathrm{R}^2 l}{r^2}\right) = - \frac{\mathrm{H}\mathrm{R}^2 l}{r^2}.$$

Pour abréger les calculs, posons

$$\mathrm{H} + h + \frac{\mathrm{R}^2 l}{r^2} = p \quad \text{et} \quad \frac{\mathrm{R}^2}{r^2} = c;$$

en substituant, l'équation deviendra

$$x_1^2 - p x_1 = - c \mathrm{H} l;$$

d'où

$$x_1 = \frac{p}{2} - \sqrt{\frac{p^2}{4} - c \mathrm{H} l}\,.$$

ou bien

$$x_1 = \tfrac{1}{2} p - \tfrac{1}{2} \sqrt{p^2 - 4 c \mathrm{H} l}.$$

Pour la tension de l'air, on aura

$$y_1 = \mathrm{H} - x_1,$$

et, remplaçant x_1 par la valeur que nous avons trouvée,

$$y_1 = \mathrm{H} - x_1 = \mathrm{H} - \tfrac{1}{2} p + \tfrac{1}{2} \sqrt{p^2 - 4 c \mathrm{H} l},$$

ou

$$y_1 = \tfrac{1}{2} \left(2\mathrm{H} - p + \sqrt{p^2 - 4 c \mathrm{H} l} \right).$$

Si nous abaissons le piston de nouveau et si nous le ramenons une seconde fois à la limite supérieure de sa course, les effets qui se produisent étant absolument les mêmes que précédemment, il est évident que le même raisonnement servira à faire connaître la hauteur à laquelle sera parvenue l'eau après cette seconde levée.

Par analogie, désignons par x_2 cette hauteur et par y_2 la force élastique de l'air contenu dans le tuyau d'aspiration. On aura encore

$$H = x_2 + y_2 \quad \text{et} \quad y_2 = H - x_2.$$

Après la première pulsation du piston, le volume occupé par l'air est représenté par

$$\pi r^2 h - \pi r^2 x_1,$$

et la force élastique correspondante est y_1.

Quand le piston est revenu au haut de sa course, la hauteur de la colonne d'eau dans le tuyau d'aspiration étant x_2, le volume occupé par l'air sera

$$\pi r^2 h - \pi r^2 x_2 + \pi R^2 l,$$

et sa force élastique étant y_2, on aura encore, en vertu de la loi de Mariotte,

$$(\pi r^2 h - \pi r^2 x_1) y_1 = (\pi r^2 h - \pi r^2 x_2 + \pi R^2 l) y_2$$

ou

$$(r^2 h - r^2 x_1) y_1 = (r^2 h - r^2 x_2 + R^2 l) y_2,$$

d'où

$$y_2 = \frac{(r^2 h - r^2 x_1) y_1}{r^2 h - r^2 x_2 + R^2 l}.$$

Remplaçant y_2 par cette valeur dans l'expression de H, il viendra

$$H = x_2 + \frac{(r^2 h - r^2 x_1) y_1}{r^2 h - r^2 x_2 + R^2 l}.$$

Faisant disparaître le dénominateur,

$$H r^2 h - H r^2 x_2 + HR^2 l = x_2 r^2 h - r^2 x_2^2 + x_2 R^2 l + (r^2 h - r^2 x_1) y_1$$

ou

$$x_2^2 r^2 - H r^2 x_2 - x_2 r^2 h - x_2 R^2 l = (r^2 h - r^2 x_1) y_1 - H r^2 h - HR^2 l.$$

Divisant les deux membres par r^2, on aura

$$x_2^2 - H x_2 - x_2 h - \frac{x_2 R^2 l}{r^2} = (h - x_1) y_1 - H h - \frac{HR^2 l}{r^2}.$$

Mettant x_2 en facteur commun,

$$x_2^2 - x_2\left(H + h + \frac{R^2 l}{r^2}\right) = (h - x_1) y_1 - H h - \frac{HR^2 l}{r^2}.$$

Remplaçant $\left(H + h + \frac{R^2 l}{r^2}\right)$ par sa valeur conventionnelle p et $\frac{R^2}{r^2}$ par c, l'équation prendra la forme

$$x_2^2 - px_2 = (h - x_1)y_1 - Hh - cHl;$$

d'où

$$x_2 = \tfrac{1}{2}p - \sqrt{\frac{p^2}{4} + (h - x_1)y_1 - Hh - cHl},$$

$$x_2 = \tfrac{1}{2}p - \sqrt{\frac{p^2 + 4(h - x_1)y_1 - 4Hh - 4cHl}{4}},$$

$$x_2 = \frac{p - \sqrt{p^2 + 4(h - x_1)y_1 - 4Hh - 4cHl}}{2}.$$

Remplaçant y_1 par sa valeur $H - x_1$,

$$x_2 = \frac{p - \sqrt{p^2 + 4(h - x_1)(H - x_1) - 4Hh - 4cHl}}{2}.$$

Effectuant le calcul sous le radical,

$$x_2 = \frac{p - \sqrt{p^2 + 4Hh - 4hx_1 - 4Hx_1 + 4x_1^2 - 4Hh - 4cHl}}{2},$$

$$x_2 = \frac{p - \sqrt{p^2 - 4cHl - 4(H + h - x_1)x_1}}{2}.$$

De même que pour le premier coup, la force élastique de l'air sera exprimée par

$$y_2 = H - x_2 = H - \tfrac{1}{2}p + \tfrac{1}{2}\sqrt{p^2 - 4cHl - 4(H + h - x_1)x_1}$$

ou

$$y_2 = \tfrac{1}{2}\left[2H - p + \sqrt{p^2 - 4cHl - 4(H + h - x_1)x_1}\right].$$

Enfin, en continuant toujours le même raisonnement, on aura, après un nombre de coups de piston représenté par n,

$$x_n = \tfrac{1}{2}\left[p - \sqrt{p^2 - 4cHl - 4(H + h - x_{n-1})x_{n-1}}\right]$$

et

$$y_n = \tfrac{1}{2}\left[2H - p + \sqrt{p^2 - 4cHl - 4(H + h - x_{n-1})x_{n-1}}\right].$$

Au moyen de ces deux équations, on pourra calculer, par approximation, la hauteur de l'eau et la force élastique de l'air dans le tuyau d'aspiration, après un nombre quelconque de coups de piston, ainsi que leurs différences après deux coups de piston successifs.

Il est évident que l'eau cessera de monter lorsque la différence des hauteurs relatives à deux levées successives du piston sera égale à zéro, c'est-à dire si l'on a, par exemple,

$$x_n - x_{n-1} = 0 \quad \text{ou} \quad x_n = x_{n-1}.$$

Remplaçant x_n par x_{n-1} dans la formule, on aura

$$x_{n-1} = \frac{1}{2}\left[p - \sqrt{p^2 - 4c\mathrm{H}l - 4(\mathrm{H} + h - x_{n-1})\,x_{n-1}}\right]$$

ou

$$2x_{n-1} - p = -\sqrt{p^2 - 4c\mathrm{H}l - 4(\mathrm{H} + h - x_{n-1})\,x_{n-1}}.$$

Élevant au carré les deux membres,

$$4x_{n-1} + p^2 - 4p\,x_{n-1} = p^2 - 4c\mathrm{H}l - 4(\mathrm{H} + h - x_{n-1})\,x_{n-1};$$

retranchant p^2 aux deux membres et divisant par 4,

$$x_{n-1}^2 - p\,x_{n-1} = -c\mathrm{H}l - \mathrm{H}x_{n-1} - hx_{n-1} + x_{n-1}^2.$$

Retranchant aux deux membres le terme commun x_{n-1}^2 et changeant les signes,

$$p\,x_{n-1} = c\mathrm{H}l + \mathrm{H}x_{n-1} + hx_{n-1};$$

d'où

$$p\,x_{n-1} - \mathrm{H}x_{n-1} - hx_{n-1} = c\mathrm{H}l.$$

Mettant x_{n-1} en facteur commun,

$$x_{n-1}(p - \mathrm{H} - h) = c\mathrm{H}l;$$

par conséquent

$$x_{n-1} = \frac{c\mathrm{H}l}{p - \mathrm{H} - h}.$$

D'après la convention établie plus haut,

$$p = \mathrm{H} + h + cl;$$

d'où, en substituant,

$$x_{n-1} = \frac{c\mathrm{H}l}{\mathrm{H} + h + cl - \mathrm{H} - h}$$

et, en réduisant,

$$x_{n-1} = \frac{cHl}{cl} = H,$$

ce qui montre que, abstraction faite des résistances que nous avons négligées, l'eau s'élèvera dans le tuyau d'aspiration tant que sa longueur h ne sera pas supérieure à la hauteur de la colonne d'eau qui fait équilibre à la pression atmosphérique, condition qui estrestée inconnue jusqu'au temps de Torricelli, dont les expériences ont renversé cette singulière doctrine que la nature *a horreur du vide jusqu'à* 32 *pieds,* bien que la *pesanteur de l'air eût été soupçonnée* par Aristote.

152. *Limite de hauteur du tuyau d'aspiration. — Causes d'arrêt.* — Quel que soit le soin apporté dans la construction des pompes, en aucun cas le piston ne descend jusqu'au fond du corps de pompe. Entre ce fond et la face inférieure du piston, il existe toujours un petit espace nommé *espace nuisible.* Or, pour que la pompe puisse fonctionner, il est évident que la force élastique de l'air contenu dans le tuyau d'aspiration, après un nombre quelconque de coups de piston, doit être suffisante pour faire ouvrir la soupape dormante. S'il en est autrement, l'eau cessera de monter dans le tuyau d'aspiration et, par suite, ne pourra s'introduire dans le corps de pompe. Appelons

l la course factice du piston, c'est-à-dire la distance comprise entre la limite supérieure de sa course et le fond du corps de pompe;
l' la course réelle;
b l'aire de la section du corps de pompe ;
H la hauteur de la colonne d'eau qui fait équilibre à la pression atmosphérique;
x_1 la hauteur de l'eau dans le tuyau d'aspiration.

Qand le piston est au bas de sa course, le volume occupé par l'air dans le corps de pompe se réduit à l'espace nuisible

$$bl - bl' = b(l - l'),$$

et sa force élastique est H; et s'il est amené à la limite supérieure, le volume devient bl et la force élastique y se déduira de la relation suivante, établie en vertu de la loi de Mariotte :

$$ybl = b(l - l')\,\mathrm{H},$$

d'où

$$y = \frac{l - l'}{l}\,\mathrm{H}.$$

Or, puisque dans le tuyau d'aspiration la force élastique de l'air est $\mathrm{H} - x_1$, pour que la soupape dormante puisse s'ouvrir, il faut que l'on ait

$$\mathrm{H} - x_1 > y \quad \text{ou} \quad \mathrm{H} - x_1 > \frac{l - l'}{l}\,\mathrm{H}$$

et

$$x_1 < \mathrm{H} - \frac{l - l'}{l}\,\mathrm{H}, \quad x_1 < \mathrm{H}\left(1 - \frac{l - l'}{l}\right), \quad x_1 < \mathrm{H}\,\frac{l'}{l};$$

et comme la plus grande hauteur que puisse atteindre l'eau est égale à la longueur h du tuyau d'aspiration, on aura

$$h < \mathrm{H}\,\frac{l'}{l},$$

ce qui limite la longueur du tuyau d'aspiration ou la hauteur de la soupape dormante au-dessus du niveau de l'eau dans le puisard. Par la valeur de cette limite, on voit qu'il convient de diminuer, autant que possible, l'espace nuisible, afin de pouvoir placer plus haut la soupape dormante. Toutefois, pour tenir compte des fuites inévitables et des variations barométriques assez étendues, on place rarement cette soupape à plus de 8 mètres au-dessus du niveau de l'eau dans le réservoir inférieur.

Mais, pour que la pompe puisse fonctionner, il ne suffit pas que l'eau franchisse la soupape dormante : il peut encore arriver que l'air contenu entre le niveau de l'eau introduite dans le corps de pompe et la face inférieure du piston parvenu au bas de sa course n'acquière pas une force élastique capable de faire ouvrir la soupape du piston. Comme au coup de piston suivant le même phénomène se reproduit, il n'y aura absolument rien de changé dans l'état primitif d'équilibre et la pompe ne pourra pas fonctionner. Il est visible qu'on évitera cet inconvénient en donnant au piston une course telle, qu'à la limite inférieure sa plus courte distance au niveau de l'eau dans le puisard soit, au plus, égale à

$$H \frac{l'}{l}.$$

Pour plus de sécurité, il conviendra même de la faire un peu moindre.

Les considérations qui précèdent montrent donc que toujours la distance de la face inférieure du piston au niveau de l'eau doit être moindre que $10^m,33$, puisque la pression atmosphérique détermine l'ascension de l'eau dans le tuyau d'aspiration et qu'elle est mesurée par le poids d'une colonne d'eau de cette hauteur. Nous ferons cependant observer que cette condition n'entraîne pas comme conséquence qu'une pompe aspirante ne puisse élever l'eau qu'à une hauteur de 10 mètres environ. On peut l'élever bien plus haut en faisant passer la tige du piston dans une boîte à étoupes adaptée au couvercle du corps de pompe et en fixant à la partie supérieure de ce dernier un tuyau latéral d'ascension muni d'une soupape qui empêche l'eau de revenir dans le corps de pompe. Par cette disposition, l'eau peut être amenée à une très-grande hauteur, et la pompe aspirante est ainsi transformée en pompe élévatoire.

153. *Travail d'une pompe aspirante.* — Lorsque l'eau s'est introduite dans le corps de pompe et remplit toute sa capacité, la soupape dormante se referme par son propre poids. En abaissant le piston, la pression qu'il exerce sur l'eau se transmet de bas en haut sur la soupape S, la soulève, et, lorsque le piston est arrivé à la limite inférieure de sa course, l'eau du corps de pompe a passé au-dessus de lui, et la soupape s'est refermée. Une nouvelle ascension du piston soulève à la fois l'eau qui a passé au-dessus, tend à former le vide en dessous, soulève aussi la soupape dormante qui permet à une nouvelle quantité d'eau d'entrer dans le corps de pompe et, enfin, en réitérant cette manœuvre, l'eau parvient au niveau du tuyau de déversement, d'où elle s'échappe dans l'atmo-

sphère. A ce moment, la pompe commence à travailler. Appelons

A l'aire du piston;

h la hauteur du niveau de l'eau au-dessus de la face superieure;

h' la distance de la face inférieure du piston au niveau de l'eau dans le puisard;

H la hauteur de la colonne d'eau qui fait équilibre à la pression atmosphérique.

D'après ces données, le piston est pressé en dessus par une colonne d'eau dont la hauteur est $(H + h)$. De plus, la face inférieure est soumise à une pression de bas en haut, représentée par le poids d'une colonne d'eau ayant pour hauteur $(H - h')$. Ainsi les deux pressions de sens contraires sur la surface du piston ont pour valeurs respectives

$$A(H + h)p, \quad A(H - h')p,$$

en désignant par p le poids d'un mètre cube d'eau.

Par conséquent, la charge supportée par le piston au moment de l'ascension sera la résultante de ces deux forces, c'est-à-dire

$$A(H + h)p - A(H - h')p = A(H + h - H + h')p$$

ou

$$A(h + h')p;$$

et si nous représentons par H_1 la distance du niveau de l'eau dans le réservoir inférieur au tuyau de déversement, on aura, abstraction faite de l'épaisseur du piston,

$$h + h' = H_1 \quad \text{et} \quad A(h + h')p = AH_1p.$$

Ainsi, pendant son mouvement ascensionnel, le piston supporte *une pression égale au poids d'une colonne d'eau dont sa surface est la base et dont la hauteur est la différence des niveaux supérieur et inférieur.*

Si l représente la course du piston, le travail T sera représenté par

$$T = AH_1pl = AlH_1p.$$

Or Al est le volume engendré par le piston et Alp le poids de l'eau élevée; donc, abstraction faite des résistances nuisibles, le travail développé sur le piston est *égal au produit du poids de l'eau élevée par la hauteur à laquelle on l'élève.*

Du principe de la transmission du travail résulte naturellement que le travail moteur se compose non-seulement de ce travail utile, mais encore :

1° Du travail dû au frottement du piston contre les parois du corps de pompe;

2° Du travail correspondant à la perte de force vive subie par l'eau au passage de la soupape dormante;

3° De celui dû à la résistance des parois;

4° Du travail de l'inertie du liquide et des pièces mobiles de l'appareil.

Enfin, pour procéder rigoureusement, il serait aussi nécessaire de tenir compte des pertes d'eau qui se produisent, surtout quand la pompe a servi quelque temps.

Si nous désignons par T_m le travail moteur, par T_u le travail utile et par T_p le travail des résistances nuisibles ou passives, on aura

$$T_m = T_u + T_p.$$

Des expériences faites par d'Aubuisson il résulte que le travail des résistances nuisibles est, en moyenne, égal à 0,28 du travail utile, ce qui donne

$$T_m = T_u + 0,28T_u = 1,28T_u.$$

La plupart des auteurs estiment que le travail utile n'est que les $\frac{2}{3}$ du travail développé sur la tige du piston, et la moitié seulement après quelque temps de service, ce qui donne les relations suivantes :

$$0,66T_m = T_u \quad \text{ou} \quad T_m = 1,50T_u,$$
$$0,50T_m = T_u \quad \text{ou} \quad T_m = 2T_u.$$

Dans les applications, on calcule le frottement des pistons garnis de chanvre ou de rondelles de cuir contre les parois du corps de pompe au moyen de la formule suivante, proposée par Eytelwein :

$$F = DHm,$$

dans laquelle D représente le diamètre du piston, H la charge d'eau et *m* un coefficient qui dépend de la nature et du degré de poli des surfaces frottantes.

D'après Langsdorff, géomètre allemand, les valeurs du coefficient *m* sont :

$m = 7^{kg}$ pour un piston et un corps de pompe en laiton bien poli;
$m = 15^{kg}$ pour un piston et un corps de pompe en fonte;
$m = 25^{kg}$ pour un corps de pompe en bois bien uni;
$m = 50^{kg}$ pour un corps de pompe en bois dégradé par l'usage.

Bien que la recherche directe du frottement des pistons présente de grandes difficultés, on peut cependant l'obtenir, par approximation, lorsque la garniture du piston est formée par un cuir embouti. A cet effet, appelons

H_1 la hauteur de la colonne d'eau qui fait équilibre sur l'unité de surface à la différence des pressions de haut en bas et de bas en haut exercées sur le piston;
D le diamètre du piston;
h la hauteur de la partie annulaire du cuir qui frotte sur le corps de pompe;
f le coefficient du frottement relatif aux surfaces en contact.

La surface sur laquelle la pression s'exerce étant $\pi D h$ et le poids d'un mètre cube d'eau étant égal à 1000 kilogrammes, la pression aura pour valeur

$$1000 \pi D h H_1,$$

et le frottement

$$F = 1000 \pi D h H_1 f$$

ou

$$F = 1000 \times 3,1415 D h H_1 f = 3141 D h f H_1.$$

Dans cette formule, on fait

$f = 0,29$ pour une garniture de cuir frottant dans un corps de pompe en bois de chêne;
$f = 0,36$ pour une garniture de cuir mouillé, mais non graissé, frottant dans un corps de pompe en fonte;
$f = 0,23$ pour une garniture de cuir mouillé et onctueuse frottant dans un corps de pompe en fonte.

Cette formule est encore applicable aux garnitures des tiges de pistons qui traversent des *stuffing-box*, quand elles sont disposées de la même manière.

Chaque fois que la tige mobile traverse une capacité dont la communication avec l'extérieur doit être interceptée, l'orifice par lequel elle passe doit être muni d'un *stuffing-box*.

Si dans l'évaluation du travail on voulait tenir compte de toutes les circonstances du mouvement de l'eau, il suffirait de chercher la perte de force vive subie par l'eau au passage de la soupape dormante, mais le coefficient de la contraction pour un tel orifice présente quelque incertitude. D'un autre côté, par les formules de MM. de Prony et Darcy, on trouverait facilement la résistance opposée par les parois au mouvement du liquide, mais le travail de cette dernière résistance est relativement faible, ainsi que les expériences faites au Conservatoire des Arts et Métiers l'ont montré; on peut donc, sans erreur sensible, le négliger, et employer, dans les applications les plus usuelles, les formules que nous avons indiquées.

154. *Conditions d'établissement.* — D'après d'Aubuisson, il convient, dans l'établissement des pompes, de limiter la vitesse du piston entre $0^m,16$ et $0^m,24$ et d'augmenter, quand cela est possible, plutôt la course du piston que sa vitesse. Dans les grandes pompes mues par une force motrice considérable, la longueur de la course doit être comprise entre $1^m,20$ et $0^m,50$. L'espace nuisible doit être réduit à $0^m,05$, sans qu'il puisse, en aucun cas, devenir nul, afin d'éviter que, par suite du jeu que prennent les pièces, après un certain temps, le piston vienne frapper la soupape dormante.

155. *Pompe foulante.* — Cette pompe se compose d'un corps de pompe plongeant dans le réservoir d'alimentation et son piston est plein au lieu d'être muni d'une soupape comme la pompe précédente (*fig.* 75). A la partie inférieure du corps de pompe est adaptée une soupape dormante S, comme dans la pompe précédente. Un clapet dit *de refoulement* S', s'ouvrant du dedans au dehors, établit une communication entre la partie inférieure du corps de pompe et le tuyau d'ascension T'.

Il est facile de comprendre comment cet appareil fonctionne.

Lorsque le piston monte, la soupape dormante S s'ouvre et l'eau s'introduit dans le corps de pompe, tandis que lorsqu'il

Fig. 75.

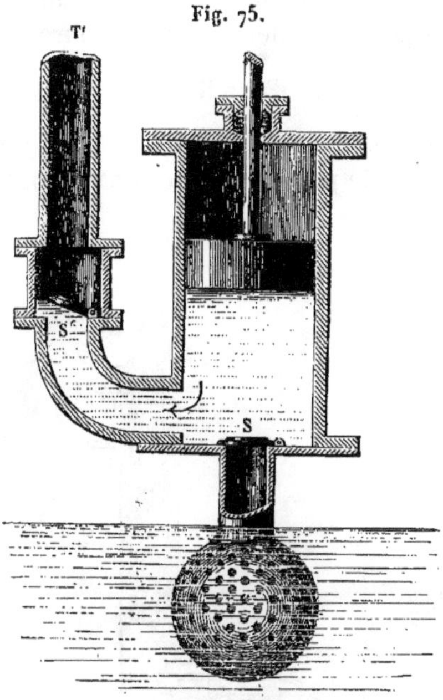

descend, cette soupape est fermée, la soupape S' s'ouvre et l'eau est refoulée dans le tuyau d'ascension T' où elle est maintenue par la soupape S', qui, en se refermant, intercepte toute communication entre ce tuyau et le corps de pompe. On voit aisément qu'en continuant la manœuvre l'eau peut être introduite dans le réservoir supérieur. Si nous appelons h la distance de la face inférieure du piston au dégorgeoir, il est visible que, dans le mouvement de descente du piston, cette face supporte une pression de bas en haut égale au poids d'une colonne d'eau dont la base est πR^2 et la hauteur $(H + h)$. D'autre part, puisque la face supérieure supporte de haut en bas la pression atmosphérique H, la charge sur le piston sera

$$\pi R^2(H + h)p - \pi R^2 Hp = \pi R^2 hp.$$

Conséquemment, la charge supportée par le piston est celle

due au poids d'une colonne d'eau dont le piston est la base et dont la hauteur est la distance verticale de la face inférieure du piston à la partie supérieure du tuyau de déversement. Si nous appelons l la course du piston pendant la descente, le travail moteur pour refouler l'eau aura pour valeur

$$T = \pi R^2 lhp.$$

La *fig.* 76 représente une pompe foulante *à piston plongeur*. Le fond du corps de pompe est muni d'un double clapet.

Fig. 76.

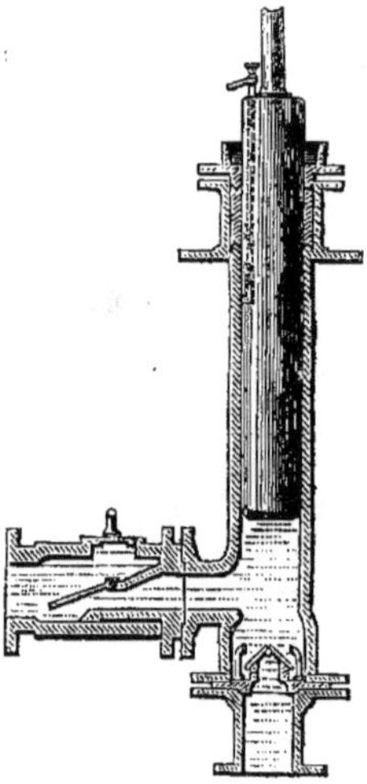

D'après la disposition de ces deux types de pompes, il est visible que, pendant la pulsation ascendante, il y a aspiration, mais, à cause de la très-petite longueur du tuyau, on peut, sans erreur sensible, en faire abstraction.

156. *Pompe aspirante et foulante.* — La pompe aspirante et foulante est une combinaison de la pompe aspirante et de la pompe foulante. Il suffit donc, pour avoir une pompe de ce genre, d'adapter un tuyau à l'ouverture S de la pompe foulante (*fig.* 75). Ce tuyau d'aspiration plonge dans le réservoir inférieur comme pour la pompe aspirante simple. Le tuyau d'ascension prend naissance à la partie inférieure du corps de pompe et le piston est plein, de façon que, pendant la montée de ce piston, la soupape dormante s'ouvre et permet à l'eau d'entrer dans le corps de pompe, tandis que, pendant la descente, elle se ferme, et l'eau est refoulée dans le tuyau d'ascension en faisant ouvrir la soupape adaptée au tuyau de refoulement. On comprend donc que la théorie de cette pompe se rapporte à la fois à celle des deux systèmes précédents. Il résulte de là : 1° que le tuyau d'aspiration doit satisfaire à la condition établie plus haut; 2° que, pendant la montée du piston, la pression qu'il supporte de haut en bas est égale au poids de la colonne liquide qui a pour hauteur la distance de la face inférieure du piston au niveau de l'eau dans le puisard; 3° que, pendant la descente, la pression de haut en bas est due au poids d'une colonne d'eau de hauteur égale à la distance du dégorgeoir à la face inférieure.

Il est d'ailleurs facile de mettre directement en lumière ces deux dernières conséquences. A cet effet, appelons

H_1 la distance du dégorgeoir au niveau de l'eau dans le puisard;
h la distance du même niveau à la face inférieure du piston;
h' celle de cette face au dégorgeoir;
R le rayon du piston.

Or on aura, très-approximativement,

$$H_1 = h + h'.$$

Pendant le mouvement ascensionnel du piston, la soupape S étant ouverte, le piston supporte de bas en haut une pression

$$\pi R^2 (H - h) p$$

et, au-dessus, une pression

$$\pi R^2 H p.$$

La différence des pressions sera donc

$$\pi R^2 H p - \pi R^2 (H - h) p = \pi R^2 h p.$$

Pendant la descente, la soupape S' étant ouverte, le piston supporte de haut en bas une pression

$$\pi R^2 H p,$$

et, en dessous, une pression

$$\pi R^2 (H + h') p.$$

La différence sera

$$\pi R^2 (H + h') p - \pi R^2 H p = \pi R^2 h' p.$$

Ainsi, pour avoir la valeur du travail moteur, il faudra calculer séparément les travaux relatifs à la montée et à la descente. En désignant par l la course du piston, leurs valeurs seront respectivement

$$\pi R^2 hpl, \quad \pi R^2 h' pl;$$

par conséquent, le travail correspondant à une double course du piston sera

$$T = \pi R^2 hpl + \pi R^2 h' pl = \pi R^2 (h + h') pl.$$

Remplaçant $h + h'$ par sa valeur approximative H_1, on aura

$$T = \pi R^2 H_1 pl = \pi R^2 lp H_1.$$

Or, $\pi R^2 lp$ représente le poids de l'eau élevée par la course du piston; donc la conclusion déduite de ces considérations théoriques est absolument la même que celle à laquelle nous sommes parvenu pour la pompe aspirante.

D'après ce qui a été dit plus haut, le travail moteur doit être augmenté du travail des résistances nuisibles, que l'on calculerait comme nous l'avons indiqué.

157. *Pompe à double effet.* — La pompe aspirante et foulante est dite *à simple effet*, attendu que l'eau ne s'introduit dans le tuyau d'ascension que pendant la descente du piston, et dans le tuyau d'aspiration que pendant une pulsation ascendante. L'intermittence du mouvement du liquide peut être supprimée par l'emploi d'une pompe *à double effet*. Dans une pompe de ce genre, les tuyaux d'aspiration T et de refoulement T′ communiquent avec le haut et le bas du corps de pompe; le tuyau d'aspiration est muni de deux soupapes S, S_1, qui s'ouvrent de dehors en dedans, et sont disposées en regard des soupapes S″, S''_1 du tuyau d'ascension, lesquelles s'ouvrent au contraire de dedans en dehors (*fig.* 77).

Ainsi cet appareil comporte essentiellement quatre soupapes, dont deux du même côté établissent successivement la communication avec l'aspiration et les deux autres avec le tuyau ascensionnel.

Fig. 77.

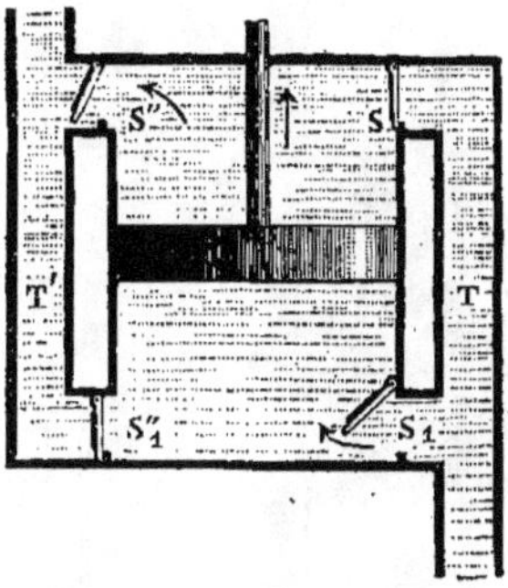

Pour bien comprendre le jeu de cet appareil, supposons qu'il soit amorcé, c'est-à-dire qu'il y ait déjà de l'eau dans le tuyau d'ascension. Il est facile de voir qu'on obtiendra une élévation pendant les deux oscillations du piston. En effet, si on l'élève, les deux soupapes S_1, S'', comme l'indique la figure, s'ouvrent, et les deux soupapes S, S''_1 se tiennent fermées. L'eau est donc à la fois aspirée au-dessous du piston par la soupape S_1 et refoulée au-dessus par la soupape S'' dans le tuyau ascensionnel. Dans le mouvement de descente du piston, les deux soupapes S'', S_1 se ferment et les deux soupapes S, S''_1 se tiennent ouvertes. L'eau est aspirée par la soupape S et refoulée par la soupape S''_1 dans le tuyau d'ascension. Ce système a un inconvénient qui en fait limiter l'emploi dans la pratique : c'est que les soupapes sont fort difficiles à visiter et à réparer à cause de la complication de la pompe. Généralement, pour obtenir le double effet, on accouple deux corps de pompe, que l'on fait communiquer avec un même tuyau d'aspiration, et un même tuyau ascensionnel, en ayant soin de disposer la transmission du mouvement comme dans la machine pneumatique, de manière que les pistons marchent en sens inverse. Dans la pompe aspirante foulante *à double effet* et à un seul corps de pompe, la disposition généralement employée consiste à mettre en communication les deux extrémités du corps de pompe, au moyen d'un tuyau, avec une chapelle unique où sont disposées les quatre soupapes d'aspiration et de refoulement (*fig.* 78).

Fig. 78.

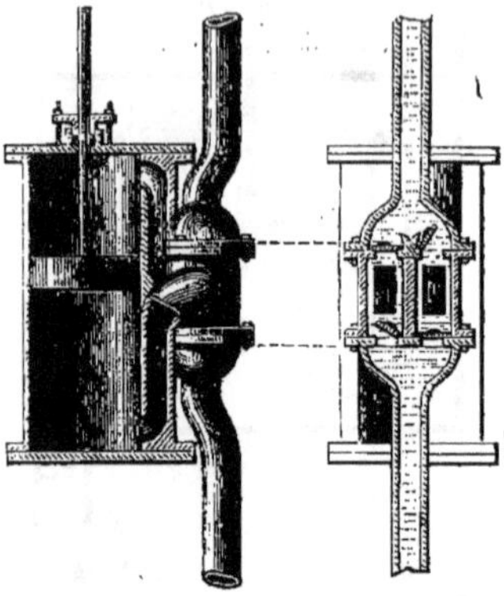

158. *Pompe Letestu.* — Dans les pompes construites par cet ingénieur, le piston cylindrique est remplacé par un piston

Fig. 79.

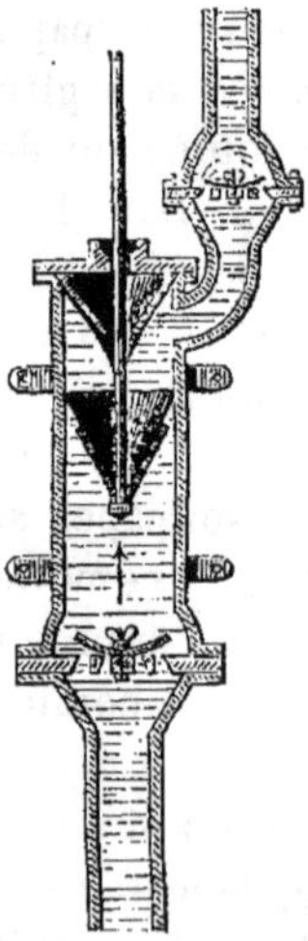

conique en métal sur la surface duquel on a pratiqué des trous (*fig.* 79). Dans l'intérieur de ce cône creux est fixé, par son sommet, un second cône formé de cuir très-flexible et dont les bords s'appuient sur les parois du corps de pompe quand il est pressé intérieurement. Quand on fait descendre ce piston, les soupapes dormantes adaptées au fond du corps de pompe se ferment et l'eau, passant par les trous du cône métallique, écarte le cuir des parois du corps de pompe et s'introduit à la partie supérieure. Dans le mouvement ascensionnel du piston, l'eau que l'on élève presse fortement les bords du cuir contre le corps de pompe et toute communication est interceptée. Il est à remarquer que l'on peut se dispenser d'aléser le cylindre et que le frottement du piston est supprimé pendant l'oscillation ascendante.

159. *Pompe à réservoir d'air.* — Dans le fonctionnement de la pompe aspirante foulante, il est visible que l'écoulement est intermittent, car l'eau n'est fournie que pendant l'oscillation descendante, puisque l'oscillation ascendante sert uniquement à l'aspiration. Cet inconvénient peut devenir très-grave par les variations notables de la résistance, qui occasionnent ainsi des secousses dans l'appareil et des pertes de travail. Pour en atténuer les effets, on dispose un réservoir d'air sur le tuyau d'ascension près de la soupape de refoulement; l'eau refoulée s'introduit en partie et le réservoir d'air exerce une action régulatrice dont il est facile de se rendre compte. En effet, l'eau, en occupant une partie de la capacité du réservoir, prend un niveau tel que l'air comprimé tend à la refouler dans le corps de pompe. Une soupape, convenablement placée au fond du réservoir, empêche que ce mouvement rétrograde ait lieu. Quand le piston monte et ne refoule pas l'eau, la force élastique de l'air comprimé étant supérieure à la pression atmosphérique, en vertu de la différence des pressions, le liquide est poussé dans le tuyau d'ascension et l'écoulement devient continu.

160. *Pompe à incendie.* — La pompe à incendie est une application de la pompe foulante à réservoir d'air. Elle se compose de deux pompes foulantes accouplées (*fig.* 80), dont les tiges des pistons sont articulées à un balancier mobile autour d'un axe horizontal de rotation. On établit entre les deux corps de pompe un réservoir d'air, qui reçoit l'eau successivement

refoulée par les deux pistons. A ce réservoir est pratiquée une ouverture à laquelle est soudé un tuyau en cuivre, dont

Fig. 80.

l'extrémité inférieure est plongée dans l'eau et sur lequel on visse l'extrémité d'un long tuyau de cuir qui porte l'ajutage ou lance, dont l'orifice est de $0^m,016$ de diamètre environ.

Les corps de pompe, ordinairement en bronze, ont $0^m,12$ de diamètre et $0^m,60$ de hauteur.

Le réservoir d'air a $0^m,25$ de hauteur, et son diamètre est plus grand que celui des corps de pompe.

D'après M. Morin, le rendement de ces pompes est de 32 pour 100 et peut même descendre au-dessous de 20 pour 100.

D'Aubuisson estime que huit pompiers bien exercés peuvent donner soixante coups de balancier par minute avec une course de piston de $0^m,12$ et porter le jet à une hauteur de 20 mètres. On doit à M. le capitaine du génie Belmas les observations suivantes sur la portée horizontale du jet :

Une pompe à incendie de la ville de Paris, manœuvrée par dix hommes, donne au jet une amplitude horizontale maxima de 26 mètres sous un angle de 45 degrés, avec une lance conique et un ajutage de même forme percé d'un orifice de $0^m,0135$ de diamètre. Le volume d'eau débité par seconde est un peu moindre que 4 litres, la pression de l'air observé, au moyen d'un manomètre, étant de 5 à 6 atmosphères. Dans de telles conditions, M. Belmas a trouvé que la vitesse de l'eau, en sortant de l'ajutage, a une vitesse de 27 mètres; de sorte que le travail utile par l'application du théorème des forces vives donnera

$$T = \frac{1}{2} MV^2 = \frac{1}{2} \frac{4}{9,81} (27)^2 = 148^{\text{kgm}},$$

et, par suite, le travail d'un homme par seconde est de $14^{\text{kgm}},8$.

L'observation a fait encore reconnaître qu'en employant quatorze hommes à la manœuvre de la pompe l'amplitude du jet est restée la même, bien que, dans le réservoir d'air, la pression soit devenue tellement grande que la rupture du manomètre s'en est suivie. M. Belmas pense que ces résultats sont dus à ce que, avec une plus grande vitesse initiale, la résistance opposée par l'air divise la masse d'eau lancée, augmente ainsi la surface choquée et même cette résistance, qui croît proportionnellement à cette surface et au carré de la vitesse. Ce savant ingénieur militaire a observé un phénomène analogue lorsqu'on décharge à bout portant un fusil dans le sol : la balle s'aplatit par la résistance et pénètre moins profondément que si le fusil eût été tiré de plus loin, attendu que, dans ce dernier cas, la balle est animée d'une moins grande vitesse au moment de son entrée dans le sol, ce qui contribue à diminuer la résistance.

161. *Bélier hydraulique.* — Le bélier hydraulique est un appareil destiné à utiliser la puissance d'une chute d'eau pour élever une partie de cette eau à un niveau supérieur à celui du bief d'amont. L'invention de cette ingénieuse machine est généralement attribuée à Montgolfier qui, le premier, la fit construire en 1796. Les Anglais cependant réclament la priorité en faveur de Whitehurst qui, vers 1775, dans les *Transactions philosophiques* de Londres, donna la description d'un appareil analogue à celui de Montgolfier. Voici en quoi il consiste (*fig.* 81).

Un tuyau vertical T partant du réservoir d'amont forme, à la partie inférieure, un siphon renversé qui vient déboucher dans une capacité B. Le tuyau horizontal du siphon présente une ouverture que peut fermer une soupape *s* suspendue par sa tige à un étrier surmontant cette ouverture. La capacité B contenant de l'air est munie à sa base de deux clapets *s'*, *s'* qui s'ouvrent de l'intérieur à l'extérieur dans une seconde capacité B', renfermant également de l'air et qui communique par le tuyau d'ascension T' avec le réservoir où l'eau doit être

Fig. 81.

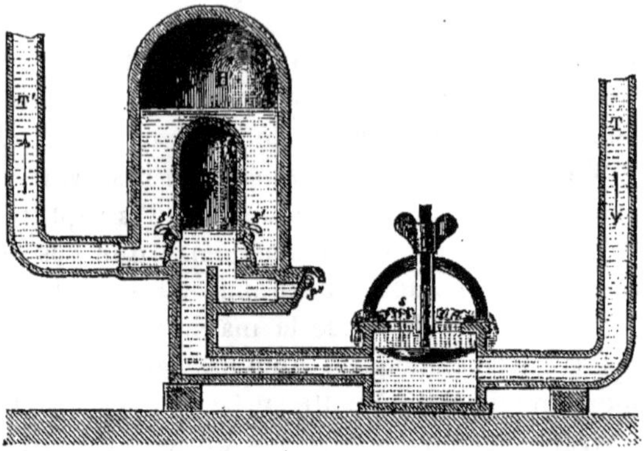

élevée. Le jeu de l'appareil est très-facile à comprendre. L'eau amenée par le tuyau T s'écoule d'abord par l'orifice de la soupape *s* qui se tient ouverte par son poids ; mais, quand la vitesse d'écoulement a acquis une certaine valeur, cette soupape supporte sur sa face inférieure une pression qui la soulève et lui fait fermer l'orifice. La masse liquide ne pouvant plus s'écouler au dehors perd sa force vive, en même temps qu'elle comprime l'air de la capacité B et qu'elle exerce une pression considérable sur les parois de l'appareil. Au même instant, l'eau, ouvrant les clapets *s'*, *s'*, rencontre celle qui se trouve dans B', T' et communique le mouvement à la colonne ascendante. On désigne sous le nom de *coup de bélier* le choc qui résulte de la rencontre brusque des deux colonnes. Dès que la vitesse de l'eau est complétement anéantie, l'air de la capacité B réagit pour reprendre son volume primitif, les soupapes *s'*, *s'* se referment et la soupape *s* s'ouvre d'elle-même. Le matelas d'air de la capacité B joue un grand rôle dans le jeu de la machine. Lorsque l'écoulement de l'eau est brusquement arrêté par la fermeture de la soupape *s*, si le liquide ne se trouvait en contact qu'avec des parois solides, il se produirait un choc violent capable de compromettre la solidité de l'appareil. L'air contenu dans le réservoir B fait presque complétement disparaître ce choc, ce qui empêche le bélier hydraulique de se détériorer rapidement et donne lieu à un rendement plus considérable. Quant à l'air de la capacité B′, il a pour objet d'entretenir un mouvement continu dans le tuyau d'ascension T′; il est clair, en effet, que pendant toute la durée du coup de bélier, l'eau comprime l'air contenu dans B′, en même temps qu'elle s'écoule par le tuyau ascensionnel dans le réservoir supérieur; mais, pendant l'arrêt qui suit, le ressort d'air de la capacité B′, en se détendant, refoule aussi l'eau dans le même tuyau.

Comme l'eau dissout toujours une certaine quantité de l'air avec lequel elle est en contact et que cette quantité est d'autant plus considérable que la pression est plus forte, il s'ensuit que, pendant le mouvement de l'eau, l'air des capacités B, B′ serait bientôt entraîné et qu'il importe de le renouveler afin que le jeu de l'appareil soit régulier. C'est pour cela qu'au-dessous de l'une des soupapes s' on a adapté une soupape s'' qui s'ouvre d'elle-même de dehors en dedans quand la pression intérieure vient à décroître immédiatement après le coup de bélier. L'introduction d'une petite quantité d'air fait qu'une partie de l'air du réservoir B passe par les soupapes s', s' quand elles sont ouvertes et s'élève dans le réservoir B′ pour y remplacer celui que l'eau emmène pendant son mouvement ascensionnel dans le tuyau T′.

Le tuyau horizontal se nomme *corps du bélier* et la partie dans laquelle est placée la soupape s a reçu le nom de *tête du bélier*.

Si nous appelons q le volume d'eau élevé en une seconde à la hauteur h dans le réservoir supérieur, nous aurons évidemment pour l'expression du travail utile

$$T_u = 1000\,qh.$$

D'autre part, si nous désignons par q' le volume d'eau débité par l'orifice de la soupape d'arrêt en une seconde et par h' la distance verticale de cet orifice au niveau de l'eau dans le bassin d'alimentation, le travail moteur sera

$$T_m = 1000\,q'h', \quad \text{d'où} \quad \frac{T_u}{T_m} = \frac{1000\,qh}{1000\,q'h'} = \frac{qh}{q'h'}.$$

Des observations faites par Eytelwein il résulte que, si l'ouverture de la tête de bélier est munie d'une soupape à boulet, la grandeur de cet orifice, augmentée de la surface annulaire comprise entre les bords de cet orifice et la soupape P supposée ouverte, doit être égale à la section transversale du corps du bélier. Cet ingénieur conseille dans ce cas de placer la soupape d'ascension S' et le réservoir d'air D le plus près possible de la tête du bélier et de donner à ce réservoir une capacité minima égale à celle du tuyau d'ascension. On calcule la longueur l du corps de bélier par la formule empirique

$$l = h\left(1 + \frac{0{,}628}{h'}\right).$$

De la discussion des expériences faites par Eytelwein, M. Morin a déduit la relation suivante entre le travail utile et le travail moteur :

$$\frac{T_u}{T_m} = 0{,}258\sqrt{12{,}80 - \frac{h}{h'}}.$$

Comme la quantité sous le radical doit être positive, la limite supérieure du rapport $\frac{h}{h'}$ sera

$$\frac{h}{h'} = 12{,}80,$$

c'est-à-dire que $h = 12{,}80\,h'$, auquel cas le rendement sera nul.

De plus, la hauteur d'ascension ne pouvant être moindre que h', la limite inférieure du rapport sera

$$\frac{h}{h'} = 1 \quad \text{ou} \quad h = h'.$$

Alors il vient

$$\frac{T_u}{T_m} = 0{,}258\sqrt{12{,}80 - 1} = 0{,}258\sqrt{11{,}80} \quad \text{ou} \quad \frac{T_u}{T_m} = 0{,}855.$$

Ainsi le rendement du bélier peut varier entre zéro et 0,855. Cette relation permet de trouver le rapport des volumes d'eau dépensés par les soupapes d'arrêt et d'ascension. En effet, nous avons trouvé plus haut

$$\frac{T_u}{T_m} = \frac{qh}{q'h'}.$$

En comparant cette relation à celle que nous venons d'indiquer, on déduit

$$\frac{qh}{q'h'} = 0,258\sqrt{12,80 - \frac{h}{h'}};$$

d'où

$$\frac{q}{q'} = 0,258\frac{h'}{h}\sqrt{12,80 - \frac{h}{h'}},$$

ce qui permet de calculer le volume d'eau qui s'introduit dans le tuyau d'ascension, connaissant celui qui s'écoule par l'orifice s; car de la dernière relation on déduit

$$q = 0,258q'\frac{h'}{h}\sqrt{12,80 - \frac{h}{h'}}.$$

La connaissance des volumes d'eau q et q' fera connaître le volume d'eau perdue, qui évidemment est égal à $q' - q$.

Le diamètre du corps du bélier est ordinairement compris entre les limites $0^m,25$ et $0^m,025$.

L'effet utile du bélier hydraulique est de 0,60 environ; mais il paraît ne devoir être employé qu'à l'élévation de volumes d'eau peu considérables, et encore entraîne-t-il des réparations assez fréquentes. Dans ses expériences sur cette machine, l'effet maximum obtenu par M. Eytelwein a été l'élévation de 29 litres d'eau à 7 mètres de hauteur en une minute.

L'un des plus grands béliers que l'on connaisse est celui établi par M. Delcassan, à Senlis, dans la blanchisserie de M. Turquet. Le corps du bélier a $0^m,203$ de diamètre intérieur et 8 mètres de longueur; le volume d'eau débité par la source est de 1987 litres par minute, sous une chute de $20^m,976$, ce qui représente un travail disponible de $32^{kgm},30$ par seconde. Or, comme le bélier élève par minute 269 litres à une hauteur de $4^m,55$, le travail utile en une seconde sera $0^{kgm},75$; conséquemment, le rendement de la machine aura pour valeur

$$\frac{T_u}{T_m} = \frac{20,75}{32,30} = 0,64.$$

Par ce qui précède, on voit que la théorie du bélier est encore fort incomplète. Toutefois cet appareil n'a pas cessé d'être l'objet des préoccupations de plusieurs hydrauliciens. En 1862 on a remarqué, à l'Exposition de Londres, un bélier hydraulique perfectionné par M. Bollée, ingénieur distingué du Mans. Par l'adoption d'un clapet qui offre une grande analogie avec les soupapes à double siége, il est parvenu à diminuer l'intensité des chocs entre les parties solides de l'appareil. Le clapet est lié à un contre-poids qui l'équilibre en partie et qu'on peut augmenter ou diminuer. Cette disposition permet d'obtenir un ralentissement ou une vitesse plus grande dans le jeu de l'appareil. Le réservoir d'air est alimenté par une pompe mise en mouvement par le bélier lui-même, et qui, placée au-dessus du niveau des plus hautes eaux, fonctionne lorsque le bélier est noyé; d'où résulte naturellement la possibilité d'utiliser dans ce cas toute la chute disponible.

162. *Coups de bélier dans les conduites d'eau. — Usage des réservoirs d'air.* — Lorsque, dans une conduite, une grande masse d'eau est mise en mouvement, si l'on vient à fermer brusquement un robinet placé sur le tuyau, la force vive possédée par cette masse liquide n'est détruite qu'à la suite d'un choc violent auquel on a donné le nom de *coup de bélier*, par analogie au phénomène qui se produit dans le bélier hydraulique. On pourrait, à la rigueur, éviter ce choc en fermant graduellement le robinet; mais il est plus prudent de disposer un réservoir d'air sur la conduite, à une faible distance du robinet.

Proposons-nous de déterminer la capacité qu'il convient de donner au réservoir d'air pour que, à l'instant où la plus grande compression a lieu, la pression ne dépasse pas une limite donnée.

Appelons (*fig.* 82)

A le bassin d'alimentation de la conduite;
R le réservoir d'air;
r le robinet placé en un point quelconque de la conduite;
$a_0 b_0$ le niveau de l'eau dans le bassin d'alimentation avant la fermeture du robinet;

$c_0\, d_0$ le niveau dans le réservoir d'air au même instant;

O, O′ les sections respectives du bassin d'alimentation et du réservoir d'air;

Fig. 82.

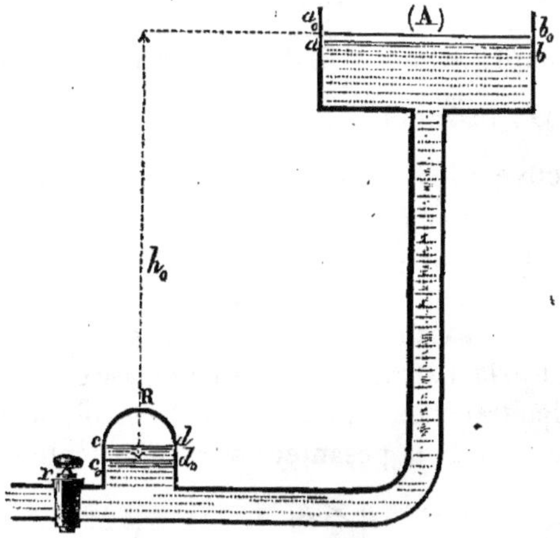

h_0 la hauteur du premier niveau au-dessus du second;

V la vitesse de l'eau dans la conduite;

U le volume occupé par l'air dans le réservoir;

P la pression par mètre carré exprimée en kilogrammes;

D le diamètre de la conduite;

L la partie de la longueur de la conduite comprise entre le bassin A et le robinet *r*;

ab, cd les niveaux de l'eau dans le bassin d'alimentation et dans le réservoir d'air, au bout d'un temps élémentaire après la fermeture du robinet;

V′ la vitesse de l'eau dans la conduite, après le même temps;

U′ le volume occupé par l'air dans le réservoir;

$p = 1000$ kilogrammes le poids d'un mètre cube d'eau.

Le volume occupé par l'eau dans la conduite étant $\frac{\pi D^2 L}{4}$ et la masse $\frac{\pi D^2 L p}{4g}$, la variation de force vive, c'est-à-dire la force vive détruite en valeur absolue, sera

$$\frac{\pi D^2 L p}{4g} V^2 - \frac{\pi D^2 L p}{4g} V'^2 = \frac{\pi D^2 L p}{4g} (V^2 - V'^2).$$

Le volume d'eau qui descend du réservoir d'alimentation A étant égal au volume d'eau qui s'introduit dans le réservoir d'air R, on aura

$$\text{vol. } a_0 b_0 ab = \text{vol. } c_0 d_0 cd = \text{U} - \text{U}';$$

conséquemment, si nous divisons successivement par les sections O, O′, les quotients $\frac{\text{U}-\text{U}'}{\text{O}}$, $\frac{\text{U}-\text{U}'}{\text{O}'}$ seront les valeurs respectives des distances verticales de $a_0 b_0$, ab et de $c_0 d_0$, cd.

Le travail accompli par la gravité agissant sur l'eau est absolument le même que si le volume d'eau $c_0 d_0 cd$ était directement tombé du bassin d'alimentation dans le réservoir d'air. Désignant par h_1 la distance verticale comprise entre les centres de gravité des tranches liquides de même volume $a_0 b_0 ab$ et $c_0 d_0 cd$, le travail de la pesanteur sera représenté par

$$a_0 b_0 ab \times p \times h_1 = p(\text{U} - \text{U}')\, h_1.$$

D'autre part, remarquons que la distance h_1 est égale à la hauteur H avant la fermeture du robinet, diminuée de la moitié des épaisseurs des deux tranches liquides considérées; par suite, on aura

$$h_1 = h_0 - \frac{\text{U}-\text{U}'}{2\text{O}} - \frac{\text{U}-\text{U}'}{2\text{O}'},$$

et, en substituant, l'expression du travail développé par la pesanteur deviendra

$$p(\text{U}-\text{U}')\left(h_0 - \frac{\text{U}-\text{U}'}{2\text{O}} - \frac{\text{U}-\text{U}'}{2\text{O}'}\right) = p(\text{U}-\text{U}')\left[h_0 - \frac{\text{U}-\text{U}'}{2}\left(\frac{1}{\text{O}} + \frac{1}{\text{O}'}\right)\right].$$

Cherchons maintenant le travail dû à la pression atmosphérique P, qui manifeste son action à l'origine de la conduite. La surface pressée étant exprimée par $\frac{\pi \text{D}^2}{4}$, comme les pressions exercées sont proportionnelles aux surfaces pressées, si nous désignons par e le chemin parcouru par le liquide, le travail aura pour valeur

$$\text{P}\frac{\pi \text{D}^2 e}{4} = \text{P}(\text{U} - \text{U}'),$$

attendu que $\frac{\pi D^2 e}{4}$ exprime le volume d'eau qui s'introduit dans la conduite pendant la période considérée.

D'après ce que nous avons vu sur la dilatation des gaz (p. 12), le travail résistant de la compression de l'air sera représenté par

$$PU \log hyp. \frac{U}{U'}.$$

Quant au travail résistant occasionné par le frottement des filets fluides contre les parois de la conduite, comme il est fort difficile, sinon impossible, de le calculer rigoureusement, nous admettrons, par approximation, que cette résistance est constante et croît proportionnellement au carré de la vitesse, de sorte que, sur le chemin parcouru e, le travail sera

$$pb\pi DV'^2 e,$$

b étant une constante dont la valeur, d'après M. Darcy, est donnée par la relation

$$b = 0{,}000507 + \frac{0{,}00000647}{R},$$

et, en négligeant le second terme,

$$b = 0{,}000507$$

(voir *Conduites d'eau*, p. 121 et 129; formules de MM. de Prony et Darcy).

L'approximation sera plus grande si, dans l'expression du travail, on remplace V'^2 par la moyenne des valeurs extrêmes. Or, à la limite de la compression de l'air dans le réservoir, le mouvement de l'eau étant arrêté, la vitesse sera nulle, et la moyenne sera par conséquent $\frac{1}{2}V^2$; d'où, pour le travail approximatif consommé par le frottement,

$$\frac{pb\pi DV^2 e}{2}.$$

Multipliant et divisant à la fois cette valeur par le diamètre D de la conduite, on aura

$$\frac{pb\pi D^2 V^2 e}{2D} = \frac{pbV^2}{D} \times \frac{\pi D^2 e}{2}.$$

Remarquons que, le volume d'eau introduit dans la conduite étant exprimé par

$$\frac{\pi D^2 e}{4} = U - U',$$

$\frac{\pi D^2 e}{2}$ sera évidemment le double de ce volume, et, en substituant, le travail consommé par le frottement sera encore représenté par

$$\frac{2pb V^2 (U - U')}{D}.$$

Appliquant le théorème des forces vives et rappelant que les travaux résistants se rapportent à la compression de l'air dans le réservoir et au frottement des filets fluides contre les parois de la conduite, on aura

$$\frac{\pi D^2 L p}{8g}(V^2 - V'^2)$$
$$= p(U - U')\left[h_0 - \frac{U - U'}{2}\left(\frac{1}{O} + \frac{1}{O'}\right)\right] + P(U - U') - PU \log \text{hyp.} \frac{U}{U'} - \frac{2pb V^2 (U - U')}{D}.$$

Désignant par U_1 le volume occupé par l'air au moment où la vitesse de l'eau est nulle et faisant observer que, pour les applications, on peut négliger la différence entre h_0 et h_1, ce qui revient à supprimer $\frac{U - U'}{2}\left(\frac{1}{O} + \frac{1}{O'}\right)$, l'équation du mouvement de l'eau deviendra

$$\frac{\pi D^2 L p}{8g} V^2 = p(U - U_1) h_0 + P(U - U_1) - PU \log \text{hyp.} \frac{U}{U_1} - \frac{2pb V^2 (U - U_1)}{D}.$$

Mettant $U - U_1$ en facteur commun,

$$\frac{\pi D^2 L p}{8g} V^2 = (U - U_1)\left(p h_0 + P - \frac{2pb V^2}{D}\right) - PU \log \text{hyp.} \frac{U}{U_1}.$$

En vertu de la loi de Mariotte, on aura

$$PU = P_1 U_1, \quad \text{d'où} \quad U_1 = \frac{PU}{P_1} \quad \text{et} \quad \frac{U}{U_1} = \frac{P_1}{P}.$$

En se donnant la pression maxima dans le réservoir d'air, comme la pression P dans le bassin d'alimentation est une donnée du problème, par l'élimination de U_1, l'équation ne contiendra plus qu'une seule inconnue.

163. Application. — *Trouver la capacité du réservoir d'air d'une conduite d'eau établie dans les conditions suivantes :*

Pression dans le bassin supérieur................	$P = 1^{atm} = 10330^{kg}$
Pression maxima dans le réservoir d'air..........	$P_1 = 2^{atm}$
Diamètre de la conduite..........................	$D = 0^m,30$
Longueur de la conduite..........................	$L = 1200^m$
Vitesse de l'eau.................................	$V = 0^m,60$
Hauteur du niveau supérieur au-dessus du niveau dans le réservoir d'air au moment de la fermeture du robinet..................................	$h_0 = 20^m$
Valeur approximative de la constante b..........	$b = 0,000507$

De la loi de Mariotte on déduit

$$\frac{P}{P_1} = \frac{1}{2} \quad \text{et} \quad U_1 = \tfrac{1}{2}U.$$

Introduisant les données numériques dans l'équation générale, il viendra

$$\frac{3,14.0,09.1200.0,36}{8.9,81}$$
$$= (U - 0,50U)\left(1000.20 + 10330 - \frac{2.1000.0,000507.0,36}{0,30}\right) - 10330U \log \text{hyp}.2,$$

$$1555,58 = 15165U - 0,608U - 7160U,$$

$$8004,79U = 1555,58,$$

d'où

$$U = \frac{1555,58}{8004,79} = 0^{mc},194 \quad \text{et} \quad U_1 = 0^{mc},097.$$

164. *Vis d'Archimède.* — Cet appareil, connu des anciens, sert à élever l'eau. D'après Navier, l'eau ne peut être élevée qu'à de faibles hauteurs, et, comme elle doit retomber de l'extrémité supérieure dans une bâche, cette circonstance diminue notablement l'effet qui pourrait en être obtenu. Son invention est due au célèbre géomètre dont elle porte le nom, et il paraît, selon Vitruve, qui en a donné la description, qu'elle était fort employée au 1er siècle avant Jésus-Christ. Elle se compose d'une ou de plusieurs cloisons hélicoïdales en bois ou en tôle, emboîtées dans une enveloppe cylindrique et dans un noyau concentrique de même forme et de même matière. La longueur totale est de 5 à 6 mètres, et l'on donne ordinairement à l'enveloppe un diamètre égal à $\frac{1}{12}$ de la longueur: le diamètre du noyau est environ $\frac{1}{3}$ de celui de l'enveloppe, ou $\frac{1}{36}$ de la longueur. Les circonvolutions ou spires des cloisons hélicoïdales forment dans l'intérieur de l'enveloppe des canaux dont l'origine est au bas de l'appareil, et qui se terminent à la partie supérieure (*fig.* 83). L'une des extrémités du noyau plonge dans les eaux du bassin inférieur, et l'angle que forme l'axe avec l'horizon est un peu moindre que l'angle de la tangente à l'hélice extérieure avec le même axe. La valeur de cet angle varie de 45 à 50 degrés. On imprime le mouvement de rotation à l'appareil, soit au moyen de manivelles et de bielles, soit à l'aide de poulies et d'en-

Fig. 83.

grenages, selon la constitution organique du moteur. D'après cette description, on comprend que l'eau introduite par le bas dans un canal hélicoïdal passe, lorsque la vis tourne, de spire en spire et s'élève jusqu'au sommet, d'où elle s'écoule dans un bassin destiné à la recevoir. On peut facilement se rendre compte du mouvement ascensionnel de l'eau en observant avec soin ce qui se passe dans un tube contourné en hélice qui se trouve dans tous les cabinets de Physique.

Supposons d'abord que ce petit appareil soit disposé verticalement. Il est évident que si l'on introduit une petite boule par la partie supérieure, elle suivra le contour des spires et parviendra de proche en proche jusqu'à l'extrémité inférieure. Remarquons aussi que, si pendant la descente de la boule on fait tourner le tube autour de son axe, ce dernier mouvement, suivant qu'il concorde avec celui de la boule ou est inverse, accélère ou retarde la chute, sans cependant pouvoir l'anéantir. Admettons, en second lieu, que l'axe soit disposé horizontalement; la boule, étant de nouveau introduite, viendra se placer sur l'élément inférieur d'une spire, et si l'on imprime aussitôt un mouvement de rotation à l'appareil, la boule cheminera dans le canal hélicoïdal en sens contraire du mouvement de l'hélice, passant de spire en spire pour sortir par l'extrémité du tube. L'explication de ces phénomènes est bien simple : pendant le mouvement du tube, les éléments inclinés du tube hélicoïdal viennent successivement occuper une position horizontale, de sorte que la boule s'avance de plus en plus en descendant le long des éléments courbes que l'on peut considérer comme autant de petits plans inclinés.

Enfin, si le tube est placé dans une position intermédiaire entre les deux positions verticale et horizontale, on comprend qu'il y aura une inclinaison de l'axe assez faible pour que les choses se passent à peu près comme dans la position horizontale et des inclinaisons plus grandes pour lesquelles la chute de la boule aura lieu dans les mêmes conditions que pour la position verticale, soit que le tube tourne, soit qu'il reste immobile.

Si l'on considère donc les inclinaisons diverses que prennent successivement les différents éléments de l'hélice pendant le mouvement du tube hélicoïdal autour de l'axe, on voit que les inclinaisons sous lesquelles la boule peut monter sont précisément celles qui correspondent à des spires de l'hélice ayant des éléments horizontaux. En vertu de cette disposition, les éléments supérieurs horizontaux se trouvent, en effet, à une hauteur que la petite boule ne saurait franchir, tandis que les éléments horizontaux placés à l'arête inférieure, pendant le mouvement général du système, tendent à la faire avancer, ce qui d'ailleurs a lieu.

Supposons maintenant que le tube hélicoïdal ait été incliné de telle sorte que le mouvement de rotation puisse déterminer l'ascension de la boule, et que la spire inférieure plonge dans un bassin contenant de l'eau, à chaque révolution de l'appareil, une certaine quantité de liquide s'introduira et, comme dans chaque spire sa hauteur est limitée, lorsque l'eau commencera à s'écouler par l'orifice supérieur, toutes les spires contiendront de l'eau à leur partie inférieure et de l'air à la partie supérieure. La longueur de l'arc d'hélice occupée par l'eau et séparée du reste du liquide par de l'air se nomme *arc hydrophore*. On pourrait, soit par le calcul, soit par un tracé, trouver le développement de cet arc.

Considérons, à cet effet, la projection ABCD de l'hélice sur le plan vertical qui contient l'axe XX′ (*fig.* 84). Menons l'hori-

Fig. 84.

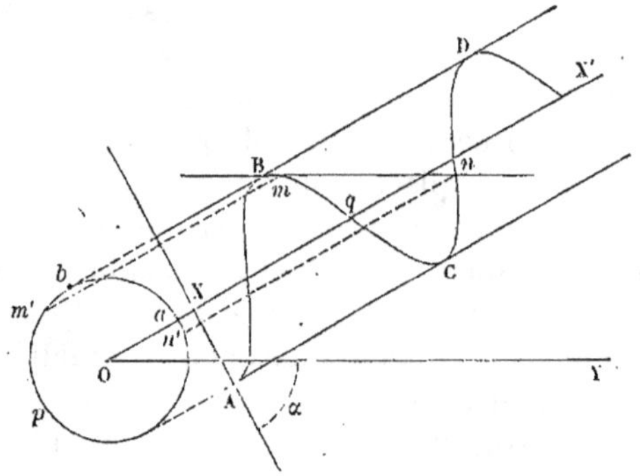

zontale mn tangente à la courbe au point m et la coupant en un autre point n; l'arc mCn sera la projection de l'arc hydrophore. Si nous projetons l'hélice sur un plan perpendiculaire à l'axe, sa projection sera la circonférence apb et celle de l'axe sera le point O. Les génératrices des points m, n déterminent la longueur de l'arc circulaire $m'pn'$ qui représente la projection de l'arc hydrophore sur le plan perpendiculaire à l'axe de l'hélice. Puisque la transformée de l'hélice est l'hypoténuse d'un triangle dont les côtés de l'angle droit sont respectivement le pas de l'hélice et le développement de la circonférence de la base, la longueur de l'arc hydrophore sera une partie de cette hypoténuse et l'un des côtés de l'angle droit sera l'arc développé $m'pn'$. Désignant par α l'angle que forme la tangente horizontale à l'hélice avec le plan perpendiculaire à l'axe, on aura

$$m'pn' = mcn \cos\alpha,$$

d'où

$$mcn = \frac{m'pn'}{\cos\alpha} = m'pn' \times \frac{1}{\cos\alpha} = m'pn' \times \text{séc}\,\alpha.$$

Le tracé que nous venons d'indiquer met en évidence ce fait particulier que l'arc hydrophore sera nul lorsque l'horizontale *mn* fait avec l'axe le même angle que la tangente à l'hélice; car, dans ce cas, les points *m* et *n* se réunissent au point *q*, intersection de la projection de l'hélice avec la projection de l'axe sur le plan vertical.

Lorsque le tube contourné en hélice est remplacé par des cloisons hélicoïdales, telles que celles qui forment la vis employée aujourd'hui, le jeu de l'appareil est tout à fait analogue. L'eau qui s'introduit à chaque tour tend à occuper la partie la moins élevée de chaque spire, mais, par l'effet du mouvement de rotation, cette eau s'élève sans cesse, de sorte que de proche en proche elle atteint la spire supérieure. Telle que la vis d'Archimède est construite, l'air peut librement circuler le long du noyau, d'où résulte que, dans toutes les spires, la pression est absolument la même, ce qui n'a pas lieu dans une vis formée d'un tube hélicoïdal. On a donné, par analogie, le nom d'*espaces hydrophores* aux partie des cloisons de la vis occupées par l'eau.

Dans les vis ordinaires employées aux épuisements, on place trois surfaces hélicoïdales sur le noyau. Les anciens faisaient égal à 45 degrés l'angle de l'hélice extérieure avec l'axe. Dans les vis qui existent à Toulouse, cet angle est de 54 degrés environ. Eytelwein l'a pris égal à 78 degrés pour la vis qui a servi à ses expériences. Aujourd'hui les constructeurs le font égal à 60 degrés. La vitesse ordinaire de rotation est de 40 tours par minute.

D'après les expériences de MM. Gauthey et Lamandé, le rendement de ces appareils est de 0,64. Suivant d'autres, il ne serait que de 0,50, et même quelquefois de 0,40. La faiblesse de ce résultat provient du frottement exercé sur les pivots et, ainsi que nous l'avons dit en commençant, de ce que l'eau est élevée à une hauteur supérieure à la distance verticale entre les deux bassins.

En Allemagne et en Hollande, où la vis d'Archimède est fort employée, on lui a fait subir une modification. L'enveloppe extérieure est remplacée par un coursier demi-cylindrique, que l'on rend fixe en ayant soin de ne laisser entre les surfaces hélicoïdales et ce coursier que le jeu strictement nécessaire. Par cette disposition, le poids de l'eau ne portant plus sur les supports, le frottement est sensiblement diminué; et d'un autre côté, on peut facilement rapprocher l'orifice de sortie du niveau de l'eau dans le bassin supérieur et atténuer ainsi la perte du travail due à la différence des hauteurs. Presque toujours les vis d'Archimède à la hollandaise sont mues par des moulins à vent.

La vis d'Archimède est aussi quelquefois appliquée au transport des matières pulvérulentes. Dans ce cas, elle se meut dans une enveloppe cylindrique. Ce mode de transport est fréquemment employé dans les moulins à farine.

165. *Moulins à vent.* — On désigne sous ce nom des récepteurs servant à utiliser l'action de l'air en mouvement. Les uns ont leur axe de rotation vertical; dans les autres, l'axe est à peu près horizontal et disposé dans la direction du vent. Ceux de cette dernière catégorie sont les seuls dont on fasse usage aujourd'hui, parce que, à dimensions égales, le rendement est beaucoup plus considérable que dans les premiers.

Un moulin à vent à axe horizontal se compose essentiellement d'une roue nommée *volant*, portant quatre bras en croix ou rayons à chacun desquels est adaptée une aile de forme rectangulaire montée sur un arbre formant avec l'horizon un angle de 10 à 15 degrés. Ordinairement ces ailes sont des surfaces gauches dont les éléments sont perpendiculaires à la direction des bras correspondants. Ces surfaces ont pour génératrices des lattes transversales équidistantes que l'on recouvre d'une voile en toile ou en natte, qui offre une certaine concavité à l'action du vent. La roue est orientée au moyen d'un grand levier qui, en entraînant la charpente autour d'un axe fixe, place l'arbre dans la direction du vent. Un frein, convenablement disposé dans l'intérieur du moulin, sert à arrêter le mouvement de la roue et à la maintenir immobile. Enfin, quand le moulin doit rester longtemps en repos, on serre les voiles en les rapprochant de l'axe (*fig.* 85).

Fig. 85.

166. *Théorie des effets mécaniques.* — La théorie complète et rigoureuse des récepteurs de ce genre est fort difficile à établir; nous nous bornerons à rapporter celle que Navier a donnée, en écartant toutefois les considérations d'un ordre trop élevé qui ne se rattachent pas directement aux faits consacrés par l'expérience (*fig.* 86).

A cet effet, appelons

V la vitesse du vent parallèlement à l'arbre convenablement orienté;

a la surface d'un élément ab de l'aile, cette surface étant supposée plane;

v la vitesse de rotation du centre de cet élément;

φ l'angle formé par la direction du vent avec cet élément;

p la densité de l'air ou le poids de l'unité de volume;
P l'effort exercé sur l'élément dans la direction mv de la vitesse du centre;
k un coefficient numérique déterminé par l'expérience.

Fig. 86.

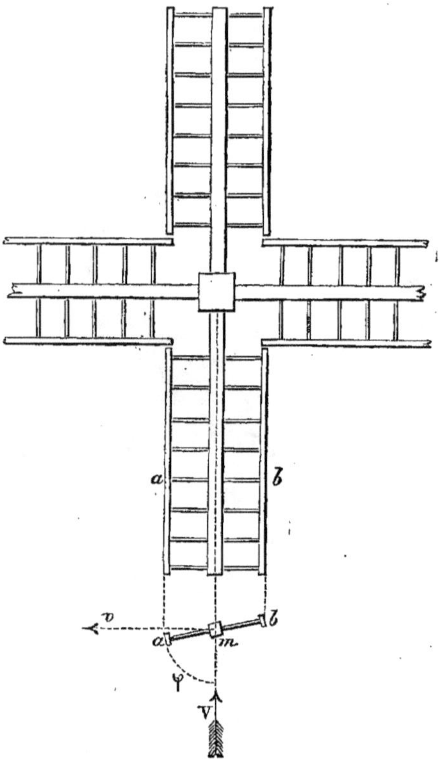

Décomposons successivement les deux vitesses V et v en deux autres, l'une suivant ab et l'autre normale à la même direction; les valeurs respectives des composantes normales seront

$$V \sin\varphi \quad \text{et} \quad v \cos\varphi,$$

attendu que la vitesse circulaire v du centre de l'élément ab est perpendiculaire à la direction du vent; par suite, $V \sin\varphi - v \cos\varphi$ représentera la vitesse relative du vent et de l'élément ab de l'aile estimée suivant la normale à cet élément. De même que pour les roues à palettes planes mues par un courant indéfini, on peut admettre, avec Bélidor, que la pression normale à l'élément ab est proportionnelle au poids d'un volume de fluide ayant pour base la surface pressée a et pour hauteur h celle due à la vitesse relative $V \sin\varphi - v\cos\varphi$; d'où

$$(V\sin\varphi - v\cos\varphi)^2 = 2gh$$

et

$$h = \frac{(V\sin\varphi - v\cos\varphi)^2}{2g}.$$

Par conséquent la pression normale exercée sur l'élément a sera représentée par

$$kpa\,\frac{(V\sin\varphi - v\cos\varphi)^2}{2g},$$

et, en projetant cette force sur la direction mv de la vitesse de rotation de l'élément ab, on aura, pour la valeur P de l'effort exercé suivant cette direction,

$$P = kpa\,\frac{(V\sin\varphi - v\cos\varphi)^2}{2g}\cos\varphi.$$

Multipliant par la vitesse v, on obtiendra la quantité de travail transmise par le vent à cet élément de l'aile

$$Pv = kpa\,\frac{(V\sin\varphi - v\sin\varphi)^2}{2g}\,v\cos\varphi.$$

167. *Conditions du maximum d'effet.* — Si l'on considère l'élément a et dans l'hypothèse où la surface totale de l'aile est réduite à cette aile, il suffit, ainsi que nous l'avons fait pour les roues mues par un courant indéfini (p. 263), de prendre d'abord la dérivée par rapport à v et de l'égaler à zéro. On trouve ainsi

$$v\cos\varphi = \frac{V\sin\varphi}{3}, \quad \text{d'où} \quad v = \frac{V\sin\varphi}{3\cos\varphi} = \frac{V}{3}\tan\varphi.$$

Introduisant cette valeur dans l'équation du travail, on aura

$$P v = kpa \frac{\left(V\sin\varphi - \frac{V\sin\varphi\cos\varphi}{3\cos\varphi}\right)^2}{2g} \cdot \frac{V\sin\varphi\cos\varphi}{3\cos\varphi} = kpa \frac{\left(\frac{3V\sin\varphi - V\sin\varphi}{3}\right)^2}{2g} \frac{V\sin\varphi}{3},$$

$$P v = kpa \frac{\left(\frac{2V\sin\varphi}{3}\right)^2 \frac{V\sin\varphi}{3}}{2g} = \frac{4}{27} kpa \frac{V^3\sin^3\varphi}{2g}.$$

Comme l'angle φ mesure l'inclinaison de l'élément considéré sur la droite qui représente la direction du vent, on voit que le travail transmis sera d'autant plus grand que l'angle de cet élément avec le plan du mouvement sera plus petit. A la limite, pour le maximum absolu, rapporté à la fois aux deux variables v et φ, il viendra

$$\varphi = 90^\circ, \quad \sin\varphi = 1, \quad v = 0 \quad \text{et} \quad P v = \frac{4}{27} kpa \frac{V^3}{2g}.$$

168. *Travail total transmis à une aile.* — Tous les éléments qui composent une aile étant entraînés en même temps dans le mouvement de rotation autour de l'axe, pour avoir le travail total, il suffit de faire la somme de tous les travaux partiels transmis à tous les éléments de l'aile compris entre les deux extrémités. En désignant par V_1 la vitesse angulaire, par $r, r', r'', \ldots$ les distances des centres de gravité des différents éléments à l'axe de rotation et par $a, a', a'', \ldots$ les surfaces, on aura

$$t = kpa \frac{(V\sin\varphi - V_1 r\cos\varphi)^2}{2g} V_1 r\cos\varphi,$$

$$t' = kpa' \frac{(V\sin\varphi - V_1 r'\cos\varphi)^2}{2g} V_1 r'\cos\varphi,$$

$$t'' = kpa'' \frac{(V\sin\varphi - V_1 r''\cos\varphi)^2}{2g} V_1 r''\cos\varphi;$$

d'où, en représentant par T le travail total,

$$T = \frac{kp\cos\varphi V_1}{2g} \left[a(V\sin\varphi - V_1 r\cos\varphi)^2 r + a'(V\sin\varphi - V_1 r'\cos\varphi)^2 r' + \ldots\right].$$

D'après Coriolis, $k = 3$.

En procédant par quadrature, on aura la somme des termes

de la parenthèse, et le résultat obtenu s'accorde très-approximativement avec ceux que fournit l'expérience.

169. *Forme des ailes.* — On a généralement adopté les ailes dites *à la hollandaise*, dont la forme rectangulaire présente à l'action du vent une surface légèrement concave. D'après Smeaton, pour obtenir le maximum d'effet, les inclinaisons des lattes sur l'axe et sur le plan du mouvement sont réglées conformément au tableau suivant :

Numéros des éléments.	Angle fait avec l'axe.	Angle avec le plan du mouvement des ailes.
1	72°	18°
2	71	19
3	72	18
4	74	16
5	77,5	12,5
6	83	7

Le rayon de l'aile étant partagé en 40 parties égales (*fig.* 87),

Fig. 87.

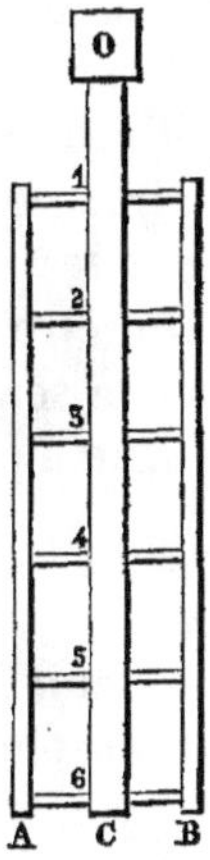

à partir du centre on en prend 10 et l'on a ainsi le point 1, qui représente la position de la première génératrice de la surface gauche; puis on porte 6 de ces parties de 1 à 2, de 2 à 3 et ainsi de suite jusqu'à l'extrémité de l'aile. La largeur de l'aile est ordinairement comprise entre $\frac{1}{5}$ et $\frac{1}{6}$ de la longueur, mais, dans tous les cas, elle ne doit jamais être supérieure à $\frac{1}{4}$ de cette longueur.

Smeaton a constaté par l'expérience que les ailes qui affectent la forme d'un trapèze donnent, à dimensions égales, un rendement plus considérable que les ailes rectangulaires. La disposition la plus avantageuse consiste à faire la latte placée à l'extrémité de l'aile égale au tiers du rayon et à la disposer de manière qu'elle soit divisée dans le rapport de 3 à 2. Quant aux angles des génératrices avec l'axe et avec le plan du mouvement, on observe les règles indiquées dans le tableau qui précède.

170. *Relation entre la vitesse de l'aile et celle du vent.* — Par l'observation, Smeaton a encore trouvé que, les ailes étant construites comme nous venons de l'indiquer, pour le meilleur effet, leur vitesse doit être maintenue dans un rapport constant avec celle du vent; à l'extrémité des ailes cette vitesse doit être égale à 2,6 ou 2,7 fois la vitesse du vent, ce qui s'accorde très-approximativement avec les expériences de Coulomb sur les moulins à la hollandaise, qui l'ont conduit à adopter le rapport 2,5 à 2,6. La vitesse la plus convenable du vent paraît être celle de 6 à 7 mètres, et ce savant ingénieur a encore observé que, le moulin marchant à vide, la vitesse à l'extrémité des ailes est quadruple de celle du vent, et que la résistance doit être réglée de manière que la vitesse soit les $\frac{2}{3}$ de ce qu'elle serait si le moulin marchait à vide; elle sera donc représentée par

$$\frac{2}{3}4V = \frac{8}{3}V = 2,66V.$$

On déduit de là que, pour obtenir la vitesse du vent, il suffit de diviser par 4 la vitesse absolue mesurée à l'extrémité de l'aile, la longueur du rayon étant généralement de 12 à 14 mètres.

Tableau des vitesses du vent et des pressions correspondantes par mètre carré.

Désignation des vents.	Vitesses.	Pression par mètre carré.
	m	kg
Vent faible	2,00	0,54
Vent frais ou brise (tend bien les voiles)	6,00	4,87
Vent le plus convenable aux moulins	7,00	6,64
Bon frais (convenable pour la marche en mer)	9,00	10,97
Grand frais (fait serrer les hautes voiles)	12,00	19,50
Vent très-fort	15,00	30,47
Vent impétueux	20,00	54,16
Tempête	24,00	78,00
Tempête violente	30,05	122,28
Ouragan	36,15	176,96
Grand ouragan	45,30	277,87

Les résultats de ce tableau, dus à Borda et à Smeaton, ont été obtenus en supposant la pression atmosphérique égale à $0^m,76$ de mercure, et la température égale à 12 degrés C.

171. *Formule usuelle du travail.* — Les nombreuses expériences faites par Smeaton et corroborées par celles de Coulomb ont appris que la quantité de travail transmise à une aile croît proportionnellement à la surface et un peu moins rapidement que le cube de la vitesse du vent, de sorte que, à $\frac{1}{20}$ près, le travail transmis en une seconde peut être représenté empiriquement par l'expression

$$Pv = 2,66 PV = 0,13 AV^{3\,kg},$$

dans laquelle P exprime l'effort exercé à l'extrémité de chaque aile dans le sens du mouvement de rotation, V la vitesse du vent en mètres et A la surface totale d'une seule aile. Pour établir la formule, ces deux savants ingénieurs ont fait abstraction des variations de la densité de l'air selon la température; mais, comme cette loi physique n'influe que très-faiblement sur les résultats obtenus, la règle indiquée satisfait avec une exactitude suffisante aux besoins de la pratique.

172. *Perfectionnement de M. Berton.* — Quand un moulin à vent ne doit pas marcher, on serre les voiles en les rapprochant de l'axe. Les surfaces des ailes, par cette opération, étant mises à jour, ne donnent aucune prise à l'action du vent, et, dès lors, le mouvement ne saurait avoir lieu. Pour exécuter la manœuvre, chaque aile doit successivement être amenée au bas du chemin qu'elle parcourt dans son mouvement de rotation, et, pendant qu'elle est rendue immobile au moyen du frein dont il a été question, on monte sur les lattes faisant office d'échelle. La même opération doit encore être effectuée lorsqu'on est obligé de faire varier la surface des voiles. On conçoit en effet que, si le vent a une vitesse considérable, il est indispensable de diminuer la surface soumise à son action, afin que la vitesse de l'aile ne dépasse pas la limite assignée. Cette manœuvre n'est pas commode, et même peut devenir dangereuse pour celui qui l'exécute. L'un des moyens les plus ingénieux pour diminuer la voilure a été imaginé par M. Berton. Ce constructeur a

Fig. 88.

remplacé l'aile à surface gauche par une surface plane formée de planchettes longitudinales se recouvrant partiellement, et qui offrent la plus grande analogie avec celles des jalousies (*fig.* 88). Ces planchettes sont articulées au moyen de brides à des lattes transversales mobiles autour de leur point d'articulation avec le bras de l'aile; et, comme ces lattes sont rendues solidaires par leur liaison avec les planchettes, il suffit, pour faire varier la position de ces dernières et étendre ou restreindre la surface de l'aile, de faire mouvoir l'une des lattes transversales. A cet effet, à l'une des extrémités de la première latte de chaque aile on articule une tringle à crémaillère qui engrène avec un pignon dont l'axe traverse toute la longueur de l'arbre et se termine par une manivelle. En agissant sur cette manivelle on fait tourner le pignon qui fait marcher la crémaillère; celle-ci fait avancer ou reculer toutes les lattes, et, par suite, les planchettes se recouvrant plus ou moins, la surface de l'aile peut être augmentée ou diminuée suivant le sens du mouvement imprimé à la manivelle.

173. *Anémomètres.* — On désigne sous ce nom des appareils destinés à mesurer la vitesse du vent. L'anémomètre de M. Combes est le plus généralement employé. Il se compose de quatre bras de même longueur fixés normalement à un arbre V de rotation et terminés chacun par une ailette plane de forme rectangulaire (*fig.* 89 et 90).

Les ailettes sont faites de clinquant de cuivre et disposées de manière qu'elles forment approximativement un angle de 30 degrés avec le plan moyen des bras. Une vis sans fin taillée sur l'arbre V communique le mouvement à une roue ayant cent dents et dont la circonférence est divisée en dix parties égales; l'arbre de cette roue porte une petite came qui, à chaque tour, fait sauter d'une dent une roue à rochet R' munie de cinquante dents et dont la circonférence est divisée en cinq parties égales. Deux aiguilles a, a', fixées au bâti en regard de ces roues, permettent de constater le nombre de dents dont chaque roue a avancé et, par suite, le nombre de révolutions exécutées par le moulinet en une seconde. Au moyen d'une détente D et de deux cordons servant à l'interposer entre les bras des ailettes ou à l'en dégager, on peut facilement arrêter le mouvement du moulinet ou lui permettre de tourner sous l'action du vent. Pour se servir de cet appareil, on fait d'abord coïncider les *zéros* des roues avec les aiguilles indicatrices a, a' et, après avoir préalablement fixé le moulinet à l'aide de la détente D, on dirige l'axe qui porte les

Fig. 89.

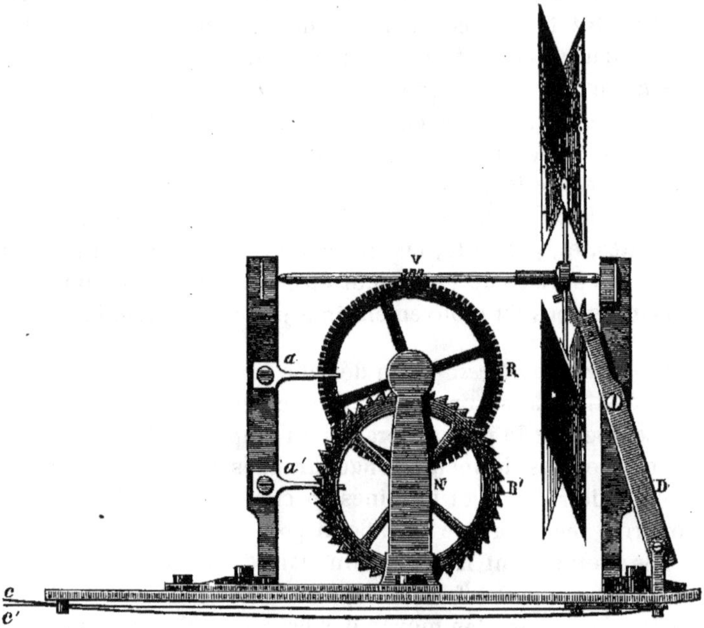

ailettes dans le sens du mouvement du fluide. A un moment donné, on débraye le moulinet et l'on met en mouvement un compteur à secondes de Bréguet. Quand le moulinet a tourné pendant trois à quatre minutes, on arrête le mouvement en agissant sur le cordon d'arrêt qui fait mouvoir la détente et on lit sur les roues le nombre de révolutions exécutées pendant la durée de l'expérience; d'où l'on déduit aisément le nombre de tours en une seconde.

Désignant par n ce nombre et par v la vitesse du courant, on aura, comme pour le moulinet de Woltemann,

$$v = a + bn.$$

On détermine les constantes a et b en plaçant l'appareil dans des courants dont la vitesse soit connue, ou mieux encore en le faisant mouvoir, avec une vitesse connue, dans un air parfaitement calme. Le moyen le plus simple consiste à placer

Fig. 90.

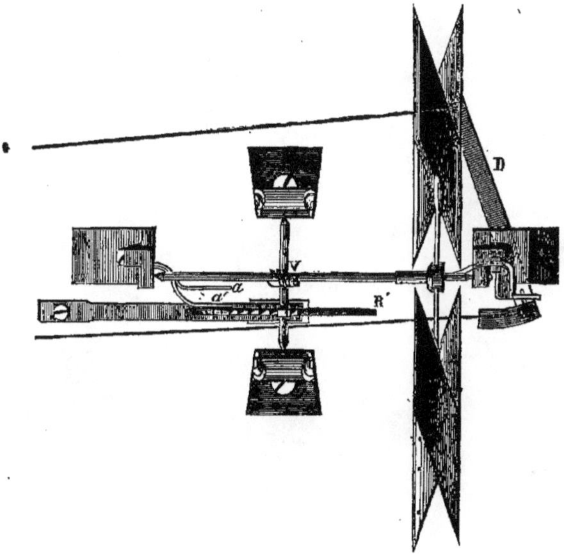

l'anémomètre à l'extrémité d'un grand levier horizontal mobile autour d'un axe vertical dans une position telle, que l'axe de rotation de l'instrument se trouve dans la direction du mouvement que l'on veut imprimer au levier. En répétant l'expérience avec des vitesses différentes, on trouve les valeurs correspondantes de n, d'où l'on déduit facilement les valeurs numériques des constantes par la méthode des moindres carrés.

Dans les collections scientifiques de l'École d'Angers on remarque un anémomètre de Combes, perfectionné par M. le général Morin. Aux rouages légers qui composent l'appareil, ce savant a ajouté des cadrans qui font immédiatement connaître le nombre de tours exécutés par le moulinet. En prévision d'expériences de longue durée, l'instrument est muni d'une troisième roue de cent dents, qui tourne d'une dent par chaque révolution de la roue à rochet. On peut ainsi compter jusqu'à cinq cent mille tours en relevant sur les cadrans les nombres de tours exécutés à divers intervalles de temps.

FIN DU TROISIÈME VOLUME.

TABLE DES MATIÈRES.

TROISIÈME PARTIE.

CHAPITRE I.

CHAPITRE II.

CHAPITRE III.

CHAPITRE IV.

CHAPITRE V.

CHAPITRE VI.

CHAPITRE VII.

FIN DE LA TABLE DES MATIÈRES DU TROISIÈME VOLUME.

3111 Paris. — Imprimerie de GAUTHIER-VILLARS, quai des Augustins, 55

4185 Paris. — Imprimerie de GAUTHIER-VILLARS, quai des Augustins, 55.

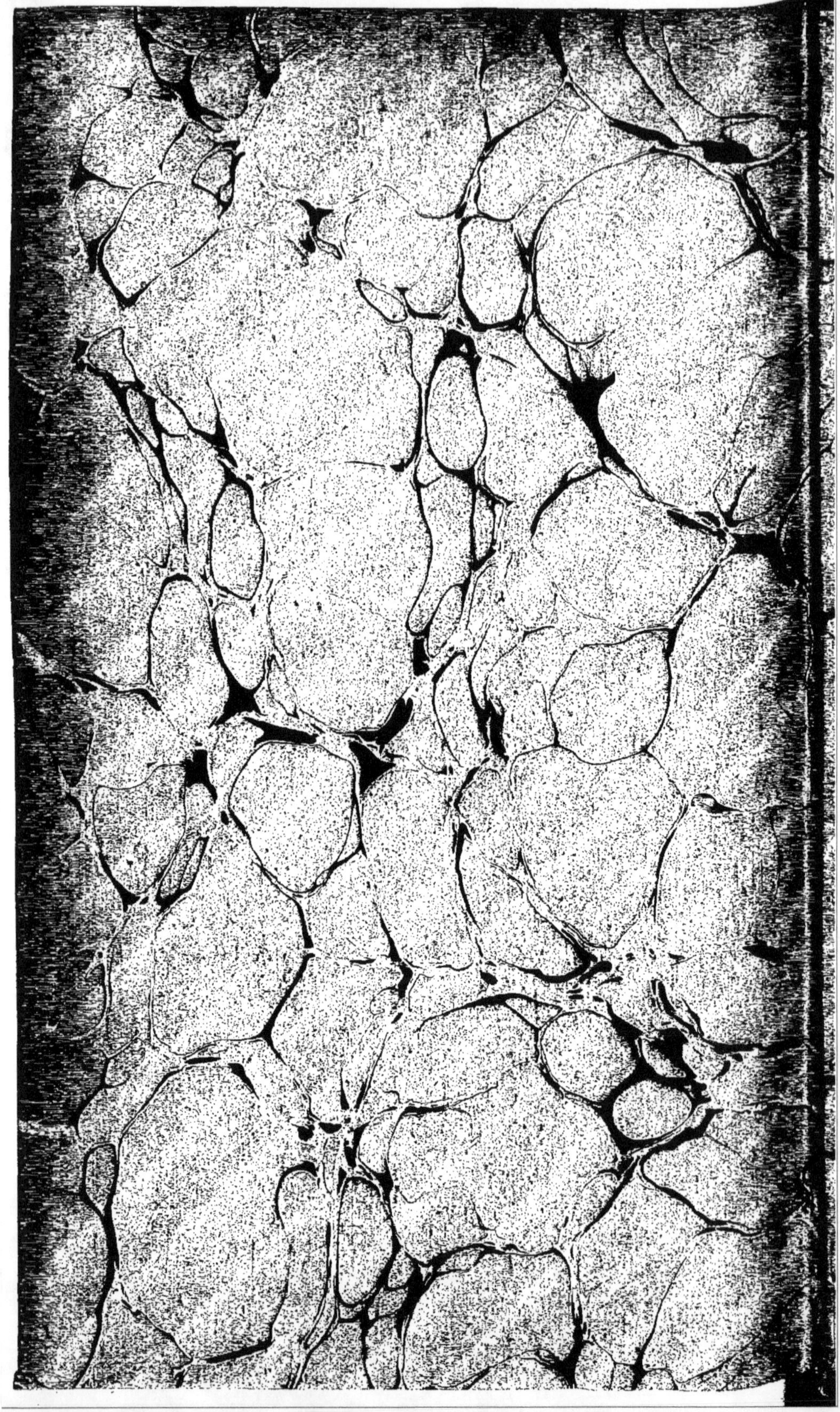

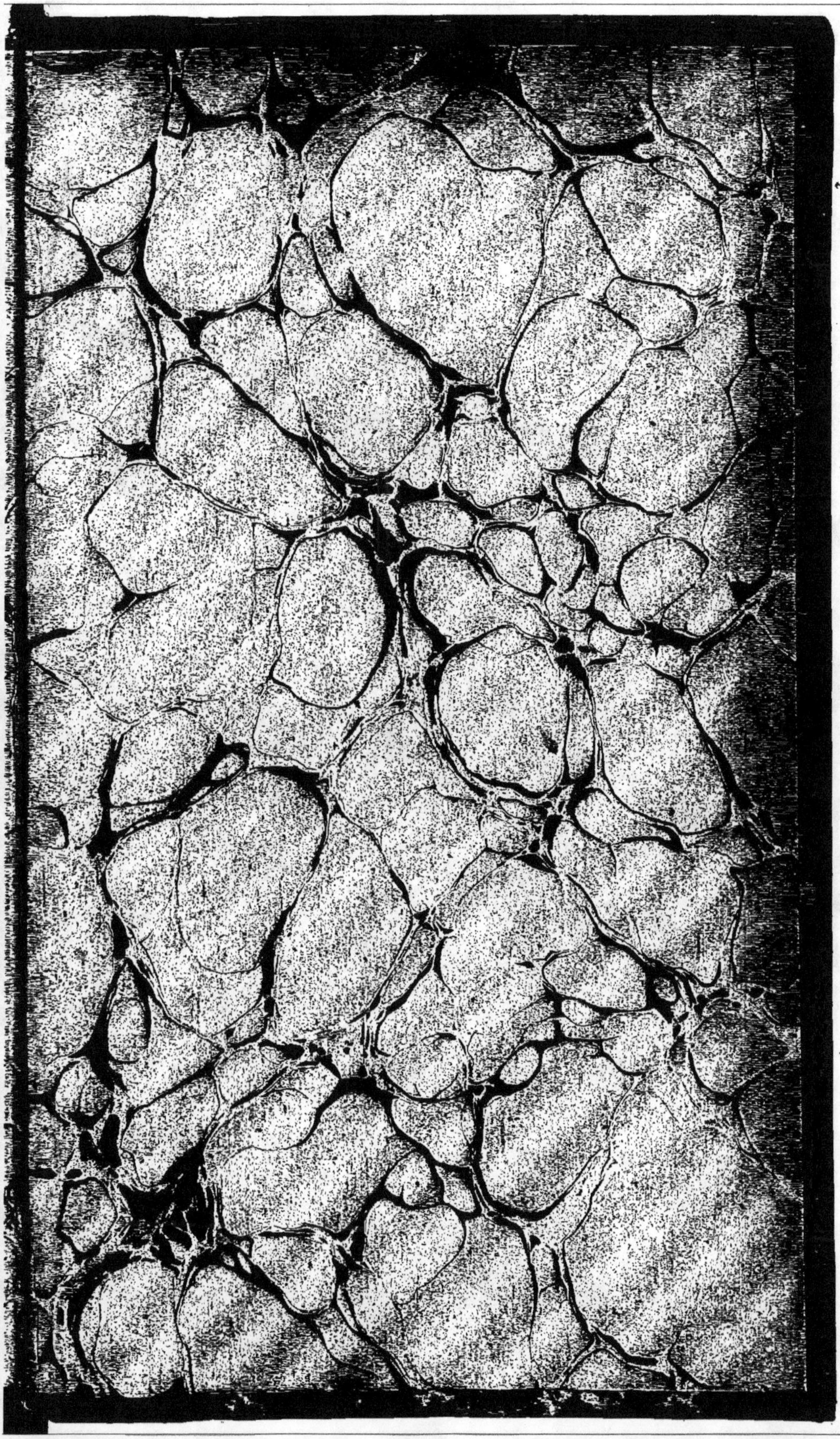